U0815809

知识、技艺、理念：传承与反思

厚宇德——著

基于笔记小说史料
对古今科技文化的系列思考

金城出版社
GOLD WALL PRESS
·北京·

图书在版编目（CIP）数据

知识、技艺、理念：传承与反思：基于笔记小说史
料对古今科技文化的系列思考 / 厚宇德著 .—北京：
金城出版社有限公司，2023.3
ISBN 978-7-5155-2465-8

Ⅰ.①知… Ⅱ.①厚… Ⅲ.①科学技术—文化研究—
中国—古代 Ⅳ.① G322.9

中国国家版本馆 CIP 数据核字（2023）第 031604 号

知识、技艺、理念：传承与反思：基于笔记小说史料对古今科技文化的系列思考
ZHISHI、JIYI、LINIAN: CHUANCHENG YU FANSI: JIYU BIJI XIAOSHUO SHILIAO DUI GUJIN KEJI WENHUA DE XILIE SIKAO

责任编辑 王媛媛
责任印制 李仕杰
责任校对 王秋月
开　　本 710 毫米 ×1000 毫米 1/16
印　　张 23
字　　数 364 千字
版　　次 2023 年 3 月第 1 版
印　　次 2023 年 3 月第 1 次印刷
印　　刷 天津旭丰源印刷有限公司
书　　号 ISBN 978-7-5155-2465-8
定　　价 78.00 元

出版发行 **金城出版社有限公司** 北京市朝阳区利泽东二路 3 号 邮编：100102
发 行 部 （010）84254364
编 辑 部 （010）64210080
总 编 室 （010）88637122
网　　址 http：//www. jccb. com. cn
电子邮箱 jinchengchuban@ 163. com
法律顾问 北京市安理律师事务所（电话）18911105819

目录

引言　茶余饭后读“笔记”

作为这本书的作者，我觉得我有必要坦诚地介绍一下自己的知识背景。我是学物理的，做过20多年高校物理教师，物理专业的普通物理课程，除了光学，力学、热学、电磁学、原子物理我都讲过，有的讲过多轮次；物理专业的理论物理课程，理论力学、热力学和统计物理学、电动力学和量子力学，也都主讲过，统计物理和电动力学讲的轮次较多；还讲过线性代数，并曾多年主讲数学物理方法课程。本来我就应该这样做物理教师。后来为了读博士做准备想去做一年访问学者，在专业方向选择上，一位曾对物理学史有兴趣但是却做工科信号处理的早年同学建议我去学物理学史，不会太累，又挺有趣。而我本人在读本科时也对物理学史较有兴趣，也曾讲过物理学史选修课，而且还发表过几篇物理学史类文章。于是就听了这一建议（2—3年后我曾为此深有悔意，我对物理学的兴趣应该还是远大于物理学史）。再往后，在我44岁时，终于有机会考了科技史博士，并如愿以偿。博士毕业后羡慕专心做学术研究的导师们，于是离开为本科生讲授物理学的原单位。我一个曾经纯粹的物理老师，阴差阳错地进入了一个中国古代史研究机构，并在那里工作了6年之久，并成为中国史硕导、博导，但是事实上我却没有足够的历史学积淀。理由是大家统称的正史类著述包括《史记》，我读起来多数时间感觉乏味。因此直到今天，我不仅没有反复阅读过二十四史，甚至没有认真读过一遍，当然有时由于研究问题之故，可能会找到需要的一本翻阅一下，仅此而已。

对于中国的传统著述，诸子百家，如《道德经》《庄子》《荀子》等等我倒是读过一部分，也还有兴趣阅读和琢磨，但远算不上提起诸子能够引经据典、侃侃而谈之辈。在中国的古籍中，我最感兴趣的是笔记小说，读起来我甚至觉得比纯粹意义上的小说（如：四大名著）还要有趣得多。与读正史时常觉乏味、教条、无趣甚至偶尔反感相反，几乎每本古代笔记小说我读起来都津津有味甚至废寝忘食。早期是偶尔遇见笔记小说而购买阅读；后来逐渐“食量”大增，开始购买大体量丛书，或下载内容庞大的电子版笔记小说。

以下即是一部分：

1. 笔记小说大观，扬州：广陵书社，影印，大本 18 卷。

2. 笔记小说大观，台北：新兴书局有限公司，影印，大本 1—45 编。

3. 历代笔记小说大观，上海：上海古籍出版社，18 册。

4. 全宋笔记，郑州：大象出版社，影印，共 102 册。

5. 美国哈佛大学哈佛燕京图书馆藏中文善本汇刊，商务印书馆、广西师范大学出版社，影印，大本 37 册。

6. 历代史料笔记丛刊，北京：中华书局。已经搜集到 192 本，其中：唐宋 87 本；元明 30 本；清代 75 本。

这些书我并非都曾精读，但大体浏览过，格外有兴趣的读过不止一遍。但是断断续续在 20 年左右的时间里，我并不是笔记小说或笔记史料的专业研究者，我关注的主要领域属于近现代物理学史。阅读笔记小说对我而言，是休闲放松、犒劳自己的重要方式：床头不断地变换着放几本，有时醒来起前读一会儿；有时上床未睡读一会儿。读时毫无学术目的，就是觉得它有趣，也许正因为这样，读起来才完全处于放松状态。在这样的阅读中，虽然没接触正史，但是我却发现自己对中国古代社会、中国古代史的认识在逐渐加深，并且基于笔记中的一些故事我对古代史有了具象的认识，有了历史的感觉，有了看待问题的历史维度与方法。我自己对这一变化的总结是：我并非讨厌历史，我厌恶的可能是古史中的虚构，以及其形式主义的叙事方式。

笔记小说中的叙事当然也有真有假，但阅读笔记小说时，能嗅到的浓郁的沁人心脾的历史与文化气息，是阅读文学名著、诸子经卷、二十四史等等，根本无法比拟的。笔记小说多不是现代意义上的小说，却具有最强烈的代入感，其中的叙述，常给人以身临其境感。而这些都是我在古代正史著述中无法获得的感受。笔记小说的内容有直白写实、简单记录，也有虚构，也有道听途说，那么为什么它能吸引我而正史却不能呢？不否认这与我本人缺乏史学积淀、史学修养有关，但是换个视角，我想更可能与以下这两方面有关：

笔记小说多是达官士人从个人的特殊经历和旨趣出发，以传世或猎奇等为目的对人间万象的记录与叙述。其作者或为广闻博识、阅历丰富的官员，或为读万卷书、行万里路的学者。他们对传统文化有深入的了解，是所在时期国之大事的参与者或目睹者。他们往往是在官退告养、赋闲民间，仕途与功利之心淡薄时才抚往追昔撰写笔记小说的。对他们而言，上流社会的忌讳、官场的奉承、文以载道的羁绊、卫道士的思维，此时往往铅华褪尽，于是文字就更多地显露出其真性情、真慈悲。

笔记小说作者撰写笔记小说时的处境，使得他们往往对民间底层的生活体察入微。这一切决定了笔记小说内容丰富，上至朝廷政治运作下至百姓日用，方方面面无所不及。这大部分内容，尤其一些细节，是没有资格录入正史的。但是被笔记小说作者记录下来，使得后人借此能够窥见古人的一些生活细节。每个时代的人们的生活细节，唯有每个时代的人们的生活细节，才能使那个时代的历史摆脱概念化而具象生动起来，并足以感人。

我真正静心用较多时间以研究的心态读笔记小说，是新冠疫情爆发后这几年，很多时候蜗居在家，于是白天黑夜多以阅读笔记小说自娱自乐。系统分类整理了大量笔记史料，写了多篇文章。但是发表出来的却寥寥无几。这些文字或许值得给他人一阅；又找出几篇此前与之主格调不违和的文稿，集于一处，就有了这本小书。

本书由古代笔记出发，最后却聊到当代科学家的思想，聊到了杰出科学家的培养等话题，这不足为奇。本书作者有一个基本认识：人们的所有学习行为、学术研究行为，哪怕纯粹是学习或研究古代甚至远古的，也无疑都是发自于今天的人。而今天的人之所以学习、了解、研究古代，也是出于他的某种需要，因此虽然学习与研究的对象存在于过去，但研究的结果一定会反馈回今人之身，进而可能与当今社会发生关联与互动。这就如同一个垂钓者，即使他拥有可以抛向过去、抛进历史的鱼钩与鱼线，他最后一定也是把捕获的鱼，无论大与小都要拖拉回今天一样。如此看来，由放眼古代到收回目光注视当下，实属自然而然。但是关注人类的过去却还具有另一层意义：在关注古代的过程中，古代也就一定意义上扎根于研究者的大脑世界；因此在关注古代之后再看当下，与没有古代信息介入而单纯地由当下视当下，已经有了明显的不同，即思绪由古代而回视当下，虽然在表象上是由当下关注当下，但事实上却包含和裹挟着由过去而来的冲力，并且过去的知识（经验与教训）赋予研究者由过去看向当下的思想惯性，因而思绪并不仅仅止步于当下，而一定意义上会撞向未来——这就是我本人对于古人所云以史为鉴的一种解读。这种冲力与惯性，我想对于不同的研究者来说大小和强度会有所不同；笔者虽然难以测算其大小几何、效用哪般，但是可以负责任地给各位读者一个建议：如果时间和精力允许，希望你也试试阅读古代笔记小说，抛却其他目的和期待，读古代笔记小说足以给你带来超过想象的愉悦。

最后不得不说，此书稿撰写过程有些仓促，原本没有近一二年出版研究笔记小说中的科技文化史料著作的计划。但 2021 年获得山西大学学科建设经费支持出一本著作，而在与出版社商议过程中，决定近期出版。因此或多或少有点临时上阵的感觉。好处是对研究笔记史料的工作有一定的推动作用，略有不妙的是打乱了笔者在这一领域的研究计划。现在想来补救的唯一办法就是将此书看作一个开始，接下来第二本、第三本……不断写下去。

第一章 笔记小说中史料的科技文化价值

1.1 笔记小说：研究中国古代科技文化的重要文献源

笔者在 2017 年出版的一本书里，关于开展科技史研究，说过这样一段话："无论研究中国古代科技史还是研究世界科技史，都要以我为本、从我出发，而不是亦步亦趋、人云亦云。对于中国古代科技史研究，我们应该沿着本民族自己的文脉一步一个脚印发微举凡；而对于世界科技史研究，就应该像研究中国古代科技史的若干西方学者所做的那样，从本民族的文化出发，到异域历史文化中去找寻有启发、值得借鉴的有价值的东西。"[1] 对于中国历史文化，外国学者感到新鲜的应该是我们熟知的；外国学者感到极为复杂的应该是我们早该知晓的；外国学者感到困惑的，我们应该是早已研究过的；外国学者眼中关于中国历史文化的问题，应该是我们早已探索甚至解决了的。唯有这样我们才算合格；否则，不仅在学术上，中国学者在心理上也只能仰视西方学者。国外学者的观点与学术视角，我们应该借鉴，但是不能将其看作是研究我们本民族历史文化的唯一指南。

对于历史文化尤其科技史与科技文化，无论中国的还是世界的，都有很多问题值得深思与探究。研究历史的目的是什么？寻根？为了不忘记还是以史为鉴？为了继承与发展？还是所有一切都要兼顾？研究科学思想或科学思

1　厚宇德：《玻恩与哥廷根物理学派》，北京：中国科学技术出版社，2017 年，前言：第 3 页。

想史，单纯依据历代诸子经典，是不是具有学理逻辑上的充分完备性？在历代诸子生活的时期，他们的思想对当时社会、对普通百姓有多大影响？普通百姓了解以及了解多少他们的主张？诸子们了解并熟知百姓的生活生产实践中的智慧吗？如果诸子的主张只存在并流播于诸子之间，那么以这少数人的思想与主张代表并囊括他们生活的整个时代甚至整个民族文化的思想，这种做法如何能够逼近史实？尤其考虑到中国古代的科学技术主要体现为若干技艺（方技），绝大部分源于生产与生活实践；而在很多时期，生产实践活动被视为低贱的事，因而与诸子几乎无关，至少与读书人之间具有较宽的社会隔离带。那么研究科技史与科技文化，我们是不是更应该关注各个历史时期的工匠、郎中、兽医、农民、牧民、猎户、渔夫、士兵等等，而不是那些大儒与士大夫呢？按照这个思路延展开来，所有的合情合理将在一个问题前止步：以这些底层"下人"为研究对象，具有可行性吗？这些人在很多领域不像上层人物那样著书立说，他们的技艺传承往往也没有清晰的谱系记载，很多重要发明的由来都只是以传说的形式存在……诸如此类的思考与念头在我脑海中积年已久。有的感悟来自于自己狭窄的学术认知，有的源于对自己此前研究的反思。

对于这些问题，笔者思索的一个结果是，解决这些问题的一个可能的出路就在古代笔记小说中。在2006年出版的一本书中，笔者特别关注了明代笔记《戒庵老人漫笔》。之所以关注这本书，是因为发现其作者李诩具有较强的特殊性。他七试均落第，其后如其孙所说："日以典籍为娱，即旧师友有当途者，绝不与通。"[1] 他有意识地将自己与当时有社会地位的人士隔离开来，甘于混迹社会底层。因而他具备了与身具功名的学者有明显区别的特征："李诩不是仕途中人，不是宗教人士，他摆脱了名利的羁绊……更熟悉社会底层。"[2] 因此，他著作中的内容应该更能反映他所处时代社会的科技、文化、思想等等的更多真实信息与面貌。这也是笔者选择研究李诩及其著作的理由："李诩不是科学家也称不上哲学家，但《戒庵老人漫笔》将这位明代民间文人的一些所思所想所读记录了下来，通过这一特殊视角，使得我们

1 〔明〕李诩撰，魏连科点校：《戒庵老人漫笔》，北京：中华书局，1982年，序：第1页。

2 厚宇德：《溯本探源：中国古代科学与科学思想史专题研究》，北京：中国科学技术出版社，2006年，第188页。

能够一定程度上了解那个年代的普通的人们关心什么，重视什么，思索什么，怎么看待事物，尤其可以了解那个时代普通学者甚至民间的自然科学知识究竟处于什么程度。”[1]在关注李诩之前，笔者就对中国很多古代笔记小说兴趣浓厚，在此之后则更加有意识地翻阅此类古籍。在进一步搜集笔记小说并挖掘其中的科技史料过程中，逐渐形成了一些新的认识。在这些认识之中，最为重要的一点是，笔者意识到，中国古代笔记小说是深入开展中国古代科技史与科技文化研究不可或缺的重要文献源。

1.2　对笔记小说史料的两种态度

然而，对于以笔记小说中的素材为史料，撰写历史或开展历史研究的做法，自古就存在褒贬不一的态度。

笔记小说存世久远，即使按照比较严格的限定，两汉、魏晋即已经存在这种文体。其中的“笔记”原本是指与“骈文”相对的文体，即较为随意的非骈文的散行著述。因为不需考虑符合任何形式上的限制与要求，所以“笔记”的特点就是简单容易，因此几乎没有技术含量的“笔记”这种文体的地位堪称最低，如《南齐书·丘巨源传》即言：“议者必云笔记贱技。”[2]强调的就是这种文体随手而记，不像撰写骈文那样讲究对仗与声韵，因此“笔记”是指几乎无需技巧的文字记录。不过后来由于很多著名大文人赋闲时往往都撰写笔记，由此笔记中不乏脍炙人口的文字。“小说”一词的内涵和渊源较为复杂，如清代人所说：“盖小说之名虽同，而古今之别相去天渊。”[3]“笔记”与“小说”一般而言本不是一回事：“其实‘笔记’并不都是小说；古代‘小说’也并不限于‘笔记’一体。”[4]但是无论如何，二者之间有些交集。今人的“小说”概念仅指文学家基于虚构情节而创作的以描写人物故事为主的文

1　厚宇德：《溯本探源：中国古代科学与科学思想史专题研究》，北京：中国科学技术出版社，2006年，第198页。
2〔南朝〕萧子显：《南齐书卷五十二·列传第三十三》，北京：中华书局，1972年，第894页。
3〔清〕刘廷玑：《在园杂志·卷二》，北京：中华书局，2005年，第82—83页。
4　刘叶秋：《历代笔记概述》，北京：北京出版社，2003年，第3页。

学体裁。在古代，有人指出，小说这种文学创作形式的出现与宋仁宗的关系颇大：

> 小说九百，本自虞初，此子部之支流也。而吾乡村里辄将故事编成七言，可弹可唱者，通谓之小说。据《七修类稿》云：起于宋时，宋仁宗朝太平盛久，国家闲暇，日欲进一奇怪之事以娱之，故小说兴。如云话说赵宋某年，又云太祖、太宗、真宗帝，四帝仁宗有道君。瞿存斋诗所谓“陌头盲女无愁恨，能拨琵琶说赵家”，则其来亦古矣。[1]

本书作者无意深入辨析“笔记”与“小说”的异同，也不想尝试为“笔记小说”下严谨的定义。凡古人记载其亲身经历、所读所思所想，以及耳闻目睹之街谈巷议、道听途说者的书籍，无论是有一说一的写真或者是漫无边际的幻想、玄想，无论是严谨求实还是过度离奇夸张，笔者均视之为笔记小说。在笔者看来，笔记小说在记载史料与文化风貌方面具有其他文体难以比拟的优势。本书中对于很多问题的分析、论述，多以笔记小说中的史料为重要依据。然而如本节开题所言，自古以来，对于笔记小说所载可否充当史料，一直存在截然不同的看法。

无论史家们是否在意，历史以及治史方面的话题历来是诸多笔记小说作者较为关注的内容之一。明代谢肇淛在《五杂俎》中指出，刚直不阿、秉笔直书应该是史家必备的专业品质：“董狐之笔，白刃临之而不变；孙盛《阳秋》，权凶怒之而不改；吴兢之书，宰相祈之而不得；陈桱之纪事，雷电震其几而不动容。如是者可以言史矣。”[2]关于治史方法，清代王应奎在笔记小说中指出：撰修史志“不当仅以前志为蓝本”，并表达了“修志之难，难于人物”等颇有见地的观点：“余窃谓凡修志者，不当仅以前志为蓝本，须遍考名人文集，凡有前志所不载而见于集中者，悉当补入。然所谓名人者，又必视其品诣以为重轻。望溪方氏云：‘高邑赵忠毅公，有明一代可数计之君子也。同时官于畿辅，风节治行，见于公文，确乎有据者二十余人，而郡县

1 〔清〕梁章钜：《清代笔记小说大观（四）·归田琐记》，上海：上海古籍出版社，2007 年，第 3877 页。
2 〔明〕谢肇淛：《明代笔记小说大观（二）·五杂俎》，上海：上海古籍出版社，2005 年，第 1779 页。

旧志无一及焉。观其所不载，则其所载者可尽信乎？’诚哉修志之难，难于人物也！”[1]这类论述对于我们跨越时空了解古人如何看待历史，大有帮助。

笔记小说虽然归于一类，但是翻阅一本笔记小说集可以看出，其内容和文风有时是差异之大不可以道里计。由于撰写者众多，因而笔记小说的内容良莠不齐也实属自然而然。宋代叶梦得在《避暑录话》中曾说：

> 士大大作小说，杂记所闻见，本以为游戏，而或者暴人之短，私为喜怒，此何理哉！世传《碧云騢》一卷，为梅圣俞作，皆历诋庆历以来公卿隐过，虽范文正亦不免。议者遂谓圣俞游诸公间，官竟不达，怼而为此以报之。君子成人之美，正使万有一不至，犹当为贤者讳，况未必有实。圣俞贤者，岂至是哉！后闻之乃襄阳魏泰所为，嫁之圣俞也。此岂特累诸公，又将以诬圣俞。欧文忠《归田录》自言以唐李肇为法而少异者，不记人之过恶，君子之用心当如此也。[2]

这种假托他人之名撰写笔记小说，诋毁世人以达到嫁祸于人的目的的行为，无论古今都不可取。同时也可以看出，这样的笔记小说属于少数，有品行的读书人心里具备撰写笔记小说的道德尺度。

明代的陆容在《菽园杂记》中也指出了笔记小说的一种不足：

> 凡小说记载，多朝贵及名公之事。大抵好事者得之传闻，未必皆实。如以“旧女婿为新女婿、大姨夫作小姨夫”之句为欧公者，后世娶妻妹辄据以为口实。尝考公年谱，公初娶胥氏，翰林学士偃之女。继娶杨氏，集贤院学士谏议大夫大雅之女。三娶薛氏，资政殿学士户部侍郎奎之女。行状、墓志皆同。是知此说，好事者为之也。此犹未为害事，若某诗话记司马温公私狎营妓，王荆公以诗戏之，其为污染名德甚矣。盖温公固不为此，荆公端人，追之戏之，恐亦非其所屑为

1 〔清〕王应奎：《清代笔记小说大观（三）·柳南随笔》，上海：上海古籍出版社，2007 年，第 2412—2413 页。

2 〔宋〕叶梦得：《宋元笔记小说大观（三）·避暑录话》，上海：上海古籍出版社，2001 年，第 2613 页。

也。辟而不信为宜。[1]

陆容所论揭示了笔记小说有的内容属于道听途说、格调低俗的不实八卦。涉及史事，如清代昭梿在《啸亭杂录》所载，笔记小说作者不做深究考证而遗留笑柄之作也并不罕见：

《随园随笔》中载宋太宗高梁之败，中辽人弩箭以崩，虽本王铚《默记》，然太宗自幽州败归后二十余年始崩，弩箭之毒焉能若是之久？况《默记》所载狄武襄跋扈，韩魏公擅权，至以司马温公之劾王广渊乃授执政之指，直与胡纮之劾真、魏可同传矣，其踳驳不一而足，奚足据为典要？至赵瓯北《檐曝杂记》，以汤若望、南怀仁至乾隆中犹存，其言直同呓语。未审老叟何以昏愦若此，亦著述中一笑柄也。[2]

不啻有人叙事失之严谨，昭梿在《啸亭杂录》中更是指出有的笔记小说作者颠倒黑白、混淆忠奸，出于某种目的故意歪曲史实：

纪晓岚宗伯《滦阳续录》载五火神事，力辨其妄。因思委巷琐谈，虽不足与辨，然使村夫野妇闻之，足使颠倒黑白。如关公释曹，潘美陷杨业，此显然者。近有《承运传》，载朱棣篡逆事，乃以铁、景二公为奸佞。又有《正统传》，以于忠肃为元恶大憝。又本朝佛抚院盲词，以李文襄公为奸臣，包庇其弟。此皆以忠为奸，使人竖发。不知作俑者始自何人，任使流传后世，不加禁止，亦有司之过也。[3]

然而，也不能因为笔记小说中存在这些问题而彻底否定它的文献与史料价值。事实上，有些“史书”又何尝不是问题多多？正如明代笔记中所载，

1 〔明〕陆容：《明代笔记小说大观（一）· 菽园杂记》，上海：上海古籍出版社，2005 年，第 390—391 页。

2 〔清〕昭梿：《清代笔记小说大观（五）· 啸亭杂录》，上海：上海古籍出版社，2007 年，第 4728— 4729 页。

3 〔清〕昭梿：《清代笔记小说大观（五）· 啸亭杂录》，上海：上海古籍出版社，2007 年，第 4631 页。

因为明代史官失职，导致当时民间野史、私史撰写者颇多。这类以纯粹记史为目的的著作，不可靠之处更是有之过无不及：

本朝史氏失职，以故野史最多，如弇州《史乘考误》所列，其不足据明甚，而仇口污蔑，颠倒是非，又有弇州所不及见者。如近年浙中一士绅，亦登万历初元甲榜，屡踬仕路，官不及墨绶而罢，著一私史，纪世、穆两朝事，自署永昭二陵信史。其中舛缪不必言，即如每科所举士，则总署曰是年得士，某某以功业文章著，某某以贪酷奸邪著，俱信笔任口，无一得实。有罹其毒而先知者，辄以重赂相恳，则凿去姓名，别易一人，又赂则又改，其楮墨互换处，一览洞然，士大夫恨恶之，而其人素横秽，无屑与辨者。至耿楚侗尚书虽与江陵素厚，要其生平自在，乃至云与徐文贞谋叛，盖两人俱其深仇也。又自云江陵夺情，欲草疏纠之，为其所觉，构陷被谪，此不惟无疏可据，即考当时年月，亦了不相涉，此等书流传，祸后世不小，弇州若在，又不知如何浩叹也。[1]

不仅野史、私史之可信度不高于笔记小说，明代谢肇淛指出，即使历朝历代作为正史主要依据的皇家《实录》也多不可信——“实录难据”：

本朝无国史，以列帝《实录》为史，已属纰漏，乃太祖录凡经三修，当时开国功臣，壮猷伟略，稍不为靖难归伏诸公所喜者，俱被划削。建文帝一朝四年，荡灭无遗，后人搜刮捃拾，百千之一二耳。景帝事虽附英宗录中，其政令尚可考见，但曲笔为多。至于兴献帝，以藩邸追崇，亦修《实录》，何为者哉！其时总裁费文宪等苦无措手，至假借承奉长史等所撰《实录》为张本，后书成俱被酿赏，至太监张佐辈滥受世锦衣，可哂，亦可叹矣！今学士大夫有肯于秘阁中借录其册、展其书者乎？止与无只字同。其修承天大志亦然，但开局太迟，词林

1 〔明〕沈德符：《明代笔记小说大观（三）· 万历野获编》，上海：上海古籍出版社，2005 年，第 2561—2562 页。

诸公各具事希宠，纷纷不定，比成，未几则世宗已升遐矣。总之，皆不经之举也。[1]

明朝有人如此撕《实录》的权威面具，谁能保证其他历朝历代《实录》都是真实可信的？正因为对于历史的真实性有了较为清晰的认识，明代的朱国珍才有“史之难信”之慨叹：

世言伯道无儿，谓无天道。夫避难时，子侄不两全，弃子抱侄，犹曰“念兄无后，不得已弃之”。然子能脱缚走，至暮追及，独不可并携去乎？又再缚之而去，则天性灭矣。其无子固宜。余谓此史臣描写太过，伯道决不狠戾至此。甚矣，史之难信，观者不可不辨也。[2]

因此，有一点我们必须承认：在各种古代治史依据中，不仅笔记小说难以确保句句言之凿凿、真实可信，在中国古代家天下社会中的其他史料，也都没有绝对的可信度。只有认识到这一点，我们才能辩证看待、正确评价笔记小说的科技文化与史料价值，对它持包容的心态。事实上，古人对于笔记小说的史料价值早有肯定性认识，如清代笔记作者认为，笔记小说虽有妄谈，却多有所据：

稗史小说虽皆委巷妄谈，然时亦有所据者。如《水浒》之王伦，《平妖传》之多目神，已见诸欧阳公奏疏及唐介记，王渔洋皆详载《居易录》矣。近有《盛世鸿图》杂剧，演曹彬南征故事，谓南唐有妖道某，能使药迷宋将，自相残杀。语虽怪诞不经，按《北史》，魏冀州沙门法庆以妖词惑众，与李归伪作乱，自号“大乘王”。又合狂药令人服之，父子兄弟不复相识，以杀害为事，后为刺史元遥所破。然亦有所托也。[3]

1〔明〕谢肇淛：《明代笔记小说大观（二）·五杂俎》，上海：上海古籍出版社，2005年，第1959页。
2〔明〕朱国祯：《明代笔记小说大观（四）·涌幢小品》，上海：上海古籍出版社，2005年，第3521页。
3〔清〕昭梿：《清代笔记小说大观（五）·啸亭杂录》，上海：上海古籍出版社，2007年，第4680页。

我们前文说过，虽然明人不再盲目相信《实录》的真实性，也藐视明代史官，但是明代人却高度肯定笔记小说的可信性："近记时事小说书数十种，大抵可信者多。惟《双溪杂记》、《蹇斋琐谈》二种好短人，似其好恶亦欠端。然《杂记》中言哈密事却是。彭幸庵忠孝刚方，有大臣风节，其处哈密，能无遗憾也。"[1]

宋代的朱弁在《曲洧旧闻》归纳了史官记事的四种主要依据及其不可信处：

> 凡史官记事，所因者有四：一曰时政记，则率相朝夕议政、君臣之间奏对之语也；二曰起居注，则左、右史所记言动也；三曰日历，则因时政记、起居注润色而为之者也，旧属史馆，元丰官制属秘书省，国史案、著作郎佐主之；四曰臣僚行状，则其家之所上也。四者惟时政记执政之所自录，于一时政事最为详备。左、右史虽二员，然轮日侍立，榻前之语既远不可闻，所赖者臣僚所申，而又多务省事，凡经上殿，止称别无所得圣语，则可得而记录者，百司关报而已。日历非二者所有，不敢有所附益。臣僚行状于士大夫行事为详，而人多以其出於门生子弟也，类以为虚辞溢美，不足取信。虽然其所泛称德行功业，不以为信可也。所载事迹，以同时之人考之，自不可诬，亦何可废？予在馆中时，见重修（哲宗实录》，其旧书于一时名臣行事既多所略，而新书复因之，于时急欲成书，不复广加搜访，有一传而仅载历官先后者，读之不能使人无恨。[2]

为弥补依据通常史料撰史之不足，朱弁想到的有效办法就是广阅笔记小说："《新唐书》载事倍于《旧》，皆取小说。本朝小说尤少，士大夫纵私有所记，多不肯轻出之。予谓史官欲广异闻者，当听人聚录所闻见，如（段太尉逸事状》之类，上之史官，则庶几无所遗矣。"[3]

宋代王明清在其笔记小说中引用了徐敦立向他阐述的一番史论。其言几

1 〔明〕郑晓：《明代笔记小说大观（一）· 今言类编》，上海：上海古籍出版社，2005 年，第 835 页。
2 〔宋〕朱弁：《宋元笔记小说大观（三）· 曲洧旧闻》，上海：上海古籍出版社，2001 年，第 3022 页。
3 〔宋〕朱弁：《宋元笔记小说大观（三）· 曲洧旧闻》，上海：上海古籍出版社，2001 年，第 3022 页。

乎为朱弁观点的重述：

徐敦立语明清云："凡史官记事，所因者有四：一曰时政记，则宰、执朝夕议政，君臣之间奏对之语也；二曰起居注，则左右史所记言动也；三曰日历，则因时政记、起居注润色而为之者也，旧属史馆，元丰官制属秘书省国史案，著作郎、佐主之；四曰臣僚墓碑行状，则其家之所上也。四者惟时政、执政之所日录，于一时政事最为详备。左右史虽二员，然轮日待立，榻前之语，既远不可闻，所赖者臣僚所申，而又多务省事。凡经上殿，止称别无所得圣语，则可得而记录者，百司关报而已。日历非二者所有，不敢有所附益。臣僚行状，于士大夫行事为详，而人多以其出于门生子弟之类，以为虚辞溢美，不足取信。虽然，其所泛称德行功业，不以为信可也；所载事迹以同时之人考之，自不可诬，亦何可尽废云。度在馆中时，见《重修哲宗实录》。其旧书崇宁间帅多贵游子弟以预讨论，于一时名臣行事，既多所略，而新书复因之。于时急于成书，不复广加搜访，有一传而仅载历官先后者。且据逐人碑志，有传中合书名，犹云'公'者，读之使人不能无恨。《新唐书》载事，倍于《旧书》，皆取小说。本朝小说尤少，士夫纵有私家所记，多不肯轻出之。度谓史官欲广异闻者，当择人叙录所闻见，如《段太尉逸事状》、《邺侯家传》之类，上之史官，则庶几无所遗矣。欧阳公《归田录》初成未出，而序先传，神宗见之，遽命中使宣取。时公已致仕在颍州，以其间所记述有未欲广者，因尽删去之。又恶其太少，则杂记戏笑不急之事，以充满其卷秩。既缮写进入，而旧本亦不敢存。今世之所有皆进本，而元书盖未尝出之也。"[1]

可见宋代是有其他学者认可朱弁的史料观的。

1〔宋〕王明清：《宋元笔记小说大观（四）· 挥麈录》，上海：上海古籍出版社，2001 年，第 3629—3630 页。

1.3　笔记小说为什么是研究我国古代科技文化不可或缺的文献？

笔记小说中史料的重要性，是由笔记小说作者从特殊写作视角出发所选择的记录内容本身所决定的。

第一，笔记小说内容能较好地弥补科技史研究过程中，其他文献中关键史料的不足；笔记小说是研究古代科技文化不可忽视的重要史料库。中国历史上重要的科技创造发明多为正史所不载，基于正史或常见重要典籍，无法连贯地撰述中国古代科技文化。与现代小说不同，笔记小说多是达官士人从个人的特殊经历和旨趣出发，以传世或猎奇为目的，对耳闻目睹的人间万象的记录与评价。《旧典备征》作者清代朱彭寿在谈及笔记小说撰写时说："公退多暇，惟以文史自娱，凡夫艺苑遗闻、中朝故事，涉猎所及，辙裁矮纸漫笔记之。"[1] 笔记小说的作者或为广闻博识、阅历丰富的官员，或为读万卷书、行万里路的学者。他们对传统文化有深入的了解，是所在时期国之大事的参与者或目睹者。他们往往在官退告养、赋闲民间、入仕与功利之心淡薄时抚往追昔才撰写笔记小说的。此时他们对民间底层的生活往往体察入微。这一切决定了笔记小说中上至朝廷政治运作下至百姓居家日用，方方面面无所不及，内容极其丰富、庞杂。鲁迅曾引明胡应麟的小说六分法：志怪、传奇、杂录、丛谈、辩订、箴规，此法也大体适合概括笔记小说"杂"的特点。正因为内容庞杂，与创造发明有关的历史信息才得以成为笔记小说中的一部分。对于包括工匠生态等等难入主流著述的事物，笔记小说往往有较为难得的记述。笔记小说中有创造发明类史料，这是公认的事实。沈括的《梦溪笔谈》是笔记小说的典范，被李约瑟誉为"中国科学史上的里程碑"，里面有关于天文、数学、中医等诸多科技领域的记载。正是此书对活版印刷术的明确描述，激发了学界对中国古代活字印刷史的研究热情。笔记小说数量巨大，上海古籍出版社的《历代笔记小说大观》有 6 册两宋笔记，而大象出版社的 102 册《全宋笔记》，仅属精选。全面挖掘笔记小说中创造发明类史料并做系统研究，是萃取民族创新基因、绘制其发展图谱、展现本土科技文化

1 〔清〕朱彭寿：《旧典备征》，北京：中华书局，1982 年，自序：第 17 页。

传统的重要途径。随着多种笔记小说丛书的次第刊行，随着文献处理技术的进步及笔记小说数据库的出现，在前所未有的更全面意义上整理研究历代笔记小说中关于创造发明的史料已经较为可行。

第二，古代科技史研究不仅要重视史料，还当注重探索社会与制度环境以及文化氛围与科技的关系。笔记小说史料在此视角下尤为重要。本书作者在研读笔记小说时发现，根据得之于其中的珍贵史料，能够破解古代创造发明与历史、社会与哲学相关的若干遗留难题。如能解决中国传统主流文化虽欠缺科学基因，但中国古代却多有创造发明的这一学理矛盾。中国传统文化稍早以诸子百家为主角，自两汉逐渐奠定了以儒家为核心、儒释道共存的格局。在中国古代的显学中，除了短命的墨家学派较为重视科技外，几乎再没有哪一家将弘扬科技列为主旨。能工巧匠没有登堂入室的资格，也没有创立显学的门径，至多只为民间匠人所祭拜。宋梅尧臣诗云："陶尽门前土，屋上无片瓦。十指不沾泥，鳞鳞居大厦。"诗写的是"陶者"，但能够反映两汉以来中国工匠的总体境遇。创造发明丰硕、技术（技艺）在世界领先，技术（技艺）拥有者的社会地位却很卑微，此现实在中国几千年封建社会里未曾发生根本变化。1953 年，爱因斯坦说，"中国贤哲"没达到古希腊与文艺复兴时西方的思维高度，但在中国，"令人惊奇的倒是这些发现（指重要的创造发明——笔者注）全都做出来了。"爱因斯坦的惊奇揭示出一个难解的困惑：从"中国贤哲"的思想出发，无法构造出使中国古代诸多创造发明自然而直接诞生的逻辑通道。李约瑟也曾表达过类似的困惑：中国的古代科学一直停留在经验阶段，只有原始或中古型的理论，那么中国古人又是如何创造出技术发明上诸多奇迹的呢？遗憾的是李约瑟并未在著作中对此展开专门的充分讨论。笔记小说里的史料使笔者认识到，令爱因斯坦和李约瑟困惑的根本原因是：在世人所谓的"中国传统文化"里，没有囊括孕育并支撑中国古代创造发明的独特文化成分。换言之，包括爱因斯坦在内的世人所说的古代"中国贤哲"，不包括长期存在并默默发挥重要作用，却为中国主流传统文化所轻视并忘却的古代科技贤哲。经过多年对笔记小说的研读和思考，本人肯定地说，基于其中的珍稀史料，能够论述并重构被"中国传统文化"所摒弃的、以匠人为核心的中国古代科技文化，从而化解爱因斯坦、李约瑟等人的学理困惑，并使中国传统文化的内涵更加全面、丰满。当然，能破解的问题并不仅限于此。他山之石可以攻玉，本人为了透彻看待中国古代科技问题，也一向重视开展中西文化之对比研究。

1.4　科技文化研究是对科技史研究空间的拓展

任何人都不会年年岁岁、朝朝暮暮持续做哲学思考，而更多的是交融于眼前的世俗生活。世俗生活的目标是为了更好地活着。衣食住行、柴米油盐酱醋茶，样样不可或缺；但这方方面面对于社会人而言，已经不仅仅只具有物质属性，而是处处为文化浸染。如果周遭世界只具有物质属性，那么人就不能为人；可以说，人生活在文化中，或浓或淡，或高雅或低俗。在社会文化的本体中，存在类似人体中血液循环系统或中枢神经系统，甚至如中医所说的脉络那样相对自循环的多种系统，每个系统各有其功能，皇权官僚政治系统、军事系统、教育系统、商业系统都是这类典型的系统，这其中就包括在近现代强力凸显的科技系统。在所有的历史典籍中，笔记小说多出自学界、政界名流之手，却是最能容纳、最具有生活气息的一类著述。

20 世纪 80 年代末、90 年代初，中国科技大学钱临照、张秉伦两位教授指导张江华博士系统研究了明清笔记中的科技史料。[1] 研究结果表明："明清笔记从整体上大致描述了这时期中国科技发展的面貌。"[2]

在笔者看来，本书是一本科技文化著作。科技史研究与科技文化研究的关系，完全同构于历史研究与文化研究的关系。无论其他学者持有多少与此相关的不同的学术观点，在笔者看来，科技文化研究与科技史研究最大的不同在于，前者具有极大拓展后者研究空间的可能性。其中的道理在于，史学研究虽然难以彻底做到，但必须最大限度地建立在实证方法的基础之上；与此不同，文化研究则事实上完全可以并且必须虚实兼顾。历史是后人梳理过去史实的产物，在中国的史学观念中，"以史为鉴"是史学存在价值与主要作用的集中体现。然而"以史为鉴"只对于那些萌发了此意识的后人才有一

1　张江华:《明清笔记中的科技史料价值研究》，合肥：中国科学技术大学，1991 年。

2　张江华:《明清笔记中的科技史料价值研究》，合肥：中国科学技术大学，1991 年，第 116 页。

定作用。与此不同，文化是任何人生活都不能彻底脱离并受之影响的社会“空气”：不需要任何人有意识控制，在正常的情况下，在毫无意识的情况下，人就已经受到它的影响。原则上所有人类的社会行为、精神活动，都是文化大院里的花草。文化可以包括真山真水，也可以包括雾里看花的亦真亦幻，还包括朦胧望月而产生的联想与神话传说。因此，文化研究如果只靠实证、只建立于历史进程与现在未来的完全唯物的“物理”世界，那一定是畸形的、片面的。

盘古开天辟地、人祖女娲造人、后羿射日、夸父追日、嫦娥奔月、精卫填海，诸如此类的神话故事，是历史的真实吗？当然不是，然而这些故事却实实在在影响过中国古人，并且在很长的历史时期里中国古人对这些信以为真。存在鬼神吗？仙佛、天帝与天堂存在吗？阎罗王与地狱存在吗？唯物主义者当然不会信以为真，而必定给出否定答案。然而，多数中国古人千百年来却相信这些都是真实的存在。在多数古人看来，鬼与神以及一些仙佛神怪不仅存在，还能影响人世间的世界。比如，东北地区的“大神”可以让只在评书、演义、戏剧中的人物附体显灵，对于相信求仙、跳大神的人而言，这些人类虚构的神灵就是真实的存在。这类文化模式不仅仅存在于东北地区。晚清义和团信众里，普遍信以为真的可以请降附体的神灵谱中，就有孙悟空这样的神话人物。因此，研究中国古人的世界与生活，不可避免地与神话传说、风俗信仰等等发生难以割离的关联。这更多地属于文化研究而不是历史研究。但是研究历史问题又不能不关注风俗习惯与宗教信仰等诸多精神世界的问题，虽然从唯物主义观点来说，他们是人的虚构，不能独立于人的存在。

文学或风俗虚构的神话人物，一般不能当作历史人物去研究与认识，并载入史册。但是，从文化的角度出发，处理神话传说、风俗习惯、宗教信仰等，却毫无阻碍，因为它们都是文化的核心组成部分。而单纯从历史视角出发，把客观的人类历史建筑在虚构的、古代甚至原始的精神与社会心理之上，却容易造成对历史建筑主体的弱化、侵蚀与风化。另一方面，人们很自然地对历史叙事提出真实性、可信度与准确性等方面的苛求，即人们在心理上期待历史叙事不仅是真实的、可信的，而且是唯一的、极致的。然而对于文化叙事，人们从一开始就不奢求人物的真实性、事件发生时间与事件发生地点的准确性。换言之，在讨论文化问题时，问题的语境决定了执着于叙事的“精准”是不必要的、毫无意义的。因此，从这个角度而言，笔者认为对于古代社会的文化研究，智力纵横空间更为通畅；而在这通畅的研究空间中，历史研究可以作为文化研究的一个子集、一个大建筑的一部分，或其中的一座精致阁楼，甚至是其中的一颗闪光的镶嵌物。

最后要说的是，笔记小说多出自文人的手笔。在他们撰写笔记时，他们的态度是极为认真的，多有流传后人、后世的期待。因此，他们往往不因为其中内容的荒唐而认为是虚构。然而虚构也不可怕，虚构距离现实生活很多时候也不久远，也不存在无法跨越的鸿沟。笔记小说与纯粹文学作品的小说之间，往往存在着无断层的时空关联。

笔者出生于东北，并在那里生活了几十年。在电视走进人们生活之前，在东北的农村，尤其在每年漫长的冬季里，人们最大的乐子与消遣是什么？是听评书。围着少有的收音机听刘兰芳、袁阔成等人的评书。在没有收音机的时候听说书先生讲评书。而内容也多是《三国演义》《隋唐英雄传》《七侠五义》《水浒传》《杨家将》《呼家将》《薛刚反唐》《西游记》之类。而另一方面，那时候的东北农民没有什么渠道去学习和了解二十四史等正史，因此至少在那个时期，东北农民的历史知识也就来自于嗑着瓜子、喝着茶水中听到的这些评书。他们不怀疑在评书先生讲的那些扣人心弦的情节中出现的历史人物的真实性；在农村“跳大神”时，经过“二神”的说唱邀请，请下来的神是樊梨花、孙悟空、猪八戒，也不会有人觉得吃惊或好笑，他们都是村民所相信的特殊的存在。这个现象，不仅仅是东北地区的特殊文化，事实上这是中国农业文化的一个常态现象，如清代人就说过：

《三国演义》不知作于何人。东坡尝谓儿童喜看《三国志》影戏，则其书已久。尝闻有谈《三国志》典故者，其事皆出于《演义》，不觉失笑。乃竟有引其事入奏者。《辍耕录》载院本名目有《赤壁鏖兵骂吕布》之目。雍正间，札少宗伯因保举人才，引孔明不识马谡事。宪皇怒其不当以小说入奏，责四十，仍枷示焉。乾隆初，某侍卫擢荆州将军，人贺之，辄痛哭。怪问其故。将军曰：“此地以关玛法尚守不住，今遣老夫，是欲杀老夫也。”闻者掩口。此又熟读《演义》而更加愦愦

者矣。“玛法”，国语呼祖之称。[1]

不仅民间如此，在中国古代将纯粹的小说收入正统史书的做法，也曾真实存在：“《续文献通考》以《琵琶记》、《水浒传》列之《经籍志》中，虽稗官小说，古人不废，然罗列不伦，何以垂后？近则《钱遵王书目》亦有《水浒传》，明时《文华殿书目》亦有《三国志通俗演义》。”[2]

以上所述种种，可能会令读者对历史产生五味杂陈之感。本书作者不是历史虚无主义者，对历史有足够了解之后，个人的主要的感受是对治史之艰难体会更深，另外则是在研读历史、分析历史问题时，对尽人皆知的常识，有时本能地敢于画上个问号。

1 〔清〕姚元之：《清代笔记小说大观（五）· 竹叶亭杂记》，上海：上海古籍出版社，2007 年，第 4896 页。

2 〔清〕阮葵生：《清代笔记小说大观（三）· 茶余客话》，上海：上海古籍出版社，2007 年，第 2881—2882 页。

第二章 以农桑业为基础的核心传统文化

2.0 引言

中国是历史悠久的农业国家，中国古代文化史就是一部农业社会文化史。男耕女织、重农抑商，一直是古代中国社会基本的生产生活模式、社会理念，以及政治依托。

基于笔记小说中的史料和其他典籍文献的支持与印证可知，中国古代社会的礼乐文化格局，最迟在周代即已经成熟。笔记史料表明礼乐文化以当时的桑蚕农业文明为经济基础，桑蚕文明既是礼乐文化的社会生活基础，也是礼乐文明的物质保证。笔者曾对历史上后来主要由儒家推崇、弘扬的礼乐文化心存反感，主要是厌恶其媚皇权、重形式等属性。但是，当看到历史一旦进入道德沦丧、文明退步的阶段，社会上就会出现诸类豪强的随心所欲、为所欲为，才意识到在古代社会，强调和推广礼乐文明，是有其重要的现实意义的。因此，我们必须充分肯定礼乐文明的价值与社会作用。

农业文化积累了农历、农时等农业知识，也发明了一些重要的农具制造等技术与工艺，还诞生了农业社会的理性自然观。在丝弦乐器的演奏实践中，中国古人较早就发现了琴弦间的共鸣现象，并将其作为万事万物互相感应的最直接证据。由此，发现了关于事物相互联系与变化动力来源的一条基本定律，用宋代思想家的话说，即："天地间只有一个感与应而已，（除此之外）更有甚事？”[1]感与应构成了事物之间的相互作用，一切现象都可以根据事物间的相互作用去解释，这一观点本身，即使放在纯粹自然科学范畴，也完全正确。牛顿在其《自然哲学的数学原理》一书的第一版序中写道：“哲学的全部任务看来就在于从各种运动现象来研究各种自然的力，而后用这些力去论证其他的现象。”[2]电磁学明确了电磁相互作用是以电磁场为媒介的，而在此之后的各种场论，都是在研究特殊类型相互作用的机制。杨振宁说：“相互作用就是力量”，而“对称决定力量”[3]。20世纪物理学家发现物理学只存在四种最基本的相互作用，这是截至目前人类在认识自然界过程中得到的最重要的结论之一。

几乎所有农作物（包括水果与蔬菜）都是人类由野生植物中优选、培育而来的。因此培育农作物是早期农业社会的艰巨任务，也是对于后世的巨大贡献。在地球上，野生植物以及由其培育而来的农作物具有区域分布差异性。因此，不同地区、不同民族、不同国家之间优质农作物的交流与引进，在农业社会也一直是极其重要的大事。就中国而言，我们今天常见的一些农作物与蔬菜，引进时间并不久远，很多都在明清时期。玉米、优良稻种、红薯、马铃薯等农作物的引进，对于中国社会尤其人口的发展具有重要的基础保障作用。在农作物交流与引进过程中，少数民族地区是重要的试验区与中转站。

在农业社会，如前所述，乐文化是标志性的基本文化形式，它的内涵与作用远远超越了艺术形式本身，因此，对其历史应该有超越今天纯粹音乐史意义的关注。笔者在做此努力过程中发现，神话以及圣贤造乐是充斥中国文化的基本史观。而事实上对于古代音乐有直接贡献的底层乐工，整体社会地位极为低贱。而极少数在个别时期得到帝王青睐的乐工虽可以具有较高的社会地位，但不能改变在古代社会“音乐工作者”实为“贱人”的社会地位。而这个结论，与封建社会所有科学技术类官员社会地位整体低贱的史实相一致。

1〔宋〕程颐、程颢：《二程遗书》，上海：上海古籍出版社，2000年，第198页。

2 牛顿著，H.S.塞耶编：《牛顿自然哲学著作选》，王福山译，上海：上海译文出版社，2001年，第16页。

3 杨振宁：《杨振宁文集（上）》，上海：华东师范大学出版社，1998年，第364页。

造纸术是中国古代四大发明之一。纸在中国古代用途广泛，除了刊印书籍，作为笔墨纸砚之一，它是书画艺术的主要载体，纸还是书信、剪纸艺术等的载体。纸的广泛用途是缔造纸文化的基础。第 2.5 节涉及历史上的名纸，笔记小说中关于纸张用途的各种记载，其间笔者发现“叶子格”是长卷与刊印书籍之间的，处于由前者向后者过渡期的借助纸张的文字载体形式。书中还列举了纸张用途深度开发的多种形式，以及纸张的奇特应用。并讨论了造纸技艺的传承问题，以及造纸业养生的技术与新职业。

发明用火和取火是人类发展史上的大事，中国古人对火的认识是其自然观中的重要内容。火伴随着人类的繁衍生息，因此，火文化内容也丰富多彩。第 2.6 节介绍了中国古人逐渐认识火的过程，中国古代的取火用具及取火方法，历史上围绕火浣布的争论，古人防火救火设施与工具等话题。

2.1　桑 · 蚕 · 丝 · 弦：笔记小说视域的一条重要中华文脉

2.1.1　引言

中国古代文化的核心内容定型于何时？其基本内涵具体包括哪些内容？其定型的社会经济基础是什么？支撑这些文化核心的技术（技艺）与思想方法及其发展脉络如何？经过积年思考与论证，笔者发现基于古代笔记小说中的记载，能够较好地回答这些问题。阐述本话题的文章曾发表于《服饰导刊》[1]，此处对原文内容略有改动。

中华民族创造的历史悠久的桑蚕文化对中华民族传统文化具有决定性的深远影响，在历代笔记小说中散存较多与此相关的叙述与记载，将其汇集起来，显露出中华文明内核中桑蚕文化的双螺旋 DNA，如点燃静室里的香，其神韵袅袅娜娜、牵曳人心。

1　厚宇德：《桑 · 蚕 · 丝 · 弦：笔记小说视域的一条重要中华文脉》，载《服饰导刊》，2021 年第 3 期，第 6—12 页。

特殊的地理环境和先民超凡的智慧使古代中原地区成为桑蚕文化的发源地，中华先民进而发明了由养蚕、蚕茧抽丝到丝绸制作与应用的一系列技术。桑蚕业在国家层面具有重要的经济价值与战略意义。正因为汉朝拥有丝绸产品，才出现了著名的连接欧亚板块的丝绸之路（Silk Road）。有学者认为，桑蚕文化与稻田文化并列，构成了汉文化的主体："采桑、养蚕、缫丝、丝绸与染织及其传说习俗等构成的桑蚕文化，与稻田文化一起，标志着农耕文明的成熟，是汉文化的主体文化。"[1] 稻田文化固然有其重要的历史与文化意义，但是大量史实表明，多条汉文化重要支流都源于远古的桑蚕文化，因此桑蚕文化对中华民族传统文化的影响更为巨大。稻田文化发源于南方（很可能是江西），水稻种植向较大范围推广，已经是宋朝时期的事情；而中原以黄河流域为核心的中华文明，其基本塑形早在秦汉之前即已经大体完成。孔夫子说"克己复礼为仁"，他所说的礼即指西周的礼乐制度。桑蚕业与丝绸制作技术的出现、华服锦裳与礼制相结合，为中华文化注入了独特基因，使其较早拥有了独特的旨趣——格外重视服饰文明，冕服采章而曰华。《天工开物》认为，有无着装是人与禽兽的区别。[2] 而《管子·君臣》篇说："衣服所以表贵贱也。"服饰成为身份的标志，是社会礼仪的重要表现形式，相关理念对后世影响深远。通过元代画家任仁发的《张果见明皇图》等画作，可以感受中国古代华衣锦裳的风采。

图 2.1　张果见明皇图

1　苏州大学丝绸文化与产品编写组：《丝绸历史与文化（6）》，载《现代丝绸科学与技术》，2017 年第 1 期，第 28—30 页。

2　潘吉星：《天工开物校注及研究》，成都：巴蜀书社，1989 年，第 299 页。

除了是服饰文化的物质基础外，桑蚕文化还对中国传统文化其他重要支流或子系统，诸如礼乐文化、射艺文化等有直接的、决定性的影响。桑蚕文化所依托的桑蚕业是中华民族重要文化子系统不可或缺的物质保障，可以说中华民族传统文化的基本形态源于桑蚕文化。由六朝笔记里的传说可以看出，在那个时期，桑蚕文化已经实实在在地根植于人们的生活与习俗之中[1]：

> 按：《续齐谐记》曰："吴县张成夜起，忽见一妇人立于宅东南角，谓成曰：'此地是君家蚕室，我即此地之神。明年正月半，宜作白粥，泛膏其上以祭我，当令君蚕桑百倍。'言绝而失之。成如言作膏粥，自此后大得蚕。"世人正月半作粥祷之，加肉覆其上，登屋食之。咒曰："登高糜，挟鼠脑，欲来不来？待我三蚕老。"则是为蚕逐鼠矣。《石虎邺中记》："正月十五日，有登高之会。"则登高又非今世而然者也。

这一文化现象的出现，反过来又证明了桑蚕文化对古代华夏百姓生活影响之深刻。

2.1.2　笔记小说里的桑蚕文化

笔者在长期解读与思考笔记小说中的文献时，发现其中有一个独特现象：对于某些重要的事物或技术发明，古人往往借助想象构思出一个或多个故事，在故事里，具体的现实事物或技术被升级到理想极限状态；因为这种极限情况在现实世界中不会出现，这类故事通常以转述仙人或遥远国度使者所言等方式展开叙述，从而因难以证实真假而为这类故事提供可信性保障。笔者认为这类故事或传说的出现，反映或折射出的内涵之一是古人对突破具体的现实事物或技术所具有的局限或缺陷的期待。古代笔记中与桑、蚕、丝以及丝织物相关的故事与传说，内容丰富而流传久远。

在秦汉之前的文献中，神话里十日沐浴处的扶桑，以及桑林之乐和桑

1 〔南朝〕宗懔：《汉魏六朝笔记小说大观 · 荆楚岁时记》，上海：上海古籍出版社，1999 年，第 1053—1054。

林之舞等的出现与流传，都是从桑树的视角出发对桑蚕文化的展示。《齐民要术》序中引用古籍说："汤由苦旱，以身祷于桑林之祭。"[1]旱灾殃及五谷以及树木，为什么祈雨偏于桑林之中？显然桑树具有不同于凡树的内涵，而桑林也被赋予特殊的文化寓意。《神异经》说："东方有桑树焉，高八十丈，敷张自辅。其叶长一丈，广六、七尺，其上自有蚕，作茧长三尺。缲一茧，得丝一斤。"[2]在这里桑、桑叶、蚕、蚕茧共同的特征是体量超大，表达出的是古人对蚕丝产量的期待。《拾遗记》说古时候有座员峤山，其上"有木名猗桑……有冰蚕长七寸，黑色，有角有鳞，以霜雪覆之，然后作茧，长一尺，其色五彩，织为文锦，入水不濡，以之投火，经宿不燎。唐尧之世，海人献之，尧以为黼黻。"[3]蚕是怕冷的，故事偏说有冰蚕，而且其体型大、吐丝品质极好，用以织锦五彩斑斓而不沾水、不怕火。间接反映了养蚕受气温影响、丝织物怕水怕火、早期丝织物难以染成色彩缤纷等给人带来的苦恼，以及古人对克服这些苦恼的期待。不仅幻想存在冰蚕，唐代《杜阳杂编》说，位于海东南三万里的大轸国还有水蚕，其习性、体态与所吐的丝都奇特："其国以五色彩石甃池塘，采大拓叶饲蚕于池中，始生如蚊睫，游泳于其间，及老可五六寸。池中有挺荷，虽惊风疾吹，不能倾动，大者可阔三四尺。而蚕经十五月即跳入荷中以成其茧，形如斗，自然五色。国人缲之，以织神锦，亦谓之灵泉丝。"[4]唐宪宗元和八年，大轸国使者奉献的贡品中有用水蚕丝织成的神锦衾："其上龙文凤彩殆非人工。"[5]这件丝织被子颇有神奇之处：平时看起来很小，但是"以水一喷，即方二丈，五色焕烂，逾于向时。"[6]神锦衾远超凡品，堪称一件神奇的丝织物。

先有奇桑而后有奇蚕。桑蚕文化的巨大影响使蚕这种特殊的小生灵不仅在故事传说中频频出现，还被视为兼具六德（仁、义、忠、信、智、神）于一身的圣物："衣被天下生灵，仁也；食其食，死其死以答主恩，义也；身不辞汤火之厄，忠也；必三眠三起而熟，信也；象物以成茧，色必尚黄素，

1〔北魏〕贾思勰：《齐民要术》，北京：团结出版社，1996 年，序：第 1 页。
2〔汉〕东方朔：《汉魏六朝笔记小说大观 · 神异经》，上海：上海古籍出版社，1999 年，第 49 页。
3〔东晋〕王嘉：《汉魏六朝笔记小说大观 · 拾遗记》，上海：上海古籍出版社，1999 年，第 561 页。
4〔唐〕苏鹗：《唐五代笔记小说大观 · 杜阳杂编》，上海：上海古籍出版社，2000 年，第 1384—1385 页。
5〔唐〕苏鹗：《唐五代笔记小说大观 · 杜阳杂编》，上海：上海古籍出版社，2000 年，第 1384 页。
6〔唐〕苏鹗：《唐五代笔记小说大观 · 杜阳杂编》，上海：上海古籍出版社，2000 年，第 1385 页。

智也；茧而蛹，蛹而蛾，蛾而卵，卵而复茧，神也。此六德也。”[1]

有奇蚕方有奇丝。除了“缫一茧，得丝一斤”的传说，以及奇特的五彩丝、灵泉丝等等，与蚕丝有关的奇思异想，笔记小说中时有所见。传说唐代宗永泰元年，东海弥罗国来贡碧玉蚕丝：“云其国有桑，枝干盘屈，覆地而生，大者连延十数顷，小者荫百亩。其上有蚕，可长四寸，其色金，其丝碧，亦谓之金蚕丝。纵之一尺，引之一丈，捻而为鞘，表里通莹，如贯瑟瑟，虽并十夫之力挽之不断。为琴瑟弦则鬼神悲愁忭舞，为弩弦则箭出一千步，为弓弦则箭出五百步。”[2] 这个故事不仅描写了桑树巨大的身躯、四寸之蚕及其所吐金蚕丝表观与性能之优异，还透露出了下文将论及的内容——好丝做好弦，琴瑟由之而出天籁之音，弓弩靠它而显神武之力；也反映出制造乐器弦与弓弦时对性能好的蚕丝的需求和期盼。而着燕居服装持丝弦弓箭，已经成为汉代仕宦服饰的一种标配。[3]

图 2.2　汉代燕居服射图

笔记小说里不仅有对优质蚕与蚕丝充满期待的故事，还有能反映出桑蚕业具有令今人难以想象的重要性这类故事。《三水小牍》里“埋蚕受祸”的故事说，唐懿宗庚寅年，洛阳爆发大粮荒，饿殍遍地、谷价疯涨。能果腹的桑叶达到了 1 镮（6 两）1 斤的高价。新安县慈润店北村民王公直养蚕，有十株生长茂盛的桑树。他与其妻子谋划：卖掉桑叶换钱买粮，能买到的粮食足以吃到小麦收割时而度过饥荒。于是他们挖坑埋蚕、卖桑叶、买粮食。此事被人举报，王公直被官府定罪为杖杀于市的极刑。在特殊时期，王公直夫妻为活命，所采取的办法可谓合理而明智，官府的判罚很是值得质疑。官府之所以判以重罪，其理由也清楚明白：“王公直虽无杀人之辜，且有坑蚕之

1 〔清〕褚人获：《清代笔记小说大观（二）· 坚瓠集》，上海：上海古籍出版社，2007 年，第 1034 页。
2 〔唐〕苏鹗：《唐五代笔记小说大观 · 杜阳杂编》，上海：上海古籍出版社，2000 年，第 1372 页。
3　张未元：《汉代服饰》，北京：中华书局，2017 年，第 77 页。

咎。法或可恕，情在难容。蚕者，天地灵虫，绵帛之本。故加剿绝，与杀人不殊。当置严刑，以绝凶丑。”[1]埋蚕等同于杀人，这能充分揭示古代桑蚕业的重要性。

在桑蚕文化的神话传说中，南海外的鲛人与北海外的呕丝之女较为特别。鲛人居于深海而擅长纺织，手帕古时候称为“鲛绡”即因为传说最早为鲛人用生丝织成。[2]鲛人的传说至少在三国时期即已存在，曹植的《七启》诗里已经有“弄珠蚌戏鲛人”的语句。晋代张华的《博物志》中说鲛人生活在南海外：“南海外有鲛人，水居如鱼，不废织绩，其眼能泣珠。”[3]而宋代《太平御览》里对鲛人有更为详细的介绍：“鲛人从水出，寓人家，积日卖绢。将去，从主人索一器，泣而成珠满盘，以与主人。”[4]《博物志》不仅载有关于鲛人的传说，还说北海外有呕丝之女：“呕丝之野，有女子方跪，据树而呕丝，北海外也。”[5]女子呕丝的说法更早在《山海经·海外北经》中即已出现。鲛人的传说，可能是古人对于纺织“机器人”的幻想；虚构的呕丝之女，可能是神化蚕的产物。鲛人以人为主、呕丝之女据树而跪，这类描写鲜明地烘托了在桑蚕文化中人的主体中心地位。

在男耕女织的中国古代农业社会，纺织技能是女子生存所必需，一个女子的纺织技能，也是衡量她是否心灵手巧的重要“考试”。在黄道婆出现之前，织女的形象早已出现，并成为广大女性的榜样，堪称纺织之神。周代《诗经·小雅·大东》载：“维天有汉，监亦有光。跂彼织女，终日七襄。虽则七襄，不成报章。睆彼牵牛，不以服箱。”此文献被认为是牛郎织女传说故事的萌芽，其中已经出现了织女星、牵牛星。秦简《日出》之甲种（844）的占辞说：“取妻：取妻龙日，丁巳、癸丑、辛酉、辛亥、乙酉，及春之未戌、秋丑辰、冬戌亥。丁丑、己丑取妻，不吉。戊申、己酉，牵牛以取织女，不果，三弃。”[6]可见在秦代牵牛星（牛郎）与织女已成为谈婚论嫁的隐

1 〔唐〕皇甫枚：《唐五代笔记小说大观·三水小牍》，上海：上海古籍出版社，2000 年，第 1178 页。
2 吴中明：《一方素帕寄心知——漫话手帕》，载《中国纺织》，1994 年第 5 期，第 47 页。
3 〔西晋〕张华：《汉魏六朝笔记小说大观·博物志》，上海：上海古籍出版社，1999 年，第 192 页。
4 〔宋〕李昉：《太平御览》，北京：中华书局，1998 年，第 3567 页。
5 〔西晋〕张华：《汉魏六朝笔记小说大观·博物志》，上海：上海古籍出版社，1999 年，第 192 页。
6 〔日〕工藤元男著，广濑薰雄、曹峰译：《睡虎地秦简所见秦代国家与社会》，上海：上海古籍出版社，2010 年，第 134 页。

喻。而在唐代每到七月初七，嫔妃宫女即祭祀牛郎织女，其中的重要节目是求恩与乞巧。关于“求恩”有这样的介绍：“每至七月七日夜在华清宫游宴。时宫女辈陈瓜花酒馔列于庭中，求恩于牵牛、织女星也。又各捉蜘蛛闭于小合中，至晓开视蛛网稀密，以为得巧之候，密者言巧多，稀者言巧少。民间亦效之。”这说明在古代纺织意识萌芽早期，蜘蛛吐丝布网曾给先民带来智慧的启迪。而乞巧节就是在乐舞酒馔气氛中向月竞巧、普天彻夜同乐的纺织狂欢节：“宫中以锦结成楼殿，高百尺，上可以胜数十人，陈以瓜果酒炙，设坐具，以祀牛、女二星。嫔妃各以九孔针、五色线，向月穿之，过者为得巧之候。动清商之曲，宴乐达旦。士民之家皆效之。”[1] 虽然具体形式有所变化，这一节庆活动后世一直延续，这是对桑蚕文化重要性的最好说明，而节庆活动也成为桑蚕文化的一个组成部分。

在古代农业社会，种桑养蚕教纺织也是有作为的官员发展地方经济的重要手段。如清代阮葵生曾说太守赵文山在淮郡教民纺织的故事：“淮郡有耕无织。壬申岁，陇右赵文山太守慨然以兴利为己任，延苏、松男妇数十人以教织。始于府署堂皇设局，继移韩侯祠中，城内外妇女就学者数百人。绘图制式，颁示条约，规模粗具。”[2] 遗憾的是其继任者因为经费不足而终止了在当地对纺织技术的推广。而唐朝的薛兼训是一位更有韬略的地方官，他节制江东时发现“初越人不工机杼”，于是想出别出心裁的引进和推广纺织业的政策，并对浙地产业发展产生巨大影响：“募军中未有室者，厚给货币，密令北地娶织妇以归，岁得数百人，由是越俗大化，竞添花样，绫纱妙称江左矣。”[3] 在重视和发展桑蚕业的社会背景下，唐宋时期纺织新技艺多有发现。如唐顺宗永贞年间，微绣技艺达到了如此程度：“能于一尺绢上绣《法华经》七卷，字之大小不逾粟粒，而点画分明，细于毛发。”[4] 而宋代亳州生产的轻纱则是：“举之若无，裁以为衣，真若烟雾。”有文献证据表明，直到唐宋时期，北方仍然是桑蚕文化的重要发达区域，宋代丝织业则是达到了我国古代

1 〔五代〕王仁裕:《唐五代笔记小说大观 · 开元天宝遗事》，上海：上海古籍出版社，2000 年，第 1738 页。

2 〔清〕阮葵生:《清代笔记小说大观（三）· 茶余客话》，上海：上海古籍出版社，2007 年，第 3072 页。

3 〔唐〕李肇:《唐五代笔记小说大观 · 唐国史补》，上海：上海古籍出版社，2000 年，第 201 页。

4 〔唐〕苏鹗:《唐五代笔记小说大观 · 杜阳杂编》，上海：上海古籍出版社，2000 年，第 1381 页。

丝织技术的最高峰。[1]

图 2.3　和抄本《天工开物》卷上所示纺织图

2.1.3　丝、弦、丝竹：笔记小说里的丝与乐文化

中华民族传统文化最核心的东西是什么？礼乐文化是中华民族传统文化的本质特征，也是其基本内容。在漫长的古代社会，崇尚礼乐也是中华先民文化自信的重要来源，礼乐教化使人民远离野蛮而别于异族。在现代社会，音乐只是人们陶冶情操、愉悦心情的艺术形式之一，但是在中国古人看来，乐（音乐）的作用却大到关乎国家与世道的兴衰。在中国传统主流文化中，有一条极具影响的理念——声音之道与政道相通，礼崩乐坏则国家与社会一定无法正常而规范地运转：“治世之音安以乐，其政和；乱世之音怨以怒，其政乖；亡国之音哀以思，其民困。声音之道，与政通矣。”[2] 对于位高权重的统治者来说，知乐是必备的素质：“知乐，则几于礼矣。”[3] 只有知乐达礼方为君子：“礼乐皆得，谓之有德。”[4] 诸多类似的表述都明确地表达出：崇尚礼乐是中国传统文化基本精神之所在。

桑蚕文化对中华民族的影响，不限于体现礼制观念的服饰范畴，还以重

1　厚宇德：《中国古代丝织技术的巅峰在宋代——基于笔记小说视域的考察》，载《服饰导刊》，2021 年第 1 期，第 21—23 页。

2　胡平生、张萌译注：《礼记（下）》，北京：中华书局，2019 年，第 714 页。

3　胡平生、张萌译注：《礼记（下）》，北京：中华书局，2019 年，第 717 页。

4　胡平生、张萌译注：《礼记（下）》，北京：中华书局，2019 年，第 717 页。

於常材十年之後無所不任一樹直絹十匹
柘葉飼蠶絲好作琴瑟等絃清鳴響徹勝於
凡絲遠矣
禮記月令曰季春無伐桑柘鄭玄注曰愛養蚕食也具曲植筥筐注曰各養

图 2.4 《齐民要术》中有关丝竹作弦的记载

要的物质载体的角色贯穿于礼乐文化，在礼乐文化体系中具有无可替代的特殊作用。管弦乐自汉朝即统而称为丝竹乐。[1] 其中的丝即为蚕丝。蚕丝在中国音乐领域的重要作用，正如有学者所说："八音和谐不可无丝"。[2] 人所熟知的源于古代的著名乐器，如琴、瑟、箜篌、琵琶、阮、筝、二胡等弦乐器，均为古代的"丝类"乐器。蚕丝作弦形成了独特的工艺，包括缫丝、合绳、合弦以及工艺处理等工序。[3] 这些工艺事实上丰富了桑蚕文化，并将其与礼乐文化紧密衔接。桑蚕农学的实践经验则为乐器弦的制作，进而丝竹礼乐文化奠定了坚实的物质基础。《齐民要术》中有这样的说法："柘叶饲蚕，丝好。作琴瑟等弦，清鸣响彻，胜凡丝远矣。"[4] 由《天工开物》可知，直至明代柘叶蚕丝仍是制作琴弦与弓弦的首选材料。唐代宫廷仕女锦衣华裳、抱弹琵琶的画像，堪称表达那一时期服饰文明与礼乐文明完美结合的一个代表符号。[5]（见图 2.5）

图 2.5 唐代宫廷仕女弹琵琶图

弦乐不仅是乐文化的半边天，它还对深化和拓展中国古代自然哲学具有决定性影响。在中国古代的哲学与科技领域，正如胡化凯先生指出："感应论是我国古代一种重要的自然观，对古代科学认识活动有过广泛的影响。"[6] 如果没

1 蒋薇：《江南丝竹探源》，载《上海艺术评论》，2019 年第 5 期，第 48 页。
2 孙焕英：《"八音"和谐不可无丝》，载《人民音乐》，2006 年第 10 期，第 82 页。
3 蒋萃林：《千年丝弦工艺解密（上）——以出土乐器丝弦为例》，载《乐器》，2016 年第 1 期，第 25 页。
4 〔北魏〕贾思勰：《齐民要术》，北京：团结出版社，1996 年，第 163 页。
5 刘永华：《中国历代服饰集萃》，北京：清华大学出版社，2013 年，第 24 页。
6 胡化凯：《感应论——中国古代朴素的自然观》，载《自然辩证法通讯》，1997 年第 4 期，第 50 页。

有发达的弦乐，中国古人就无法认识感应论。较早清晰表述感应论思想的著述，从《周易》到《庄子》再到《吕氏春秋》等等，无一不是基于弦乐实践。中华先民最早是在直接观察弦乐的同声相应现象时，归纳总结出这一自然规律的。用今天的科学语言来说，感应论源于弦乐的声音共鸣现象。为什么古人首先从弦乐中观察到了共鸣并上升为感应论？因为在所有的乐器中，琴对于中国古人有丰富的特殊性，琴棋书画，琴位于雅人四好之首，因此是最重要的代表性乐器。在经常实践的领域先有所发现，这是关于发明与发现的最基本共识。

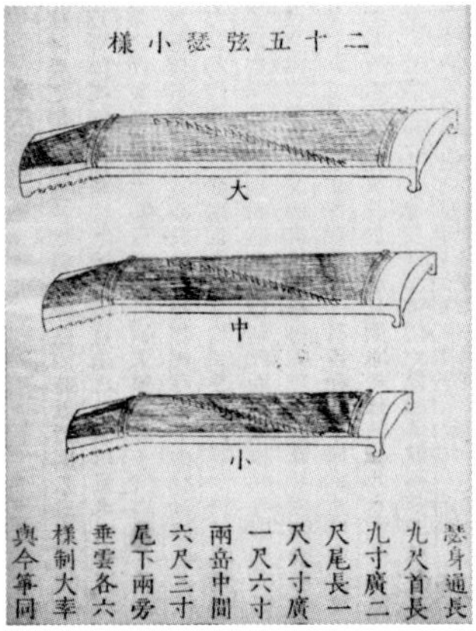

图 2.6　二十五弦瑟小样（朱载堉《律吕精义内篇》卷之八，明万历郑藩刻增修清印本）

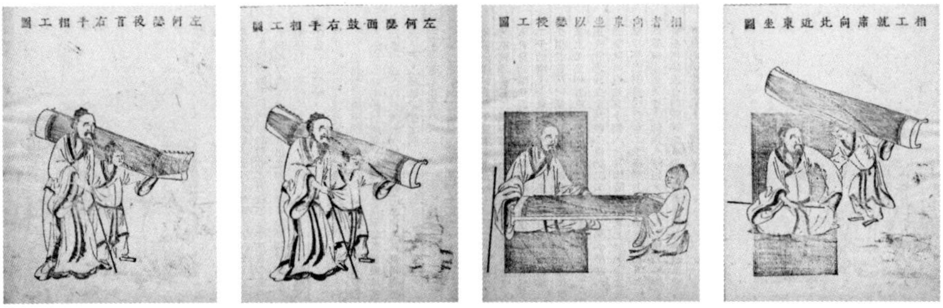

图 2.7　瑟礼（朱载堉《律吕精义内篇》卷之八，明万历郑藩刻增修清印本）

笔记小说中对感应论有很多准确的表述，都是基于对琴弦共鸣现象的观察。如宋代周密在《癸辛杂识》中说：“琴间指以一与四、二与五、三与六、四与七为应，今凡动第一弦，则第四弦自然而动，试以羽毛轻纤之物，果然。”[1] 这里所清晰描述的，堪称证实感应论的一个判决性实验。感应论有同声相应、同气相动、同类相感、异类相感等诸多更为细化的理论衍生物，中国古人用它们解释由地到天的各种现象：水与月相感应，潮汐起落随月之盈亏；精气相感使星体运动或状态发生变化……正如宋代思想家所说：“天地间只有一个感与应而已，（除此之外）更有甚事？”[2] 感应论成了中国古人解释自然现象的第一普适定律。弦乐基于桑蚕文化，感应论源于弦乐发声现象，这是尚未见学界有明确表述的桑蚕文化的又一异常重要的贡献，是桑蚕文化对中华民族理性思维的一次巨大推动。

2.1.4　丝、弦、弓：笔记小说里的射艺文化

礼乐，文道也，属于文明与教化的范畴。古今中外，没有任何一个国家礼乐昌盛但不具备基本的自卫能力，还能够长治久安。无论立足中国史还是世界史，都不乏野蛮战胜文明的先例。因此，仅有文道繁盛是远远不够的，还需要发扬武道、武文化。乐文化需要乐器，武文化需要武器。在中国古代漫长的历史时期里，笔者认为最为重要的武器是弓弩。且以宋代笔记小说中的史料对此予以说明。

图 2.8　轮流发弩图（明茅元仪辑，古本《武备志》八十五卷，明天启元年刻，清初莲溪草堂修补本）

一条史料说，北宋至道初年夏太祖李继迁遣张浦来宋入贡。宋太宗的卫士个个携挽一石五斗以上的强弓。宋太宗赐给张浦一张这样的弓，后者知道宋太宗的用意，于是说此弓“非人力能挽”。宋太宗让卫士们轻松地表演拉满弓而射，然后问张浦：“戎人敢敌否？”张浦投其所好地回答：“蕃部马弱矢短，但见此长大，固已逃遁，岂敢拒

1 〔宋〕周密：《宋元笔记小说大观（六）·癸辛杂识》，上海：上海古籍出版社，2001 年，第 5781 页。
2 〔宋〕程颐、程颢：《二程遗书》，上海：上海古籍出版社，2000 年，第 198 页。

敌？”宋太宗闻言大悦。[1]这一史料能让人感受到宋太宗携强弓而自傲的夜郎自大的心态，以及其拙劣甚至愚蠢的政治“智慧”。同时这则史料也展示了在宋代弓弩是沙场上决定性武器的事实。

另一条文献来自岳珂，他说北宋的和诜曾向朝廷进献《制胜强远弓式》，并得到了采纳和推广：“诏施行之。”岳珂认为，这种弓实际上是一种强弩，但时人仍称其为弓：“弓制实弩，极轻利，能破坚于三百步外，即边人所谓‘凤凰弓’者。”凤凰弓可能还有不完善处，后来韩世忠对它予以改进：“绍兴中，韩蕲王（世忠）因之稍加损益，而为之新名曰‘克敌’，亦诏起部通制，至今便焉。”[2]和诜、韩世忠等亲自研制和改进弓弩，足见宋代将领对于弓弩的高度重视。这说明在宋代弓弩是军队最重要的武器。事实上不仅宋代如此，元代的陶宗仪说，有个叫做常八斤的人“以治弓见知于上”。[3]一位普通的工匠能进入皇帝的视野不是件寻常事，而常八斤却做到了，这能反映出两点：第一常八斤治弓水平高超；第二皇帝重视弓箭。

《考工记》说制弓需用六材，即干（指的是柘、檍、橘等木质材料）、角、筋、胶、丝、漆。[4]桑蚕业的产物——丝是六材之一。要制造好的弓，基本材料不可或缺。这正如《天工开物》中所说：“天生数物，缺一，良弓不成，非偶然也。”[5]与弓箭在古代军事上的重要性直接相关，中国古代先民很早就重视弓箭使用的教学实践。在周代，射是“六艺”（礼、乐、射、驭、书、数）之一，是学校的必修科目。在“六艺”中，列于礼乐

图 2.9　赵武灵王胡服骑射图[6]

1 〔宋〕杨亿口述：《宋元笔记小说大观（一）· 杨文公谈苑》，上海：上海古籍出版社，2001 年，第 503 页。

2 〔宋〕岳珂：《宋元笔记小说大观（四）· 桯史》，上海：上海古籍出版社，2001 年，第 4375 页。

3 〔元〕陶宗仪：《宋元笔记小说大观（六）· 南村辍耕录》，上海：上海古籍出版社，2001 年，第 6151 页。

4 闻人军：《考工记导读》，成都：巴蜀书社，1996 年，第 266 页。

5 潘吉星：《天工开物校注及研究》，成都：巴蜀书社，1989 年，第 501 页。

6 刘永华：《中国古代军戎服饰》，北京：清华大学出版社，2013 年，第 36 页。

之后的“射”不是指单纯的射箭技艺，它还被赋予更多礼乐内涵，甚至古人认为在“射”的活动中，最能体现礼乐精神：“古者天子以射选诸侯、卿、大夫、士。射者，男子之事也，因而饰之以礼乐也。故事之尽礼乐而可数为以立德行者，莫若射，故圣王务焉。”[1] 因此，学习射箭，学的不仅仅是技术，还要修炼心志、德行，然后在射箭过程将它们通过行为气质展示出来：“故射者，进退周还必中礼。内志正，外体直，然后持弓矢审固。持弓矢审固，然后可以言中，此可以观德行矣。”[2]

丝除了是做弓的六材之一外，在汉族桑蚕文化区域，蚕丝还是制作弓弦的主要材料。《天工开物》对此有明确的说明：“凡弦取食柘叶蚕丝，其丝更坚韧。每条用丝线二十余根作骨，然后用线横缠紧约。蚕丝分三停，隔七寸许则空一二分不缠，故弦不张弓时，可折叠三曲而收之。往者北虏弓弦尽以牛筋为质，故夏月雨雾防其解脱，不相侵犯。今则丝弦亦广有之。”[3] 因此，无论做弓还是做弓弦，在华夏文明中至少到明代蚕丝一直都是不可或缺的原料，桑蚕文化为射艺文化提供了不可或缺的物质基础。

对于中国古代文化研究而言，本节在撰写视角上独特而重要之处在于，首先不仅考虑到了由桑蚕到服饰文明这条最为直接的文脉上桑蚕文化的重要性；其次基于丝弦之乐强调了桑蚕文化对于礼乐文化的重要影响，并直接导致中国古代感应论自然观的诞生；最后以优质蚕丝是古代汉民族做弓的原料之一、做弓弦的核心材料的事实，揭示了桑蚕文化对于中华民族射艺文化的重要影响。十分有趣的是，战国的青铜壶上出现了以弓箭射手、采桑女、乐人纹饰图。[4] 将本节所关注的受桑蚕文化制约和影响的汉文化几条重要的文脉（服饰文化、礼乐文化、射艺文化）汇集在了一起。这应该不是偶然的巧合。

1　胡平生、张萌译注：《礼记（下）》，北京：中华书局，2019 年，第 1205 页。
2　胡平生、张萌译注：《礼记（下）》，北京：中华书局，2019 年，第 1203 页。
3　潘吉星：《天工开物校注及研究》，成都：巴蜀书社，1989 年，第 501 页。
4　沈从文：《中国古代服饰研究》，北京：商务印书馆，2019 年，第 104 页。

图 2.10　战国青铜壶饰　射手、采桑妇女、乐人图（故宫博物院藏）

2.1.5　结语

桑蚕文化及其历史影响一直为学术界所关注。以往的关注视角主要有两个方面，其一，挖掘并强调桑蚕文化对丝绸文化的巨大影响[1]；其二，研究桑蚕养殖业在古代中国的经济价值，肯定桑蚕文化“促进了中国历代经济社会的发展”[2]。这两个视角都以物质文明为主题，所言无虚，都十分重要，但是纵观中华民族发展史，笔者认为这还不是桑蚕文化对于中华民族最为重要的、最为巨大的贡献。桑蚕文化的最大贡献是它为中华民族的传统文化定下了基调，使之成为几千年来中华民族代代相传的礼乐文化的主导基因。如前文所论述，无桑蚕则无缫丝，无缫丝则无美绢、无华服霓裳、无丝弦，进一步无华夏之弦乐与弓箭。如此，桑蚕文化对包括服饰文化、乐文化与射艺文

1　欧星丝绸：《桑蚕文化：千丝万缕织就悠悠华夏的锦绣历史》，载《江苏丝绸》，2017 年第 6 期，第 23—25 页。

2　李建萍：《“丝缕流光文脉传承”：中国桑蚕丝绸文化的历史贡献》，载《农村 · 农业 · 农民》，2019 年第 8 期，第 60—62 页。

化在内的中华传统文化的定型会产生巨大的影响。所以说，桑蚕文化对中华非物质即精神文明影响之巨大堪称无与伦比，本节所揭示的桑蚕文化对中华文明的决定性影响，却未在学术界得到应有的重视与强调。

回首辉煌的中华桑蚕文化史，还有一点值得深刻认识、高度重视并充分强调，那就是一部中国古代桑蚕文化史，也是一部中华先民的创造发明史。将野生蚕选育成家养蚕是人类了不得的智慧之一；桑蚕的缫丝、纺织过程中伴随着大量技术上的创造与发明；如前文所述，在琴弦与弓弦的制作上，古人也为追求最好、最强而在材料选择上不断尝试并创新。这些发明与不断创新，是支撑桑蚕文化在中华民族诞生、发展并产生深远影响的直接动力。农业社会不意味着不追求卓越，农业文明不意味着缺乏创新。桑蚕文化是中华民族创造发明史的重要源头。

2.2　中国古代纺织技术的巅峰在宋代[1]

我国中原地区是桑蚕文化的发源地，考古和当代基因技术研究表明，我国具有约 7000 年的桑蚕养殖历史，家蚕的祖先是中国北方野桑蚕。[2] 中华先民发明了由养蚕、蚕茧抽丝到丝绸制作与应用的一系列技术。正因为汉朝拥有丝绸产品，才出现了著名的连接欧亚板块的丝绸之路（Silk Road），古代中国因此而有“丝国”（Seres）之称。丝绸曾长期是古代中国在国际贸易中没有竞争对手的奢侈产品，据传古罗马时期的丝绸达到过每磅 12 两黄金的天价。[3] 可见，在古代社会很长的历史时期里，桑蚕丝织业的作用不仅是丰衣足食之民生所必须，在国家层面更具有重要的经济价值与战略意义。正因为如此，纺织技术在中国历朝历代自然都是极为受重视的生产活动，男耕女织也成为几千年中国农业社会的基本写照。在这样的历史文化与社会背景下，纺织技术的发展作为长期的社会需求，不断向前发展。

1　本节主要内容曾发表于《服饰导刊》，2021 年第 1 期，第 21—23 页，作者：厚宇德。
2　刘彦群、鲁成：《家蚕的起源与进化研究进展》，载《蚕业科学》，2018 年第 3 期，第 353—357 页。
3　苏州大学丝绸文化与产品编写组：《丝绸历史与文化（2）》，载《现代丝绸科学与技术》，2017 年第 1 期，第 37 页。

2.2.1 权威著述关于我国古代纺织技术巅峰期的论述

中国的纺织技术源远流长，何时发展到了巅峰？对此问题，权威著述有的表述比较模糊。如杜石然等认为："宋元时期在纺织技术上最重要的成就，是纱罗锦缎等织物的纺造方法和提花工艺。棉织业也逐步发展。"[1]宋代，丝织品占据出口商品的重要位置："北宋向国外输出的主要是瓷器，其次是丝织品和矿产品。"[2]在这样的语境下，相比于唐代，承认宋代的纺织技术有明显的提高："中国古代织物的纹样，在宋代有很大的变化。……自宋代起则极力追求写实。……超过唐以前任何一种同类产品。"[3]甚至有巨大发展："宋代的织锦技术较前又有很大发展。南宋时锦的品种已有40多种。著名的'苏州宋锦'和'南京云锦'都是在宋代开始出现的。"[4]然而在宋元时期纺织技术是持续发展还是技术发展时而有所停滞甚至回落，过去的权威著作相关论述仍不明朗："宋元时期我国纺织技术，在汉唐纺织技术的充实基础上继续进步，达到了高度发展的阶段。纺织技术丰富多彩，纺织机具非常先进，出现了'苏州宋锦''南京云锦'以及元代金锦，更有平滑光泽的'行丝'(缎)。"[5]这种叙述，可解读为宋元时期丝织技术一直在持续发展，因而元代在此领域的技术水准高于宋代。是不是果真如此呢？尚需考察。也有权威著述，对此问题的观点十分明确："明、清统治阶级的宫廷需要，官办织造的优越条件，使得大花楼提花技术和织造技术得以长足发展，造就了许多精美而价值连城的织物，把我国古代丝织技术推向了顶峰。"[6]在此且不论大花楼提花技术是不是丝织技术决定性的进步，作者以它的出现为标志，把清代丝织技术树立为我国古代丝织技术顶峰，这一态度是非常明确的。

1 杜石然、范楚玉、陈美东等:《中国科学技术史稿（下）》，北京：科学出版社，1982年，第92页。
2 杜石然、范楚玉、陈美东等:《中国科学技术史稿（下）》，北京：科学出版社，1982年，第99页。
3 杜石然、范楚玉、陈美东等:《中国科学技术史稿（下）》，北京：科学出版社，1982年，第93页。
4 杜石然、范楚玉、陈美东等:《中国科学技术史稿（下）》，北京：科学出版社，1982年，第93页。
5 杜石然、范楚玉、陈美东等:《中国科学技术史稿（下）》，北京：科学出版社，1982年，第89—90页。
6 赵承泽:《中国科学技术史·纺织卷》，北京：科学出版社，2002年，第204页。

2.2.2　笔记史料证实宋代纺织技术为古代巅峰期

然而，互相衔接的宋元明清几代笔记小说中的相关史料，却完全表达出了一个与此前学界的认识具有很大不同的一种观点，即：中国古代丝织技术的巅峰在宋代，而不是元、明或清代。与现代文学形式的小说不同，古代笔记小说多是达官士人基于个人特殊经历和旨趣，以传世或猎奇为目的，对耳闻目睹的人间万象的记录与评价。包括丝织在内的纺织技术与文化是笔记小说作者的重要关注点之一。笔记小说作者不仅记载了大量纺织方面的珍贵史料，有的笔记小说作者对于纺织技术史的研究甚至还有直接的贡献。如清代王应奎对于“瓦，纺砖也”一说的钻研就颇值得称道：

> 《小雅·斯干》章“载弄之瓦”注云:“瓦，纺砖也。”朱子又云:“必纺时所用之物。”旧见人画《列女传》云：“室女手执一物，如金银之样者，意其为纺砖也。”此说恐不然。余见今世纺车之式，下有木一纵一横，往往以砖镇之，或于纵木上，或于横木上，盖防其摇动也。岂即所谓纺砖乎？《说苑》云：“和氏之璧，价重千金，以之间纺，曾不如瓦砖。”间纺者，介于纺之中间也。此亦足以证余之说矣。[1]

笔记小说中的史料清晰地展示了由唐以降我国古代丝织技术的发展趋势。在重视丝织的社会背景下，唐宋时期纺织新技艺多有发现。如唐顺宗永贞年间，微绣技艺达到了如此程度：“能于一尺绢上绣《法华经》七卷，字之大小不逾粟粒，而点画分明，细于毛发。”[2] 而宋代亳州生产的轻纱则是：“举之若无，裁以为衣，真若烟雾。”[3] 类似的描写可能带有文人的言辞夸张或道听途说中的一些走样，但是反映出的唐宋时期丝织品制作技术十分精湛的事实不容怀疑。笔记小说里的史料表明宋代在丝织制造技术方面多有突破，已至巅峰。比如这一时期河北定州的缂丝（亦作刻丝）技术达到了空前绝后的技术水准。宋代的庄绰在其笔记小说《鸡肋编》中，对此有详细的描写：

1 〔清〕王应奎:《清代笔记小说大观（三）·柳南随笔》，上海，上海古籍出版社，2007 年，第 2277 页。
2 〔唐〕苏鹗:《唐五代笔记小说大观 · 杜阳杂编》，上海：上海古籍出版社，2000 年，第 1381 页。
3 〔宋〕陆游:《宋元笔记小说大观（四）·老学庵笔记》，上海：上海古籍出版社，2001 年，第 3508 页。

定州织刻丝，不用大机，以熟色丝经于木挣上，随所欲作花草禽兽状，以小梭织纬时，先留其处，方以杂色线缀于经纬之上，合以成文，若不相连。承空视之，如雕镂之象，故名“刻丝”。……虽作百花，使不相类亦可，盖纬线非通梭所织也。[1]

笔者说宋代缂丝技术达到了空前绝后的境界，是有文献依据的。空前指的是它超过了唐代等过往的缂丝技术，这一点是学界之共识，无需多论；说它绝后是因为，有证据表明宋代缂丝技术到元代即已经失传，元代以与之相似但制品逊色的纻丝技术顶替之。元代人说：“宋代缂丝作，犹今日纻丝也。花样颜色，一段之间，深浅各不同，此工人之巧妙者。近代有织御容者，亦如之，但着色之妙未及耳。”[2] 元代人承认纻丝技术与宋代的缂丝之作相比，存在差距；所以元代人将宋代缂丝制品视为宝物，但已经十分难得：

凡缂丝亦有数种，有成幅金枝花发者为上，有折枝杂花者次之，有数品颜色者，有止二色者，宛然如画。纻丝上有暗花，花亦无奇妙处，但繁华细密过之，终不及缂丝作也，得之者已足宝玩。[3]

笔者说宋代丝织技术达到了我国古代丝织技术的巅峰，证据不仅限于比较宋元的缂丝技术。技术之优劣，最终要靠产品说话。清代人对比唐、宋、元三代的丝织品品质，得到的结果是在这三个朝代之中，宋代丝织品品质最佳：“唐绢粗而厚，宋绢细而薄，元绢与宋绢相似，而稍不匀净。”[4] 这里的绢泛指丝织品。在这个比较中，明清的丝织品根本就没有资格入列。清代笔记《坚瓠集》中收有一个关于宋锦的故事：

锦向以宋织为上。泰兴季先生家藏《淳化阁帖》十帙，每帙悉以宋锦装，其前后锦之花纹二十种，各不相犯。先生殁后，家渐中落，

1〔宋〕庄绰：《宋元笔记小说大观（四）· 鸡肋编》，上海：上海古籍出版社，2001 年，第 4001 页。
2〔元〕孔齐：《宋元笔记小说大观（六）· 至正直记》，上海：上海古籍出版社，2001 年，第 6576 页。
3〔元〕孔齐：《宋元笔记小说大观（六）· 至正直记》，上海：上海古籍出版社，2001 年，第 6576 页。
4〔清〕阮葵生：《清代笔记小说大观（三）· 茶余客话》，上海：上海古籍出版社，2007 年，第 2913 页。

欲货此帖，索价颇昂，遂无受者。独有一人以厚赀得之，则揭取其锦二十片，货于吴中机坊为样，竟获重利。其帖另装他纻，复货于人。此亦不龟手之智也。今锦纹愈出愈奇，可谓青出于蓝而青于蓝矣。[1]

毫无疑问，在清朝人看来宋锦天下第一，而这个故事更明确说明了宋锦在清代丝织专业人士中所受到的重视程度，以及宋锦在清代所具有的超高价值。故事还说明，清人借助于他们当时的纺织技术能够织出宋锦，但是清人自已却没有这样精致的丝织品，因而清代才如此珍视并将其作为样品，这至少揭示了宋代丝织品在织物设计方面有后世难以企及之处。纺织技术是复杂的综合技术，织机等工具的性能是重要的，但产品品质不完全取决于织机本身。这其中的道理，就如同今天的电脑，硬件是根本，但是只有优化的操作系统等配套软件，才能让它发挥出最大的作用。

2.2.3　宋代纺织区域中心与古代纺织交流

已有学者指出，宋代的河北东路和西路（大致相当于现在的河北省中南部地区）是古代丝织业的中心："自先秦以来，这一带就是桑蚕丝织业生产的中心地区"。[2] 至宋代这一格局依然未变："宋代北方丝织业以河北和京东为中心，其中又以河北路为最发达。《宋史・食货志》会计篇誉称'河北衣被天下'；《地理志》称河北路为'茧丝、织纴之所出'。"[3]

当然，适宜于桑蚕养殖的地理环境，不可能与地理区域划分完全吻合，今天的河南部分地区，也属于古代桑蚕丝织业生产的中心区域。笔记小说里的故事，说明宋元时期河南甚至再南至湖北也具有浓郁的丝织文化："蔡州丁氏精于女工，每七夕祷以酒果，忽见流星坠筵中，明日，瓜上得金梭，自是巧思益进。"[4] 古代蔡州，大概即是跨越今天河南与湖北的一个行政区域。

直至宋元，桑蚕丝织业生产的中心区仍在中原；在承认这样历史事实

1 〔清〕褚人获：《清代笔记小说大观（二）· 坚瓠集》，上海：上海古籍出版社，2007 年，第 1983 页。
2　邢铁：《宋代河北的丝织业》，载《河北学刊》，1990 年第 5 期，第 69 页。
3　邢铁：《宋代河北的丝织业》，载《河北学刊》，1990 年第 5 期，第 70 页。
4 〔宋〕孔平仲：《宋元笔记小说大观（二）· 孔氏谈苑》，上海：上海古籍出版社，2001 年，第 2272 页。

的同时，还要承认，在偏远地区，少数民族基于特殊的生产条件，对我国古代纺织业发展也有独到的贡献。宋代笔记里就有福建、广东、海南以木棉织布、巧作白叠巾的史料：

> 闽广多种木绵，树高七八尺，叶如柞，结实如大菱而色青，秋深即开，露白绵茸然。土人摘取去壳，以铁杖杆尽黑子，徐以小弓弹，令纷起，然后纺绩为布，名曰“吉贝’。今所货木绵，特其细紧者尔。……海南蛮人织为巾，上出细字、杂花卉，尤工巧，即古所谓“白叠巾”。李琮诗有“腥味鱼中墨（乌贼也），衣成木上绵”之句。[1]

在宋元时期，不仅有中原与偏远地区的纺织交流，纺织技术的国际交流与学习也已经存在。事实上与其他技术一样，纺织技术较早即已存在国际交流。已有学者对于中国桑蚕养殖与纺织技术的外传做过详实的论述。[2] 任何技术的交流都是双向的，纺织技术与纺织产品也是一样。《南州异物志》记载，3 世纪时中国即出现了地中海东岸的纺织物：大秦“氍毹，以羊毛杂群兽之毳为之”。如《梁书·诸夷传》载，公元 5 世纪即有著名的“波斯锦”输入中国。而《北史·何稠传》则有“波斯尝献金线锦袍”之记载。至元代笔记指出，江苏地区当时就有学习日本织染技术的案例：“近时松江能染青花布，宛如一轴院画，或芦雁花草尤妙。此出于海外倭国，而吴人巧而效之，以木棉布染，盖印也。青久浣亦不脱，尝为靠裀之类。”[3] 可以想象，不同地区以及国度间的纺织品与纺织技术交流，也是宋代纺织技术发展的一股驱动力。

2.2.4 结语

笔者不是纺织史领域的专门研究者，但是从不回避史实的立场出发，认为笔记小说中关于历代丝织情况的记载以及对历代丝织品的比较评价，应该得到纺织史领域专家的充分重视，而不是视而不见；而一旦较为全面地面对

1〔宋〕方勺：《宋元笔记小说大观（二）· 泊宅编》，上海：上海古籍出版社，2001 年，第 2118 页。
2 赵承泽：《中国科学技术史 · 纺织卷》，北京：科学出版社，2002 年，第 373—382 页。
3〔元〕孔齐：《宋元笔记小说大观（六）· 至正直记》，上海：上海古籍出版社，2001 年，第 6576 页。

包括宋元以来笔记小说中的史料，那么源于丝织品的若干历史结论，就有可能值得再商榷。此前该领域专业学者的研究结论，应该是有所依据的，但是兼听则明。若宋元明清的笔记小说中相关所载并非完全不可靠，则有证据表明，宋代的纺织技术达到了中国古代纺织技术的巅峰。

2.3　少数民族对华夏农业文明的特殊贡献[1]

2.3.1　引言

考古学的研究已经证实我国少数民族对人类文明史具有重要贡献。而少数民族科技史卓有成效的研究也显示：在科技贡献方面，我国古代少数民族也硕果累累。这些学术成果有必要强调并做更广泛的宣传。基于现有的研究结论，毫不夸张地说，这一领域的研究足以改变一些既有的历史观念，或至少能为既有的历史观念提供使之更全面的必要补充。

在漫长的历史长河中，华夏先民的发明与发现为人类作出过重要贡献。但是文明的交流与影响从来都是相互的，任何国家、任何民族都不是文明与技术的纯粹输出者，中华民族也不例外。我们贡献过“四大发明”、贡献过丝织品和瓷器等等，但我们也从其他民族那里吸收了很多重要的营养。过去我们有意无意过度解读和强调了中华民族对其他文明的重要贡献。但事实上，如果没有与其他域外民族进行包括科学技术在内的文明交流，中华民族的存在与繁衍一定意义上会受到巨大的影响。今天我们在衣（棉花、西装、牛仔服等）、食（玉米、红薯、茄子、辣椒、西瓜、葡萄等）、住（洋楼等）、行（自行车、汽车、火车、飞机等）诸方面有相当大一部分支撑科技是学来的、“拿来”的。

在古代社会，文明与科技的交流，除了国家层面的比如使者的外交传递外，很多自发地在民间进行。如南北丝路沿途，少数民族星罗棋布；这就使得在民间的交流过程中，少数民族具有特殊重要的地位。少数民族科技史，

1　本节主要内容曾发表于《兰州学刊》，2017 年第 6 期，第 16—24 页，作者：厚宇德。

要研究存在于少数民族地区的一些特殊科技发明与技术，以及在少数民族地区得以保存并延续的中原古代科技文化，也要研究以少数民族为中介的文明输出，以及经过少数民族地区主动选择并首先吸收的外来技术与文化。在这一意义上，少数民族地区是吸纳外来科技文明的重要桥头堡、试验区与中转站。少数民族地区因此成为影响中华文明发展的重要而特殊的地带。

如果将人类的科学技术分为若干等级，解决吃饭问题的农业科技，应该处于最基础，同时也是最重要的级别，因为它解决的是最基本的生存问题。对个体而言，解决吃的问题是一切的前提："毕竟，古往今来，我们每个人能完成自己所做的每件事情，不折不扣都是由食物来提供能量的。"对于整个人类社会来说，道理也是一样："食物提供了平台，让文明得以建立于其上。"[1] 本节即以农作物的培育与传播为主线，基于前人的研究成果，阐释少数民族对于科技文明的特殊贡献。

2.3.2 历史上少数民族生活区域何在？

对于"少数民族地区"的含义，不能仅仅做现实意义之理解，而要历史地看。在中国，边疆地区与少数民族地区这两个概念存在很多交集。在中国历史上，少数民族曾数次入主中原，但是在更多的时间里是汉民族占据中原核心区域，而少数民族居于边疆或偏远区域。造成这一格局的原因，其一是由于空间上远离中原的地区本来就存在不同的族群，即自然的少数民族；另外一种情况是中原族群由于特殊原因迁移到边疆或偏远地区，在那里落地生根，久而久之形成了特殊的语言与文化，成为少数民族。在岭南、西南、西部、北部与东北部很多区域，在古代中国与东南亚、西域及北方域外异族之间，是少数民族的集中区域。然而在更早的时候的格局却与此存在明显不同，以周朝为例，正如宋代洪迈所说："成周之世，中国之地最狭，以今地里考之，吴、越、楚、蜀、闽皆为蛮；淮地为群舒；秦为戎。河北真定、中山之境，乃鲜虞、肥、鼓国。河东之境，有赤狄、甲氏、留吁、铎辰、潞国。洛阳为王城，而有杨拒、泉皋、蛮氏、陆军、伊雒之戎。京东有莱、

1 〔美〕汤姆·斯坦迪奇著，杨雅婷译：《舌尖上的历史》，北京：中信出版社，2014 年版，前言。

牟、介、莒、皆夷也。杞都雍丘，今汴之属邑，亦用夷礼。邾近于鲁，亦曰夷。其中国者，独晋、卫、齐、鲁、宋、郑、陈、许而已，通不过数十州，盖于天下特五分之一耳。”[1] 洪迈之说属实与否可能细节尚待斟酌，但在周代以及更早，名为“中国”的汉民族文化圈较为狭小的说法应该是可信的。在特定时期各民族生活区域呈现较为复杂的动态变化态势。学界通常将东周时期的中国北方地区视为一条文化带——北方文化带或长城地带。还有学者将北方文化进一步细化分：大体沿秦国和赵国长城地带分布的北文化带，以及位于秦赵长城南面文化带成为南文化带。[2]

少数民族的命运是各种各样的，在中原地区政权强势时，少数民族或被征服同化，或迁徙而更加远离中原；在中原地区政权弱势时，少数民族则时常侵扰甚至偶尔入主中原。后一种情况主要发生在北方，而南方区域少数民族对中原政权构成威胁的局面极为鲜见。直至春秋中期，西北关中地区主要还由戎人控制；其后发生变化：“春秋中期以后，此地被纳入秦国版图，这里的戎人被秦国征服，开始与秦人杂处，二者之间逐渐融合。随着时间的推移，这些戎人逐渐被同化，最终成为秦国社会的成员。”[3] 在战国时期之前，北方呈现多种文化并存的局面：“春秋中晚期至战国早期，北文化带与中原国家之间隔有南文化带，北文化带与中原诸国之间谈不上有直接的交流和互动。直到战国早中期南文化带被中原诸国占领以后，中原国家才开始与北文化带内的人群发生接触。而‘胡’的名字也大约在这一阶段出现在汉文献中，大概是指当时生活在赵国和燕国以北（南方文化带东部以北）地区的人群。”[4] 但中原势力的推进在继续：“战国早中期之际，南文化带内的广大地域基本被中原国家占领，中原国家的北部边缘进一步向北推进，直接与北文化带相毗邻。……至战国中晚期之际，南文化带内的当地传统文化消失殆尽，

1 〔宋〕洪迈：《容斋随笔》，呼和浩特：内蒙古人民出版社，2010 年，第 43 页。

2 单月英：《东周秦代中国北方地区考古学文化格局——兼论戎、狄、胡与华夏之间的互动》，载《考古学报》，2015 年第 3 期，第 303—344 页。

3 单月英：《东周秦代中国北方地区考古学文化格局——兼论戎、狄、胡与华夏之间的互动》，载《考古学报》，2015 年第 3 期，第 309 页。

4 单月英：《东周秦代中国北方地区考古学文化格局——兼论戎、狄、胡与华夏之间的互动》，载《考古学报》，2015 年第 3 期，第 328—329 页。

南文化带消失，生活在这里的戎狄被华夏化。”[1]比较而言，在南方由于大部分地区崇山峻岭连绵，交通不便，很多少数民族因而在此获得了足以独立生存与繁衍的空间。

在探讨少数民族问题时，对有些说法要作特别分析。如在探讨农作物起源问题时，简单地说某一农作物起源于中国是比较笼统的，因为这不能简单等价于源自中原汉族即传统意义上的华夏民族。因为早期的华夏文明集中于黄河流域，其幅员有限，与今天意义上的中国或中华民族不是一回事。出现于6世纪南北朝时期的《齐民要术》一书，其第十章专门用于记述“五谷果蓏菜茹非中国物产者”。依照今天的观念，书中所述的“五谷果蓏菜茹非中国物产者”，有的今天已经被称为中华民族的突出贡献，如稻、茶等等。在我们今天的认识中，华东、华南、岭南以及西南地区无疑都属于中华民族的固有版图。但是考虑到不同历史时期的具体情况，有学者认为贾思勰所提的近两百种“五谷果蓏菜茹非中国物产者”，都应该视为少数民族地区出产的栽培作物或野生植物。[2]笔者认为，不脱离历史事实，这种说法是具有其合理性的。这就是说，在有的学者看来，当时黄河中下游以外的广大区域，皆为少数民族地区，这是符合当时的历史事实的。对于曾经诞生于中华人民共和国版图内的农作物，简单地说它培育于中国有道理。但是这种说法对于为此做出具体贡献的少数民族而言，从文化的相对独立性角度去看，是有欠公允、不够尊重的。当它的特殊性不存在了，当它特殊的贡献不存在了，这个民族作为特殊群体存在的意义也就不存在了。基于这种考量，笔者倾向于实事求是，对具体事物作具体辨析。一种农作物被成功培育时，如果培育地当时属于少数民族地区，我们就要承认这个少数民族对这一贡献所具有的优先权；而不能简单将其归之于中华民族。

在以汉人为主体的古代中国，人们对于少数民族的态度是耐人寻味的。一种倾向认为，华夏文明与四夷文化不同，但是又承认二者之间存在密切的甚至存在血脉上的关联。如《史记·五帝本纪第一》说：“嫘祖为黄帝正妃，

1 单月英：《东周秦代中国北方地区考古学文化格局——兼论戎、狄、胡与华夏之间的互动》，载《考古学报》，2015年第3期，第319页。

2 李根蟠：《从〈齐民要术〉看少数民族对中国科技文化发展的贡献》，载《中国农史》，2002年第2期，第21—34页。

生二子，其后皆有天下：其一曰玄嚣，是为青阳，青阳降居江水；其二曰昌意，降居若水。昌意娶蜀山氏女，曰昌仆，生高阳。高阳有圣德焉。”江水即指四川之岷江，若水即今川西之雅砻江。据此学界早有蜀人为黄帝后裔之说。司马迁在《史记·五帝本纪第一》结尾处说：“余尝西至空桐，北过涿鹿，东渐於海，南浮江淮矣，至长老皆各往往称黄帝、尧、舜之处，风教固殊焉，总之不离古文者近是。”可见司马迁本人具有古代各民族同根同源并其根源于中原汉族的思想。这种认识之对错暂且不论，它所表达出来的是华夏民族至少部分人对于少数民族的一种接纳和认同。而这种认同与少数民族的重要贡献有内在的关联。有文献证据表明，中国古代的民族划分更多的是基于文化习俗的异同。如唐代韩愈即说：“孔子之作《春秋》也，诸侯用夷礼则夷之，夷而进于中国则中国之。”[1] 然而不可否认在中国古代历史文献中，也有大量“重中华轻夷狄”的主张。尤其在民族矛盾突出的时代，汉族人也视包括少数民族在内的其他民族为豺狼。如宋代岳飞即有“夷狄不可信，和好不可恃”的看法[2]；明末清初的王夫之也有“夷狄非我族类者也”，“恩足以服孝子，非可以服夷狄也”等说法。[3] 然而这一切早已成为历史，回首往事，我们应该以史为鉴，中华民族应该友好团结、和平相处，而不能互相丑化、互相仇视，更不能再互戕互害。

2.3.3　少数民族地区在作物栽培方面的重要贡献

正如席泽宗院士所说，科学技术的发展，具有不同的国家、地区和民族特色。而且，“越是在古代，越是在交通不便的地方，这种特色越显著。”[4] 在古代社会，各民族或各部落做出重要发明的例子并不罕见。居住在亚美尼亚

1　何星亮：《中国历史上的民族分类与民族认同》，载《云南民族大学学报》（哲学社会科学版），2015 年第 4 期，第 21 页。

2　崔明德、陈铭浩：《王夫之民族思想初探》，《云南民族大学学报》（哲学社会科学版），2020 年第 2 期，第 126 页。

3　崔明德、陈铭浩：《王夫之民族思想初探》，载《云南民族大学学报》（哲学社会科学版），2020 年第 2 期，第 126—127 页。

4　李炳东、俞德华：《中国少数民族科学技术丛书 · 农业卷》，南宁：广西科学技术出版社，1996 年，序。

山地的基兹闻达部落，在公元前 2000 年发明了一种有效的炼铁方法。[1] 在中国古代史上也有类似历史记载，如："蚩尤作兵。蚩尤以金作兵器。蚩尤作五兵：戈、矛、戟、酋矛、夷矛。"[2] 这类文献说明蚩尤部落在中国历史上是金属武器最早制造者，并发明了多种金属冷兵器。

在农作物培育与种植方面，以对今天饮食的影响看，我国少数民族贡献之巨大，从某种意义上可以说是超越文化中心区汉族的，如早有学者指出："据考证，古代粮食作物五谷之属，除黍、稷是由黄河中下游的华夏族首先驯化种植外，水稻是南方百越族先民和西部古羌族先民分别栽培和首先引种的，大豆则是北部山戎族最先栽培的，麦类是西北的少数民族最先种植的，古羌族种植的大小麦在商代传入中原。……我国主粮南稻北麦的格局，都由少数民族最先驯化所致，就是其后南稻北种和北麦南栽，也不乏少数民族地区。"[3] 这种认识主体上不存在问题。

水稻是人类重要主食，虽然关于水稻在我国的起源地有多种不同说法：长江中下游起源说、华南起源说、云贵高原起源说、云南起源说、河南贾湖地区起源说等等。这些说法存在一个共性，即起源地基本上是在中国南部（包括东南与西南）的广大区域，而这些区域，无论古代还是当代都是少数民族分布较多的地区。[4] 仅就目前的考古证据而言，在江西万年仙人洞所在地区发现了距今 1.4 万年前的水稻植物蛋白石，这一发现证明这里的祖先在那个时期已经开始驯化稻谷，这一地区可能是中国最早的稻作农业区。关于水稻，还有另外一件重要的事实：水稻虽然最早由我国南方百越族培育，但是传到其他国家后也曾孕育出新的优良品种，并于宋代再次被引入我国。如宋真宗时遣使将耐旱而早熟的占城稻引至福建播种。[5] 这在宋代是一件重要的关系国计民生的大事。高粱也是古今重要的农作物之一，也是最早培植于少数

1 Stephen F. Mason. *A History of the Sciences*, New York: Coller Books, 1975, 24.

2 柳诒徵：《中国文化史 · 上卷》，上海：东方出版中心，1988 年，第 11 页。

3 李炳东、俞德华：《中国少数民族科学技术丛书 · 农业卷》，南宁：广西科学技术出版社，1996 年，第 3 页。

4 张丽剑：《关于日本"寻根热"与云南稻作文化起源的研究》，载《农业考古》，1997 年第 1 期，第 69—76。

5 黄水看：《略考历代从泉州进出口的农作物》，载《福建农业科技》，1980 年，第 3 期，第 31—33 页。

民族地区："我国北方的重要粮食作物高粱，一名蜀黍，可能来自西南少数民族，宋以后才开始普遍种植。"[1]在北方仍广泛被种植的荞麦，研究结果表明，起源于青藏高原及周边地区，已有5000多年在种植历史。[2]

《齐民要术》中将"五谷果蓏菜茹非中国物产者"所囊括的作物可分为三类。第一类是"原产少数民族地区的作物和由这些少数民族育成的作物品质"，如戎菽是东北民族驯化和培育的大豆品系。第二类是"原产中原，传至少数民族地区并育成新的品种"，如粟黍是中原华夏先民所驯化，传到北方和西南少数民族地区后，育成适应各地水土条件的品种，如胡谷、胡秫等。第三类是"原产于外国的作物或品种，首先传到少数民族地区后再引进中原，或在少数民族地区形成新的品系"，如芝麻，先传入西北少数民族地区，再传入中原，称胡麻。再如产于印度北部、锡金等地的黄瓜（胡瓜），经过少数民族地区传入中原腹地。有学者认为，少数民族对于在作物培育与传播方面的贡献，集中体现在这三个方面。[3]

少数民族地区在主食之外的其他农作物的培育和种植方面的卓越贡献，有学者做过详细的说明："我国油料作物芝麻、油菜、花生和大豆，均非中原地区原产，除花生是从国外传入外，其余都是西部和东北的少数民族首先栽培。甘蔗自古就是我国的主要糖类作物，茶是我国最普遍的饮料作物。蚕桑、麻、葛是我国最早被利用的植物纤维。对此三者，少数民族先民和华夏族先民可说是同步；而对种植棉花和织棉，南方和西北的少数民族则是捷足先登了。……果树许多品种也是少数民族首先种植或引种的。天山以南的绿洲和吐鲁番盆地是我国果树起源中心之一，是苹果、核桃的原产地和葡萄的最早引种地；岭南是荔枝、龙眼、芭蕉等多种亚热带佳果的重要产地。至于蔬菜，中原地区新种的蔬菜品种如黄瓜（胡瓜）、香菜（胡荽）、洋葱（胡蒜）、胡萝卜、菠菜等，都是从西北少数民族地区传入的，后来便成为全国

1　邱树森：《我国古代少数民族在科学技术和文化艺术上的贡献》，载《社会科学战线》，1980年，第3期，第210页。

2　魏益民：《东灰山遗址荞麦子粒的发现及年代分析》，载《作物杂志》，2019年，第1期，第85—89页。

3　李根蟠：《从〈齐民要术〉看少数民族对中国科技文化发展的贡献》，载《中国农史》，2002年第2期，第21—34页。

各族人民日常生活中常设的副食品。”[1] 关于大豆在我国的具体起源地，进一步的研究颇多争议。常汝镇认为陕西、山西和河南是栽培大豆的主要起源地；日本学者福田等人认为大豆起源于中国的东北地区；王金陵认为大豆发源地可能是华南。[2] 茶从古至今一直是世界范围的重要饮料之一，在历史上也曾是中国古代最重要的出口贸易商品之一。茶也最早出现在少数民族地区：“茶的原产地在中国西南一带，东汉之后，云南附近地区已有茶叶树的栽培”。[3] 因此这是西南少数民族对于华夏文明的又一重要贡献。

少数民族地区的特殊而重要的农业贡献还有很多，而且也不仅仅限于培育农作物。比如梯田也创始于古代的少数民族地区：“梯田建设是南诏在农业上的又一项杰出的技术发明。梯田可改变地形坡度，拦蓄雨水，增加土壤水分，防治水土流失。……云南滇池区域和洱海区域一带，很可能是东亚大陆梯田作业技术的发源地。”[4] 在中国版图上，山脉纵横大山何止百万，本来是不利于农业生产的。但是突起纵横的山脉恰如人大脑的沟回结构，土地二维平面的三维立体化一定意义上增加了国土的实际“面积”，梯田的开发是将山坡变良田的最重要方法。这对中国而言意义极其重大，因此堪称了不起的创举。

2.3.4 少数民族地区在引入域外农作物方面的贡献

特殊的地理环境决定了西南和西北是中国古代与域外交流的重要区域。在西北，游牧民族是最早将中国和世界联系起来的中介：“远在张骞通西域前，已踏出了一条横贯欧亚大陆的草原通道。各游牧民族又因其自身畜牧业经济的特点，充当了早期丝绸之路上贩运买卖的主角。他们都与丝绸之路发生着各种各样的非常密切的关系，结下了不解之缘，以至完全控制或占有丝

1 李炳东、俞德华：《中国少数民族科学技术丛书 · 农业卷》，南宁：广西科学技术出版社，1996 年，第 3 页。

2 常汝镇：《关于栽培大豆起源的研究》，载《中国油料》，1989 年第 1 期，第 3—9 页。

3 李晓岑：《云南科学技术简史》，北京：科学出版社，2015 年，第 74 页。

4 李晓岑：《云南科学技术简史》，北京：科学出版社，2015 年，第 96 页。

绸之路，成为经营西域及东西方贸易的主宰者。”[1]丝绸之路，在发展商贸的同时，一直不断伴随着文化与文明的交流。已有学者基于研究考证指出：“中国黄河流域人民知磨麦为粉者，实受北方民族影响”，这一影响很可能发生在周朝之末年：“盖周末之农民，受北方游牧民族之影响而只磨麦为粉……迄于汉代更加普遍，遂使汉民族由粒粮而变为以粉类物主食矣”。[2]今日的诸多农作物，多是从西北或经过西北引入：“今新疆地区的西域各族，在秦汉时代就能种植五谷、桑麻、葡萄等多种作物。我国现在的很多农作物如高粱、玉米、棉花、芝麻和葡萄、西瓜、黄瓜、胡萝卜等瓜果蔬菜，都是从古代西域地区陆续传入内地的。”[3]

在引入的这些农作物中，小麦、棉花、玉米、马铃薯、红薯等对于中华民族具有特别重要的影响。麦类作物起源于中东，小麦是世界三大谷物之一。学界认为小麦和大麦大约在公元前1300年从中东引入中国。[4]在西藏拉萨附近的曲贡遗址考古发现了青稞，也发现有普通小麦的碳化粒。经碳14年代测定，距今大约3700—3450年，与斯塔佛里阿诺斯的说法是比较接近的。[5]棉花原产印度，宋朝才开始分两路传入中国。一路经由西北，一路经缅甸，传入云南、广东、福建等省，并进一步逐渐遍布内地：“我国的棉花种植是通过少数民族从国外传入的，东汉时云南少数民族哀牢人，已生产出一种叫‘白叠花布’的纺织品；南北朝时，西北的高昌人也生产了一种叫‘白叠子’的纺织品。棉花就是通过西南和西北两条途径，开始在全国范围广泛种植的。”[6]

玉米最早在中美洲被驯化。考古学家已经证实，在墨西哥中部高原，玉

1　樊保良：《略论中国古代少数民族与丝绸之路》，载《兰州大学学报》（社会科学版），1994年第2期，59页。

2　安志敏：《中国史前之农业》，载《燕京社会科学》，1949年第2卷，第41页。

3　高新生：《新疆古代少数民族对祖国文化的重要贡献》，载《实事求是》，1987年第4期，第48—53页。

4　〔英〕L.S.斯塔佛里阿诺斯著，李群译：《农业的起源与传播》，载《农业考古》，1988年第1期，第86—90页。

5　沈志忠：《青藏高原史前农业起源与发展研究》，载《中国农史》，2011年第3期，第13—17页。

6　邱树森：《我国古代少数民族在科学技术和文化艺术上的贡献》，载《社会科学战线》，1980年第3期，第210页。

米在公元前7000年左右即已被驯化。[1]玉米的引入最早也出现在西南少数民族地区："原产于美洲的玉米早在明代就已传入云南，其中以李元阳的《嘉靖大理府志》（1563年）和《万里云南通志》（1577年）的记载为最早。"[2]有国外学者的较近著作（2009年）指出，玉米大概在16世纪30年代抵达中国，不过，直到1955年，中国文献才首度明确地提到它。[3]但是该书没有明示文献依据。

基于兰茂（1398—1477）所撰《滇南本草》一书中关于玉米的描述，有学者指出在哥伦布发现新大陆前中国已有玉米的结论。针对这一观点，李晓岑教授指出：由于"累经后人增益，现存《滇南本草》记载已全失原貌"。因此，"历来对该书仅作为医药学上有用之书，但从来不作为信史资料看待，以其中的记载作为中国在1492年以前已有玉米的证据是完全不可靠的"。[4]云南境内玉米种植的推广方向足以揭示一些问题："从历史记载分析，云南的玉米种植，是由滇西逐渐向滇东、滇南发展的，这表明云南的玉米应从印度、缅甸方向传入。到清初，康熙《云南通志》卷12说玉麦已变为'通省'同产。"[5]基于玉米传入云南的时间以及玉米传入印度的时间，很容易看出，玉米传入并成为重要主食，过程是比较短暂的："葡萄牙人到达印度西岸是在16世纪初，而16世纪中期云南文献中已有玉米出现，这短短50—60年传播如此之快之广，令人惊叹。"[6]这一方面说明当时中印交流通畅，也说明玉米因产量高、易成活等特点很快得到了印度和云南少数民族的青睐。甘薯在明代引入到了云南："最早记载于李元阳的《嘉靖大理府志》（1563年）。"[7]新食物的出现给中国带来了巨大的影响："在中国，人口从1650年的1.4亿，增加到1850年的4亿，其助长因素之一是玉米和番薯的到来。"[8]发源于美洲

1 〔英〕L.S.斯塔佛里阿诺斯著，李群译：《农业的起源与传播》，载《农业考古》，1988年第1期，第86—90页。

2 李晓岑：《云南科学技术简史》，北京：科学出版社，2015年，第178页。

3 〔美〕汤姆·斯坦迪奇著，杨雅婷译：《舌尖上的历史》，北京：中信出版社，2014年，第102页。

4 李晓岑：《关于玉米是否为中国本土原产作物的问题》，载《中国农史》，2000年第4期，第102—107页。

5 李晓岑：《关于玉米是否为中国本土原产作物的问题》，载《中国农史》，2000年第4期，第103页。

6 李晓岑：《云南科学技术简史》，北京：科学出版社，2015年，第179页。

7 李晓岑：《云南科学技术简史》，北京：科学出版社，2015年，第179页。

8 〔美〕汤姆·斯坦迪奇著，杨雅婷译：《舌尖上的历史》，北京：中信出版社，2014年，第111页。

的马铃薯、玉米、番薯的单产比欧亚大陆传统的小麦、谷子、大麦、燕麦、高粱要高出许多倍，这些农作物的引入即为人口的快速增长提供了食物保障。玉米现在是世界第二大粮食作物，马铃薯现在是世界第四大粮食作物。马铃薯的出现弥补了谷物收成不足所带来的粮食短缺。可以说印第安人的农业成就改变了整个世界，也助推甚至成就了中国的康乾盛世。[1] 有人会问这些农作物在明代即已引入，为什么到清代才发挥作用？这一问题，已有研究者给出答案："玉米、番薯（红薯）在明朝末年就已经传入中国（由于战乱和瘟疫而没有来得及推广），清朝初年红薯推广技术就已经成熟，玉米也开始推广。马铃薯也陆续引进推广。"[2]

福建的泉州自古即是重要的国际贸易中心之一。这里也自然成为农作物品种输入输出的重镇。在农作物的引入过程中，存在着与玉米等较快传播相反的现象：有些农作物在一地引入了很久，但是只限于当地种植，并未迅速大幅度向其他地区推广。这样就造成了一个历史现象：某作物早已从国外引入甲地，但是未得到进一步传播而只在甲地种植；其后此物再次被从国外引入乙地，并由乙地得以传播开来。甘薯的引入就属于此类。虽然 1563 年即被引入并种植于云南，但却未由此产生次辐射。而至明代万历二十二年（1594 年），福建长乐侨商陈振龙从吕宋岛经泉州再次带回甘薯，并将甘薯献给当时福建总督金学曾，借此才得以大范围得以引种。闽南最先种植甘薯的是晋江县安海镇的灵水村。[3]

2.3.5　少数民族地区向域外输出作物方面的贡献

少数民族地区，不仅是引入其他民族优秀文明的重要渠道，也是中华民族文化与文明重要的外传者。在农作物外传方面也是如此。在这一部分仅举两个重要的例子予以说明。作为世界三大谷物之首的水稻，被我国古代少数

1　易富贤：《就清朝初年人口数量与葛剑雄先生商榷》，载《社会科学论坛》，2010 年第 1 期，第 150—157 页。

2　易富贤：《就清朝初年人口数量与葛剑雄先生商榷》，载《社会科学论坛》，2010 年第 1 期，第 150—157 页。

3　黄水看：《略考历代从泉州进出口的农作物》，载《福建农业科技》，1980 年，第 3 期，第 31—33。

民族先人成功培育并栽培后，又随他们的迁移输出到域外。张佩琪曾提出推测：水稻“很可能是从云南西部、西南部到西藏东南部的广大高山峡谷地区传入印度与缅甸的。传播者为远古时代云南景颇族、独龙族、西藏门巴族、珞巴族等藏缅语族的原始先民。……结合云南与印度已出土的原始栽培稻遗存的时序分析，中国原始稻作农业西传的时间大约在距今4500—5000年前之间。这与古气象史上的洪水泛滥时期，人类从长江、黄河流域平原与丘陵地区向高院地带迁徙的史实与传说相吻合”。[1]

中国是粟（小米）的第一起源中心：“中国粟起源于黄河中游的高海拔地区，中国粟作文化的编年史在华北地区是连续的、没有空缺的，中国先民驯化狗尾草的起始年代当定在旧石器时代晚期的下川文化时期。保守地讲，中国栽培粟的启示时代起码在距今一万年前的河北徐水高林村乡南庄头文化时期已经开始。”[2] 中国古代的百越族将在将水稻传播出去的同时，也将粟等农作物传播到了东南亚诸岛国。[3] 传播粟的另一路线，是由中国经阿拉伯、小亚细亚、奥地利而西传到欧洲。无论哪条路线，少数民族或是唯一的传播者，或是传播过程中不可或缺的接力者。作物的引入造福中华民族；作物的输出惠及世界各地其他民族。

2.3.6 余论

特殊的生存环境孕育少数民族独特的文化，进而决定他们做出独特的诸多发明。独特性既是少数民族生存的法宝，也是他们作为中华民族一员的主要价值所在。不应该把少数民族地区理解为不发展或欠发展或发展慢，但是少数民族地区在发展的同时，一定要如同珍惜生命一样，注意保持和发展自己文化的独特性。否则，人类不但在生理上而且在文化上也将越来越丧失基因的多样性。诚如是，人类文明的退化在所难免。

民以食为天，我国少数民族在作物培育与品种传播方面，对中华民族以及全世界都堪称贡献卓越。这一点基于目前既有的研究已是定论。如果在方

1 张佩琪：《论中国的驯稻》，载《农业考古》，1998年第1期，第223—227页。
2 卫斯：《试论中国粟的起源、驯化与传播》，载《古今农业》，1994年第2期，第6—18页。
3 游修龄：《黍粟的起源及传播问题》，载《中国农史》，1993年第3期，第1—13页。

法与视角上寻求突破，并能进一步推进这一领域的学术探讨与研究，那将是锦上添花。如果取得重要突破那将是意义非凡的成果。

借助少数民族科技史研究的深入开展，不仅对少数民族的特殊科技贡献有更加明晰的理解和认识，而且很大程度上也能纠正沾染“大国沙文主义”色彩的一个常识性错误认识，即人类文明的重要成果均由在世界范围或一个地区范围占核心主导地位的民族所奉献。人类历史上农作物的培育与传播是揭示这一主题的最好视角之一。在这一领域，中华民族有重要贡献，但是总体而言，输入大于输出。善于发明与善于学习不是一回事，但对民族的生存与繁荣而言，二者同等重要、缺一不可。一个民族善于发明是其强大生命力的一种体现，善于学习并将学到的东西发展到极致，同样是一个民族长盛不衰的重要保障。一个有生命力的系统不能是独立于外的孤立系统，也不能是保守的封闭系统。中华民族要昌盛，除了要发挥我们的聪明才智去大力创新与发明，还要善于倡导智慧的“拿来主义”。

2.4　笔记小说里的中国古代乐文化

在中国古代传统文化中，聆听音乐是人们重要的精神生活。孔子将一个人的成熟过程归于三个核心方面，乐是其中之一：“兴于诗，立于礼，成于乐。”[1] 音乐在古代文化中，还具有更加丰富而重要的其他内涵与功能，重视音乐是中国传统文化的特征之一。与传统重乐文化相关，笔记小说载有丰富的乐文化史料。

2.4.1　音乐之重：“乐通神明”

音乐是人的情感借助于声音的表达，七八千年前的陶埙与骨笛的出土是音乐源远流长、音乐来源于生活实践的物证。但载于正史典籍得以流传的音乐史料，多属于为统治阶级服务的范畴。而在笔记小说中有所不同，基于其

1　杨树达：《论语疏证》，上海：上海古籍出版社，1986 年，第 191—192 页。

中的史料可以对中国古人的音乐及音乐文化形成较深层次的认识；对底层乐人的重要音乐贡献，以及他们的社会地位等有较为充分之了解。

在中国古人看来，乐能陶冶人的情操、能感动万物，甚至如宋诗所言“乐通神明”。[1]这一认识多为笔记小说作者所认同。唐朝郑处诲的《明皇杂录》里有一个故事：“明皇自为上皇，尝玩一紫玉笛，一日吹笛，有双鹤下，（皇）顾左右曰：‘上帝召我为孔昇真人。’未几果崩。”[2]可见时人相信乐可沟通天人。宋代王得臣曾说：“瓠巴鼓瑟而游鱼出听，伯牙鼓琴而六马仰秣，古人精于音者其感物如此，况以舜之乐乎！”[3]可见乐能感动万物。因为对音乐有这类超自然的信念，古人进而认为通过乐曲可以预判国家或者重要人物的命运。唐代笔记载，隋炀帝要下扬州，老乐工王令言之子被告知随驾。当老乐工闻听儿子习奏既定的随行琵琶曲后，大惊：“此曲宫声，往而不返。宫为君，吾是以知之。”[4]于是断定隋炀帝此行将有去无回。

与这类虚幻的传说相比，唐朝张鷟著述中的故事则更接近现实：“太宗时，西国进一胡（人），善弹琵琶……上每不欲番人胜中国，乃置酒高会，使（乐人）罗黑黑隔帷听之，一遍而得。谓胡人曰：‘此曲吾宫人能之。’取大琵琶，遂于帷下令黑黑弹之，不遗一字……西国闻之，降者数十国。”[5]唐太宗通过“作弊”的手法让胡人错误地相信，在唐朝普通的宫人都精通胡人的琵琶曲。此消息传到西域，而“降者数十国”。这个故事揭示出在古代社会，至少在有的人看来，音乐甚至是一个国家综合实力的标志。音乐之重若斯，令人叹为观止。

2.4.2 音乐源流：圣贤作乐观念与古乐不复作现象

中国古人有一个特殊史观：重要的发明一定归功于重要的历史人物（如三皇五帝或其他圣贤等）的创造。作为这一史观的特例，在笔记小说中，一

1 宋代诗人范祖禹有《乐通神明》诗，见于诗词大全网：https://shici.911cha.com/poem_cDh2Zw==.html

2 〔唐〕郑处诲：《唐五代笔记小说大观 · 明皇杂录》，上海：上海古籍出版社，2000 年，第 978 页。

3 〔宋〕王得臣：《宋元笔记小说大观（二）· 麈史》，上海：上海古籍出版社，2001 年，第 1326 页。

4 〔唐〕崔令钦：《唐五代笔记小说大观 · 教坊记》，上海：上海古籍出版社，2000 年，第 128 页。

5 〔唐〕张鷟：《唐五代笔记小说大观 · 朝野佥载》，上海：上海古籍出版社，2000 年，第 64 页。

些重要乐器与乐曲都大有来头。明代朱国祯在《涌幢小品》中，说有个叫做黄献的人，11 岁入内府，当时“孝皇命之学琴，甚得亲近”。因此他通晓音乐及音乐史，70 余岁时黄献撰写了一本琴谱——《梧冈琴谱》。《梧冈琴谱》一书曾这样描述古代音乐创作与乐器的发明：朱襄（炎帝别号）作瑟；伏羲作琴、埙、箫；女娲作笙、竽；黄帝作钟罄、鼓吹、铙角、鞞钲，制律吕，立乐师；少昊作浮磬；舜作崇牙；大禹作鼗（拨浪鼓）；桀作斓漫之乐；纣做北里之舞……汉武帝立乐府；唐高宗置梨园作坊、唐玄宗置教坊、倡优等等。[1]

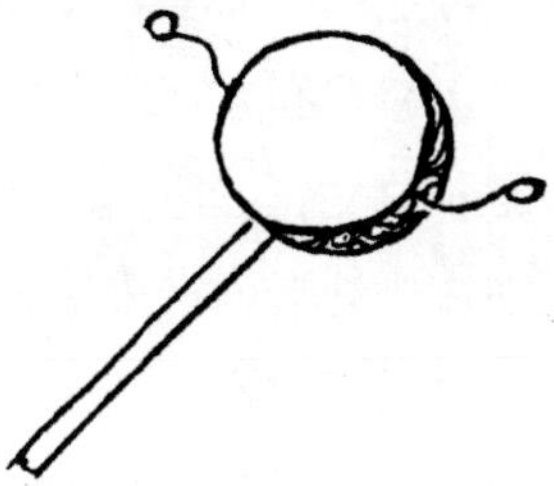

图 2.11　鼗（源自《中国古代乐器百图》[2]）

类似的说法在其他笔记文献中亦可见，不过具体内容多难以考证，但可以鲜明展示中国古人圣贤作乐（及器）的音乐史观。这一史观由来已久，并在历朝历代一再刷新。帝王按照个人喜好自己亲为，或命人谱曲、作乐器的故事颇多。笔记中有唐高宗参与作曲的记载：“高宗晓声律，晨坐闻莺声，命乐工白明达写之，遂有此曲（《春莺啭》）。”[3]宋太宗除了“酷爱宫词中的十小调子”，关于他还有“作九弦琴、七弦阮”的记载。曾有人试图证实这些说法而未果：“遍寻琴、阮，待招皆云七弦阮、九弦琴藏秘府，不得见。”[4]其实早在汉代，蔡邕就曾改七弦为九弦，但未能获得传承：“后汉蔡邕益琴为九弦，后还用七弦。”[5]宋太宗所作的九弦琴、七弦阮未能流传的原因，有宋代笔记对此做过说明：“前辈尝记太宗命待诏蔡裔增琴、阮弦各二，皆以为然，独朱文济执不可。帝怒，屡折辱之。乐成以示文济，终不肯弹。二乐后竟以废不行。”[6]中国古代文化中帝王与圣贤作乐的音乐史观，对于音乐的发展与重视具有积极意义，能够提高音乐的社会地

1 〔明〕朱国祯：《明代笔记小说大观（四）· 涌幢小品》，上海：上海古籍出版社，2005 年，第 3211 页。
2 金家翔编绘：《中国古代乐器百图》，合肥：安徽美术出版社，1995 年，第 19 页。
3 〔唐〕崔令钦：《唐五代笔记小说大观 · 教坊记》，上海：上海古籍出版社，2000 年，第 129 页。
4 〔宋〕文莹：《宋元笔记小说大观（二）· 湘山野录》，上海：上海古籍出版社，2001 年，第 1429—1430 页。
5 〔晋〕崔豹：《汉魏六朝笔记小说大观 · 古今注》，上海：上海古籍出版社，1999 年，第 239 页。
6 〔宋〕叶梦得：《宋元笔记小说大观（三）· 避暑录话》，上海：上海古籍出版社，2001 年，第 2605 页。

位，使音乐在主流文化中享有一席之地，成为巩固重乐文化的坚实基础。古代笔记之中除了古代帝王，关于贵人们酷爱音乐、有音乐特长的故事也颇多。比如其中就有杨贵妃善于击磬的记载："太真妃最善于击罄拊搏之音，泠泠然新声。虽太常梨园之能人，莫能加也。上令采蓝田绿玉琢为器，上造簨簴流苏之属，皆以金钿珠翠珍怪之物杂饰之。又铸二金狮子，作拏攫腾奋之状，各重二百余斤，以为趺（石座）。其他彩绘缛丽，制作神妙，一时无比也。上幸蜀回京师，乐器多亡失，独玉罄偶在。上顾之凄然，不忍置于前，促令送太常。至今藏于太常正乐库。"[1]

在古代社会，音乐是国家礼仪中不可或缺的元素，也是统治阶级与士绅重要的娱乐方式。在天下太平时期体制化的歌舞艺人的规模往往较为可观。如唐代东西二京都有歌舞教坊："西京右教坊在光宅坊，左教坊在延政坊，右多善歌，左多工舞，盖相因成习。东京两教坊俱在明义坊，而右在南，左在北也。"[2]这些乐工舞者主要为朝廷帝王服务："凡欲出戏，所司先进曲名，上以墨点者即舞，不点者即否，谓之'进点'。"[3]据唐代的《教坊记》所载教坊里演奏的大小曲名，数量超过300之多。[4]与这样的音乐盛况相反，在笔记小说所述的中国古代音乐史中，音乐传承中断而音乐失传的说法也一再出现。《大唐新语》中有晋末"夏音与声俱绝"之论："自周衰，乐工师散绝，迨汉制，但纪其铿锵，不能言其义。晋末中原板荡，夏音与声俱绝。后魏、周、齐，悉用胡乐奏西凉伎，慆心堙耳，极而不反。隋平陈，因清商而制雅乐，有名无实，五音虚悬而不能奏。国初始采斑宫之义，备九变之节，然承衰乱之后，当时君子无能知乐。"[5]北宋时也有"音已久亡"之说："崇宁初，大乐阙，征调有献议请补者，并以命教坊燕乐同为之。大使丁仙现云：'音已久亡，非乐工所能为，不可以意妄增，徒为后人笑。'"[6]明朝人何良俊则感叹："古乐之亡久矣，虽音律亦不传。今所存者惟词曲，亦只是淫哇之

1 〔唐〕郑綮：《唐五代笔记小说大观 · 开天传信记》，上海：上海古籍出版社，2000年，第1229页。
2 〔唐〕崔令钦：《唐五代笔记小说大观 · 教坊记》，上海：上海古籍出版社，2000年，第123页。
3 〔唐〕崔令钦：《唐五代笔记小说大观 · 教坊记》，上海：上海古籍出版社，2000年，第124页。
4 〔唐〕崔令钦：《唐五代笔记小说大观 · 教坊记》，上海：上海古籍出版社，2000年，第125—128页。
5 〔唐〕刘肃：《唐五代笔记小说大观 · 大唐新语》，上海：上海古籍出版社，2000年，第304页。
6 〔宋〕叶梦得：《宋元笔记小说大观（三）· 避暑录话》，上海：上海古籍出版社，2001年，第2605页。

声，但不可废耳。”[1]另一位明朝学者谢肇淛对此叙述得更为具体：“古乐不复作矣……彼太常乐官，但知较度数、考分秒、辨累黍、量尺寸而已，纵使事事合古，分毫不差，然于乐之理毫无干涉也。……至于今日，上之人既不以为急务，而学士大夫亦无复有深心而精究之者。郊庙燕享之间，笙磬柷圉徒存虚器，考击拊搏仅为故事，而其它之行于世者，不过觱篥之胡声与淫哇之词曲耳，以此为乐，吾所不敢知也。”[2]在谢肇淛看来，古乐不复作，是后世学者精究之心尽丧使然。进入近现代，学术大家顾毓琇曾关注历史上国乐屡遭失传的事实：“国画历宋、元、明、清从没有间断，而国乐失传过久，追溯到唐、宋，很不容易了。”[3]顾毓琇对于中国音乐的正脉源流以及其发展高峰期的定位等也都有自己的看法：“周孔的琴瑟是中华的正音；隋唐音乐，虽受印度及西域的影响，但其时的文化交流，中国居于主导地位，不失为盛世之音。”[4]这些看法颇具专业眼力，大体符合中国音乐发展的客观史实。

笔者认为，导致多次出现“古乐不复作”现象的主要原因有三。原因之一是，在中国古代社会少数乐工身具绝技并掌握着高超的传统音乐技能，行业垄断心理的长期存在使较大范围的音乐传承教育无法出现。在这种情况下，特殊音乐技能和知识较难遇到合适的下一代继承者，这使得技艺失传的机会大幅度增大。宋代有一个真实的事例，黄振是得到南宋高宗赏识的著名琴师：“思陵（宋高宗）悦其音，命待诏御前，日给以黄金一两。”黄振的儿子却因为其他技艺而为皇家服务。有人问黄振为什么不把琴艺传给儿子，“黄喟然叹曰：‘几年几世，又遇这一个官家！’黄死，遂绝弦云。”[5]黄振没遇到琴艺的继承者，绝技失传。原因之二是，战乱与朝代更迭，使得依托帝王家而生存的乐工群体或丧生或流落民间，进而导致宫廷的国风雅乐飘零无踪。唐朝著名乐人李暮之外孙许云封习得外公技艺，成为朝廷中的奏笛乐工，曾

1 〔明〕何良俊：《明代笔记小说大观（二）· 四友斋丛说》，上海：上海古籍出版社，2005 年，第 1167 页。

2 〔明〕谢肇淛：《明代笔记小说大观（二）· 五杂俎》，上海：上海古籍出版社，2005 年，第 1761—1762 页。

3 顾毓琇：《中国的文艺复兴》，北京：科学出版社，2011 年，第 27 页。

4 顾毓琇：《中国的文艺复兴》，北京：科学出版社，2011 年，第 30 页。

5 〔宋〕叶绍翁：《宋元笔记小说大观（五）· 四朝闻见录》，上海：上海古籍出版社，2001 年，第 4920 页。

在演奏《荔枝香》时引发“左右欢呼，声动山谷”的场面。安禄山叛乱后，许云封“漂流南海近四十载”而终不知所归。[1] 在古代社会著名乐工的去世往往意味着特殊音乐技能从此失传，朝廷动荡与更迭则使主流乐工群体失去依存而致使雅乐凋零。原因之三，正如谢肇淛所说：虽然后世之乐充满“胡声与淫哇之词曲”，但“至于今日，上之人既不以为急务，而学士大夫亦无复有深心而精究之者”。[2] 庙堂之上，如师旷这般音乐大师级别的臣子多朝不见。这三个原因足以造成中国音乐史不是一直处于传承有序的健康发展状态。总之中国古代音乐史的基本特点是：中国古代重视音乐；古人长期将音乐源流归于圣贤作乐（器）；“古乐不复作”现象的一再发生是中国音乐文化特殊传承机制下无法避免的现实。

2.4.3 古人制乐选材的基本信念：奇人奇材成奇器

雅乐发自于奇妙的乐器，奇妙的乐器出于圣贤奇人之手，而奇人据奇材方能制作奇妙的乐器。这是中国古人在乐器制造方面的基本信念与逻辑。奇材并不一定珍贵，而是取奇特、出乎预料之意。因为好的乐器难得，所以历史上珍稀、著名的乐器往往价值不菲。如唐朝笔记小说中说：“卢中丞迈有宝琴四，各直数十万。”[3] 在古籍中重金购名乐器的故事也不罕见，如宋朝“中官陈彦和”见到一把名为“霜镛”的古琴，“以七百千得之”。[4]

因为相信乐通神明，有的古代乐器就附有某种“法器”的功能，因此在大型国家仪式活动中，乐器与奏乐是不可或缺的；古代“音乐人”与乐器情感深厚，甚至孕育出了乐器有灵的观念。在这样的文化背景下，发明与制作乐器、尝试改造乐器或尝试用不同材料制造乐器等等，都被视为非同寻常之事。在研制乐器实践中，古人积累了大量宝贵经验，但是对于声乐的奥妙还有不能理解之处，但这未妨碍古人对声乐的喜爱和重视，于是充满神秘感的

1〔唐〕袁郊：《唐五代笔记小说大观 · 甘泽谣》，上海：上海古籍出版社，2000 年，第 547 页。

2〔明〕谢肇淛：《明代笔记小说大观（二）· 五杂俎》，上海：上海古籍出版社，2005 年，第 1761—1762 页。

3〔唐〕佚名：《唐五代笔记小说大观 · 大唐传载》，上海：上海古籍出版社，2000 年，第 886 页。

4〔宋〕张邦基：《宋元笔记小说大观 ·（五）· 墨庄漫录》，上海：上海古籍出版社，2001 年，第 4683 页。

色彩也就成为古代音乐文化的一个基本特征。笔记小说中有丰富的关于乐器制作的史料。

2.4.3.1　管乐器的制作

古人制作与改良乐器，重要的创新是尝试用不同的材料制造乐器，以期达到降低成本并实现最佳音效。即使制作看似简单的笛子与箫也是如此。唐代学者段成式曾说，猿骨笛优于竹笛："有人以猿臂骨为笛，吹之，其声清圆，胜于丝竹。"[1] 事实上考古发现，在河南舞阳贾湖古人在距今约晚年，就已经用鹤的尺骨做出了 7 孔横笛。

清代笔记小说中，有用纸作萧的记载："闽人有卷纸为箫者，周侍郎得之，色如黄玉，扣之铿然，以试善箫者，无不称善。或题之曰：'外不泽，中不干，受气独全，其音不窒不浮，品在佳竹之上。'后以赠刘公勇，公勇为赋《纸箫》诗。"[2] 不但用纸制成了箫，其音色还远在竹箫之上。

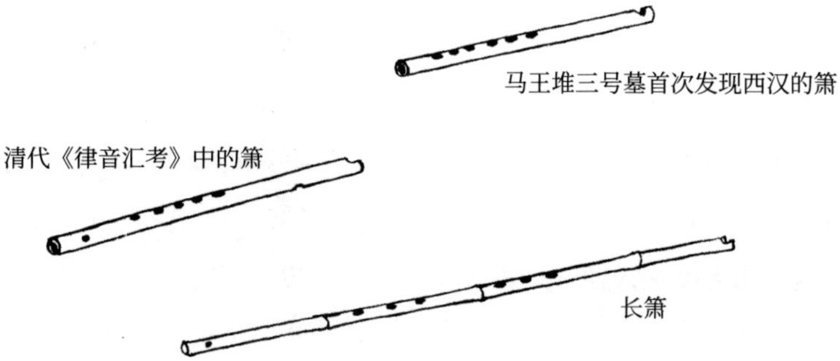

图 2.12　古代箫（源自《中国古代乐器百图》[3]）

要制作出音色优于竹箫的纸箫，工艺应该较为复杂，至少不会简单到只是"卷纸为箫"而已，否则无法使纸萧得以"色如黄玉，扣之铿然"。做纸萧所用的纸应该事先有特殊处理工艺，或者"卷纸为箫"后，纸萧要用特殊液体浸泡。

1 〔唐〕段成式：《唐五代笔记小说大观 · 酉阳杂俎》，上海：上海古籍出版社，2000 年，第 607 页。

2 〔清〕褚人获：《清代笔记小说大观（二）· 坚瓠集》，上海：上海古籍出版社，2007 年，第 1366—1367 页。

3 金家翔编绘：《中国古代乐器百图》，合肥：安徽美术出版社，1995 年，第 32 页。

有些古代著名文化人不仅精通乐律，还是乐器制造方面的行家里手。苏轼有一首词名为《水龙吟》：

水龙吟·赠赵晦之吹笛侍儿

楚山修竹如云，异材秀出千林表。
龙须半翦，凤膺微涨，玉肌匀绕。
木落淮南，雨晴云梦，月明风袅。
自中郎不见，桓伊去后，知孤负、秋多少。
闻道岭南太守，后堂深、绿珠娇小。
绮窗学弄，梁州初遍，霓裳未了。
嚼徵含宫，泛商流羽，一声云杪。
为使君洗尽，蛮风瘴雨，作霜天晓。

宋代曾敏行在著作中说有位读书人（高云翔）认识到苏轼这首词中“异材秀出千林表”一句，苏轼描述的是做竹笛之取材心得，并解释说：“凡竹，林生，后长者必过前竹，其不能过者，多死。一林内特一竹可材。远而望之，或伐取数十百竿，错乱终不可识。蔡邕仰视柯亭屋椽得奇材，不待如此求之。而邕后无至鉴，独有此法可求耳。”[1] 可见苏轼的做竹笛选材法，在高云翔看来是十分高妙的。这个故事也说明，即使做常见的竹笛，竹子的选择也是大有门道的。

图 2.13　古代笛（源自《中国古代乐器百图》[2]）

1 〔宋〕曾敏行:《宋元笔记小说大观（三）·独醒杂志》，上海：上海古籍出版社，2001 年，第 3229 页。
2　金家翔编绘:《中国古代乐器百图》，合肥：安徽美术出版社，1995 年，第 31 页。

古人制造乐器，并非一味仿制沿袭，而是有创新。笔记小说里的故事说明，看似简单的竹箫，要达到音色上佳的效果，制作时也需要特殊的技法。在制箫方面，清代张潮的《虞初新志》中关于制箫名匠车衮的故事值得关注：

近予临川车衮，擅其巧，今世称洞虚子者是也。……凡竹之属皆善，而最善者，窍尺八也。自言年七岁，弄俗箫成声，辄恶其声。……然好弥甚，至妨语食。刓刳刻镂，大变旧法。昼则操造水滨怪石旁，或入幽岫林樾苍蒨中。当月野霜庭，鸟睡虫醒之际，启塞抑按，未尝去手。一日，悟其法，起舞拍床，骂前人聋钝，不闻此妙矣。顷之，其乡人持一管万里外，遇解音客，购之万钱双绢。自是洞虚子箫闻天下。……其后俗箫稍稍窃其粗似，丹碧之，名洞虚，乱吴市中，暴得直，而真洞虚子家，故贫自若也。[1]

这则精彩史料把制箫名匠车衮及其研制新箫的经历描写得活灵活现：他自幼酷爱箫，而厌恶普通的箫及普通的箫音；钻研制造良箫时他废寝忘食、专心投入、不断尝试，大胆改变旧法、勇于创新而终于获得成功。他制作的箫价值昂贵，但是由于仿造的假货充斥世间，他本人名利均无所得而依然贫困。这个故事揭示了一个基本事实：中国古代音乐与乐器真正的、最重要的创作者和研发者在民间，是普通乐工或音乐爱好者，而不是帝王将相；民间艺人即使天赋异禀并具有创作精神，也难以因为在音乐及乐器制造方面的重要贡献而改变自己的人生命运。

管类乐器，并非都是相对简单的笛与箫，还有更为复杂的“组合音响”，如元代形制较大的兴隆笙：“兴隆笙在大明殿下。其制，植众管于柔韦，以象大匏土鼓，二韦橐。按其管，则簧鸣。笙首为二孔雀，笙鸣机动，则应而舞。凡燕会之日，此笙一鸣，众乐皆作，笙止乐亦止。”[2] 不难想象，兴隆笙结构较为复杂，在元代宫廷宴乐中作用也很重要。

---

1 〔清〕张潮:《清代笔记小说大观（一）· 虞初新志》，上海：上海古籍出版社，2007 年，第 307—308 页。

2 〔元〕陶宗仪:《宋元笔记小说大观（六）· 南村辍耕录》，上海：上海古籍出版社，2001 年，第 6188 页。

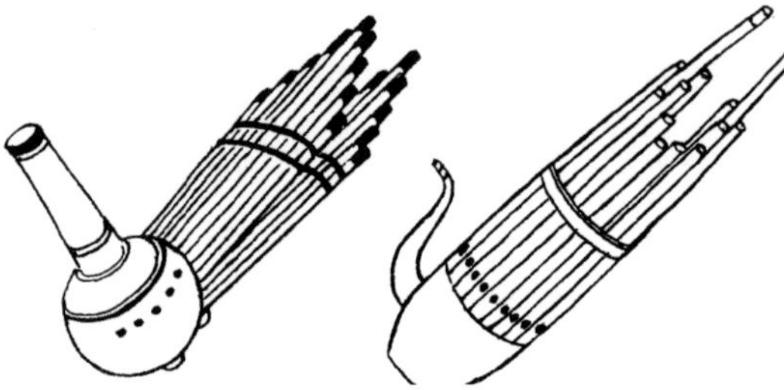

图 2.14　古代笙（源自《中国古代乐器百图》[1]）

古代还有规模和形制更大的管乐器。据传秦代甚至有大型的包括管乐器在内的“机械乐队”。由文献可知，研制机械乐队是中国古人的一种特殊的音乐追求与旨趣。《西京杂记》载秦咸阳宫内曾有这样的乐队：“铜人十二枚，坐皆高三尺，列在一筵上，琴筑笙竽，各有所执，皆缀花采，俨若生人。筵下有二铜管，上口高数尺，出筵后。其一管空，一管内有绳，大如指，使一人吹空管，一人纽绳，则众乐皆作，与真乐不异焉。”[2] 笔者认为，这未必是虚构，从技术层面来看，古代能工巧匠完全有能力设计并制作这样的“机械人”乐队。当然，要让这样的乐队的演奏达到与“真乐无异”的程度，难度极大。

2.4.3.2　弦乐器的制作

在中国古代，琴位于“雅人四好”琴棋书画之首，是最重要的弦乐器。中国古代文人抚琴觅知音；更以琴与琴音为题赋诗填词，表达他们丰富的情怀与志向。在中国古代传统文化中，文人对琴的酷爱程度是其他乐器难以比拟的。唐德宗时五弦圣手赵璧说过：“吾之于五弦也，始则心驱之，中则神遇之，终则天随之，吾方浩然，眼如耳，目如鼻，不知五弦之为璧，璧之为五弦也。”[3] 把人与琴彼此交融的关系揭示得淋漓尽致。

如此重要的琴，在制造选材上大有讲究，桐木尤其特殊产地的桐木为斫琴上品之材而被格外青睐。宋代笔记中载有此说：“灵开山有美桐，取而制

1　金家翔编绘：《中国古代乐器百图》，合肥：安徽美术出版社，1995 年，第 37 页。
2 〔汉〕刘歆：《汉魏六朝笔记小说大观 · 西京杂记》，上海：上海古籍出版社，1999 年，第 97 页。
3 〔唐〕李肇：《唐五代笔记小说大观 · 唐国史补》，上海：上海古籍出版社，2000 年，第 195—196 页。

以新样，遂谓之灵开琴。”[1]古人在用桐木斫琴方面，积累了丰富的经验。有些心得非实践难以智取，如宋朝人描述的（可能是唐人发明的）“斫琴贵孙枝”说：

斫琴贵孙枝。或谓桐本已伐，旁有蘖者为孙枝；或谓自本而歧者为子干，自子干而歧者为孙枝。凡桐遇伐去，随其萌蘖，不三年可材矣。而自子干歧生者，虽大不能拱把。唐人有百衲琴，虽未详其取材，然以百衲之意推之，似调众材皆小，缀葺乃成。故意其取自子干而歧生者，为孙枝也。[2]

桐木之“孙枝”与主干、“子干”材质有何区别？是材质疏密不同还是有其他不同，尚待研究，但古人却发现了孙枝做琴的妙用。这段文字中提到的百衲琴，据笔记所载为唐代李勉所作：“李汧公勉，取桐丝之精者，杂缀为之，谓之百衲琴。用蜗壳为徽，其间三面尤绝异，通谓之响泉韵磬。弦一上可十年不断。”[3]百衲琴“缀葺乃成”与“杂缀为之”，具体是怎样的工艺呢？另一本唐人著作有更清晰的说明：“李司徒汧公镇宣武，戎事之隙，以琴书为娱。自造琴，聚新旧桐材，扣之合律者，则裁而胶缀；不中者弃之。”[4]原来是取桐木中的“精者”用胶粘合而成。

百衲琴是中国音乐史上最著名的古琴（没有之一），但其命运终止为悲剧：

百衲琴流传当祐陵朝，亦入九禁。是天下号殊绝，独玉鹤、百衲乃第一。上时方稽古博雅，若书画奇工得以待诏日亲近，往往获褒赐，而琴工独闲冷……即共奏取御府所宝琴，尽丐（乞求）理治之，上亦可焉。于是首取百衲琴破之，乃止八段，然胶漆遽解散，群待诏反大

1 〔宋〕钱易：《宋元笔记小说大观（一）· 南部新书》，上海：上海古籍出版社，2001 年，第 368 页。
2 〔宋〕曾敏行：《宋元笔记小说大观（三）· 独醒杂志》，上海：上海古籍出版社，2001 年，第 3227—3228 页。
3 〔唐〕韦绚：《唐五代笔记小说大观 · 刘宾客嘉话录》，上海：上海古籍出版社，2000 年，第 799 页。
4 〔唐〕赵璘：《唐五代笔记小说大观 · 因话录》，上海：上海古籍出版社，2000 年，第 843 页。

惧，辄卤莽麈得合并，玉鹤辈八九咸被坏。遂得时时奏功第赏……此良足惜。[1]

百衲琴为什么以悲剧而终？究其原因，是因于宫廷中有百衲琴、玉鹤琴，使得造琴的工匠成为无用之人，从而失去了存在感，因而无由获得皇帝的恩宠。于是他们以研究（理治）为借口彻底毁掉了两把古琴。名琴毁掉后琴工们如愿以偿，终成有用之人，得以“时时奏功第赏”，其中蕴含的道理值得品味。

在古代琴文化中，存在古琴有灵观念。笔记小说中与苏轼有关的“古琴化女”故事，就能充分展示古人的这一观念：

苏东坡宿灵隐山房，夜闻窗外有女子歌云：“音，音，音，你负心，真负心，辜负俺，到如今。记得当初低低唱，浅浅斟，一曲值千金。如今抛我在古墙阴，秋风荒草白云深，断桥流水何处寻。凄凄切切，冷冷清清。”东坡推窗即之，见女子冉冉没于墙下。明日掘取，得古琴一张。[2]

古琴有灵的观念，可能源于古人对古琴能发出美妙而不可思议的声音，能淋漓尽致表达情感，抒发胸臆的奇妙功能等等所做的神秘化想象和理解；但也一定与古人对古琴的特殊情感有关。在中国古代弦类乐器中，琵琶也是有着重要地位一种著名乐器。据《明皇杂录》载，杨贵妃曾得到一把上好的琵琶，借助她高超的弹奏技能，令王公贵族由衷折服：“有中官白秀贞，自蜀使回，得琵琶以献。其槽以逻逤檀为之，温润如玉，光辉可见，有金缕红文蹙成双凤。贵妃每抱是琵琶奏于梨园，音韵凄清，飘如云外。而诸王贵主洎虢国以下，竞为贵妃琵琶弟子，每奏曲毕，广有进献。”[3]

除了精桐为琴、逻逤檀为琵琶，古人也尝试以结实、耐用、易于保存的材料制作弦乐器。中国古人除了自己创新外，遇见上乘“舶来品”，则有仿

1 〔宋〕蔡絛：《宋元笔记小说大观（三）· 铁围山丛谈》，上海：上海古籍出版社，2001年，第3114页。
2 〔清〕褚人获：《清代笔记小说大观（一）· 坚瓠集》，上海：上海古籍出版社，2007年，第918页。
3 〔唐〕郑处诲：《唐五代笔记小说大观 · 明皇杂录》，上海：上海古籍出版社，2000年，第975页。

制的愿望。元代杨瑀的笔记中就有镔铁胡不四（现名火不思）的记载："镔铁胡不四世所罕有，乃回回国中上用之乐，制作轻妙。余每询之铁工，皆不能为也。"[1] 这说明元代杨瑀未能成功仿制镔铁胡不四。阮或阮咸是古代一种与琵琶相似的著名弦乐器。阮在宋代是与琴相提并论的雅器："琴、阮，皆乐之雅者也。"[2] 据传说阮为魏晋时期竹林七贤之一的阮咸所发明制作，所以又名阮咸。根据唐代笔记史料可知，这种乐器在阮咸去世后曾一度为世人所遗忘，由此可知阮咸在世时这种乐器并未得到普及。直到唐代有人从古墓中再次发现它，才为元澹所识："元行冲（元澹）宾客为太常少卿，有人于古墓中得铜物，似琵琶而身正圆，莫有识者。元视之曰：'此阮咸所造乐具。'乃令匠人改以木，为声甚清雅，今呼为阮咸者是也。"[3] 此记载说阮最初乃取铜为之，后世之阮以木为体则是元澹的贡献。从造型上看，阮与琵琶的区别是阮形正圆。然而宋代人指出："琴则人多能之，而艺精者亦众，至阮则人罕有造其妙者。"[4] 由此推断阮与琴的区别不应该只是体现在乐器形状上，因为形状不同不足以造成弹奏难度上出现如此大的区别，比如很可能二者弦数有所不同。关于此问题，尚待专门予以探究。

宋代赵与时在笔记中引用了唐代卢言所著《卢氏杂说》一书中关于阮的说法："《晋书》称阮咸善弹琵琶。后有发咸墓者，得琵琶，以瓦为之，时人不识，以为于咸墓中所得，因名阮咸。"[5] 这则文献与前则唐代文献相似，但是也有明显的不同，它明确指出，阮的命名与元澹无关，而是因为乐器直接出自阮咸之墓而得名。后一则文献中还有一点值得注意：墓中出土之阮非铜制而是"以瓦为之"。这并非不可能，很可能历史上

图 2.15　阮咸（源自《中国古代乐器百图》[6]）

1 〔元〕杨瑀：《宋元笔记小说大观（六）· 山居新语》，上海：上海古籍出版社，2001 年，第 6064 页。
2 〔宋〕张邦基：《宋元笔记小说大观（五）· 墨庄漫录》，上海：上海古籍出版社，2001 年，第 4732 页。
3 〔唐〕刘悚：《唐五代笔记小说大观 · 隋唐嘉话》，上海：上海古籍出版社，2000 年，第 112 页。
4 〔宋〕张邦基：《宋元笔记小说大观（五）· 墨庄漫录》，上海：上海古籍出版社，2001 年，第 4732 页。
5 〔宋〕赵与时：《宋元笔记小说大观（四）· 宾退录》，上海：上海古籍出版社，2001 年，第 4234 页。
6 金家翔编绘：《中国古代乐器百图》，合肥：安徽美术出版社，1995 年，第 44 页。

以瓦为之、以铜为之、以木为之的阮都曾存在。

论及弦乐器不能忽视乐器必备的弦。作为影响弦乐音效的重要因素，乐弦具有特殊的文化内涵，“朝歌夜弦”“弦外之音”“心弦”“续弦”等等，都能折射出乐弦丰富的文化寓意。古代文人与政客更多选择以抚琴来表达他们的志向与情怀，这样的心理诉求是他们致力于将琴的音效发挥到极致的直接驱动力，这一动力甚至使琴文化升华为知识分子群体精神旨趣的一部分。在这样的社会文化背景下，中国古人对于琴弦制作材料与琴弦制作方法，如同对待古琴制作方法与为制作古琴选材一样精益求精，有大胆的尝试与创新。本文仅以几则代表性史料为依据，对古人在制作琴弦选材时的探索略作展示。

北朝时期贾思勰的《齐民要术》一书中之“种柘法”一节有这样的话：“柘叶饲蚕，丝好。作琴瑟等弦，清鸣响彻，胜于凡丝远矣。”[1] 柘是一种桑科灌木。按照这一说法用柘树叶和普通桑叶喂养的蚕所吐之丝，分别做琴弦，音色区别甚大。类似说法也见于其他古籍，如明代《天工开物》说：“凡弦取食柘叶蚕丝，其丝更坚韧。”[2] 这里所说的弦为弓弦，但是在强调柘叶蚕丝与普通桑叶蚕丝物理性能有明显区别这一点上，二者是一致的。

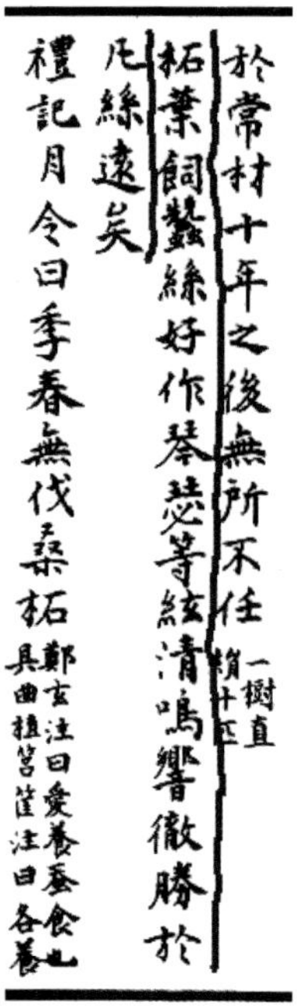
於常材十年之後無所不任 一樹直絹十疋
柘葉飼蠶絲好作琴瑟等絃清鳴響徹勝於
凡絲遠矣
禮記月令曰季春無伐桑柘 鄭玄注曰愛養蠶食也 具曲植筥筐注曰各養

图 2.16 《齐民要术》中关于琴弦制作的记载

蚕丝是古代汉族制作琴弦的最基本材料。但是古人也有用其他选材制作乐弦的实践尝试，如唐代的《酉阳杂俎》中说：“古琵琶弦用鹍鸡筋。”[3] 清代褚人获说在《大唐杂录》和《紫桃轩杂缀》中有春州人、杭州人用狗肠或羊肠作乐器弦及弓弦的记载：“《大唐杂录》载：春州土人弹小琵琶，以狗肠为弦，声甚凄楚。《紫桃轩杂缀》载：杭州贫人妇女日夜槌羊肠作弹絮弓弦售人。盖由羊狗肠俱劲韧可用耳。”[4] 用动物肠衣做琴弦在西方

1 〔北魏〕贾思勰：《齐民要术》，上海：商务印书馆，1936 年，第 60 页。

2 潘吉星：《天工开物校注及研究》，成都：巴蜀书社，1989 年，第 501 页。

3 〔唐〕段成式：《唐五代笔记小说大观 · 酉阳杂俎》，上海：上海古籍出版社，2000 年，第 607 页。

4 〔清〕褚人获：《清代笔记小说大观（一）· 坚瓠集》，上海：上海古籍出版社，2007 年，第 1683 页。

也有悠久之传统。[1][2] 至今牛肠弦仍是受欧洲音乐人青睐的小提琴弦。[3]

今天常见金属材质的各种琴弦，那么金属琴弦出于何时呢？以笔记小说中的史料为依据，笔者发现早在元代即已经出现箜篌所用之铜弦。元代笔记《山居新语》中有相关记载，其作者强调铜弦为其亲眼所见，以证此说之可信："南的沙之子，世习二十弦（即箜篌也）。悉以铜为弦……铜弦则余亲见闻也。"[4] 笔者发现这一重要史料似乎未曾得到音乐界的注意，但它可能足以改写人类制作金属乐弦的发明史。

中华先民对于古琴的珍爱体现于选材、制作技艺、使用与收藏经验的积累等方方面面。清代阮葵生曾描述过一种"书画贴琴藏法"："凡法书名画、古帖古琴，至梅月八月，先将收入窄小匣中锁闭（其匣以杉板为之，内勿添油糊纸，可免湿霉。），以纸糊四周，勿令通气，庶不至霉白。过此二候，宜置卧室，使近人气，置高阁，俾远地气，乃佳。……琴则盛以锦囊，挂板壁透气处，勿近墙壁风露日色。收藏得法，过人远矣。"[5] 可见古人知道，较高的湿度以及风吹日晒等都不利于古琴的保存与收藏。

2.4.3.3　打击乐器的制作

与管乐器、弦乐器相比，磬、编钟等打击乐器，在中国音乐史上出现得更早，因而也占据重要地位。其中磬是石器时代的标志性乐器，但是磬并未随石器退出人类历史舞台而销声匿迹。在商代它还大有用武之地："磬是考古出土的石制乐器中生产最早、数量最大、品类最齐的一种乐器。"[6] 而商代出土磬较为集中的时期之一是晚商即殷墟时期。最早的磬是石磬，这从磬字的构型即可看出。随着生产能力的提高、制作技术的发展，磬的制作材料也随之升级，玉磬由此诞生。唐代的笔记中就有晋代人制造十三玉磬的史料："润州得玉磬十二以献，张率更叩其一，曰：'是晋某岁所造也。是岁闰月，

1　乐行、悦临：《古希腊的里拉琴》，载《旅游》，2015 年第 12 期，第 46 页。
2　蒙建农：《PIRASTRO 琴弦的由来》，载《乐器》，1983 年第 4 期，第 28 页。
3　《新民晚报》记者：《疯牛病令欧盟风声鹤唳，牛肠琴弦即将成"绝响"》，《新民晚报》，2011 年 11 月 28 日 A16 版。
4　〔元〕杨瑀：《宋元笔记小说大观（六）· 山居新语》，上海：上海古籍出版社，2001 年，第 6072 页。
5　〔清〕阮葵生：《清代笔记小说大观（三）· 茶余客话》，上海：上海古籍出版社，2007 年，第 2912 页。
6　陈荃有：《从出土乐器探索商代音乐文化的交流、演化与发展》，载《中国音乐学》，1999 年第 4 期，第 128 页。

造者法月，数当十三，今缺其一。宜于黄钟东九尺掘，必得焉。’敕州求之，如其言而得之。”[1] 玉磬之数与一年之月数相匹配的观念，暗示在古代社会，磬有着丰富的乐文化以及与其他文化交叉的内涵及寓意。

图 2.17　山西临汾陶寺遗址出土的标号为 M3002：6 的石磬[2]

中国古代多种打击乐器之间存在着直接的关联演化关系。如关于编磬、编钟、方响、钲等打击乐器之间的关系，清代张潮在描述江浙一带的特殊乐器——水盏子时，比较清楚地介绍了当时人的一种关联排序，即先有编磬（张潮认为水盏子与编磬类同）、再有编钟，而方响和钲则都是由编钟变化而来：“水盏子者，越器也。其器不知造于何代，亦莫按其制。相传隋万宝常，析钟律，能叩食器应弦，后人即以水盏入乐。或曰：古有编磬，与水盏同……编钟一变而为方响，再变为钲。”[3] 这则史料说明，石磬堪称各种打击乐器之祖，编钟等多种打击乐器，都是由石磬演变而来的。

图 2.18　演奏方响图（源自《中国古代乐器百图》[5]）

方响是隋唐时期的常用乐器，在宋代仍是教坊乐器之一。[4] 方响多为

1 〔唐〕刘悚：《唐五代笔记小说大观 · 隋唐嘉话》，上海：上海古籍出版社，2000 年，第 99—100 页。
2 〔清〕张蕾：《陶寺遗址鼓磬组合及相关问题研究》，载《中原文物》，2019 年第 3 期，第 111 页。
3 〔清〕张潮：《清代笔记小说大观（一）· 虞初新志》，上海：上海古籍出版社，2007 年，第 429—430 页。
4 金家翔编绘：《中国古代乐器百图》，安徽：安徽美术出版社，1995 年，第 86 页。
5 金家翔编绘：《中国古代乐器百图》，合肥：安徽美术出版社，1995 年，第 86 页。

十六枚大小相同、厚薄不一的长方形铜片或铁片。[1]但是在明代的笔记中也有白玉方响存世的史料，由叙述语句不难看出，这在当时已属罕见乐器："余家相传白玉十二片，长可七寸，阔可三寸，厚七分有奇，其制若圭而圆其首。首下有二窍，可贯一丁。旁刻五音之属，乃古篆文。填以朱砂，刻深而底平。余幼时常悬而击之为戏，其声泠然而清。先兄坦斋谓曰：'此方响也。'……今考方响，以铜为之，此或古之编磬而异其制。因记以问博古者。"[2]白玉方响的出现，表明张潮所说方响由编钟演化而来可能有误，而更有可能是直接由磬的组合音乐系统——编磬演化而出玉质方响。

图 2.19　汉画砖中的行军钲（源自《中国古代乐器百图》[3]）

张潮认为另外一种由编钟演变而来、被称为钲的金属古乐器，主要为古代行军时所用，也因为其发音而被称为"丁丁"。

2.4.4　伶官与贱人：古代乐人的社会地位

在笔记小说中，技艺高超的乐人受到帝王青睐的事例，在历朝几乎都曾出现。如明代永乐年曾"征天下善鼓琴者"，四明人徐仲和由于善"弹《文王》一曲，上大喜，除（授）锦衣千户。"[4]明世宗时邳州有位叫汤应曾的人善于弹奏琵琶，藩王朱橚闻其名而召见："赐以碧镂牙嵌琵琶，令着宫锦衣，殿上弹《胡笳十八拍》，哀楚动人。王深赏，岁给米万斛，以养其母。"汤应曾"由是著名大梁间"。[5]有的人因为精通乐律而在官场得到重用，地位甚至

1　金家翔编绘：《中国古代乐器百图》，安徽：安徽美术出版社，1995 年，第 86 页。
2 〔明〕王锜：《明代笔记小说大观（一）· 寓圃杂记》，上海：上海古籍出版社，2005 年，第 339 页。
3　金家翔编绘：《中国古代乐器百图》，合肥：安徽美术出版社，1995 年，第 8 页。
4 〔明〕都穆撰，陆采编次：《明代笔记小说大观·卷一·都公谈纂》，上海：上海古籍出版社，2005 年，第 553—554 页。
5 〔清〕张潮：《清代笔记小说大观（一）· 虞初新志》，上海；上海古籍出版社，2007 年，第 230 页。

超越公侯之上。如唐朝的乐工李龟年、李彭年、李鹤年三兄弟，就曾得到皇家的特殊恩典："特承顾遇，于东都大起第宅，僭侈之制，逾于公侯。"[1]而后周乐律名家窦俨也"为周世宗所重，判太常守"，窦俨编撰的《大周正乐谱》则得以成为权威"教材"："乐寺掌之，依文教习。"[2]

得到高层统治阶级眷顾而得到官职的乐工被称为"伶官"，这些伶官在有些朝代，甚至成了特权阶层。明代笔记小说中就有乐工乐户具有特权的记载："伶官之盛，莫过正德……然成化间已滥觞矣。……旧制宿娼者犯罪，追赃不得累及乐户，且乐户犯罪，止由礼部行提，别衙门不得擅拘，宜遵此制。"[3]在特殊时期这样的特殊境遇下的伶官乐工，也对他们的恩主感恩戴德，在特殊时期甚至能表达出难得的忠心。唐代笔记中就有这样的一幕：

> 天宝末，群贼陷两京，大掠文武朝臣及黄门官嫔乐工骑士，每获数百人，以兵仗严卫送于雒阳。至有逃于山谷者，而卒能罗捕追胁，授以冠带。禄山尤致意乐工，求访颇切，于旬日获梨园弟子数百人。群贼因相与大会于凝碧池，宴伪官数十人，大陈御库珍宝，罗列于前后。乐既作，梨园旧人不觉歔欷，相对泣下，群逆皆露刃持满以胁之，而悲不能已。有乐工雷海清者，投乐器于地，西向恸哭。逆党乃缚海清于戏马殿，支解以示众，闻之者莫不伤痛。王维时为贼拘于菩提寺中，闻之赋诗曰："万户伤心生野烟，百官何日更朝天。秋槐叶落空宫里，凝碧池头奏管弦。"[4]

然而，少数、个别乐工得到恩宠甚至进入官场的特例，并不能改变封建社会乐工整体低贱的社会地位。即使那些得到恩宠、成为"伎术官"的乐工，也往往被传统士大夫阶层视为异类。宋代笔记中有这方面的记载："应伎术官不得与士大夫齿，贱之也。"[5]在民间讨生活的最底层乐工，则被士大

1〔唐〕郑处诲：《唐五代笔记小说大观 · 明皇杂录》，上海：上海古籍出版社，2000 年，第 962 页。
2〔宋〕文莹：《宋元笔记小说大观（二）· 玉壶清话》，上海：上海古籍出版社，2001 年，第 1464 页。
3〔明〕沈德符：《明代笔记小说大观（三）· 万历野获编》，上海：上海古籍出版社，2005 年，第 2636 页。
4〔唐〕郑处诲：《唐五代笔记小说大观 · 明皇杂录》，上海：上海古籍出版社，2000 年，第 969 页。
5〔宋〕王栐：《宋元笔记小说大观（五）· 燕翼诒谋录》，上海：上海古籍出版社，2001 年，第 4596 页。

夫视为贱人、戏子。清代江西的一位举人，因为担心乐女怀孕而从来不与艺伎苟合。而他之所以惧怕乐女怀孕，是因为这样生下的孩子，虽然其父是举人，但是孩子命运仍然是："生男必为乐工，生女必为娼妇，父母之遗体沦于污贱矣。"[1]这本笔记小说的作者亲自见证实过这种社会风气："饮一士夫家，两行乐工排列，有一未冠者，面貌形体与主人甚相似，异而问之乐工年长者：'此是谁家子？'工人云：'花生子，有母而无父。'已而咨访，主人曾与其母私，盖不肯认为己子也。"[2]封建"士大夫"无视自己的骨肉、不敢为自己的行为负责到了如此地步。造成这一切的根本原因是乐工地位低下，被视为贱人、戏子的封建习俗与观念。

2.4.5　结语

在中国古代社会，尤其在周代，音乐是主流文化重要的核心内容。在其后的历朝历代，音乐的作用与重要性有所损益，但音乐一直是帝王登基、礼拜、祭祀等重要国家盛典上必备的要素。另一方面，雅乐也是有闲的上层人物抒发情怀、表达心志、怡情娱乐的重要方式。因此，在中国古代社会，音乐是较为坚挺的社会需求，由此遗留下了丰富的音乐文化素材。本节以笔记小说中的史料为主要依据，聚焦于中国古代音乐史观、感受中国古人在主要门类乐器制作方面的实践经验与信念、揭示中国古代音乐艺人的社会地位等重要问题，通过这些特殊视角的具体叙事展示中国古代音乐文化。文中的文献资料以及笔者的思想认识，对于中国音乐史、中国乐器制造技术史及中国传统文化诸领域的研究者及爱好者来说，都有一定的启发与借鉴意义。

2.5　笔记小说视域的中国古代纸文化

造纸是中国古代重大发明之一，造纸业的发展又促发了古代同样重要

1〔清〕褚人获：《清代笔记小说大观（二）·坚瓠集》，上海：上海古籍出版社，2007 年，第 2078 页。
2〔清〕褚人获：《清代笔记小说大观（二）·坚瓠集》，上海：上海古籍出版社，2007 年，第 2078 页。

的印刷术的发明与进步。基于造纸与印刷等技术，纸成为中国古代文化传承与传播的最重要载体，也是书法与绘画艺术发展成为中国传统文化特质与亮点的关键性物质保障。读书苦学、吟诗作文、著书立说、笔走龙蛇、妙笔生花，这些词语几乎都是中国古代文人墨客的专利。而所有这一切，在纸被发明以后，都再也离不开纸。在古代社会，纸是联系文人与社会的重要物质媒介，纸也是文人墨客立德立言、青史留名的物质载体。因此，古代文人墨客与纸张有特殊的关系与情感。笔记小说的作者均为历代文人墨客，他们往往将对纸的特殊关注载于笔记小说之中，这使笔记史料成为研究古代纸文化的重要文献。

2.5.1 笔记小说中记载的造纸术发明史

造纸术是中国古代重要发明之一，但是关于造纸学界长期存在争议。争议的焦点之一是：造纸术到底是蔡伦发明的，还是在蔡伦之前已经发明？对这一问题的争论，又不可避免地与另外一个问题直接联系起来：所谓“西汉纸”（如在甘肃天水市郊放马滩西汉古墓出土的疑似纸质残块）到底是不是纸？有学者借助现代科技考古手段给出肯定答案。有学者对西汉纸予以否认，也有学者认为此问题有待进一步研究。

事实上，类似的争议古已有之。从笔记小说的视角来看，清代的阮葵生是蔡伦发明造纸术的坚定支持者：“造纸始于蔡伦，有网纸、谷纸、麻纸，徒成其名而已。”[1] 然而在阮葵生之前就有人如明代的谢肇淛质疑此说：“今人谓纸始造于蔡伦，非也。西汉《赵飞燕传》：‘箧中有赫蹄书。’应劭云：‘薄小纸也。’孟康曰：‘染纸令赤而书，若今黄纸也。’则当时已有纸矣。但伦始煮縠皮、麻头及敝布、鱼网捣以成纸，故纸始多耳。”[2] 因此，谢肇淛基于文献持相反观点，认为蔡伦只是造纸术的改良者。

从笔记小说中的史料出发，目前尚不足以终结关于中国古代造纸术发明年代的争论；但是其中的史料，对于细致了解中国古代纸文化、深刻认识造纸术的发明对于中国文化的重要影响，却有不可替代的作用。

1〔清〕阮葵生：《清代笔记小说大观（三）·茶余客话》，上海：上海古籍出版社，2007 年，第 2913 页。
2〔明〕谢肇淛：《明代笔记小说大观（二）·五杂俎》，上海：上海古籍出版社，2005 年，第 1746 页。

2.5.2 笔记小说中记述的名纸

在中国古代文化中有名玉、名瓷、名剑等等标志性器物，这其中包括文房四宝；而文房四宝之一的名纸，也为文人所青睐，如元朝人说："凡学书字，必用好墨、好砚、好纸、好笔。"[1] 唐后历代笔记几乎都有关于名纸的记载，较早在《唐国史补》中载有多类："纸则有越之剡藤苔笺，蜀之麻面、屑末、滑石、金花、长麻、鱼子、十色笺，扬之六合笺，韶之竹笺，蒲之白薄、重抄，临川之滑薄。又宋亳间有织成界道绢素，谓之乌丝栏、朱丝栏，又有茧纸。"[2] 唐代已有多个地区生产品质出色的名纸，而以河南以南地区为主。统治阶级与士大夫阶层对名纸的需求，既有现实的需要也是高雅的时尚。唐朝人把书法与绘画列为国都长安重要的时尚之一："长安风俗，自贞元侈于游宴，其后或侈于书法图画，或侈于博弈，或侈于卜祝，或侈于服食，各有所蔽也。"[3] 因而，当时社会对名纸存在着硬需求。

古代高端纸商品市场既有国产名纸，也有"进口洋货"。在清代阮葵生开具的"历代名纸"目下，名纸内容更加丰富：

> 晋有子邑纸、侧理纸、茧纸。日本有松皮纸，大秦有蜜香纸，高丽有蛮纸，扶桑国有笈皮纸，江南有竹纸、楮皮纸、黟歙凝霜纸，浙中有麦麸稻秆纸，吴有由拳纸、剡溪小等月面松纹纸，唐有短白帘、硬黄纸、粉猎纸、布纸、藤角纸、麻纸、桑皮纸、桑根纸、鸡林纸、苔纸、建中女儿青纸、卵纸（非善书者不敢用）。李后主有会府纸，陶縠家翻阳白，南唐有澄心堂纸（为一时之甲），宋有张永自造纸（为天下最，尚方不及）、藤白纸、研光小本纸、蜡黄藏经笺、白经笺、鹄白纸、白玉版、匹纸、蚕茧纸，元有黄麻纸、铅山纸、常山纸、英山纸、上虞纸，皆可传之百世。明时大内白笺（洁白如玉）、磁青纸、高丽茧

1 〔元〕孔齐:《宋元笔记小说大观（六）· 至正直记》，上海：上海古籍出版社，2001 年，第 6600 页。
2 〔唐〕李肇:《唐五代笔记小说大观 · 唐国史补》，上海：上海古籍出版社，2000 年，第 197 页。
3 〔唐〕李肇:《唐五代笔记小说大观 · 唐国史补》，上海：上海古籍出版社，2000 年，第 197 页。

纸、皮纸、新安玉笺、谭笺、观音帘、匹纸，皆可珍者也。[1]

由这段文字，尤其根据原著中的补充说明可以看出，在古代社会名纸多为书画所用，极为珍稀而昂贵，堪称高端奢侈品。古代名纸之种类，并不限于名纸目录所囊括，如元代人提到的白鹿纸就不在两则名纸目录之中："世传白鹿纸，乃龙虎山写篆之纸也，有碧黄白三品。其白者，莹泽光净可爱，且坚韧胜西江之纸。始因赵魏公松雪用以写字作画，盛行于时。阔幅而长者，称曰白篆，后以篆不雅，更名白鹿。"[2]而谢肇淛提到的明代初期的"薄绵纸"亦属上乘名纸，然而不久绝迹连产地似乎都不详知："国初用薄绵纸，若楚、滇所造者，其气色超元匹宋。成、弘以来，就苟简，至今日而丑恶极矣。"[3]这又反映出另外一个造纸史实：古代造纸技术的水准不是持续增长的，而是存在明显的波动，有些名纸被制造出来，并为世人欢迎，但后世之人却不能再生产。

因为古纸珍稀、昂贵，于是赝品随之而出现。古人在判断和鉴别古纸真伪方面，积累了丰富的经验，清代《茶余客话》即有相关记载："真古纸，色淡而匀净，无杂渍斜纹绉裂，若一轴前破后加新甚众，熏纸烟色或上深下浅，或前深后浅。真古纸其表故色，其里必新，尘水浸纸，表里俱透。真古纸试以一角揭起，薄者受糊既多，坚而不裂，厚者糊重纸脆，反破碎莫举。伪古纸，薄者即裂，厚者性坚韧不断，其不同皆可辨。"[4]

琳琅满目的名纸出现，是中国古代造纸技术及工艺精湛的证据。然而笔记史料也反映出这样的史实：中国古代纸张并非极其丰富，至少有些特殊时期数量较为有限。唐代郑虔练书法，以柿叶代纸。[5]元代曾流行练习书法时代替纸张的鱼魫简牌（普通人用）和象牙简板（富贵人用）[6]。这类史料都反映出古代纸张具有一定的欠缺性。明代更有笔记史料记录达官贵人阶层重复利

1 〔清〕阮葵生：《清代笔记小说大观（三）· 茶余客话》，上海：上海古籍出版社，2007 年，第 2913—2914 页。

2 〔元〕孔齐：《宋元笔记小说大观（六）· 至正直记》，上海：上海古籍出版社，2001 年，第 6588 页。

3 〔明〕谢肇淛：《明代笔记小说大观（二）· 五杂俎》，上海：上海古籍出版社，2005 年，第 1776 页。

4 〔清〕阮葵生：《清代笔记小说大观（三）· 茶余客话》，上海：上海古籍出版社，2007 年，第 2914 页。

5 〔唐〕李绰：《唐五代笔记小说大观 · 尚书故实》，上海：上海古籍出版社，2000 年，第 1170 页。

6 〔元〕孔齐：《宋元笔记小说大观（六）· 至正直记》，上海：上海古籍出版社，2001 年，第 6601 页。

用纸张的情形："洪武年间，国子监生课簿仿书，按月送礼部，仿书发光禄寺包麵，课簿送法司背面起稿，惜费如此。永乐、宣德间，鳌山烟火之费，亦兼用故纸，后来则不复然矣。成化间，流星爆杖等作，一切取榜纸为之，其费可胜计哉。"[1]可见，今天纸张随意浪费的情形在古人看来应该是极为铺张的。

总之，基于笔记史料，中国古代纸张生产从品质上有各具特色的多种名纸，但纸张生产数量不是极其丰富。在造纸成为"四大发明"之一的历史语境下，人们很容易对中国古代纸张制造以及使用情况产生错误认识。这是古代笔记史料的独特贡献之一。

2.5.3　笔记小说中关于纸张应用的记载

纸的发明与制造直接源于人类对这种特殊材料的需求。"缣贵简重，不便于人"[2]，古人萌生发明新材料来替代昂贵的缣与笨重的简的愿望，是十分自然的。纸一经发明，它拥有的特殊材料性质，例如轻薄、易于书画、易于剪切和黏糊等，使得人们对其用途有了更多的开发。这一切必然使纸文化的内涵在纸的应用过程中逐渐丰富起来。

2.5.3.1　纸的基本用途之一：作为书画艺术的物质载体

在中国古代文人看来书法与绘画是不分家的，写书法与画中国画都讲究运笔用墨，其基本手法相似。宋代《梁溪漫志》说："书与画皆一技耳。"[3]书法与绘画既是中国古代文人展示才华的一种手段，也是他们寄情抒怀的重要方式。因而在中国传统文人文化中，书画具有核心性质的重要性，"百艺书为上"[4]，就是一个极好的写照。达官贵人甚至帝王在这种文化氛围下，也多是书画的爱好者，甚至成为个中高手。唐太宗酷好书法："太宗为秦王日，见拓本惊喜，乃贵价市大王书《兰亭》，终不至焉。及知在辩师处，使萧翊

1 〔明〕陆容:《明代笔记小说大观（一）· 菽园杂记》，上海：上海古籍出版社，2005 年，第 497 页。
2 〔宋〕周密:《宋元笔记小说大观（五）· 齐东野语》，上海：上海古籍出版社，2001 年，第 5555 页。
3 〔宋〕费衮:《宋元笔记小说大观（三）· 梁溪漫志》，上海：上海古籍出版社，2001 年，第 3404 页。
4 〔明〕谢肇淛:《明代笔记小说大观（二）· 五杂俎》，上海：上海古籍出版社，2005 年，第 1633 页。

就越州求得之，以武德四年入秦府。”[1] 宋徽宗爱好书画，并创立别具一格的瘦金体，对书画名家也予以善待：“崇宁中，初兴书画学，米芾元章方为太常博士，奉诏以黄庭小楷作《千文》以献，继以所藏法书名画来，上赐白金十八笏。”[2] 明代的《双槐岁钞》载明宪宗“好玩名画古器”[3]。达官贵人甚至皇帝对于书画的喜好，进一步对书画艺术的社会影响起到推波助澜的作用。明朝人总结出了“名臣通画学”[4] 的社会现象，谢肇淛则说：“自晋、唐及宋、元，善书画者往往出于缙绅士大夫，而山林隐逸之踪，百不得一。”[5] 这既是对缙绅士大夫喜好书画的客观写实，也间接说明在中国古代书法与绘画活动的主角属于有钱兼有闲的社会阶层。

习练书画费纸费笔费墨，唐代曾有人这样形容怀素练字用笔之多：“弃笔堆积，埋于山下，号曰笔冢。”[6] 废笔如许，不难想象怀素用纸会是何其之多！因此古人研习书画以及从事书画创作所用的纸张，占据古代纸消费的可观份额。而从事书画创作所用的纸，一般有特殊的要求，因此书法与绘画创作一定程度上促进造纸工艺的创新，同时又赋予了纸张以极高的人文附加值，从而奠定了纸张与纸文化在中国传统文化中坚实的重要地位。

2.5.3.2 纸的基本用途之二：叶子格

宋代大文学家欧阳修在《归田录》中提到了一种纸质物——“叶子格”：

> 叶子格者，自唐中世以后有之。说者云，因人有姓叶号叶子青者撰此格，因以为名。此说非也。唐人藏书，皆作卷轴，其后有叶子，其制似今策子。凡文字有备检用者，卷轴难数卷舒，故以叶子写之，如吴彩鸾《唐韵》、李郃《彩选》之类是也。骰子格，本备检用，故亦以叶子写之，因以为名尔。唐世士人宴聚，盛行叶子格，五代、国初

1 〔唐〕刘餗：《唐五代笔记小说大观 · 隋唐嘉话》，上海：上海古籍出版社，2000 年，第 115 页。

2 〔宋〕张邦基：《宋元笔记小说大观（五）· 墨庄漫录》，上海：上海古籍出版社，2001 年，第 4656 页。

3 〔明〕黄瑜：《明代笔记小说大观（一）· 双槐岁钞》，上海：上海古籍出版社，2005 年，第 256 页。

4 〔明〕沈德符：《明代笔记小说大观（三）· 万历野获》，上海：上海古籍出版社，2005 年，第 2587 页。

5 〔明〕谢肇淛：《明代笔记小说大观（二）· 五杂俎》，上海：上海古籍出版社，2005 年，第 1630—1631 页。

6 〔唐〕李肇：《唐五代笔记小说大观 · 唐国史补》，上海：上海古籍出版社，2000 年，第 180 页。

犹然。后渐废不传。今其格世或有之，而无人知者，惟昔杨大年好之，仲待制（简），大年门下客也，故亦能之。大年又取叶子彩名红鹤、皂鹤者，别演为鹤格。郑宣徽（戬）、章郁公（得象）皆大年门下客也，故皆能之。余少时亦有此二格，后失其本，今绝无知者。[1]

笔者寡闻学浅，未知也未找到关于“叶子格”的其他更清晰的解释，只知道有一种古老的纸牌博戏叫做叶子牌，玩法据说与麻将相似。欧阳修的这段关于叶子格的叙述中，出现了“骰子”和“彩选”两种古代博戏，且说“唐世士人宴聚，盛行叶子格，五代、国初犹然。”在这样的语境下，将“叶子格”理解为类似于“彩选”的一种博戏是可以的。但是，这样的理解却与“唐人藏书，皆作卷轴，其后有叶子”等描述难以协调。笔者经过思索后才豁然开朗：欧阳修这段叙述中的“叶子格”不是一种而是两种纸质物。其一即是博戏中的彩选格之类博戏用具；其二，叶子格还指类似于“册页”（又称册叶、叶册）形式的书写用纸。其做法是将长幅等宽纸张做等面积折叠，形成彼此相连而叠摞在一起的多页纸张，并将首尾页粘贴在两块硬纸板上，两块硬纸板对折叠于其中的纸张起保护作用。在这样类似于册页的叶子格上书写与直接在长幅卷轴纸张上书写相比，叶子格在保存与阅读方面都更加方便，这与欧阳修的叙述吻合：“卷轴难数卷舒，故以叶子写之。”欧阳修说叶子格“其制似今策子”，按照现代字典的解释，策子也是数页相连的册子，与册页相似而与卷轴有别。因此策子与叶子格在形式上相似，但是策子多绘书画艺术；而早于策子的叶子格的作用是非常明显的——用欧阳修的话说就是用于代替唐人早期长长的“卷轴书”，因此可称叶子格为“叶子书”。便于书写的叶子格，与策子及作为博戏工具的叶子之间的联系可能是这样：早期的叶子格，随着印刷装订书籍的出现而逐渐失去了它书写而作为文献的存在的价值，于是用于绘制小幅画作甚至小故事，成为策子，并最后被一页一页裁剪开来，而演化为一种纸牌，即叶子戏的工具。

对于叶子格的这种推测是合乎历史事实的。在雕版印刷术出现之前，没

1 〔宋〕欧阳修：《宋元笔记小说大观（一）· 归田录》，上海：上海古籍出版社，2001 年，第 624—625 页。

有装订成册的纸质书籍。这早已为其他学者所指出："敦煌所出写本，几乎全部为卷轴形式，把几张纸粘接成一长幅，臆端用一根小木棍作轴，把纸卷起来成一卷，同现在所看到的画轴一样。"[1]长卷轴十分不方便查阅，而促使人们在唐代发明了更为方便阅读和保存的叶子格。欧阳修说叶子格出现在唐中期，有学者将唐中期的805年"定为传世文献所见雕版印刷史事最早出现的年份"[2]。这样一来就出现一个问题：在雕版印刷书籍已经出现的时期，为什么还会出现叶子格？略做思考，会发现二者之间并不矛盾：最早的雕版技术主要用于刊印宗教经卷，雕版刊印世俗用书较之滞后，而叶子格就诞生于卷轴盛行而非宗教用书尚未雕版刊印的这段时期内。

综上所述，叶子格是长卷写本与雕版刊印书籍普及之间的过渡期的文字载体。基于这一分析与发现，则中国古代主要文字记录载体，从书简、帛书、卷轴、叶子格，直至雕版刊印、成册装订的书籍，构成了几千年来汉字文本记录形式演变的一个不间断序列。叶子格作为此序列中的一个环节，具有过去未被认识到的特殊历史角色与地位。

2.5.3.3 纸的基本用途之三：作为刊印书籍的物质载体

中国古代纸张最大的用途是刊印书籍。在中国古代，读书是学习知识、改变命运的重要途径。爱书、藏书是中国长期的传统社会风尚之一。宋真宗的劝学诗中有这样的语句：书中自有千钟粟，书中自有黄金屋，书中车马多如簇，书中自有颜如玉。在笔记小说中，多见描述历代皇家、官家与士绅藏书的文字。南宋周密在《齐东野语》中就说：

> 梁元帝江陵蓄古今图书十四万卷。隋嘉则殿书三十七万卷。唐惟贞观、开元最盛，两都各聚书四部至七万卷。宋宣和殿、太清楼、龙图阁、御府所储尤盛于前代，今可考者，《崇文总目》四十六类三万六百六十九卷，史馆一万五千余卷，余不能具数。南渡以来，复加集录馆阁书目五十二类四万四千四百八十六卷、续目一万四千九百

1 张秀民：《中国印刷术的发明及其影响》，上海：上海人民出版社，2009年，第13页。

2 辛德勇：《佛教典籍的刊印与中国早期雕版印刷》，载《普陀学刊》，2019年第1期，第235—251页。

余卷，是皆藏于官府耳。若士大夫之家所藏，在前世如张华载书三十车，杜兼聚书万卷，韦述蓄书二万卷，邺侯插架三万卷，金楼子聚书八万卷，唐吴竞西斋一万三千四百余卷。宋承平时，如南都戚氏、历阳沈氏、庐山李氏、九江陈氏、番易吴氏、王文康、李文正、宋宣献、晁以道、刘壮舆，皆号藏书之富。邯郸李淑五十七类二万三千一百八十余卷，田镐三万卷，昭德晁氏二万四千五百卷，南都王仲至四万三千余卷。[1]

不仅唐宋两朝藏书可观，中国古代历朝历代都重视书籍的刊印与收藏。如明代的《客座赘语》说："前代藏书之富，无逾本朝。永乐辛丑，北京大内新成，敕翰林院，凡南内文渊阁所贮古今一切书籍，自一部至有百部，各取一部送至北京，余悉封识收贮如故。时修撰陈循如数取进，得一百柜，督舟一艘，载以入京。"[2]可见明代的皇家藏书也是蔚为壮观。充裕的造纸是印书、藏书的基本前提。

在藏书数量上，后世也许可以与之一较高下，但是笔记小说史料明确显示，宋代书籍的刻印质量可谓空前绝后。宋代朱弁说："世之畜书，以宋为善本。"[3]可见宋代书籍质量优于前代。明代朱国祯所言："刻书，以宋板为据，无可议矣。"[4]清代《檐曝杂记》记载了一个故事："尚宝卿王延喆……性豪侈。有持宋椠《史记》来售者，索价三百金。延喆给其人曰：'姑留此，一月后可来取价。'乃选善工，就宋版本刻就。其人如期至索价，又给之曰：'以原书还汝。'其人不辨真赝持去，既而复来曰：'此亦宋椠，而纸不如吾书，岂误耶？'延喆大笑，告以故。取新刷数十部，并板亦赠之。"[5]由此可见宋代书籍质量非明清历朝所能够赶超。

宋代刻印书籍多以传世而不是单纯地以盈利为目的，宋版书质量为古人称道，主要有三个方面的原因：其一刻版字势生动，如同书法作品；第二

1 〔宋〕周密：《宋元笔记小说大观（五）· 齐东野语》，上海：上海古籍出版社，2001 年，第 5575—5576 页。
2 〔明〕顾起元：《明代笔记小说大观（二）· 客座赘语》，上海：上海古籍出版社，2005 年，第 1343 页。
3 〔宋〕朱弁：《宋元笔记小说大观（三）· 曲洧旧闻》，上海：上海古籍出版社，2001 年，第 2985 页。
4 〔明〕朱国祯：《明代笔记小说大观（四）· 涌幢小品》，上海：上海古籍出版社，2005 年，第 3530 页。
5 〔清〕赵翼：《清代笔记小说大观（四）· 檐曝杂记》，上海：上海古籍出版社，2007 年，第 3168 页。

刻版与用纸均为上乘；第三费时校雠而力求精准无误。明代谢肇淛在《五杂组》中通过对宋版书的肯定以及对后世印书业的批评中，阐释了宋版书的特点："书所以贵宋板者，不惟点画无讹，亦且笺刻精好，若法帖然。凡宋刻……而字势皆生动，笺古色而极薄，不蛀。……闽建阳有书坊，出书最多而板纸俱最滥恶，盖徒为射利计，非以传世也。大凡书刻急于射利者必不能精……吴兴凌氏诸刻，急于成书射利，又悭于倩人编摩，其间亥豕相望，何怪其然。"[1] 在谢肇淛看来，为了图利而求快印、为了趋利而求多印、为了求利而降低成本（纸张与刻版差、吝于请人反复校对），这几点是导致明清书籍质量下降而使宋版书籍成为绝唱的主要原因。

中国古代皇家、官府和具备财力的士绅藏书量可观，但是必须指出：在中国古代社会，还做不到在社会各阶层较好地普及书籍。这一事实说明古代刊印的书籍，在数量上还是较为有限的。这与社会的消费能力直接相关。对社会底层缺书现象，谢肇淛有过准确的描述："古人书籍，多无印本，皆自钞录。……国初书版，惟国子监有之，外郡县疑未有。……宣德、正统间，书籍印版尚未广。今所在书版，日增月益，天下古文之众，愈隆于前已。但今士习浮靡，能刻正大古书以惠后学者少……偏州下邑寒素之士，有志占毕，而不得一见者多矣。"[2] 谢肇淛生活于明代后期，因此他的这段描述基本上反映了整个明代书籍的社会欠普及状况。

2.5.3.4 纸的基本用途之四：邸报

关于邸报发源于何时，学界尚有争议。[3] 笔记小说作者也曾关注这一问题，清代梁章钜在其笔记中（据《宋史·曹辅传》）说："政和后，帝多微行，民间犹未及知。蔡京谢表有'轻车小辇，七赐临幸'语，自是邸报闻四方。"[4] 肯定邸报在宋代的存在及作用，并指出这是邸报最早于此见诸史书："'邸报'二字见史始此。"[5] 然而他又发现《唐诗话》中有这样的语句："邸报

1 〔明〕谢肇淛：《明代笔记小说大观（二）·五杂俎》，上海：上海古籍出版社，2005 年，第 1776 页。

2 〔明〕陆容：《明代笔记小说大观（一）·菽园杂记》，上海：上海古籍出版社，2005 年，第 475 页。

3 贺方程：《从"邸报"到"京报"——中国古代报纸发展溯源》，载《经济与社会发展研究》，2020 年第 14 期，第 245—246 页。

4 〔清〕梁章钜：《清代笔记小说大观（五）·浪迹丛谈，》上海：上海古籍出版社，2007 年，第 4129 页。

5 〔清〕梁章钜：《清代笔记小说大观（五）·浪迹丛谈，》上海：上海古籍出版社，2007 年，第 4129 页。

制诰阙人，中书荐君名，已除驾部郎中制诰矣。”由此他推测：“唐时已有邸报之名矣。”[1]

无论邸报究竟起源于唐甚或更早，可以肯定邸报至宋代达到了发展的一个高峰期。宋代的邸报是官方控制舆情和发布政令的重要工具，而同时邸报也是士大夫针砭政事的主要平台。在中国古代封建专制政体下，这是极为难得一见的政治现象。造纸业的发展、印刷技术趋于完善是邸报出现的物质基础与先决条件，而邸报的出现又进一步客观地提升了纸文化的品位与社会价值，并促进了社会政治生态的发展。

2.5.3.5 纸的特殊应用：蕴含文化品质的纸张用途的深度开发

古代纸张的应用，除了以上重要的几类，还有深度开发性质的其他特殊应用。每种特殊用途所用纸张的数量相对较少，但是每种特殊用途，往往都衍生出纸文化的新内涵。因此纸张的深度开发与特殊应用的文化意义，值得重视。

1. 书笺纸

简单地说，书笺纸就是具有特殊色彩和背景图案的、经过美观设计的优质纸片，用于题诗、绘制小画或作信札。这种带有艺术气息的特殊用纸是文化人格调与情趣的一种物化抒发，为纸文化添加了清新一笔。书笺流于世始于唐宋，元明清历代皆有行迹。清代笔记《履园丛话》中有对书笺纸小史的描述：

> 书笺花样多端，大约起于唐、宋，所谓衍波笺、浣花笺，今皆不传。每见元、明人书札中有印花研花精妙绝伦者，亦有粗俗不堪者，其纸虽旧，花样总不如近今。自乾隆四十年间，苏、杭、嘉兴人始为之，愈出愈奇，争相角胜，然总视画工之优劣，以定笺之高下，花样虽妙，纸质粗松，舍本逐末，可发一笑。[2]

1 〔清〕梁章钜:《清代笔记小说大观（五）· 浪迹丛谈,》上海：上海古籍出版社，2007 年，第 4129 页。

2 〔清〕钱泳:《清代笔记小说大观（四）· 履园丛话》，上海：上海古籍出版社，2007 年，第 3483 页。

薛涛笺是历史上名头最大的书笺纸。由唐代的《资暇集》，可知有一种色彩独特的松花笺历史更为久远，但是被后世人误称为薛涛笺："松花笺代以薛涛笺，误也。松花笺其来旧矣。元和初，薛涛尚斯色而好制小诗，惜其幅大，不欲长，乃命匠人狭小之。蜀中才子既以为便，后减诸笺亦如是，特名曰薛涛笺。今蜀纸有小样者，皆是也，非独松花一色。"[1]可见薛涛确实自己设计过笺纸，但薛涛笺之名，非薛涛本人所命，而是蜀中才子们借薛涛之名对包括早于薛涛笺的松花笺在内的尺幅较小笺纸的统称，"蜀中才子"使"薛涛笺"的名气跃居松花笺等其他笺纸之上。

到了清代，杭州笺纸是出类拔萃的精品："笺纸近以杭州制者为佳，硾笺、粉笺、蜡笺俱可用。盖杭粉细，水色峭，制度精，松江、苏州俱所不及也。有虚白斋制者，海内盛传，以梁山舟侍讲称之得名。余终嫌其胶矾太重，不能垂久。"[2]这则文献说明，杭州笺纸出类拔萃与杭州地方的造纸材料以及加胶加矾等工艺有关。早在宋代陶穀于笔记中即指出，适当用胶是决定笺纸品质的关键："姚顗子侄善造五色笺，光紧精华……余尝询其诀，顗侄云：'妙处与作墨同，用胶有工拙耳。'"[3]因此，好的笺纸不仅需要美观设计，还是特殊工艺的产物——为了制造出具有特殊品质的笺纸，古人发明了造纸原料的特殊配方等制作工艺。笺纸的出现以及其品质的提升，促进了造纸工艺的进步和纸文化内容的更加丰富。

2. 剪纸

剪纸一般认为诞生于汉代，历魏晋南北朝而逐渐走向成熟。宋代的剪纸形式和用途趋向多样化，如作为彩灯、茶盏的装饰等。明清两代剪纸艺术登堂入室进入了宫廷。在较长的历史时期里，剪纸在节庆和婚丧嫁娶等特殊场合是必需的点缀，今日依然。剪纸艺术源于生活并反映生活与风俗，深受地域文化的影响，因此不同地区的剪纸往往具有不同的艺术特色。在笔记资料中，剪纸还是魔术、杂技与巫术的常见道具。六朝时的笔记记载，当时的人们："正月七日为人日。以七种菜为羹；剪彩为人，或镂金薄为一人，以

1 〔唐〕李匡乂：《资暇集》，上海：商务印书馆，1939 年，第 22 页。
2 〔清〕钱泳：《清代笔记小说大观（四）· 履园丛话》，上海：上海古籍出版社，2007 年，第 3483 页。
3 〔宋〕陶穀：《宋元笔记小说大观（一）· 清异录》，上海：上海古籍出版社，2001 年，第 110 页。

贴屏风，亦戴之头鬓；又造华胜以相遗；登高赋诗。”[1] 五代时的严子休在笔记中说，唐代有人善于用纸剪蛱蝶表演：“咸通初，有进士张绰者……颇有道术……或人召饮，若遂合意，则索纸剪蛱蝶三二十枚，以气吹之，成列而飞，如此累刻；以指收之，俄皆在手。”[2] 从魔术与杂技的角度看，其表演的技法已经很是高超。明代的《菽园杂记》里说有术士剪纸为刀竟能用来削他人眉毛：“江西一游士善异术……按察某副使独不信，术士……乃剪纸为二刀，作法戏之，二刀即飞起，交舞于前，冉冉近副使，副使端坐不动。俄而扑其面，副使以袖拂之，术士乃收刀而去，但见副使双眉已削去矣。”[3] 这一故事可谓亦真亦幻、寓奇怪于平常。但是可以肯定，明代人并不认为此类说法荒诞不经。

笔记小说里这类描写剪纸的故事展示出，剪纸这种独特的手工技艺，已经普遍地走入了中国人的生活，并与魔术、杂技以及某些巫术文化紧密地结合起来。

3. 笔记小说中纸张的其他奇特应用

在中国古代，较早即已经出现并长期流传的纸的特殊应用还有很多，如撰写春联、刻印年画等等，这些是节庆风俗的必备内容。本节只选择几则较为奇特的纸张应用史料。

纸鸢的制造。在中国历史上传说在鲁班与墨子所在时期，就已经制造能飞的木鸢。纸鸢当然要在发明造纸术之后出现。笔记小说中将韩信视为纸鸢的最早制作者。如宋代笔记说：“今之风争，古之纸鸢也，创始于韩淮阴。方是时，陈豨反于代，高祖自将征之。淮阴与豨约从中应，作纸鸢以为期，谋败身戮。而纸鸢之制今为儿戏。”[4] 如果以此为真，那么蔡伦则是造纸技术的改良者。有木鸢早发明于前，纸鸢制作不算奇特，奇特的是纸鸢的一种特殊“应用”。明代医家依靠飞天纸鸢“发明”了一种散内热的方法：“纸鸢起于韩信，后人用之，引丝而上，令儿张口以引内热。”[5] 这符合中医的传统思

1 〔六朝梁〕宗懔：《汉魏六朝笔记小说大观 · 荆楚岁时记》，上海：上海古籍出版社，1999 年，第 1052 页。
2 〔五代〕严子休：《唐五代笔记小说大观 · 桂苑丛谈》，上海：上海古籍出版社，2000 年，第 1559 页。
3 〔明〕陆容：《明代笔记小说大观（一）· 菽园杂记》，上海：上海古籍出版社，2005 年，第 470 页。
4 〔宋〕曾敏行：《宋元笔记小说大观（三）· 独醒杂志》，上海：上海古籍出版社，2001 年，第 3209 页。
5 〔明〕朱国祯：《明代笔记小说大观（四）· 涌幢小品》，上海：上海古籍出版社，2005 年，第 3539 页。

维方式。

唐敬宗李湛“研制”过一种独特的纸质玩具：“宝历中，帝造纸箭竹皮弓，纸间密贮龙麝末香。每宫嫔群聚，帝躬射之，中者浓香触体，了无痛楚。宫中名风流箭，为之语曰：‘风流箭中的人人愿。’”[1]唐敬宗制造的与嫔妃们游戏所用的“风流箭”，以纸为材料作为这种“武器”的安全性保障。

清代有人别出心裁做出了纸质乐器——纸萧：“闽人有卷纸为箫者，周侍郎得之，色如黄玉，扣之铿然，以试善箫者，无不称善。或题之曰：‘外不泽，中不干，受气独全，其音不窒不浮，品在佳竹之上。’后以赠刘公勇，公勇为赋《纸箫》诗。”[2]用纸做箫不仅成功，其音效还“在佳竹之上”；所用的纸一定是经过特殊工艺处理的，否则难以具备“色如黄玉，扣之铿然”的性能。

不仅如此，清代梁绍壬说，有巧匠在云南、广东和贵州等地，研制出了纸褥子和纸砚台：“云南腾越州，善制纸褥，一床可用六七年，坚滑驯软，无其匹也。广东始兴清化山人，亦能作之，然不如滇制……又贵州出纸砚，先伯祖谏庵公有一方，用之历年，余曾见之，可入水涤，亦一奇也。”[3]用纸做褥子性能优良而耐用，用纸做砚台可用多年，还不怕水洗，都有出人意料之处。

在古代笔记小说中，诸如此类关于纸的奇特应用的记载还有很多。这类记载说明，在中国古代，尤其在纸材料较为丰富的时期，人们有过从多个角度开发、使用纸材料的诸多尝试。

2.5.4 依笔记小说中所载看造纸技艺的传承

造纸是中国古代社会不可或缺的传统手工业之一。如上所述，中国古代众多地区有名纸出产，在有的地区造纸是当地的“支柱产业”。明代陆容

1 〔宋〕陶穀：《宋元笔记小说大观（一）·清异录》，上海：上海古籍出版社，2001 年，第 111 页。

2 〔清〕褚人获：《清代笔记小说大观（二）·坚瓠集》，上海：上海古籍出版社，2007 年，第 1366—1367 页。

3 〔清〕梁绍壬：《清代笔记小说大观（六）·两般秋雨盦随笔》，上海：上海古籍出版社，2007 年，第 5658 页。

的《菽园杂记》载曰："浙之衢州，民以抄纸为业。"[1]陆容生于明英宗与明孝宗两朝，属明代中早期，他还明晰记载了衢州常山、开化造纸事："衢之常山、开化等县人，以造纸为业。其造法，采楮皮蒸过，擘去粗质，糁石灰，浸渍三宿，蹂之使熟。去灰，又浸水七日，复蒸之。濯去泥沙，曝晒经旬，舂烂，水漂，入胡桃藤等药，以竹丝帘承之，俟其凝结，掀置白上，以火干之。白者，以砖板制为案桌状，污以石灰，而厝火其下也。"[2]基于这些描写，人们很容易将陆容所记的开化造纸与著名的"开化纸"联系起来。在时间上"开化纸"与开化造纸存在交集，如曾纪刚指出："根据目前考知的文献记载，至少在明代中期，'开化纸'即已一种独立的纸品名号，登诸史传志乘。"[3]这正是陆容在世期间。但是学术界对开化纸仍存争议。王传龙等认为"开化纸明末开始出现……为清代内府刻书主要用纸"。[4]而清三代所用之"开化纸"实为"开花纸"之讹呼。[5]易晓辉认可王传龙的"讹呼"之说，而"经考证'开化纸'实为'连四纸'，'开化榜纸'实为'泾县榜纸'。"[6]

另一方面，有学者查阅开化县志发现，当地并未有生产开化纸的记载："清朝同治（1862—1874年）年间，开化（县）溪口乡（今林山乡）大源村仅生产'毛边纸'；又说，光绪二十四年（1898年）以前，开化县的大溪边、芳村等地，是以'化香树'（皮）和山枢皮来生产'绵纸'，只字未提开化纸。"[7]因此似乎可以确定"开化纸"非开化造纸。然而，这种论证还做不到彻底敲定"开化纸"与开化无关。因为一个地区的造纸业，可以出现、可以闻名遐迩，但是也可以由于种种原因而失传、消失，乃至后人失去关于它的信息。此类事有真实存在的例证，如宋代有一种著名的上饶鄱阳纸，但是上饶人却不知道上饶造纸这回事："先君子蓄纸百幅，长如一匹绢，光紧厚白，谓之鄱阳白。问饶人，云：'本地无此物也。'"[8]这很可能是这个地方生产的

1 〔明〕陆容：《明代笔记小说大观（一）· 菽园杂记》，上海：上海古籍出版社，2005年，第479页。
2 〔明〕陆容：《明代笔记小说大观（一）· 菽园杂记》，上海：上海古籍出版社，2005年，第500页。
3 曾纪刚：《古籍"开化纸"印本新考》，载《文献》，2020年第2期，第6页。
4 王传龙：《"开化纸"考辩》，载《文献》，2015年第1期，第15—23页。
5 王传龙：《"开化纸"考辩》，载《文献》，2015年第1期，第23页。
6 易晓辉：《清代内府刻书用"开化纸"来源探究》，载《文献》，2018年第2期，第162页。
7 刘仁庆：《论开化纸——古纸研究之二十一》，载《纸和造纸》，2012年第6期，第74页。
8 〔宋〕陶穀：《宋元笔记小说大观（一）· 清异录》，上海：上海古籍出版社，2001年，第110页。

名纸尚且存在，而因为当地较长时间终止了对于这种纸的生产，致使当地人已经不知道本地曾经制造名纸之事。这种事情同样可以发生在衢州开化。

古代的名纸都具有特殊的品质，而特殊品质决定于特殊的制造工艺。竞争与生存需要使家族性技艺垄断成为古代手工艺存世之常态，而技艺的家族垄断必然决定了掌握特殊技艺的人员极为有限，这将大大增加技艺失传的危险系数。一个地区造纸业的消失往往与多个因素有关，造纸技艺家族垄断是其中之一。可以借用古代亳州轻纱制造的史料予以说明："亳州出轻纱，举之若无，裁以为衣，真若烟雾。一州惟两家能织，相与世世为婚姻，惧他人家得其法也。"[1] 包括纸在内的文房四宝之制作技艺存在同样的"技术垄断"现象。在这种情况下，家庭的迁移、主要技艺拥有者突然离去、刚巧无合适技艺继承人或其他变故，都能够导致在特定区域技艺失传、产业衰微直至消失。

2.5.5　笔记小说中所载造纸衍生技术与职业

随着各种纸用途的出现，与之相应诞生出一些新的纸张加工技术与技艺，也必然地随之诞生了相关新工艺匠人。不同地区、不同特点的剪纸流派的出现，就是掌握特殊技法与艺术风格的手艺人努力的结果。对纸张特殊用途（如做笺纸等）的需要，又自然孕生了一些独特的纸张制作与处理技术，如加胶、加矾工艺等。清代笔记《履园丛话》中介绍的"硾纸法"，就是一种对纸张的深度细加工方法："纸类不一，各随所制。近时常用者不过竹料、绵料两种，竹料用之印书，绵料用之写字。然纸质虽细，总有灰性存乎其间，落笔辄渗。若欲去其灰性，必用糯米浆，或白芨水，或清胶水拖之，然后卷在木杆上，以椎千硾万硾，则灰性去而纸质坚。米南宫制纸亦用是法。若欲灰性自退，非百余年不可，然其质仍松，不可用也。"[2] 此文献说明古代造纸工匠与文人等纸张使用者之间存在密切的互动，而一定程度上为造纸技艺的提升提供了直接动力。

1 〔宋〕陆游：《宋元笔记小说大观（四）·老学庵笔记》，上海：上海古籍出版社，2001 年，第 3508 页。
2 〔清〕钱泳：《清代笔记小说大观（四）·履园丛话》，上海：上海古籍出版社，2007 年，第 3483 页。

珍贵的书画艺术作品一经完成，都要精心装裱（亦称裱褙）。而出于为纸张顶端消费群体更好地服务之目的，装裱工序逐渐完成了精细分工。元代笔记中有裱褙十三科之说：“裱褙亦有十三科。一织造绫锦绢帛，一染练上件，一抄造纸札，一染制上件颜色，一糊料麦面，一糊药矾蜡，一界尽裁版杆帖，一轴头（或金，或玉，或石，或玛瑙、水晶、珊瑚、沈橙、花梨、乌术。每轴止用一色，所以只归一科），一糊刷，一铰练，一绦，一经带，一裁刀。数内阙其一，则不能成全画矣。”[1] 技艺分工之细化意味着将有更多种类手工艺者的出现。造纸以及用纸行业精细的职业分工，主要存在于皇家、望族的纸张加工与装裱过程中，如早在唐朝与纸张相关的匠人就已经在官吏制度中直接体现出来了：“唐秘书省吏凡六十七人，典书四人，楷书十人，令史四人，书令史九人，亭长六人，掌固八人，熟纸匠十人，装潢（即裱褙）匠十人，笔匠六人。”[2] 其中的纸匠、装潢匠等手艺人的出现与造纸以及纸张应用的深度开发直接相关。在民间对纸质品要求不是极为讲究的情况下，与纸业有关的工匠分工应该不会如此精细，工匠一人身兼数技是较为自然的。

在用纸刊印书籍方面不仅出现了直接的梓行技艺人员，为了将书装帧得美观而耐用，还自然地衍生出新的工艺发明以及掌握这些新工艺的匠人。元代笔记中关于佛经装帧用胶的记载就是一例：“……隆平寺主藏僧永光，字绝照，访予观物斋……话次因问光，前代藏经，接缝如一线，岁久不脱，何也？光云：‘古法用楮树汁、飞面、白芨末三物调和如糊，以之粘接纸缝，永不脱解，过如胶漆之坚。’”[3] 书籍的高品质装帧需要，促使匠人寻求特殊的制胶技艺。

中国古代纸文化是一个多棱面的立体社会文化，从多工种的最底层造纸者、纸张贩运者、书籍刻印者、字画裱褙者、纸张普通使用者等等到士大夫与王公贵族，社会各阶层人物几乎都与造纸及纸张消费直接相关，因而几乎

1 〔元〕陶宗仪：《宋元笔记小说大观（六）· 南村辍耕录》，上海：上海古籍出版社，2001 年，第 6488 页。

2 〔宋〕马永卿：《宋元笔记小说大观（三）· 嬾真子录》，上海：上海古籍出版社，2001 年，第 3137 页。

3 〔元〕陶宗仪：《宋元笔记小说大观（六）· 南村辍耕录》，上海：上海古籍出版社，2001 年，第 6510 页。

全社会每个人都是纸文化中的一分子。

2.5.6 结语

中国古人如果没有较早发明造纸，那么就难以想象中国古代同时期远远领先于其他国家的书籍刻印技术及书籍刻印数量，因而中国传统文化的自身涵养以及传播都会直接受到限制；中国古人如果没有较早发明造纸，那么中国古代独具特色的书法和绘画艺术，就不会发展到极高的水准，并在中国古代文人文化中占据重要的核心位置；而如果失去书法和绘画，中国古代文化就会大大地失去其本来的迷人色彩。正因为如此，造纸术的发明诚为中国古代最伟大的发明之一，纸张是中国传统文化的重要物质载体，纸文化渗透到了中国传统文化的诸多领域。纸文化依托于造纸技术，但作为一种独特的存在，它也反作用于造纸技术，从而促使纸张应用的深度开发，并促成特殊造纸工艺的出现。因而，研究中国的古纸话题，不能仅局限于古代造纸技术，还需要深层次全方位发掘、展现丰富多彩的中华纸文化。

2.6 中国古代火文化

古代火文化在今天中国的一些地区仍有特殊的影响。如河南商丘长期具有燧人氏的火文化风俗[1]；火文化是长江中游地区楚文化的重要组成部分[2]；火文化是彝族文化的重要标志[3]；有学者指出太阳神崇拜起源于东方海岱地区，而后传入中原[4]。炎帝为火神或日神，高阳、颛顼、祝融也被视为火神或日神。炎帝、黄帝、高阳、颛顼与祝融之间的关系，是有些学者专门研究和辨

1 杜冬梅：《“火文化”历史渊源考析》，载《兰台世界》，2013 年第 5 期，第 94—95 页。

2 张定：《地域形象的仪式化传播》，载《新闻前哨》，2019 年第 2 期，第 56—57 页。

3 邵鹏、张荣华、陶磊：《文化自信的力证：火文化与彝族社会的和谐发展》，载《贵州民族研究》，2019 年第 6 期，第 39—45 页。

4 景以恩：《太阳神崇拜与华夏族的起源》，载《学术月刊》，1998 年第 7 期，第 101—106 页。

析的内容。[1,2,3,4] 中国古人可能根据乌云遮日或太阳黑子等朦胧的自然现象，而设想太阳中有金乌。民间传说与文物图案上都可以找到日中金乌的形象。

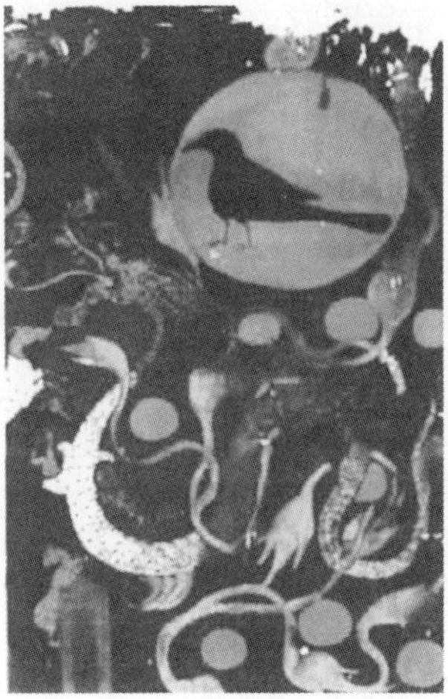

图 2.20 “日中乌”[5]（长沙马王堆帛画局部）

太阳的本质是火，因此原始社会时期的华夏族的太阳神崇拜，可以说是一种特殊形式的火文化。因此，在中华民族文化史上，在特殊历史时期和特殊区域，火文化有着独特的寓意和影响。但本节并不深入关注这一层面的独特火文化。而是从科技思想与文化的视角出发，主要基于历史文献以及经书典籍中的记载，考察人们对火的认识、利用以及火灾防控等等，换言之，本节话题关注的是火文化中剥离特殊信仰与崇拜的那一部分。这一部分与古人的生活与生产息息相关。事实上，从中华民族的整体角度去看，除了个别地区少数民族一定程度上一直保留着火神崇拜与信仰外，在更多区域信仰和崇拜火神的文化意识，可以说并不十分强烈，或并不明显。因此，我们所关注的视角并不缺乏文化基础以及历史空间的现实意义。

在中国古人看来，火是一种具有特殊意义的存在。发明生火与用火是人类的巨大进步之一。恩格斯称摩擦生火是“人类对自然界的第一个伟大胜利”[6]，而这一伟大胜利对于人类具有重要意义：“人们只是在学会了摩擦取火以后，才第一次迫使某种无生命的自然力替自己服务。”[7] 中国古人也充分肯

1　郭成磊、邓林：《人祖的神格化：炎帝、祝融与日神崇拜》，载《信阳师范学院学报（哲学社会科学版）》，2018 年第 3 期，第 78—83 页。

2　蔡靖泉：《炎帝 · 颛顼 · 祝融——楚人始祖论》，载《江汉论坛》，2014 年第 12 期，第 77—81 页。

3　张德苏：《“祝融”两族的存在极其混同考》载《德州学院学报》，2021 年第 3 期，第 36—41 页。

4　黄金春、皮宇航：《祝融神话及其神格演变》，载《韶关学院学报（社会科学版）》，2021 年第 4 期，第 13—17 页。

5　郭成磊、邓林：《人祖的神格化：炎帝、祝融与日神崇拜》，载《信阳师范学院学报（哲学社会科学版）》，2018 年第 3 期，第 79 页。

6　恩格斯著，于光远等译编：《自然辩证法》，北京：人民出版社，1984 年，第 196 页。

7　恩格斯著，于光远等译编：《自然辩证法》，北京：人民出版社，1984 年，第 196 页。

定发明取火法对于人类生存与文明演进的巨大保障和推动作用，因而在神话里为发明者封圣："有圣人作，钻燧取火，以化腥臊，而民说之，使王天下，号之曰燧人氏。"[1]在中国的火文化中，影响最大的传说人物即为燧人氏。据传明、清方志记载燧皇陵在河南商丘阏伯台西北。[2]火有不可缺少的大用，但水火无情，有时火也是极其危险的、具有毁灭性的力量。因此，生活中火文化的主要内容一分为二：取火用火，防火禁火。

2.6.1　日、阳、火：中国古人对火的本质的认识

中国古人视火为组成世界的基本元素之一，或者说是一种重要的物质形态，与金、木、水、土并列而成五行。宋代蔡沈在《洪范皇极·内篇卷二》中说："五行在天则为五气：雨旸燠寒风也。在地则为五质：水火木金土也。天之五气雨旸质也，地之五质水火气也。天交于地而雨旸为质，地交于天而水火为气。……五行二气之分也，二气交感氤氲杂糅开合动荡相生。"强调了水火二气在"五质"中的重要性。五行相生相克而有万物之变化。明代李时珍在《本草纲目·卷六·火部》说：作为五行之一的火，"有气而无质，造化两间，生杀万物，显仁藏用，神妙无穷，火之用其至矣哉"。

中国古人对于自然界的基本理论或对于自然现象的高度概括，除了五行说，还有阴阳学说。二者常被统而称为阴阳五行说。阴阳学说是关于世界的一种二分法，认为林林总总的世界，不外乎阴阳两种属性，如《道德经》有言：万物负阴而抱阳。阴阳学说意味着在事物之内，存在着阴阳两种力量，它们由自身属性决定的各自变化，以及它们彼此的相互作用，决定着事物的千变万化及其规律。《易经·系辞上》曰：一阴一阳谓之道。古人有时把阴阳看作主宰世界的两股力量，如《国语·周语（上）》说："阳伏而不能出，阴迫而不能蒸，于是有地震。"《管子·乘马》说："春秋冬夏，阴阳之推移也。时之短长，阴阳之利用也。日夜之易，阴阳之化也。"《洪范皇极·内篇上》说："阳者吐气，阴者含气。吐气者施，含气者化。阳施阴化而人道

1　王先慎：《韩非子集解》，北京：中华书局，1998 年，第 442 页。
2　杜冬梅：《"火文化"历史渊源考析》，载《兰台世界》，2013 年第 5 期，第 94 页。

立矣、万物繁矣。阳迫阴则绕而为风，阴囚阳则奋而为雷。阳和阴则为雨为露，阴和阳则为霜为雪。阴阳不和则为戾气。”这些语句明确表明，阴阳是五花八门现象世界背后决定性的两股力量。当中国古人持有阴阳二元论时，是理论统御直觉与现象的结果。先有阴阳而后有五行，阴阳学说较之五行说更为基本。宋代程颐在《河南程氏遗书》(卷十八）中，也特别强调阴阳更为根本的观点：“钻木取火，人谓之火生于木，非也。两木相戛，用力极则阳生。今以石相轧，便有火生，非特木也。盖天地间无一物无阴阳。”

然而直觉感受给古人的经验，又与这种高度抽象出来的阴阳学说不无抵触。有的中国古人似乎并不认为阴阳是高于五行的世界元素之再精炼，或者说有时候不能将阴阳为至简之道的理念贯彻始终。古人可以感受到，在这个世界上最大的、最根本的阳是日，即太阳；这个世界上最大的、最根本的火之源也是日，即太阳。与日及火相对，最大的、最根本的阴是月，即月亮；最大的、最根本的水的源泉也是月，即月亮。因为水火是五行之中的两行，因此古人认为阴阳与五行之间存在特殊的关联。而只要阴阳与五行的关联一旦建立，把阳与火、阴与水对应起来，阴阳二元论就失去了作为世界精华和主宰的地位。如《淮南子·天文》说：“日者，阳之主也”；“月者，阴之宗也”。如此说来，是日月为阴阳之主宰，日月作为特殊的存在，其一般意义是什么呢？方以智说：“日月为真水火”[1]。方以智进一步指出：“水为阴精，火为阳精。”[2]这样日月自然地就成了世界上最大的火源和最大的水源。明朝人甚至认为，世界之初，水火才是最基本的物质形式：“盖天地之初，混沌一物，惟有水火二者。开辟之际，火日升，水日降，而天地分矣。凡山阜皆从水中洗出，观江河间沙洲可见。”[3]因此，如果抛弃高度的理论概括与抽象，放弃阴阳的主宰地位，而从火与水出发，日月就会获得特殊的地位。日主阳，日为真火，火为阳精，太阳为世界上所有阳性因素之主宰。同理，所有的阴性因素都主宰于月亮。在这样的理念下，火是五行之一，火就是阳性，火就是阳之精髓；日即太阳为最纯粹、最巨大的火。当然，即使将与阴阳对应的水火看作五行中的子集，中国古人看到了并承认这二行在五行之中的特殊性：

1〔明〕方以智：《物理小识》，上海：商务印书馆，1937年，第79页。

2〔明〕方以智：《物理小识》，上海：商务印书馆，1937年，第78页。

3〔明〕陆深：《明代笔记小说大观（一）· 玉堂漫笔》，上海：上海古籍出版社，2005年，第596页。

“圣人作八卦，以之配五行。水、火纯乎气者也，而无所杂，故各以坎、离一卦配；金、木、土有阴阳刚柔之质，故各以二卦配之。”[1] 这就是说，水火与其他几行相比，二者都更加纯净。比如木，虽为五行之一，它可以含水、蕴火。从直观经验出发，除了日月可以替代抽象的阴阳外，中国古人有时还用天地代替日月，天为阳宗，地为阴统。明代笔记《草木子》即说：“天为阳宗，故风火在上；地为阴统，故水土在下。”[2] 因此对于阴阳、水火的叙述，中国古人事实上并未限于唯一的语境。

然而世界是复杂的、现象是复杂的。发现新的现象，古人必须借助阴阳五行理论予以解释。比如认为日为阳宗，可是击石可以见火、钻木可以生火。如何解释？《草木子》这样说：“击石有火，至刚而后生也；两木相摩则火，至动而后生也。刚、动，皆阳也。”[3] 这种解释事实上是通过拓展“阳”的概念而实现的。不仅火为阳，以石击石的剧烈过程，亦称之为“刚”，刚者属阳；两木相摩，必有运动，动为阳动。与之相反静则为阴。然而我们发现古人在解释冷与热的过程中，同样是“动”但并不都是阳性的。《山海经·海外北经》说：“钟山之神，名为烛阴，视为昼、眀为夜，吹为冬，呼为夏。”在此之后吹冷呼热这一知识点不断流传。如《关尹子》说：“呵之即温、吹之即凉。”[4] 唐代柳宗元在《天对》中说：“吁炎吹冷，交错而功。”[5] 类似的说法其后在苏轼、朱熹、杨万里等人的著述之中，均可目睹。南宋罗大经在笔记中讨论诗句用词恰当与否时提到：“杜陵诗云：‘桑麻深雨露，燕雀半生成。’后山诗云：‘辍耕扶日月，起废极吹嘘。’或谓虚实不类。殊不知‘生’为‘造’，‘成’为‘化’，‘吹’为‘阴’，‘嘘’为‘阳’，气势力量，与‘日月’字正相配也。”[6] 由此可见对当时的文人而言，“吹”为“阴”，“嘘”（呼、呵、吁）为“阳”已经是非常普及的自然常识。“吹”与“呼”“吁”“嘘”都是人驱气动，但是却不都是“阳性”行为与结果。动有致阳也有致阴。这样的结论来自于并可以简单验证于向手心吹气或“嘘”

1 〔明〕叶子奇：《明代笔记小说大观（一）· 草木子》，上海：上海古籍出版社，2005 年，第 9 页。
2 〔明〕叶子奇：《明代笔记小说大观（一）· 草木子》，上海：上海古籍出版社，2005 年，第 9 页。
3 〔明〕叶子奇：《明代笔记小说大观（一）· 草木子》，上海：上海古籍出版社，2005 年，第 9 页。
4 〔周〕尹喜：《关尹子》，上海：商务印书馆，1937 年，第 16 页。
5 〔唐〕柳宗元：《柳宗元全集》，上海：上海古籍出版社，1997 年，第 114 页。
6 〔宋〕罗大经：《宋元笔记小说大观（五）· 鹤林玉露》，上海：上海古籍出版社，2001 年，第 5182 页。

（呼、呵、吁）气的感觉。这就是说，向手心吹气或呵气的经验使古人在阴静、阳动的认识上，更进一步，又将动根据实际效果分为阴动、阳动两个种类。

中国古人在长期的生产生活实践中，逐渐观察到并积累了更多与火有关的经验。如晋代的张华在《博物志》中有关于磷火和静电起火的记载："斗战死亡之处，其人马血积年化为磷。磷著地及草木如露，略不可见。行人或有触者，著人体便有光，拂拭便分散无数，愈甚有细咤声如炒豆，唯静住良久乃灭。后其人忽忽如失魂，经日乃差。今人梳头脱著衣时，有随梳解结有光者，亦有咤声。"[1] 南宋的陆游也将自己观察到的"鬼火"看成磷火："予年十余岁时，见郊野间鬼火至多，麦苗稻穗之杪往往出观火，色正青，俄复不见。盖是时去兵乱未久，所谓人血为磷者，信不妄也。今则绝不复见，见者辄以为怪矣。"[2] 明代的陆容在笔记中记录了更多滋生火光的自然现象："乡人尝言野中夜见鬼火、神火。鬼火色青荧，不动；神火色红，多飞越，聚散不常。盖火为阳精，物多有之。世知木石有火而已，如龙雷皆有火。夏天久旱，则空中有流火，今谓之火殃是已。海中夜亦见火，肥猫暗中抹之，则火星迸出。壮夫梳发亦然。积油见日亦生火，古战场有磷火，鱼鳞积地及积盐，夜有火光，但不发焰。此盖腐草生萤之类也。"[3] 随着经验的积累，古人努力地将形形色色的火予以分类。如唐代人温庭筠在《采茶录》中引用李约之言说："活火谓炭火之有焰者。"宋代的蔡沈在《洪范皇极·内篇卷二》中，把火分为六类：木火、石火、雷火、油火、虫火与燐。显然这是目睹钻木取火及木燃烧、击石出火、雷电有火、油燃为火、萤虫之火、磷石自燃等现象所得经验的分类与概括。在以积累知识为主旨的博物学观念下，一定意义上造不出来也不需要贯彻到底的知识逻辑，经验累加以追求渊博为王道。在这样的知识观念下，原则上任何经验都可以有自己的一席之地。中医金元四大家之一的朱震亨，从阐释医理的角度将火分为两类。虽然我们觉得中医所说患者病体内"火"与灯烛等燃烧时发光发热之火有所不同，但是朱震亨是从

1 〔晋〕张华：《汉魏六朝笔记小说大观 · 博物志》，上海：上海古籍出版社，1999 年，第 222 页。

2 〔宋〕陆游：《宋元笔记小说大观（四）· 老学庵笔记》，上海：上海古籍出版社，2001 年，第 3481—3482 页。

3 〔明〕陆容：《明代笔记小说大观（一）· 菽园杂记》，上海：上海古籍出版社，2005 年，第 526 页。

五行角度阐释火的，因此其所讲的仍然是火的一般性。他说："太极动而生阳，静而生阴。阳动而变，阴静而合，而生水火木金土，各一其性，惟火有二。曰君火人火也，曰相火天火也。火内阴而外阳，主乎动者也。故凡动皆属火，以名而言形气相生，配于五行，故谓之君。以位而言，生于虚无，守位禀命，因其动而可见。故谓之相。天主生物，故恒于动。人有此生，亦恒于动，其所以恒于动，皆相火之为也。……天非此火不能生物，人非此火不能有生。天之火虽出于木，而皆本乎地。故雷非伏龙非蛰海非附于地则不能鸣、不能飞、不能波也。鸣也、飞也、波也，动而为火者也。"[1]

可以看出，在朱震亨看来（实则宋代名家多持有此观），从世界本原的角度看，最根本的是太极。太极之动静而生水火木金土即五行。火是有结构的：内含阴而外用阳；火也不再是至纯的阳而是有阴有阳。五行之中火在促动生化方面具有决定性作用。火生于木，而木生于地，故曰火本乎地。这与前面提到的火本乎日而地为阴精的说法有了明显的不同。这说明的一个事实是：古人基于经验和逻辑推理，提出二元论阴阳学说，当用这一思想去分析阐释某些特定领域的问题时，常常在阴阳、水火、日月、天地等谁最为根本的问题上，做出不同的选择。从这个意义上看，中国古人并不存在用以诠释物质与世界现象的共识性的唯一的二分法。

古人认为，只有火才能发光；可他们还发现，萤火虫也能发光，因而萤火虫属于火之类。什么缘故呢？古人认为，究其根本，萤火虫是腐草所化生，而草是木之属。木能生火，萤火虫能发光照明有火性，就在情理之中了。清代褚人获在笔记中就是这样解释的：

> 或问汪上辑先生："萤何以能明？"答曰："此火之类也。夫能明于天地间者，日与火而已。日明于昼，火明于夜。日与火之外，其自为光而能明者，惟萤，其他皆假光于日者也。月假光于日，故有盈亏。星假光于日，故不昼见。诸物类若镜若水，亦假光于日者，故置之暗室而不能自见。而萤独不然，以是知为火之类也。盖火生于木，先王钻燧以取之。草亦木之属也，其质微，不能胜钻，而有火之性。当其

1〔金〕朱震亨：《格致余论》，上海：商务印书馆，1936 年，第 34 页。

腐也，质尽而火性则存，故化而为萤也。以其为火之类，故亦明于夜乎？今夫天地之有日与火也，人身亦然。有君火焉，有相火焉。君火旺于昼，相火旺于夜，理亦如是耳。”[1]

2.6.2　中国古代取火用具与取火法

古代取火的主要人工用具为阳燧和木燧。先民发明钻木取火或钻燧取火的具体时间已经无从推考。学会钻木取火是件大事情。自古以来传说都讲燧人氏是其发明者。《管子·轻重戊篇》说:“燧人作钻燧取火，以熟荤臊。”《韩非子・五蠹篇》也说：“钻木取火，以化腥臊。”《礼记》载，古人右佩之物包括木燧即钻燧，用于阴雨天取火。[2]可见当时钻木取火之器物，就如同近世的火柴、打火机一样，是人们生活的必备之物。

木燧取火的方法，应该来自于打磨木质工具的生产生活实践。一个人在简单的木器加工过程中，以及多人甚至集体在大型木材运输与建筑过程中，常可以感受到摩擦生热现象。如唐太宗贞观四年发诏欲修建洛阳乾元殿，张玄素上书指出：“臣尝见隋室初造此殿，楹栋宏壮，大木非近道所有，多自豫章采来，二千人拽一柱，其下施毂，皆以生铁为之，中间若用木轮，动即火出。”（《贞观政要・卷二・论纳谏》）张玄素要通过工程材料运输的细节说明修缮宫殿是极为劳民伤财之举。但是其观察细腻发现了工程实践中大压力、高摩擦会产生很大热量的现象。

然而一旦木燧成为常见的生火手段，古人的智慧再向前有所推进，就得出了类似于关于物性原理的一个基本命题，《庄子・外物》说：“木与木相摩则燃，金与火相守则流。”《淮南子・原道训》说：“两木相摩而燃……自然之势也。”两木相摩，即一动者摩擦一静者，五代的谭峭在《化书・动静》中，将生火说成动静相摩的必然结果：“动静相摩所以化火也。”古人在认识过程中心理的变化以及对于知识的逐步抽象，完全符合人类对于新事物、新现象，习惯成自然的认识规律。钻木取火的方法，沿用了数千年。在明代的

1 〔清〕褚人获:《清代笔记小说大观（二）· 坚瓠集》，上海：上海古籍出版社，2007 年，第 1656—1657 页。

2　胡平生、张萌译注:《礼记（上）》，北京：中华书局，2019 年，第 512 页。

文献中，记有关于钻木取火方法的细致描述。如宋濂在《钻燧说》中写道：

宋子闲居，见家人夏季改火，不用桑拓，取赤杉二尺，中折之。一剜成小空，空侧开以小隙；一刮圆，大与空齐，稍锐其两端，上端截竹三寸冒之，下端置空内。以细绚缠其腰，别藉卉毛于隙下。左手执竹，右手引绚，急旋转之。二杉相轧摩，空木成尘烟，辄起尘自隙流毛上，候其烟蓊勃，以虚掌复空郁之，则大焰生矣。[1]

需要说明的是，在宋濂的这段叙述中，夏天所用取火之木为赤杉，不是随意的、不是仅仅出于方便甚至不是完全出于经验，而是基于古人一种理论推演的结果。清代人褚人获在笔记中论述钻燧取火时，有这样的文字：

钻燧改火，四时而五木，盖先王取火法五行也。春属木，榆柳色青，以象木也。木生火，夏属火，枣杏色赤，以象火也。火生土，季夏属土，桑柘色黄，以象土也。土生金，秋属金，槐檀色白，以象金也。金生水，冬属水，柞楢色玄，以象水也。四时平分而土位在中宫，寄旺于四时。季夏者土之中位，故《月令》于仲夏之后则中央土，《素问》谓之长夏也。愚谓一岁统之为四时，分之为五行，五行各七十二日。土分王于四时之末，各分十八日，合之亦七十二日。总五行之七十二日合为三百六十日，而成一岁，乃所钻木色各从其时也。[2]

一年春夏秋冬四季（四时），共 360 日。四季无法对应五行，因此在每一季节之末取 18 日共 72 日为土旺。这样古人按照五行得以将四季分为 5 份，即春、夏、季夏、秋、冬，而以之对应青、赤、黄、白、玄五色，进而对应榆柳、枣杏、桑柘、槐檀、柞楢五木。依照这样的指导原则，不同时（不同季节）需选择相应色彩的木料以为钻燧之用。宋濂说夏季选用赤色木料取火，是符合这一“理论”原则的。

1 戴念祖：《中国科学技术史 · 物理学卷》，北京：科学出版社，2001 年，第 427 页。
2 〔清〕褚人获：《清代笔记小说大观（二）· 坚瓠集》，上海：上海古籍出版社，2007 年，第 1532 页。

古代取火的另外一种方法是靠阳燧聚焦阳光生火。1995 年，在陕西扶风考古发现了西周时期的阳燧，这是考古发现的最早人工金属阳燧。[1] 虽然这是一个极为标准的金属阳燧，但是毫无依据将它定为第一枚阳燧，阳燧发明的具体时间目前无法确定，可能是西周，也可能更早。根据杨军昌等人的研究，可以确定的是，春秋战国时期阳燧已经得以普遍应用，或用于祭祀仪式，或用于日常生活。[2] 自周以降，春秋、战国、两汉、三国、六朝、唐、宋、金诸代，都有阳燧出土。[3]《礼记》载，古时候金燧即阳燧为人们左佩之物，用以晴天对日取火。[4] 阳燧与木燧相配合，人们无论阴晴、昼夜，具有了全天候取火的办法。

笔记小说中有不少关于阳燧的描述。如晋代崔豹的《古今注》说："阳燧以铜为之，形如镜，向日则火生，以艾承之则得火也。"[5] 在物理学概念中，阳燧就是合金铸造的凹面镜。古人是如何碰巧想到制造凹面镜而取火的呢？南宋人吴曾在其笔记中关于阳燧的叙述很有启发意义："淮南子：'阳燧见日，则燃而为火。'注云：'阳燧，金也。取金杯无缘者，熟摩令热，日下以艾承之。'"[6] 古人很早就有了金属酒杯，有的酒杯杯型较浅，形似凹面镜具有汇聚阳光的作用，其内里被摩擦光亮之后（古人不明原理，误以为需要摩热，实则是磨光而能更好的地反射光线），完全可以起到汇聚阳光从而取火的效果。受此启发发明阳燧的可能性是很大的。

取火为用，方便为佳。为此古人也有一些发明之功。宋代人陶穀在笔记中记载的"火寸"即为其一："夜中有急，苦于作灯之缓，有智者批杉条染硫黄，置之待用。一与火遇，得焰穗然。既神之，呼引光奴。今遂有货者，易名火寸。"[7] 而按照元代陶宗仪所述，火寸之类元代在杭州盛行，而追其源头，史载在南北朝时期，即已经发明出来，发明地也是杭州："杭人削松木为小片，

1　曲圆：《陕西出土西周青铜阳燧》，载《中国科技史料》，1995 年第 4 期，第 96 页。
2　杨军昌、段艳丽：《中国早期阳燧的几个问题》，载《东南文化》，2000 年第 8 期，第 102 页。
3　余明辉：《青铜阳燧的衍变：从祭祀取火到风水吉祥物》，载《文物鉴定与鉴赏》，2018 年第 5 期（下），第 44 页。
4　胡平生、张萌译注：《礼记（上）》，北京：中华书局，2019 年，第 512 页。
5　崔豹：《汉魏六朝笔记小说大观 · 古今注》，上海：上海古籍出版社，1999 年，第 247 页。
6　〔宋〕吴曾：《能改斋漫录（上）》，上海：上海古籍出版社，1984 年，第 62—63 页。
7　〔宋〕陶穀：《宋元笔记小说大观（一）· 清异录》，上海：上海古籍出版社，2001 年，第 104—105 页。

其薄如纸，熔硫黄涂木片顶分许，名曰发烛，又曰焠儿，盖以发火及代灯烛用也。史载周建德六年，齐后妃贫者以发烛为业，岂即杭人之所制与？”[1]

后人称发明火寸的北齐后妃是“世界上第一根火柴”的发明者。[2] 戴念祖先生也称火寸为“原始火柴”。[3] 火柴的要件是小木棍上涂抹易燃化学物质，而在它摩擦生热时使涂抹的化学物质燃烧进而点燃木棍。而宋代陶穀所载的火寸或者陶宗仪所记的发烛，都是在小木片上涂硫磺，但是用时还是让它与火直接接触升温而导致燃烧，与火柴的点火机理完全不同。因此，二者有相近处，但是还存在根本的区别。

2.6.3　火的效用：光与热

对古人而言，火的基本效用就是发热发光。阳燧与木燧取火，最大的目的就是靠火发热而加工食物、取暖，以及靠火发光来照明。在照明方面有早期的火堆火把，后来发展到出现照明灯，应该经历了较长时期。灯一旦发明出来，作为一种独特的生活与祭祀用具，变得五花八门，承载了各种科技与文化讯息。按照制作材料分，石灯、陶灯、铜灯、铁灯、瓷灯相继出现；按照形制分，凤灯、牛灯、羊灯等也多姿多彩。在这方面有些专门的介绍，如青铜人骑兽形灯座。[4]

图 2.21　青铜人骑兽形灯座

从今天科技的角度去看，有些相关设计与发明充分体现了中国古代工匠的高超智慧。如据传秦代咸阳宫里即存有的走马灯（马骑灯）、传说诸葛亮发明的孔明

1 〔宋〕陶宗仪：《宋元笔记小说大观（六）· 南村辍耕录》，上海：上海古籍出版社，2001 年，第 6194 页。

2 罗宗真：《“所愁晓漏促，不恨灯销柱”——记青铜人骑兽形灯座》，载《东南文化》，2000 年第 2 期，第 68 页。

3 戴念祖：《中国科学技术史 · 物理学卷》，北京：科学出版社，2001 年，第 429 页。

4 罗宗真：《“所愁晓漏促，不恨灯销柱”——记青铜人骑兽形灯座》，载《东南文化》，2000 年第 2 期，第 68—69 页。

图 2.22　汉代釭灯

灯，其远转与飞升都需要借助现代流体热力学知识才能清晰诠释。而出土的汉代釭灯[1]（见图 2.22），通过灯内导烟管的设计将燃烧后的灯烟导入灯底座部的储水器中，从而得以用水净化灯燃烧产生的烟气，堪称巧妙。

因为火的基本效用就是发热发光。久而久之，古人即将发热与发光与火等价起来。在这种情况下，阳似乎又成了比火更加根本的属性，因为借助于阳可以把发热、发光，与火统一起来。所以论证萤火虫发光，就认为其有火性，究其根本原因，古人认为它化生于草，而草为木，内具阳性。同样道理，“石击石即光。”[2]因为发光发热与火结为一体，发光在此成为了火存在的直接证据。

有些金石能够反光，有的宝石类可能在一定条件下辐射光。古人赋予这类认识以一定的神秘色彩，而具有了宝物即使埋于地下，夜里也会闪光的说法。如宋代笔记中即有地下古铎有光之说：“太常音律官田琮家庭中尝有光怪，掘地得古铎三枚：一黄钟，一中吕，一土死无声。又一玉管，校长于古玉管，盖汉晋间物也。”[3]明代李时珍在《本草纲目·卷六·火部》则说：“凡金银玉宝，皆夜有火光。”特殊物质的发光与热辐射可为人所用，唐朝人记录的火玉就是此类物：“武宗皇帝（唐朝第十六任皇帝）会昌元年，夫馀国贡火玉三斗及松风石。火玉色赤，长半寸，上尖下圆。光照数十步，积之可以燃鼎，置之室内则不复挟纩。才人常用煎澄明酒。”[4]在有的古人看来，不仅李时珍所说的珠光宝气的“金银玉宝”能发光，其他珍贵“宝物”比如收藏重要书法的石函也能发奇光。这再一次将宝物有光的神秘认识一般化了。清代人宋荦在笔记之就有这样的故事：“嘉靖中，颍上人见地有奇光，发得

1　王茜、王磊：《映照千古、技美人合——院藏汉代铜釭灯赏析》，载《文物天地》，2016 年第 4 期，第 13 页。

2 〔周〕尹喜撰：《关尹子》，上海：商务印书馆，1937 年，第 16 页。

3 〔宋〕袁褧撰、袁颐续：《宋元笔记小说大全（五）· 枫窗小牍》，上海：上海古籍出版社，2001 年，第 4759 页。

4 〔唐〕苏鹗：《唐五代笔记小说大观 · 杜阳杂编》，上海：上海古籍出版社，2000 年，第 1390 页。

古井函一石，上刻‘兰亭黄庭’，前有‘思古斋石刻’五篆字，下有‘唐临绢本’四楷字。复有‘墨妙笔精’小印，印细而匀。疑是元人物，识者定为褚河南笔，因唐以诸臣临本颁赐天下学宫，事或然也。”[1] 这种“奇光”用物理解释，似乎就十分困难了，或者说，这类故事传说的内容，已经超越了物理范畴。

古人对于特殊的起火与发光现象格外感兴趣。如明代陆深在笔记中曾记载：1512年，“三月，山东秦始皇庙钟鼓夜无故自鸣。火起桑上，被燔而枝叶无损，庙宇荡毁，而神像在火中都不焦灼。是月，江西余干之仙居寨夜大雷电，西北风，有流火如箭坠旗竿上，如灯笼光照四野。戍卒或撼其旗，火直飞上竿首，卒因发炮冲之，其火四散，阖寨枪首皆有光如星，须臾而灭。五月，广西方春北寨各枪上亦有光。并邸报云。”[2] 类似的记载颇多，如清代人钱泳在笔记之载有：“庚辰四月初，江苏织造府旗杆斗上忽有火球两个，升上落下，更余便起，四更时息，如是者五六夜。抚军知之，差巡捕官往视，果然。先一月前，浒墅关雷击旗杆，并击漏税房庭柱墙壁。与火球之异，不过相距二十余日耳。”[3] 这中间包括了雷电致火、球形闪电以及雷雨天金属器尖端静电感应、放电等自然现象。多数可以科学解释，但是桑树起火被烧烤而枝叶误损等难以解释，尚需进一步研究，初步判断属于故事在流传过程中添油加醋的结果。

物体发光的常见情形像太阳或木炭燃烧这样，是伴随着核反应或化学反应的热与光辐射现象。还有一类是低温发光或冷光。戴念祖先生读此做过归纳：

> 冷光或称低温发光，其发光物质在发射可见光时温度并不升高。例如磷光、荧光。磷光是磷光物质在空气中氧化时的发光；磷化氢（PH_2）的自燃发光，俗称鬼火。人畜尸体腐烂后，其中的生物蛋白分解出磷化氢。荧光，一种是荧光物质（例如硫化锌）受辐射激发后的发光；一种称为萤光，它是活的生物有机体（例如萤火虫）发出的

1〔清〕宋荦：《清代笔记小说大观（一）· 筠廊偶笔》，上海：上海古籍出版社，2007年，第26页。
2〔明〕陆深：《明代笔记小说大观（一）· 玉堂漫笔》，上海：上海古籍出版社，2005年，第645页。
3〔清〕钱泳：《清代笔记小说大观（四）· 履园丛话》，上海：上海古籍出版社，2007年，第3538页。

光。它们身上具有发光器，当其呼吸时使发光器上称为‘荧光素’的发光物质氧化所致。许多微生物或菌类的发光也是这种萤光，不过，它们需附着在腐烂潮湿的植物或动物身上才能生存。某些化学物质或化学反应也发出荧光，如泡制中药秦皮液时，秦皮所含的秦皮甲素（aesculin，乳蓝色）、秦皮乙素（aesculetin，淡蓝色）、秦皮（fraxin，黄绿色）、秦皮素（fraxitin，淡绿色）等多种香豆精类化学物质，都能发出各自颜色的荧光。而泰皮水浸液又发出紫色、浅黄色等荧光，它是秦皮内多种化学物质共同作用的结果，可称它为化学发光。海洋和池沼湖泊发出的荧光是由水生生物（如夜光虫、放射虫、甲藻等）发出的。还有摩擦物体的静电发光，也是冷光。[1]

从字面上看，与冷光或低温发光相近，中国古人提出过寒火、寒焰或凉焰等概念。宋代周密在笔记中讨论过此事："按《西京杂记》载董仲舒曰：'水极阴而有温泉，火至阳而有凉焰。'又《抱朴子》曰：'水主纯冷，而有温谷之汤泉；火体宜炽，而有萧丘之寒焰。'又《刘子·从化篇》曰：'水性宜冷，而有华阳温泉，犹曰泉冷，冷者多也。火性宜热，而有萧丘寒焰，犹曰火热，热者多也。'然则寒火亦有之矣，特以耳目所未及，故以为无耳。"[2] 这些说法都认为，寒火、凉焰或寒焰的存在。然而周密也注意到，有些人基于实证不认可寒火的存在："邵康节曰：'世有温泉，而无寒火。'……晋纪瞻举秀才，陆机策之曰：'……今有温泉，而无寒火，其故何也？'白虎殿诸儒讲论，班固纂为《白虎通》,《五行篇》亦曰：'有温水，无寒火。'然今汤泉，往往有之。如骊山、尉氏、骆谷、汝水、黄山、佛迹、匡庐、闽中等处，皆表表在人耳目。"[3] 通过这些关于寒火、寒焰或凉焰的文字可以看出，虽然寒火与冷光貌似有关联，实质上它们根本不是一回事。其起因大致是因为古人见识到了温泉的存在，于是他们做逻辑推理：水为至阴而有温者，那么火为至阳也应该有寒者。因此，古代寒火的存在思维与想象的产物，在现实中却

1　戴念祖：《中国科学技术史 · 物理学卷》，北京：科学出版社，2001 年，第 173—174 页。
2〔宋〕周密：《宋元笔记小说大观（五）· 齐东野语》，上海：上海古籍出版社，2001 年，第 5436 页。
3〔宋〕周密：《宋元笔记小说大观（五）· 齐东野语》，上海：上海古籍出版社，2001 年，第 5435—5436 页。

无人能给出实际存在的依据，这也是有些古人不认可其存在的理由。

光主要用于照明之用，而以火加温的用途则更为多样。为了获取火源，古人对于生活的材料就格外注意，以今天的角度看，这显示的是古人解决能源问题的智慧。南北朝时期刘敬叔的笔记里说有一种燃石："豫章有石，黄白色而理疏，以水灌之，便热，加鼎于上，炊足以熟，冷则灌之。雷焕以问张华，华曰：'此燃石也。'"[1] 唐代人段成式说："燃石，建城县出燃石，色黄理疏，以水灌之则热，安鼎其上，可以炊也。"[2] 唐代的建城县隶属于豫章郡，因此南朝刘敬叔与唐代段成式提到的燃石应属于出于同地的同一种矿物。他们所描述的过程，未见发光、未见火苗，但是因为燃石发热，它也被视为阳物。因此两则对燃石的描述可信度很高。含有三氧化硫、碳化钙（电石）、氧化钙等的矿物质，与水接触都会发生化学反应并放热。燃石有可能就是这类矿石。然而燃石毕竟不是矿源丰富的可以广泛使用之物。在日用方面，除了较早以木质材料生火，中国古人较早发明了燃煤生火。不过值得关注的是，较早记载中国古人使用燃烧煤炭生热的文献指出，较早也发生于今江西南昌附近的豫章郡。比如宋代朱弁的笔记就有这样的记载："石炭不知始何时。熙宁间，初到京师，东坡作《石炭行》一首，言以冶铁作兵器甚精，亦不云始于何时也。予观《前汉·地理志》：豫章郡出石，可燃为薪。隋王邵论火事，其中有石炭二字，则知石炭用于世久矣。然今西北处处有之，其为利甚博，而豫章都不复说也。"[3] 这里说的豫章的石炭是可燃为薪，显然与前面说的"一水灌之则热"的燃石不同。从宋代的笔记可以看出，虽然汉代豫章有出煤炭的记载，但是到宋代已经没了这个说法，这很可能说明，到宋代，江西南昌附近的煤炭早已开采告罄。而在北宋时期西北地区的煤炭则正在大量开采。南宋大诗人陆游的笔记说明了南宋时期北方能源主要靠煤炭，南方主要靠木炭，以及人们发明了用竹木发明制造高性能燃料等事实："北方多石炭，南方多木炭，而蜀又有竹炭，烧巨竹为之，易然无烟耐久，亦奇

1 〔南朝〕刘敬叔：《汉魏六朝笔记小说大观·异苑》，上海：上海古籍出版社，1999 年，第 601 页。
2 〔唐〕段成式：《唐五代笔记小说大观·酉阳杂俎》，上海：上海古籍出版社，2000 年，第 628 页。
3 〔宋〕朱弁：《宋元笔记小说大观（三）·曲洧旧闻》，上海：上海古籍出版社，2001 年，第 2982—2983 页。

物。邛州出铁，烹炼利于竹炭，皆用牛车载以入城，予亲见之。”[1]

大量使用煤炭，有时候煤炭不能充分燃烧的情形就不可避免。在此情况下人们大量吸收一氧化碳会导致中毒身亡。在清代笔记中有相关的记载：“京师火坑烧石炭，往往熏人中毒，多至死者。”[2]

火或热能的利用不仅仅限于照明、煮食、取暖。在矿物开采、金属冶炼等方面，中国古人也充分展示了聪明才智。中国古人很早就发明了火爆法，即先用火烧烤矿岩，到一定温度后，泼以冷水或醋，矿岩因为骤然冷缩爆裂而破碎，以便于进一步开采。[3]新石器时期广东南海西樵山采石场即有应用火爆法的痕迹。战国时期湖南麻阳古铜矿将火爆法用于破碎矿石。据《华阳国志》载，李冰修筑都江堰工程时，也有到了火爆法。其后汉代只宋代，直至明清均有应用火爆法的记载。[4]

古代金属冶炼与锻造，以及瓷器烧造等过程，成功的关键就是准确把握各个阶段的火候，而这需要有丰富的用火经验。明代陆容在笔记中描述炼银过程时，有这样的语句：“大率欲淘去石末，存其真矿，以桶盛贮，璀璨星星可观，是谓矿肉。次用米糊搜拌，圆如拳大，排于炭上，更以炭一尺许覆之。自旦发火，至申时住火，候冷，名窖团。次用烹银炉炽炭，投铅于炉中，候化即投窖团入炉，用鞴鼓扇不停手。盖铅性能收银，尽归炉底，独有滓浮于面。凡数次，炉应出炽火，掠出炉面滓。烹炼既熟，良久以水灭火，则银铅为一，是谓铅驼。次就地用上等炉灰，视铅驼大小，作一浅灰窠，置铅驼于灰窠内，用炭围叠侧，扇火不住手。初铅银混，泓然于灰窠之内，望泓面有烟云之气，飞走不定，久之稍散，则雪花腾涌，雪花既尽，湛然澄澈。”[5]

在介绍采铜法时，陆容说：“每烹铜一料，用矿二百五十箩，炭七百担，柴一千七百段，雇工八百余。用柴炭装叠烧两次，共六日六夜。烈火亘天夜，则山谷如昼，铜在矿中，既经烈火，皆成茱萸头，出于矿面。火愈炽，

1 〔宋〕陆游：《宋元笔记小说大观（四）·老学庵笔记》，上海：上海古籍出版社，2001 年，第 3458 页。
2 〔清〕阮葵生：《清代笔记小说大观（三）·茶余客话》，上海：上海古籍出版社，2007 年，第 2644 页。
3 孙淑云、李延祥：《中国古代冶金技术专论》，北京：中国科学文化出版社，2003 年，第 24 页。
4 孙淑云、李延祥：《中国古代冶金技术专论》，北京：中国科学文化出版社，2003 年，第 24 页。
5 〔明〕陆容：《明代笔记小说大观（一）·菽园杂记》，上海：上海古籍出版社，2005 年，第 516 页。

则熔液成驼。候冷，以铁锤击碎，入大旋风炉，连烹三日三夜，方见成铜，名曰生烹。有生烹亏铜者，必碓磨为末，淘去粗浊，留精英，团成大块，再用前项烈火，名曰烧窖。次将碎连烧五火，计七日七夜，又依前动大旋风炉，连烹一昼夜，是谓成瓴瓴者，粗浊既出，渐见铜体矣。”[1] 在陶瓷烧制方面，商周时期烧制硬陶最高烧成温度已经能够达到了 1200℃；在隋唐时期，白釉瓷最高烧成温度更是达到了 1380℃。[2] 高温技术成为中国陶瓷业发达的重要保障。

2.6.4 热源与燃料

光主要用于照明之用，而以火加温的用途则更为多样。获取火源与燃料是古人必须面对的能源问题，因此古人对这方面的经验格外注意。南北朝时刘敬叔的笔记里说有一种燃石：“豫章有石，黄白色而理疏，以水灌之，便热，加鼎于上，炊足以熟，冷则灌之。雷焕以问张华，华曰：‘此燃石也。’”[3] 唐代段成式也说：“燃石，建城县出燃石，色黄理疏，以水灌之则热，安鼎其上，可以炊也。[4] 可见当时人们已经注意开发新的热源材料。唐代的建城县隶属于豫章郡，因此南朝刘敬叔与唐代段成式提到的燃石应属出于同地的同一种矿物。他们所描述的过程，未见发光、未见火苗，但是因为燃石发热使水升温，它也被视为阳物。两则对燃石的描述可信度很高。现在人们知道含有三氧化硫、碳化钙（电石）、氧化钙等的矿物质，与水接触都会发生化学反应并放热，燃石有可能就是这类矿石。然而燃石毕竟不是矿源丰富的可以广泛使用之物。在日用方面，除了更多以木质材料生火外，中国古人较早发明了燃煤生火。不过值得关注的是，较早记载中国古人使用燃烧煤炭生热的文献指出，也发生于今江西南昌附近的豫章郡。比如宋代朱弁的笔记就有这样的记载：“石炭不知始何时。熙宁间，初到京师，东坡作《石炭行》一首，言以冶铁作兵器甚精，亦不云始于何时也。予观《前汉・地理志》：豫章郡

1（明）陆容：《明代笔记小说大观（一）· 菽园杂记》，上海：上海古籍出版社，2005 年，第 517 页。
2 李家治：《中国科学技术史 · 陶瓷卷》，北京：科学出版社，1998 年，第 10 页。
3（南朝）刘敬叔：《汉魏六朝笔记小说大观 · 异苑》，上海：上海古籍出版社，1999 年，第 601 页。
4（唐）段成式：《唐五代笔记小说大观 · 酉阳杂俎》，上海：上海古籍出版社，2000 年，第 628 页。

出石，可燃为薪。隋王邵论火事，其中有石炭二字，则知石炭用于世久矣。然今西北处处有之，其为利甚博，而豫章都不复说也。”[1] 这里说豫章的石炭可燃为薪，显然与前面说的“一水灌之则热”的燃石不同。从宋代的笔记可以看出，虽然汉代豫章有出煤炭的记载，但是到宋代已经没了这个说法，这很可能是因为到宋代时，江西南昌附近的煤炭早已开采告罄；而同时期西北地区的煤炭则正在大量开采。南宋大诗人陆游的笔记再次证实南宋时期北方燃料主要石煤炭，南方则主要靠木炭、竹炭：“北方多石炭，南方多木炭，而蜀又有竹炭，烧巨竹为之，易然无烟耐久，亦奇物。邛州出铁，烹炼利于竹炭，皆用牛车载以入城，予亲见之。”[2] 大量使用煤炭，有时候煤炭不能充分燃烧的情形就不可避免。在此情况下人们大量吸收一氧化碳会导致中毒身亡。在清代笔记中有相关的记载：“京师火坑烧石炭，往往熏人中毒，多至死者。”[3]

在新燃料或新能源发现与开采利用方面，古代四川地区较早使用天然气一事值得重视，晋代张华在笔记之说：“临邛火井一所，从广五尺，深二三丈。井在县南百里。昔时人以竹木投以取火，诸葛丞相往视之，后火转盛热，盆盖井上，煮盐得盐。”[4] 南北朝的笔记中有相似记载：“蜀郡临邛县有火井。汉室之隆，则炎赫弥炽。暨桓灵之际，火势渐微。诸葛亮一瞰而更盛。”[5] 古代蜀人开采和使用天然气一事具有国际影响，1849 年被英国人廷布斯选入了他出版的《令人惊奇的发明史》一书中。[6]

比较有趣也值得关注的是，在反复目睹物体加热、降温等现象过程中，中国古人对于热的本质，以及物体被加热和降温的过程有了唯物的、类似于热质说的认识。他们中有人认为热就是一种物质，物体吸收它，就会变热；而它离开物体，物体就会降温。在加热与降温过程中，物体本身并未发生改变。如《关尹子》就说：“寒暑温凉之变，如瓦石之类置之火即热；置

1 〔宋〕朱弁：《宋元笔记小说大观（三）· 曲洧旧闻》，上海：上海古籍出版社，2001 年，第 2982—2983 页。
2 〔宋〕陆游：《宋元笔记小说大观（四）· 老学庵笔记》，上海：上海古籍出版社，2001 年，第 3458 页。
3 〔清〕阮葵生：《清代笔记小说大观（三）· 茶余客话》，上海：上海古籍出版社，2007 年，第 2644 页。
4 〔晋〕张华：《汉魏六朝笔记小说大观 · 博物志》，上海：上海古籍出版社，1999 年，第 194 页。
5 〔南朝〕刘敬叔：《汉魏六朝笔记小说大观 · 异苑》，上海：上海古籍出版社，1999 年，第 620 页。
6 厚宇德：《约翰 · 廷布斯论中国古代发明》，载《自然辩证法通讯》，2014 年第 4 期，第 68 页。

之水即寒。呵之即温、吹之即凉。特因外物有去有来而彼瓦石实无去来。”[1]显然关于冷热的这一说法与热质说极为相似，热质说认为有一种被称为“热质”（caloric）的物质，这种物质无质量、能流动，物体吸收热质后温度会升高，热质离开后物体温度就会降低。因为热质无质量，所以物体的质量不会随着温度的升降而改变。热质说在1772年之后才开始盛行于西方科学世界。而《关尹子》一书，有人说成书于春秋战国时期的，也有说成书于南北朝的，还有说成书于隋唐时期的，明代则有人说此书成书于南宋时期。此书最早注本出现于南宋理宗宝祐二年，即1254年。因此该书成书年代不会晚于1254年。以此为依据，中国古人至少早于西方518年即已经有了较为清晰的类似热质说的思想。当然如果做进一步的分析会发现，《关尹子》的这段话，可以做单热质说解读；也可以做冷热双质说解读，即不但认为存在“热质”，也存在与之相似的导致物体降温的“冷质”。

热与光现象除了有生产生活中的实际用途外，也可以用于制作成观赏类娱乐用具或设施。前面提到的孔明灯与走马灯，都具有这样的功能。除它们之外，与火有关的更壮观的古代观赏物则是烟火。以笔记小说中记载乾隆时期的两则盛景为例，感受一下当时烟火之壮观：

> 上元夕，西厂舞灯、放烟火最盛。清晨先于圆明园宫门列烟火数十架，药线徐引燃，成界画栏杆五色。每架将完，中复烧出宝塔楼阁之类，并有笼鸽及喜鹊数十在盒中乘火飞出者。未、申之交，驾至西厂。……日既夕，则楼前舞灯者三千人列队焉。口唱太平歌，各执彩灯，循环进止，各依其缀兆。……舞罢，则烟火大发，其声如雷霆，火光烛半空，但见千万红鱼奋迅跳跃于云海内，极天下之奇观矣！[2]

在清代《啸亭杂录》中，乾隆时期上元观烟火要前后五日。贵族高官依次光临：“凡宗室、外藩王、贝勒、公等及一品武大臣、南书房、上书房、军机大臣以及外国使臣等成分翼入座。”而一旦皇帝宣布烟火开始，则：

1 〔周〕尹喜撰：《关尹子》，上海：商务印书馆，1937年，第16页。

2 〔清〕赵翼：《清代笔记小说大观（四）· 檐曝杂记》，上海：上海古籍出版社，2007年，第3106—3107页。

火树崩湃，插人云霄，洵异观也。……次乐部演舞灯伎，鱼龙曼衍，炫曜耳目。伎毕，然后命放烟火，火绳纷绕，砉如飞电，俄闻万爆齐作，轰雷震天，逾刻乃已。上方回宫，诸大臣以次归邸。时已皓月东升，光照如昼，车马驰骤，塞满堤陌，洵升平盛事也。[1]

2.6.5　火浣布：中国古代火文化的一段插曲

前文曾引明代李时珍认为，火“有气而无质，造化两间，生杀万物”。然而对于火的这种认识，早在汉魏时期，就曾受到挑战。这种挑战源于一种舶来品——火浣布。

关于火浣布的记载最早似乎出自《列子·汤问》篇：“周穆王大征西戎，西戎献锟铻之剑、火浣之布。……火浣之布，浣之必投于火。”关于《列子》一书，争议颇多。但是从其后历代关于火浣布的记载来看，可以肯定其基本含义与大体来源一致，都是域外舶来品。而中国与其他国家的交流，远非始于汉代。因此火浣布较早少量传到中国的可能性大大存在。火浣布不怕火烧，脏了火烧反而洁净，火浣就是用火来洗涤的意思。这一事实令汉魏时期的人们惊奇，并对汉魏时期人们的知识与自然观产生了冲击——火能烁金、焚毁万物，却出现了火烧不坏的布料，这冲击了人们关于火的知识，也就与五行学说起冲突。于是面对真实存在着的火浣布，文人们展开了想象：它为什么特殊？它从何而来？等等。《神异经》中就有一种说法：“南荒之外有火山，长四十里，广五十里。其中皆生不烬之木，火鼠生其中。不烬木火中有鼠，重千斤，毛长二尺余，细如丝。但居火中，洞赤，时时出外，而毛白，以水逐而沃之，即死。取其毛绩纺，织以为布，用之若有垢流，以火烧之则净。”[2] 特殊地域火中生活着一种老鼠，火浣布由这种老鼠的皮毛纺织而成，所以它不怕火烧。而在《海内十洲记》中，故事由南荒变成了炎洲，那里“有火林山，山中有火光兽，大如鼠，毛长三四寸，或赤，或白，山可三百里许，晦夜即见此山林，乃是此兽光照，状如火光相似。取其兽毛，以缉为

1 〔清〕昭梿:《清代笔记小说大观（五）·啸亭杂录》，上海：上海古籍出版社，2007 年，第 4685 页。
2 〔汉〕东方朔:《汉魏六朝笔记小说大观 · 神异经》，上海：上海古籍出版社，1999 年，第 53 页。

布，时人号为火浣布，此是也。国人衣服垢污，以灰汁浣之，终无洁净。唯火烧此衣服，两盘饭间，振摆，其垢自落，洁白如雪。”[1]除了火鼠皮毛长度和颜色有些不同，故事没什么新意。晋代张华说：“《周书》曰：西域献火浣布，昆吾氏献切玉刀。火浣布污则烧之则洁，刀切玉如脂。布，汉世有献者，刀则未闻。”[2]肯定汉代收到过外国贡献的火浣布。六朝时的笔记说晋代也曾收到国外所贡大量火浣布，但是当时外国人强调的是一种特殊的火，并未阐释火浣布因何而来：“晋太康元年……有羽山之民献火院布万匹。其国人称：‘羽山之上，有文石，生火，烟色以随四时而见，名为净火。有不洁之衣，投于火石之上，虽滞污渍涅，皆如新浣。’”[3]

虽然汉代甚至更早就有中国人见识过火浣布，但汉魏时期火浣布十分珍惜，以至于曹丕没有亲眼见过。而他对于火以及五行学说坚信不疑。因此他理直气壮地发问:“火尚能铄石销金，何为不烧其布？”[4]于是他挥笔撰写《典论》并断言:“天下无切玉刀、火浣布。”[5]然而巧合而尴尬的是，不久曹丕就见到了实实在在的火浣布，于是他不得不“遂毁《典论》”[6]。

有记载表明，晋代曾得到大量进贡的火浣布。但是根据笔记可知，其后这种东西流入中国仍然极为有限，北宋早期似乎不见此物：“哲宗朝，始得火浣布七寸，大以为异。政和初，进火浣布者已将半仞矣。”[7]北宋人经过甄别已经判断火浣布不是火鼠毛所为：“大抵若今之木棉布，色微青黳，盖投之火中则洁白，非鼠毛也。”[8]从南宋人周密的笔记看，火浣布在南宋时期仍然稀少，他亲眼见到了火浣布：“昔温陵有海商漏舶，搜其橐中，得火鼠布一匹，遂拘置郡帑。凡太守好事者，必割少许归以为玩。外大父常守郡，亦得尺许。余尝亲见之，色微黄白，颇类木棉，丝缕蒙茸，若蝶纷蜂黄然。每浣以油腻，投之炽火中，移刻，布与火同色。然后取出，则洁白如雪，了无

1 〔汉〕东方朔:《汉魏六朝笔记小说大观 · 海内十洲记》，上海：上海古籍出版社，1999 年，第 65 页。
2 〔晋〕张华:《汉魏六朝笔记小说大观 · 博物志》，上海：上海古籍出版社，1999 年，第 194 页。
3 〔前秦〕王嘉:《汉魏六朝笔记小说大观 · 拾遗记》，上海：上海古籍出版社，1999 年，第 553 页。
4 席泽宗:《中国科学技术史 · 科学思想卷》，北京：科学出版社，2001 年，第 259 页。
5 〔唐〕李冗:《唐五代笔记小说大观 · 独异志》，上海：上海古籍出版社，2000 年，第 910 页。
6 〔唐〕李冗:《唐五代笔记小说大观 · 独异志》，上海：上海古籍出版社，2000 年，第 910 页。
7 〔宋〕蔡絛:《宋元笔记小说大观（三）· 铁围山丛谈》，上海：上海古籍出版社，2001 年，第 3108 页。
8 〔宋〕蔡絛:《宋元笔记小说大观（三）· 铁围山丛谈》，上海：上海古籍出版社，2001 年，第 3108 页。

所损，后为人强取以去。”[1]

从笔记小说的角度看，基于清代阮葵生所引用元代、明代文献，可以看出元代、明代已经有人从根本上认识了火浣布：“杨升庵云：‘火浣布出蜀建昌。白如雪；出于石隙。’《元史》所谓石绒也，当又是一种。”所谓火浣布，即今天人们所说的石棉。为什么阮葵生说这是又一种了？原来在清代四川地区已经能生产一种类似火浣布性能的布料：“火浣布出四川越嶲厅番地。五蛮山石缝内生草，其根俗名不朽木，性纯阴，番民取以捻线织成布。己丑，刘皋使益赠一幅，每幅不过数尺。其质粗，置火中经刻不然。以抹几案油秽，入烈火，腻处即有焰，焰息秽去，焰即秽也，布仍完整，故名火浣。然烧一、二次，布色如灰，三次以后，布质渐松，弹之即裂。”[2]此种火浣布阮葵生曾亲见并对它做过一些研究是可以相信的。火浣布成为中国历史上一种长期令人们对它兴趣盎然的新奇之物，围绕它产生的争论与引发的思考，人们对它认识的逐步深入以至于最后形成正确的认识，这整个过程之中展示出来的就是：人们普遍接受的有限知识与理论，与部分人能见到、部分人见不到的与理论有冲突的新事物、新认识之间，无法兼容、难以调和时众说纷纭、僵持不下的状态。按照西方科学哲学的理念，在这种态势下，人们只有提出一个足以兼容新事物、新认识的理论，才能达成新的暂时和谐。然而值得思考的事实是，虽然火浣布证伪了五行相克说，但是五行说并未因此寿终正寝或洗心革面，最终是火浣布虽真实存在，五行说却依然故我。

2.6.6　火灾及消防

老话说：建业千日功，火烧当日穷。用火就难以避免火灾，有火灾就要有消防措施。古今无不如此。甲骨文卜辞说，公元前1339—1281年商代武丁时期，某年11月有贵族的三个粮仓被奴隶焚烧。[3]这可能是关于火灾的最

1 〔宋〕周密：《宋元笔记小说大观（五）·齐东野语》，上海：上海古籍出版社，2001年，第5580—5581页。

2 〔清〕阮葵生：《清代笔记小说大观（三）·茶余客话》，上海：上海古籍出版社，2007年，第2937—2938页。

3 胡厚宣主编：《甲骨文合集释义（一）》，北京：中国社会科学出版社，1999年，00583（反甲），00584（反甲），此著作无页码，全部按照甲骨编号序列成书。

早记录。

《周礼·夏官·司爟》说：“司爟掌行火之政令，四时变国火，以救时疾。季春出火，民咸从之。季秋内火，民亦如之。时则施火令。”[1] 又说：“凡祭祀，则祭爟。”[2] 可见用火是有法条规则的，并由专人掌管督行。而一旦出现火灾则依法惩治：“凡国失火，野焚莱，则有刑罚焉。”[3] 最迟在春秋战国时期，防火法令已经出现。《秦律十八种》中，就有明确的防火法令。[4] 秦简还记载了当时人们在救火手段上的新进步：“天火燔人宫，不可御，以白沙久救之，则止矣。”（秦简《日书》甲种 41 背叁）防火救火这方面的史料也出现在诸子经典中，如《墨子·第十五卷·号令七十》说：“慎无敢失火，失火者斩其端，失火以为事者车裂。……救火者无敢喧哗，及离守绝巷救火者斩。其正及父老有守此巷中部吏，皆得救之。部吏亟令人谒之大将，大将使信人将左右救之，部吏失不言者斩。诸女子有死罪及坐失火皆无有所失，逮其以火为乱事者如法。”[5]

在中国古代也较早地出现了与火有关的节日。例如汉代时在山西寒食节已经成为普遍的习俗。《后汉书·周举列传》里有一个故事，说周举迁任并州刺史时，发现：“太原一郡，旧俗以介子推焚骸有龙忌之禁。至其亡月，咸言神灵不乐举火，由是士民每冬中辄一月寒食，莫敢烟爨，老小不堪，岁多死者。”这指的就是后世的寒食节，可当时不是一天的节日，而要历时一个月，堪称“节月”。在诗人荟萃的唐代，火灾的场景也流露于大诗人们的笔端。如杜甫夔州《火》诗：“楚山经月火，大旱则斯举。……青林一灰烬，云气无处所。入夜殊赫然，新秋照牛女。风吹巨焰作，河棹腾烟柱。势当焚昆仑，光弥焮洲渚。腥至焦长蛇，声吼缠猛虎。神武已高飞，不见石与土。”[6] 杜甫的诗不仅写出了火灾令人恐怖的声势，更是记录了火灾历时持久有一月之多，而产生火灾的原因则是因为天气大旱。韩愈《陆浑山火和皇甫湜用其韵》诗中，也有描写令人惊心动魄的火灾场面：“天跳地踔

1 杨天宇：《〈周礼〉译注》，上海：上海古籍出版社，2004 年，第 432—433 页。
2 杨天宇：《〈周礼〉译注》，上海：上海古籍出版社，2004 年，第 4433 页。
3 杨天宇：《〈周礼〉译注》，上海：上海古籍出版社，2004 年，第 4433 页。
4 《中国消防》编辑部：《秦代的防火法令》，载《中国消防》，2011 年第 8 期，第 54 页。
5 吴毓江撰，孙启治点校：《墨子校注》，北京：中华书局，1993 年，第 916—917 页。
6 杜甫：夔州《火》诗 . 古诗文网：https：//gsw.chengyucd.com/[2021—07—25]

颠乾坤，赫赫上照穷崖垠。截然高周烧四垣，神焦鬼烂无逃门。”[1] 元和八年（813 年）刘禹锡在朗州经历了一场火灾，其《武陵观火诗》说：“是时直突烟，发自晨炊徒。盲风扇其威，白昼曛阳乌。操绠不暇汲，循墙还避逾。怒如列缺光，迅与芬轮俱。联延掩四远，赫奕成洪炉。汹疑云涛翻，飒若鬼神趋。……灾罢云日晚，心惊视听殊。”[2] 刘禹锡不仅借助文学手段描写了火灾的势不可挡，也指出了火灾的起因，以及火势最后难以控制的原因，即有人早晨做饭导致失火，而刚巧是大风天，火借风势，熊熊燎原。

2.6.6.1　正史记录的火灾——以《宋史》中的文献为依据

火灾因为其危害巨大，历朝历代都将严重的火灾载入正史。受篇幅所限，本书仅以《宋史》中的火灾记录为依据展开此话题。选择直接关注宋代火灾有很多理由，其中之一是前人指出，两宋时期对于火灾消防极为重视。有证据表明宋代对火灾的防御和重视达到了空前的高度。北宋熙宁八年（1065 年）宋神宗批准成立了“潜火铺”，有人认为这是世界上第一支国家消防队诞生的标志。[3] 而汪圣铎、钱俊岭的研究结论是宋代火灾问责已经趋于制度化。[4] 这类学术观点无疑足以吊起研究者的胃口，首先关注宋代的火灾防御与发生情况。笔记小说中的一些记载也让读者明显能感觉到宋代重视防火一事。在这方面与狄青有关的一个笔记记载，包含很多防火信息，值得关注：

> 京师火禁甚严，将夜分，即灭烛，故士庶家凡有醮祭者，必先关厢使，以其焚楮币在中夕（半夜）之后也。至和、嘉祐之间，狄武襄（即狄青）为枢密使。一夕夜醮，而勾当人（狄家主管）偶失告报，中夕聚有火光，探子驰白厢主，又报开封知府，比厢主判府到宅，则火灭久之。翌日，都下盛传狄枢相家夜有光怪烛天者。时刘敞为知制诰，

1 〔唐〕韩愈：《韩愈全集》，上海：上海古籍出版社，1997 年，第 57 页。
2 〔唐〕刘禹锡：《刘禹锡全集》，上海：上海古籍出版社，1999 年，第 161 页。
3 《中国消防》编辑部：《世界上第一支消防队诞生在中国》，载《中国消防》，2011 年第 8 期，第 54 页。
4 汪圣铎、钱俊岭：《宋代官员火灾问责研究》，载《河北大学学报（哲学社会科学版）》，2012 年第 1 期，第 24 页。

闻之，语权开封府王素曰："昔朱全忠居午沟，夜多光怪出屋，邻里谓失火而往救之，今日之异得无类乎？"此语喧于缙绅间，狄不自安，遽乞陈州，遂薨于镇，而夜醮之事竟无人辨之者。[1]

由这一记载可以看出，在宋代要搞一些烧冥币等与火有关的家庭活动，不但被严格限定时间，并且必须及时向主管部门提前申报。如若不然，后果严重。另一方面，在北宋人看来，火光还不仅仅是简单的自然现象，它还可以彰显天意：朱全忠（朱温）家里当年深夜出光怪，后来他夺取了唐哀帝的帝位；现在狄青家夜里有火光，不会是类似吧？这种不分青红皂白的说法，无异于政治迫害。此语流传于缙绅之间，狄青感到岌岌可危，不得不申请外放并致身死。

《宋史》第六十三卷的《志第十六·五行二上》之"火"部，记录了从北宋建隆元年（公元 960 年）到南宋德祐元年（公元 1275 年）之间的大型火灾。所选内容载于 1977 年版《宋史》第 1375 至 1384 页。[2] 其中帝王年号后括号内的阿拉伯数字，为该年的公元属年。需要稍作说明的是，《宋史》第 1382 页"庆元二年"之后的"嘉定元年三月戊寅"一段，年号有误，此处应为"嘉泰元年"，即 1201 年，特提请读者留意。

建隆元年（960），宿州火，燔民舍万余区。二年（961）三月，内酒坊火，燔舍百八十区，酒工死者三十余。三年（962）正月，滑州甲仗库火。燔仪门及军资库一百九十区，兵器、钱帛并尽。开封府通许镇民家火。燔庐舍三百四十余区。二月，安州牙吏施延业家火。燔民舍并显义军营六百余区。五月，京师相国寺火，燔舍数百区。海州火，燔数百家，死者十八人。

乾德四年（966）二月，岳州衙署、廪库火，燔市肆、民舍殆尽，官吏逾城仅免。三月，陈州火，燔民舍数十区。潭州火，燔民舍五百余区；逾月，民周泽家火，又燔仓廪、民舍数百区，死者三十六人。是春，诸州言火者甚众。八月，衡州火，燔公署、仓库、民舍仅千余

1 〔宋〕魏泰：《宋元笔记小说大观（三）·东轩笔录》，上海：上海古籍出版社，2001 年，第 2752 页。
2 〔元〕脱脱：《宋史·卷六十三》，北京：中华书局，1977 年，第 1375—1384 页。

区。五年（967），京师建隆观火。

开宝三年（970）八月，辰州廨火，燔军资库。五年（972）七月，忠州火，仓库殆尽。七年（974）九月，永城县火，燔民舍一千八百余区。八年（975）四月，洋州火，燔州廨、民舍千七百区。永城县火，燔军营、民舍千九百八十区，死者九人。

太平兴国七年（982）八月，益州西仓灾。

雍熙元年（984）五月丁丑，乾元、文明二殿灾。初夕，阴云雷震，火起月华门，翌日辰、巳方止。二年（985）九月庚寅夜，楚王元佐宫火，燔舍数百区，王自是以疾废于家。三年（986），光化军民却勋家火，延燔军廨、舍、库。

端拱元年（988）二月，云安军威棹营火。二年（989）三月，衡州火，燔州县官舍、仓库、军营三百余区。又崇贤坊有鸟燔数十处，七日不灭。

淳化三年（992）十月，蔡州怀庆军营火，燔汝河桥民居、官舍三千余区，死者数人。十二月，建安军城西火，燔民舍、官廨等殆尽。四年（992）二月，永州保安津舍火，飞焰过江，烧州门及民屋三百余家。

咸平二年（999）四月，池州仓火，燔米八万七千斛。

景德元年（1004）正月，平虏军营火，焚民居庐舍甚众。四年（1108）十一月，郢州火，燔仓库并尽。

大中祥符元年（1008）正月，桂州甲仗库灾。二年（1109）四月，升州火，燔军营、民舍殆尽。四年（1011）八月，徐州草场火。十月，镇州城楼、战棚火。七月，雄州甲仗库火。八年（1115）二月甲寅，宗正寺火。四月壬申夜，荣王元俨宫火，自三鼓北风甚，癸酉亭午乃止，延燔左承天祥符门、内藏库、朝元殿、乾元门、崇文院、秘阁、天书法物内香藏库。九年（1116）五月甲子，左天厩坊草场火。

天禧二年（1018）二月戊寅，北宅蔡州团练使德雍院火，延燔数百区。三年（1019）春，京师多火。六月，永州军营火，延民舍数百余区。五年（1021）四月丁巳，事材场火。

天圣三年（1025）二月丁卯，蕲州榷货务火。五年（1027）四月壬辰，寿宁观火。七年（1029）六月丁未，玉清昭应宫灾。初，大中祥符元年（1008），诏建宫以藏天书。七年（1014），宫始成，凡二千六百一十楹。至是，火发夜中，大雷雨，至晓而尽。

明道元年（1032）八月壬戌，修文德殿成。是夜，禁中火，延燔崇德、长春、滋福、会庆、延庆、崇徽、天和、承明八殿。

景祐三年（1036）七月庚子，太平兴国寺火起阁中，延燔开先殿及寺舍数百楹。是夕，大雨雹。十月巳酉，澶州横龙水口西岸料物场火，焚薪刍一百九十余万。

宝元二年（1039）六月丁丑，益州火，焚民庐舍二千余区。

康定元年（1040）六月乙未，南京鸿庆宫神御殿火。

庆历元年（1041）五月癸亥，庆州草场火，延燔州城楼橹。三年（1043）十一月丙寅，上清宫火。四年（1044）三月丙戌夜，代州五台山寺火。六月丁未，开宝寺灵感塔灾。七月甲子，燕王宫火。六年（1046）七月辛丑，洪福禅院火。八年（1048）正月壬午，江宁府火。初，李景江南大建宫室、府寺，其制多仿帝室，至是一夕而焚，唯玉烛殿独存。

皇祐五年（1053）正月丁巳，会灵观火。

至和元年（1054）四月辛丑，祥元观火。二年（1055），并州太宗神御殿火。

嘉祐三年（1058）正月，温州火，燔屋万四千间，死者五十人。

治平四年（1067）十二月壬子夜，睦亲宫火，焚九百余间。甲寅，广亲宫又火。

熙宁六年（1073）二月丙申，永昌陵上宫火，燔东城门。七年（1074）九月壬子，三司火，自巳至戌，焚屋千八百楹，案牍殆尽。十一月，洞真宫火。九年（1076）十月，鲁王、濮王宫火。十年（1077）正月，仙韶院火。撤屋二百五十楹。三月丙子，开封府火。

元丰元年（1078）八月，邕州火，焚官舍千三百四十六区，诸军衣万余袭，谷帛军器百五十万。四年（1081）六月，衡州火，烧官舍、民居七千二百楹。钦州大雷震，火焚城屋。五年（1082）二月，洞真宫火。八年（1085）二月辛巳，开宝寺火。时寓礼部贡院于寺，点校试卷官翟曼、陈之方、马希孟焚死，吏卒死者十四人。

元祐元年（1086）三月，宗室宫院火。六年（1091）十二月，开封府火。

绍圣三年（1096）三月七日，内尚书省火，寻扑灭。上逾执政：禁中屡火，方醮禳，已罢春宴，仍不御垂拱殿三日。四年（1097）七月甲子，禁中火。

元符元年（1098）四月，宗室宫院火。

建中靖国元年（1101）六月壬寅，集禧观火，大雨中久而后灭。

崇宁二年（1103）六月，中太乙宫火。三年（1104）三月辛丑，大内火。

政和三年（1113）四月，苏州火，延烧公私屋一百七十余间。五月，封州火，延烧公私屋六百八十二间。五月辛丑，京师大盈仓火。是岁，成都府大慈寺、温州绛州皆火。

重和元年（1118）九月，掖庭大火，自甲夜达晓，大雨如倾，火益炽，凡爇五千余间，后苑广圣宫及宫人所居几尽，焚死者甚众。

靖康元年（1126）十二月丙子夜，尚书省火，延烧礼、祠、工、刑、吏部，折尚书省牌掷火中禳之乃息。二年（1127）三月戊戌，天汉桥火，焚百余家。顷之，都亭驿又火。己酉，保康门火。

绍兴元年（1131）十月乙酉，临安府、越州大火，民多露处。十二月辛未，越州火，焚吏部文书，乙酉，移跸钱塘。二年（1132）正月丁巳，宣州火，燔民居几半。五月庚辰，临安府大火，亘六七里，燔万数千家。十二月甲午，行都大火。燔吏刑工部、御史台、官府、民居、军垒尽，乙未旦乃熄。三年（1133）九月庚申，行都阙门外火，多燔民居。四年（1134）正月戊寅，行都火，燔数千家。六年（1136）二月，行都屡火，燔千余家。十二月，行都大火，燔万余家，人有死者。时高宗亲征刘豫，都民之暴露者多冻死。七年（1137）正月辛未，平江府火。二月辛丑，镇江府、楚、真、扬、太平州火。是岁，临安府火。八年（1138）二月丁酉，太平府大火，宣抚司及官舍、民居、帑藏、文书皆尽，死者甚众，录事参军吕应中、当涂县丞李致虚死焉。九年（1139）二月己卯，行都火。七月壬寅，又火。十年（1140）十月，行都火，燔民居，延及省部。十一月丁巳，温州大火，燔州学、酤征舶等务、永嘉县治及民居千余。十一年（1141）七月癸亥，婺州大火，燔州狱、仓场、寺观暨民居几半。九月甲寅，建康府火，燔府治三十余区，民居三千余家。十二年（1142）二月辛巳，镇江府火，燔仓米数万石，刍六万束，民居尤众。是月，太平、池州及芜湖县皆火。三月丙申，行都火。四月，行都又火。十四年（1144）正月甲子，行都火。十五年（1145），大宁监火，燔官舍、帑藏、文书。九月丙子，行都火，经夕，渐近太室而灭。十七年（1147）八月，建康府火。十二月辛亥，静江府火，燔民舍甚众。二十年（1150）正月壬午，行都火，燔吏部文书皆尽。二十五年（1155），汴京宫室悉焚。二十六年（1156），潭州南岳庙火。二十九年（1159）四月，镇江府火，焚军垒、民居。十二月丙子，夔州大火，燔官舍、民居、寺观，人有死者。

乾道元年（1165）正月，泰州火，燔民舍几尽。是年春，德安府应城县厩驿火。二年（1166）冬，真州六合县武锋军垒火。十二月，婺州火。自是火患不息，人火之也。三年（1167）五月，泉州火。五年（1169）十二月壬申，太室东北垣外民舍火。七年（1171）十一月丁亥，禁垣外阉人私舍火，延及民居。九年（1173）九月，台州火，经夕，至于翌日昼漏半，燔州狱、县治、酒务及居民七千余家。

淳熙元年（1174）十二月丁巳，泉州火，燔城楼及五十余家。二年（1175）六月戊午，潭州南岳庙火。八月，严州火。十一月癸亥，丽正门内东庑灾。是岁，泸州火，坐上焚民居不实，守臣贬秩。三年（1176）九月，大内射殿灾，延及东宫门。四年（1177）十一月辛酉，鄂州南市火，暴风通夕，燔千余家。五年（1178）四月庚寅，兴州沙市火，燔三百四十余家，有死者。十一月，和州牧营火，燔一百六十区。七年（1180）二月，江陵府沙市大火，燔数千家，延及船舰，死者甚众。八月，温州试士，火作于贡闱。八年（1181）正月，扬州火。九月乙亥，行都火。九年（1182）九月，合州大火。燔民居几尽，官舍仅有存者。十一年（1184）二月辛酉，兴元府义胜军垒舍火。十二年（1185）八月，温州火，燔城楼及四百余家。十月，鄂州大火，燔万余家。江风暴作，结庐堤上、泊舟岸下者，焚溺无遗。十四年

（1187）五月，大内武库灾，戎器不害。六月庚寅，行都宝莲山民居火，延烧七百余家，救焚将校有死者。五月，成都府市火，燔万余家。十六年（1189）九月，南剑州大火，民居存者无几。

绍熙元年（1190）八月壬寅，处州火，燔数百家。十二月戊申，建宁府浦城县火。时查洞寇张海作乱，焚五百余家。二年（1191）四月，行都传法寺火，延及民居。言者以戚里土木为孽，火数起之应。是月，徽州大火，夜燔州治、谯楼、官舍、狱宇、钱帑库务，凡十有九所，五百二十余区，延烧千五百家，自庚子至于壬寅乃熄。五月己巳，金州火，燔州治、官舍、帑藏、保胜军器库、城内外民居甚众。三年（1192）正月己巳，行都火，通夕，至于翌日，阛阓焚者半。十一月，又火，燔五百余家。十二月甲辰，鄂州火，至于翌日，燔八百家。

庆元二年（1196）八月己酉，永州火，燔三百家。三年（1197）闰月甲申，金州都统司中军垒舍火，焚千三百余区。阅六月乙酉，又火。燔二千余区。是冬，绍兴府僧寺火，延烧数百家。六年（1200）八月戊戌，徽州火。燔州狱、官舍，延及八百余家。

嘉定元年（宋史原版此处有误，此处应为嘉泰元年，即1201年。）三月戊寅，行都大火，至于四月辛巳，燔御史台、司农寺、将作军器监、进奏文思御辇院、太史局、军头皇城司、法物库、御厨、班直诸军垒，延烧五万八千九十七家。城内外亘十余里，死者五十有九人，践死者不可计。城中庐舍九毁其七，百官多僦舟以居。二年（1202）六月己卯，临安府火。三年（1203）正月丁酉，襄阳府火作而风暴，选锋军校于友直死于救焚，止火作于宝莲山御史台胥杨浩家，谏议大夫程松请戮浩以谢都民。疏再上，始黥配万安军，犹免决。自是民讹言相惊，亡赖因纵火为奸利。延烧六十余家。帅、漕臣上其功，赠二秩，官其子二。十一月甲午，福州火。燔四百余家。四年（1204）三月丁卯，行都大火，燔尚书中书省、枢密院、六部、右丞相府、制敕粮料院、亲兵营、修内司，延及学士院、内酒库、内宫门庑，夜召禁旅救扑。太室撤庙庑，迁神主并册、宝于寿慈宫。翼日戊辰旦，火及和宁门鸱吻，禁卒张隆飞梯斧之，门以不焚。火作时，分数道，燔二千七十余家。又翌日己巳，神主还太室。时省部皆寓治驿、寺。四月丙申，临安府梵天寺火。六月，盱眙军天长县禁军营火，铠械为尽。八月壬辰，鄂州外南市火，燔五百余家。

开禧二年（1206）二月癸丑，寿慈宫灾。四月壬子，行都火，燔数百家。八月己巳，信州火，燔二百家。九月丁酉，吉州火，燔五百余家。是岁，泸州火，燔千余家。十一月丁亥，建宁府政和县火，燔百余家。四年（1211）闰二月己卯，绍兴府嵊县浦桥火，燔百余家。三月，滁州火，燔民居甚多。十月，抚州火。辛卯，福州一夕再火，燔城门、僧寺，延烧千余家，死者数人。五年（1212）五月己未，和州火。燔二千家。八年（1215）八月辛丑，湖州火，燔寺观，延烧三百家。九年（1216）七月甲戌，南剑州沙县火，燔县门、官舍及千一百余家，民有死者。十一年（1218）二月，行都火。燔数百家。九月己巳，禁垣外万松岭民舍火，燔四百八十余家。十三年（1220）二月庚寅，安丰军故步镇火，燔千余家，死者五十余人。八月庚午，庆元府火，燔官舍、第宅、寺观、民居甚众。十一月壬子，行都火，燔城内外数万家、禁垒百二十区。十七年（1224）四月丁卯，西和州焚军垒及民居二千余家，人火之也。守臣尚震午误以为金人至而遁。六月丁亥，岳州火，燔岳阳楼、州狱、帑库，延及八十家。己丑又火，燔百余家。

绍定元年（1228）三月，行都火，燔六百余家。嘉熙元年（1237）六月，临安府火，燔三万家。淳祐元年（1241），徽州火。十二年（1252）十一月丙申，行都火，至丁酉夜始熄。景定四年（1263），绍兴火。五年（1264），临安府大火。德祐元年（1275），玉牒所災。

《宋史》第六十三卷对两宋火灾的记载，历时315年，所记火灾约200次左右。火灾的绝对数字本身意义不大，因为叙述中存在模糊语言。如在隆德四年春，说“诸州言火者甚众”，无法确认具体发生火灾的次数。而乾道元年在记述了“十二月婺州火”之后，说“自是火患不息”，仍是无法确认具体火灾次数的定性描述。另外，笔者发现，《宋史》第六十三卷对于两宋火灾的记述，还有另外一种不准确情形：《宋史》中有在其他场合提到过的火灾（有的还十分严重）但是第六十三卷却没有计入。如《宋史·第四十一卷》载，宋理宗绍定四年（1231），“九月丙戌夜，临安火，延及太庙，统制徐仪、统领马振远坐救焚不力，贬削有差。上素服视朝，减膳撤乐。庚子，建昌军火。甲辰，流星昼陨。”[1]这其实是两次不小的火灾，但是《宋史》第六十三卷并未收入火灾记录中。那么，是不是《宋史》第六十三卷之前提到过的火灾都未与这一卷重复呢？也并非如此。上面所述的第六十三卷记有：“开禧二年二月癸丑，寿慈宫灾。”而在《宋史》的第四十一卷，则有：宋宁宗开禧二年，“二月癸丑，寿慈宫火。甲寅，太皇太后移居大内，车驾月四朝。乙卯，以火灾避正殿，撤乐。”[2]叙述虽然有简繁之别，但无疑两次记录的是同一次火灾，属于重复记述。因此不存在《宋史》中火灾无重复记述的事实，这样绍定四年的两次火灾无疑属于漏记。因此，上面的火灾次数没有太大的绝对意义。除了《宋史》撰写上的存在的难以避免的漏记外，笔者认为还有一个原因很可能使两宋时期的严重火灾次数记录远小于实际情况。正如汪圣铎、钱俊岭所指出，两宋期间，尤其在南宋，火灾问责制度已经较为健全：“对州县官员的火灾责任作了明确规定。即‘失觉察’者有罪，州城失火，救火的责任主要由管驻军的都监承担，通判有监督的责任，此责任还被量化，以烧200间为下限。烧300间以上，知州也要被追究责任。而‘其外县丞、尉（州城外草市、倚郭县同）并镇寨官依州都监法’。即是说，外县县城、镇、寨发生火灾，要追究相应的县丞、县尉、知县（县里问责顺序应是县尉、县丞、知县）及监镇、知寨的罪责。”[3]官员如果救火处置不当也要被问责。[4]在这样的规定下，发生在相对偏远地区的大型火灾，如果按规定上报，结果就是官员难免受处罚。因此难以杜绝官员瞒报现象的出现。

虽然这些记载不可能全面，但是纵览这些记载，还是能从其中挖掘出很多重要的信息。如，从受灾场所看，从大内宫殿、王府、藏书楼、官府衙署、军营、军资库、仓库、驿站，到寺院庙观，再到民居、平民住房区，几

1〔元〕脱脱:《宋史·卷四十一》，北京：中华书局，1977年，第795页。
2〔元〕脱脱:《宋史·卷四十一》，北京：中华书局，1977年，第740页。
3　汪圣铎、钱俊岭:《宋代官员火灾问责研究》，载《河北大学学报（哲学社会科学版）》，2012年第1期，第17—18页。
4　汪圣铎、钱俊岭:《宋代官员火灾问责研究》，载《河北大学学报（哲学社会科学版）》，2012年第1期，第23页。

乎所有建筑，无一可以幸免于火灾。根据《宋史》的火灾记载，还可以对当时火灾波及范围、伤及人数以及持续时间等做一定量化分析，其中有的记载，还包含了火灾发生原因方面的信息，也值得予以研究。

2.6.6.2 古代笔记小说中对火灾的记录

大火大灾此等事，古代文人自然重视，但是由于知识局限，对它存在困惑甚至敬畏。因此笔记小说中也有诸多关于古代火灾及其对于火灾看法的记录。下面选择若干史料予以展示。

东晋人王嘉在《拾遗记》中记载了一个关于东汉末年麋竺家里失火的传说故事：

> 麋竺用陶朱计术，日益亿万之利，货拟王家，有宝库千间。竺性能赈生恤死……竺货财如山，不可算计，内以方诸盆瓶，设大珠如卵，散满于庭，谓之“宝庭”，而外人不得窥。……忽青衣童子数十人来云：“麋竺家当有火厄，万不遗一，赖君能恤敛枯骨，天道不辜君德，故来禳却此火，当使财物不尽。自今以后，亦宜防卫！”竺乃掘沟渠周绕其库。旬日，火从库内起，烧其珠玉十分之一，皆是阳燧旱燥自能烧物。火盛之时，见数十青衣童子来扑火，有青气如云，覆于火上，即灭。童子又云：“多聚鹳鸟之类，以禳火灾；鹳能聚水于巢上也。”家人乃收鵁鶄数千头养于池渠中，以厌火。……夫阴阳递生，五行迭用，由水火相生，亦以相灭。《淮南子》云“方诸向月津为水”，以厌火灾乎。麋氏富于珍奇，削方诸为鸟兽之状，犹土龙以祈雨也。鵁鶄之音，与方诸相乱，盖声之讹矣。[1]

此段记载，蕴含了当时人们的伦理道德观、天道观、自然观等多方面的常识与理念。比如有下文将予以再论述的火灾之命中注定论。读者可自己仔细辨思、体会。

1 〔前秦〕王嘉：《汉魏六朝笔记小说大观·拾遗记》，上海：上海古籍出版社，1999 年，第 548—550 页。

中国古代自宋代开始既有“城”也开始有“市”。城市的出现极大地推动了社会多领域的快速发展，同时也使得大型火灾变得难以防范，这可能是从宋代开始火灾相对较多的理由之一。元代至正元年即1341年，在杭州就出现过一次在当时可谓超大规模的严重火灾。元代的笔记小说中对此有精确记载：

至正元年四月十九日，杭州火灾，总计烧官民房屋公廨寺观一万五千七百五十五间，六所七披，民房计一万三千一百八间，官房一千四百二十四间，六所七披，寺观一千一百三十间，功臣祠堂九十三间。被灾人户一万七百九十七户，大小三万八千一百一十六口，可以自赡者一千一十三户，大小四千六十七口。烧死人口七十四口，每口给钞一锭，计七十四锭。实合赈济者计九千七百八十四户，大口二万二千九百八十三口，每口米二斗，计米四千五百八十一石八斗；小口一万一千六十六口，每口米一斗，计米一千一百六石六斗，总计米五千六百八十八石四斗。[1]

从这一记载可以看出，这次火灾破坏严重，对于当时的杭州几乎是灭城之祸，民居、官房、寺观都未能幸免，灾后需要救助的灾民数额也颇为巨大。在古代的大型火灾之中，值得注意的是，有几次火灾来势迅猛、破坏剧烈，究其原因都与军火库或兵器厂里的火药有关。军事基地在当代世界也时有危害环境之报道，古代火药导致的重烈火灾，可谓此类事件之先导。早在南宋末年、元灭宋初期，笔记小说中即有多次此类事件发生：

赵南仲丞相溧阳私第常作圈，豢四虎于火药库之侧。一日，焙药火作，众炮倏发，声如震霆，地动屋倾，四虎悉毙，时盛传以为骇异。至元庚辰岁，维扬炮库之变为尤酷。盖初焉，制造皆南人，囊橐为奸，遂尽易北人，而不谙药性。碾硫之际，光焰倏起，既而延燎，火枪奋起，迅如惊蛇，方玩以为笑。未几，透入炮房，诸炮并发，大声如山

1 〔元〕杨瑀：《宋元笔记小说大观（六）· 山居新语》，上海：上海古籍出版社，2001年，第6075页。

崩海啸，倾城骇恐，以为急兵至矣，仓皇莫知所为。远至百里外，屋瓦皆震，号火四举，诸军皆戒严，纷扰凡一昼夜。事定按视，则守兵百人皆糜碎无余，楹栋悉寸裂，或为炮风扇至十余里外。平地皆成坑谷，至深丈余，四比居民二百余家，悉罹奇祸，此亦非常之变也。[1]

基本上可以断定，南宋及元灭宋之初的这两次火药事故导致的爆炸和火灾，都是因为在制造火药时，因为安全意识疏忽或因为技术不熟、操作不当而人为酿成的。其中 1280 年发生在扬州元军火炮库的爆炸以及引起的剧烈火灾最惊人，与今天战争中对武库的定点打击造成的破坏威力，十分相似。到了明代，随着军队中火器与火药量的同步增加，火药制造与储存中的危险随之增加，火药引起的爆炸和火灾在古籍中的记录，明显增多。明代刘若愚的笔记《酌中志》里记录了多起因火药而起的大事故。其中盔甲厂于万历年间、崇祯年间多次发生火药爆炸导致火灾等事故：

盔甲厂（即鞍辔局）在都城内之东南隅。掌厂太监一员，贴厂、佥书数十员，辖匠头九十名、小匠若干人。专管营造盔甲、铳炮、弓矢、火药之类。万历年间，火药忽燃者再。其三十三年九月丙申申时，忽响一声，烟如灵芝，烧死京营领药、把总等官九员，军人六十三名，重伤者二十一名，毁房屋若干间。礼科萧近高所题烧死不下数百人。凡于工部领银一万两，则此厂六千，王恭厂四千，分造之。工部主事一员监督之。近因东、西、南、北不便，复增主事一员，各监督之。崇祯甲戌九月初七日天明时，忽响一声，毁房屋甚多，将火药石碾远抛于泡子河城墙下。又一石碾自空中落于民家屋上，打透至炕，而炕上所卧小儿不知何因在地无恙。又一人系挂于梁上，头与脚下垂，止有皮无衣无肉，骨形比生时颇增长许多。是日也，本厂匠头蔡承禄，号小泉，家出殡，人颇富侈，冥器皆用真绫绢为之。延优娼扮“十二寡妇征西”故事，又制火人火马十匹，各以火爆缚遍人马身上，点药线驰跑，则火起四飞，纸爆迸响，而人不伤。是日之变，人多云蔡家

1 〔宋〕周密:《宋元笔记小说大观（六）· 癸辛杂识》，上海：上海古籍出版社，2001 年，第 5707 页。

所致。凡附近寺殿多未震动，而配殿概损也。有一吴羊儿者，素以食物入厂货卖，比晨已担入，忽觉眼黑，耳畔略闻有响声，移时方苏，开眼视之，身已立泡子河桥上，不知得何神祐而无恙也。又有卖肥皂者，素在崇文门里卖，后于门外卖，此日偶入城索债，震死于姜百户门首，肥皂箱油粉狼藉，见者无不悚惧。奉旨将掌厂值日内臣贺尧年、监督主事蔡宸恩下狱薄责之。[1]

当时人们就认为崇祯年间盔甲厂的这次火药爆炸事故，可能是当时木厂匠头家出殡时，“制火人火马十四，各以火爆缚遍人马身上，点药线驰跑，则火起四飞，纸爆迸响”而酿成的。记载爆炸及火灾危害如此详细，可见这次事故在当时引起的震撼是多么强烈。《酌中志》还记载了天启年间、崇祯年间安民厂的至少五起火药爆炸事故：

安民厂（即王恭厂）建署于都城之西南隅，掌厂太监一员，贴厂、佥书十余员，辖匠头六十名，小匠若干名。营造钱粮，与盔甲厂同。天启六年五月初六日辰时，忽大震一声，烈逾急霆，将大树二十余株拔出土，又有坑深数丈，烟云直上，亦如灵芝滚向东北。自西安门一带，皆霏落铁渣，如麸如米者，移时方止。自宣武街迤西，刑部街迤南，将近厂房屋猝然倾倒，土木在上而瓦在下，杀有姓名者几千人，而阖户死及不知姓名者，又不知几千人也。凡坍平房屋，炉中之火皆灭。只卖酒张四家两三间之木簿焚然，其余无毁。凡死者之肢体多不全，不论男女尽皆裸体，未死者亦多震褫其衣帽焉。真未有之变也。遂改卜于西直门街北建厂，先帝赐名曰安民。并盔甲厂各铸关防以给之，重军需也。其旧址改为戎政署。凡在西会议兵事，即共集面计，甚便。而崇祯辛未，戎政尚书闵梦德设处钱粮修理捐俸完局云：“近因火药局逼窄，遂于宣武门街尽北街西，分创新火药局一处。”又，安定门内东绦儿胡同，旧设枪局一处，系京营官军自两厂领出火药并军器

1 〔明〕刘若愚：《明代笔记小说大观（四）· 酌中志》，上海：上海古籍出版社，2005 年，第 3014—3015 页。

> 堆积，以便教场取用。崇祯戊寅四月初五日卯时，新火药局忽震一声，损坏房屋人民许多。至六月初二日午时，安民厂大震，略减于天启六年时也。八月初七日卯时，局复大震，且延烧草若干垛。其涌起之烟，各如灵芝，如云，如浪，移时方散。圣明极矜怜之．发银分赈。司礼曹太监化淳，亲诣伤处验看，复施棺或席殓埋。是岁颇旱。至庚辰四月初二午时，新局造火药处，复响一声，损人命房屋甚多。[1]

刘若愚的文风就是记载详实，其中的描写透露出爆炸的惨烈："杀有姓名者几千人，而阖户死及不知姓名者，又不知几千人也"，爆炸之后，"涌起之烟，各如灵芝，如云，如浪，移时方散"——看来发明火药对中华民族的"危害"，不仅仅有后来被船坚炮利的洋人兵临城下、一次次签署不平等条约，在此之前，由于认识欠缺、技术有限以及安全防护措施不当，从宋元以来，被火药意外爆炸所摧毁的中国古人的生命与财产特别多。军火库走火爆炸，已经成为了引发火灾的重要因素之一。

2.6.6.3 古代火灾产生的原因及古人的相关认识

人类历史上的灾害研究已经成为史学研究的一个重要领域，而这一领域研究的必备环节是探究灾害产生的原因。关于古代火灾产生的原因，学者也多有探索。前文我们曾重点关注过宋代火灾，有研究者对于宋代火灾的产生原因做过概括与总结："宋代火灾发生较为频繁，这主要是由于城镇聚集的人口较多，人们居住的房屋中茅草房占较大比重，宗教流行香火兴盛等原因造成的。"[2]

因为本章主要话题是中国古代火文化，站在这个视角，客观深刻分析古代火灾产生的原因及了解古人如何看待火灾的产生是必要的。由此我们更能走进古人的世界，从而深入了解相关的古代文化。古代典籍中阐释火灾起因的最基本的"理论"起点，历来仍然是五行说。《宋史·五行二（上）》开

1 〔明〕刘若愚：《明代笔记小说大观（四）·酌中志》，上海：上海古籍出版社，2005 年，第 3015—3016 页。

2 汪圣铎、钱俊岭：《宋代官员火灾问责研究》，载《河北大学学报（哲学社会科学版）》，2012 年第 1 期，第 17 页。

门见山即说：火——“炎上，火之性也。火失其性，则为灾眚。旧说以恒燠、草妖、羽虫之孽，羊祸、赤眚、赤祥之类皆属之火，今从之”[1]。就是说，从根本上讲，火失去了“炎上”的属性，就会导致火的灾变，具体的表现包括“恒燠、草妖、羽虫之孽，羊祸、赤眚、赤祥”等等。这种认识是“旧说”，几乎是历来如此，而且此后近千年也大抵如此。在此我们只将《宋史》中的说法与《元史》《明史》，以及《清史》中的说法略作对比。《元史・志第三上・五行一》说：“五行，二曰火，炎上，火之性也，失其性为沴。董仲舒云：‘阳失节则火灾出。’于是而滥炎妄起，灾宗庙，烧宫馆，虽兴师众弗能救也。是为火不炎上。其徵恒燠，其色赤是为赤眚赤祥。”[2]其中的“沴”也是灾难之意。因此，《元史》对产生火灾基本原因的阐释，本质上与《宋史》中所述无本质区别。《明史・志第五・五行二》同条所述，与前二者仍然无异：“《洪范》曰：‘火曰炎上。’火不炎上，则失其性矣。前史多以恒燠、草异、火、木、羽虫之孽、羊祸、火灾、火异、赤眚赤祥皆属之火，今从之。”[3]《清史稿・志十六・灾异二》说：“洪范曰：‘火曰炎上。’火不炎上，则为咎徵。凡恒燠、草异、羽虫之孽、羊祸，其灾火，赤眚、赤祥皆属之于火。”[4]其中的“咎徵”为灾祸应验之意，因此此句与前三者所述仍然无别。在几朝列举的火灾表现形式中，都有“恒燠”“草妖（或异）”“羽虫之孽”“羊祸”“赤眚”等等，史籍多都有进一步的具体例证与说明。其中“恒燠”简单地说是指温度应该低的时候（尤其冬天）反常较长时间反常升高，导致无雪，古人认为这也是属于火属性之异变，易引起火灾[5]；“草妖（或异）”指草木变异的现象，古人认为这与火灾有关联；“羽虫之孽”指禽鸟虫类的异常现象，古人认为这是火灾的前兆；“羊祸”指羊的怪胎等疾疫，古人认为，这可能是发生火灾的征兆；“赤眚”与“赤祥”指兵火之灾。冬日长期温度偏高、无雪是“阳”即“火”性失调，而干燥中草木易于起火，因此古人将恒燠与火灾联系起来是有着内在的逻辑关联的。如杜甫夔州《火》诗中所云，大旱导

1 〔元〕脱脱：《宋史・卷六十三》，北京：中华书局，1977 年，第 1375 页。
2 〔明〕宋濂：《元史・卷五十》，北京：中华书局，1976 年，第 1064—1065 页。
3 〔清〕张廷玉：《明史・卷二十九》，北京：中华书局，1974 年，第 459 页。
4 赵尔巽：《清史稿》，北京：中华书局，1977 年，第 1559 页。
5 〔清〕张廷玉：《明史・卷二十九》，北京：中华书局，1974 年，第 459—460 页。

致起火。在野外草是着火的重要燃料，蝗虫的泛滥往往伴随干旱，而干旱易于导致火灾，战争与战火往往相伴。因此古人将恒燠、草妖（异）、羽虫之孽、赤眚与赤祥等与火灾联系起来，不完全是毫无依据的迷信，而有一定的经验基础。但是将火灾与羊祸联系起来会令很多人费解：羊与失火有何关联？汉代郑玄注《礼记·月令》说："羊，火畜也。"[1]可见古人认为羊是具有火属性的动物。这个认识可能源于饮食过程中，从中医的视角对羊的认识。中国古人、中医早就认为食用羊肉有致热、上火的效果。所以有"阳虚多吃羊肉"之说，[2]而在宋代，人们更是相信羊肉粥具有"治虚损羸瘦，助阳壮筋骨"的效用。[3]

这就是古人对于火灾产生原因的根本看法，这种看法有一定的经验基础，部分与中国的传统文化紧密结合在一起。但是中国古人对待知识的态度，具有明显的神秘文化色彩。这种思想的极端化，即升级为火灾的命中注定论，在很多具体火灾案例中表达得十分明显。东汉末年三国时，糜竺富庶："货拟王家，有宝库千间。……货财如山，不可算计"。这糜竺不是为富不仁者，而一贯赈生恤死，做好事。因为糜竺仁厚慷慨，得到了好报。一天来了数十个青衣童子，跟糜竺家人说："糜竺家当有火厄，万不遗一……自今以后，亦宜防卫！"[4]后来糜竺家果然发生火灾，虽然"火盛之时"有青衣上天神使相助，但还是财产大多被付之一炬。究其原因，糜竺命中有此"火厄"，虽然他采取了一些预防火灾的手段，但是还是无法避免火灾的发生以及火灾的危害。火灾之前有灵异征兆，但是仍无法避免火灾的故事在古籍以及民间传说中不乏其例，这说明火灾的注定论在古代是有文化与信仰基础的。元代陶宗仪在《南村辍耕录》中说，在前文提到过的杭州大火灾之前，就有征兆："至正辛巳暮春之初，江浙行省平章政事只理瓦台入城之任之日，衣红儿童谣曰：'火殃来矣。'至四月十九日，杭州灾，毁官民房屋公廨寺观

1 〔汉〕郑玄注、孔颖达疏、龚抗云整理：《礼记正义》，北京：北京大学出版社，1999 年，第 456 页。

2 陈菲：《阳虚多吃羊肉阴虚多吃当归》，载《食经》，2014 年第 1 期，第 45 页。

3 孟玺、杨金萍：《北宋羊肉入药成因浅探》，载《医学与哲学》，2020 年第 22 期，第 79 页。

4 〔前秦〕王嘉：《汉魏六朝笔记小说大观 · 拾遗记》，上海：上海古籍出版社，1999 年，第 548—549 页。

一万五千七百五十五间，烧死七十四人。”[1] 杭州这次火灾发生前一个月，刚刚换了地方长官。火灾后他在上报朝廷的折子中，在描述了火灾造成的危害后说：“一月有余，政事未修，天变遽至。……自东南延上西北近二十里，官民闾舍，焚荡迨半。……言之痛心，孰甚其咎！衰老之余，甘就废弃，当此重任，深愧不堪。……诚不敢久稽天罚，以塞贤路。谨守职待罪外，乞赐奏闻，早为注代，生民幸甚！”[2] 无论是出自内心还是为了做出个样子，这位上任伊始遭遇重灾的地方官表达了这场大火灾与他命中不足以担当此任而受天罚有关。

在古代和现在民间有的人看来，在很多场合，人们要严格约束自己的言行，否则言语不当即可诱发灾祸。这一认识在火灾上同样实用。清代笔记《啸亭杂录》中说，康熙庚子年间京城南部有场大火，产生原因极为蹊跷：“或言火灾之先，有卖菜佣梦一人告曰：‘京师当有火灾，汝视某火神庙额字如朱，即其期矣。’某日往视，其守者询知，因暗涂豕血以戏之，次日果有是灾。”[3] 火神庙额字本来没有变红，但是守庙人知道了这个说法后开玩笑把它涂红了，火灾就真的如期而至。

古人发现，有时候火灾是由于雷电所引起的。如前面所以之《宋史》文献中即有：“雍熙元年……初夕，阴云雷震，火起月华门。”但是雷电现象瞬息万变，在关于雷电导致的火灾故事的传播过程中，也会加进各种主观演绎，因此相关描写有时候也会有神秘心理介入。需要认真辨析。

虽然受知识限制，中国古人对于火灾的产生原因，有一定的认识，这种认识是实践经验与神秘主义相结合的，但是在目睹火灾的过程中，对于火灾产生的原因，还是能够在有些具体的情况下，发现导致火灾的关键因素，并做出准确而客观的解释。军营、居家以及寺庙等离不开火的场合，因为不留意发生用火小失误是很难避免的。这种小失误若恰巧遭遇大风等，则往往能酿成火灾。酒坊、军火库、库房、藏书楼、草场等储有易燃物的特殊场合，因用火不慎则更容易酿成大火灾。中国古人对于火借风势、风助火威有深刻

1 〔元〕陶宗仪：《宋元笔记小说大观（六）· 南村辍耕录》，上海：上海古籍出版社，2001 年，第 6253 页。

2 〔元〕杨瑀：《宋元笔记小说大观（六）· 山居新语》，上海：上海古籍出版社，2001 年，第 6075 页。

3 〔清〕昭梿：《清代笔记小说大观（五）· 啸亭杂录》，上海：上海古籍出版社，2007 年，第 4669 页。

的认识。刘禹锡《武陵观火诗》说："是时直突烟，发自晨炊徒。盲风扇其威，白昼曛阳乌。"大风历来是导致大火灾的最重要因素之一。笔者在黑龙江农村长大，对于大风导致火灾的危险，有深刻的感受。那时候农村还多是人字形厚厚的草顶房屋，每家房屋附近还堆放着至少一大垛用于取暖做饭燃料的玉米秸秆等柴火。在春季大风季节，烟筒风力抽力大走火的事情很难避免。而一旦烟筒出火，屋顶被烧即势成必然。唯一的办法就是大风天气停火。大风导致的大火不仅能摧毁建筑，对森林等也是巨大的威胁。《明史》载，弘治十三年七月（1500 年 8 月），"庚申，永宁卫雁尾山至居庸关之石纵山，东西四十余里，南北七十余里，延烧七昼夜。"[1] 这属于火焚山林，之所以火势 7 日连绵，是因为雁尾山至居庸关这一带的石纵山，正处于一个大风口上。

中国古人关于火灾缘起还有一种唯物主义看法，即认为有些物质能够"自然生火"，即自燃。如前面提到的糜竺家的火灾，火源就不是来自外面，而是库内自燃："旬日，火从库内起，烧其珠玉十分之一。"[2] 再如晋代的张华在《博物志》中即载有相关说法："积油满万石，则自然生火。武帝泰始中武库火，积油所致。"[3] 清代褚人获曾在笔记中总结了关于自然生火现象的文献："《绿雪亭杂言》：敖东谷在京师，见马草堆中火发。在陈留县，见油篓中火发。在泰州，见干蝗堆中火发。在剑州，见积聚油纸中火发。皆湿热遏蒸于内，不得发越，故郁攸不成，其来有渐。《博物志》：积油满万石，则自然生火。武帝泰始中，武库火，积油所致。《邵氏后录》曰：油绢纸、石灰、麦糠、马畚本草，皆能出火。此皆物理自然，非怪异也。"[4]

这段文字，不仅搜集了多部著作关于"自然生火"的描述，还解释了其原因："皆湿热遏蒸于内，不得发越，故郁攸不成，其来有渐。"即认为这些种类物质能散发湿热，在湿热不能有效散发而郁积在小的空间时，就导致温度逐渐升高从而产生燃烧。褚人获还明确强调，这类自燃没有神秘怪异力量的介入，是物质特性使然。因此，摒弃了神秘的或唯心主义的解释。现在人

1 〔清〕张廷玉：《明史 · 卷二十九》，北京：中华书局，1974 年，第 464 页。
2 〔前秦〕王嘉：《汉魏六朝笔记小说大观 · 拾遗记》，上海：上海古籍出版社，1999 年，第 549 页。
3 〔晋〕张华：《汉魏六朝笔记小说大观 · 博物志》，上海：上海古籍出版社，1999 年，第 200 页。
4 〔清〕褚人获：《清代笔记小说大观（二）· 坚瓠集》，上海：上海古籍出版社，2007 年，第 1757—1758 页。

们知道，植物油、动物油、脂肪、煤、木炭、锯末、干草、粮食、黄麻、大麻、剑麻纤维等等都属于自燃物。另外黄磷、磷化氢、铝粉在空气中可以自燃；钾、钠、电石等在水中可以自燃；氧、氯、浓硝酸、漂白粉等与可燃物质接触，也能引起剧烈自燃甚至爆炸。

火灾与其他灾难一样，有时是天灾有时是人祸。人用火时不谨慎而导致火灾是人祸；战争导致的火灾是人祸；还有属于人祸的火灾是有的人故意纵火，比如寇匪或罪犯作乱而故意纵火。前文所引《宋史》火灾文献中即有两则。其一："绍熙元年……寇张海作乱，焚五百余家。"其二："嘉泰元年……火作于宝莲山御史台胥杨浩家，谏议大夫程松请戮浩以谢都民。疏再上，始黥配万安军，犹免决。自是民讹言相惊，亡赖因纵火为奸利。"

2.6.7　防火救火设施与工具

前文说，有学者指出宋神宗时期成立了世界最早的消防队。这一说法值得商榷。辽宁省博物馆藏有一件东汉时期墓葬品——井栏陶器，上面的图案展示的是当时灭火的场面：健步疾进的救火者，左手执水罐，右手荷旗，旗帜上清楚地标有"灭火"字样。[1] 这可能意味着汉代已经建立了专业救火消防队。不过宋代的消防队的规范化与规模，都达到了空前的高度，据考证，当时杭州有消防员 5100 人之多。其后元明清历代无不将防火救火当作一件头等大事去对待。到清代，民间救火机构则相继出现，著名的有：1662 年组建的天津救火会，1667 年组建的金陵水局，1848 年组建的北京公议水局、同义水局，1857 年组建的重庆救火局，1859 年湖北宜昌组建的水龙公局，1866 年上海组建的火政处等等。因此，古代与近代的防火事务，可能比今天还重视，而防火的手段，也不限于更夫晚上敲着梆子喊"天干物燥，小心火烛"这么简单。

今天的消防队有规范的用现代科技武装起来的救火技术装备。而居民楼、办公楼等几乎所有建筑也都布有灭火器等常备防火灭火器材。人们的防火救火器具与人类的其他工具一样，也是逐步发展起来的。要救火灭火，及时发

1　聂焱如：《从储正徒到水会局》，载《现代职业安全》，2006 年第 8 期，第 86 页。

现火情是很关键的。为此北宋时人们就发明并建造瞭望火楼，并为后世沿袭。

北宋孟元老所撰的《东京梦华录》卷三之防火条目说：在当时的北宋都城，“每坊巷三百步许，有军巡铺屋一所，铺兵五人，夜间巡警收领公事。又于高处砖砌望火楼，楼上有人卓望。下有官屋数间，屯驻军兵百余人，及有救火家事，谓如大小桶、洒子、麻搭、斧梯子、火叉、大索、铁锚儿之类。每遇有遗火去处，则有马军奔报。军厢主马步军、殿前三衙、开封府各领军级扑灭，不劳百姓。”[1]

图 2.23　北宋望火楼

救火主要用水，古代没有今天这样的大水车，也没有今天这样便利的自来水。为了解决这个问题，古人想了很多办法。如故宫里宫殿前安放的那些大铜缸，即用于储水以备救火之用：

图 2.24　盛水铜缸

1〔宋〕孟元老：《东京梦华录》，上海：古典文学出版社，1957 年，第 22 页。

而在南方，如徽州或云南的很多山村，有些房屋是坐落在较大的水塘周围，或有小溪沿街流淌。这除有生活用水方便之考虑，也时为了防火救火之便利。

图 2.25　村落水源

与此相类似，中国古代的护城、护村、护院河，除了阻止歹人轻易进入之功能外，也有阻隔外界大火的功能。前文提过，神使曾提醒糜竺家将发生火灾，得知此消息后，糜竺采取的行动之一是："乃掘沟渠周绕其库。"[1] 可见那时保护河已经是防火的基本措施之一。在古代规模较大的城市里，民居拥挤错落、道路狭窄曲折，这更使得救火所用的水源成为一个难题。据笔记小说记载，在清代乾隆年间，扬州居民为解决这一难题，发明了建造水仓的方法：

扬州城内街巷，多设水仓，其法甚善，他郡县所宜仿行也。相传乾隆五十九年四月，新城多子街一带不戒于火，每延烧彻昼夜。有余观德者，人颇豪侠，视而悯之，因创设水仓。其地在人烟稠密距河稍远之区，买屋基一所，前设门楹，中为大院，置水缸百十只，满贮以水，复置水桶百十只，兼设水龙一二具，扬州俗语谓之水炮。设有左近报火者，汲桶可以立集，炮夫可以即行。孙春洲为作门联云："事有备以无患，门虽设而常观。"余尝过皮市街，见有广济水仓，门上勒石扁，字极佳，询之，则鲍崇城所作也。字体极得诚悬法，因增其名入《随安室书录》中。罗茗香云：水仓门联原本出句系"井用汲以受福"，后始改"事有备以无患"。余又改为"事前定则不跲"，又别拟一联云：

1 〔前秦〕王嘉：《汉魏六朝笔记小说大观 · 拾遗记》，上海：上海古籍出版社，1999 年，第 549 页。

“玉瓒何烦禳灶让，金莲永免祝融灾。”近日各衢路增设愈多，章程愈密，可谓法良意美。[1]

开封一农民珍藏清末民初灭火器“水龙桶”

文／刘铁柱 苏吕

2008年12月18日下午，河南省开封市杞县农民张千峰专门包车将家传的一件百年木质文物运到开封市博物馆，请求专家对其进行鉴定。开封市博物馆文物鉴定专家对这个“稀罕物”进行鉴定后认为，该物为民国早期的一件民间手动灭火装置——“水龙桶”。

该装置是在一个大木桶上固定着一根又长又粗扁担似的木棍，两头略小，向上微翘。木桶壁很厚，外面箍着两道铁圈，桶内有两个活塞，中间有一个锡制的“气缸”，与活塞相连。“气缸”有一个螺旋接口，是连接水带的，水带大约有三四米长，前面是一个水喷头，这些部件均是锡制的，在木桶底部有一小洞，上有木塞，用来放水。

现年34岁的张千峰介绍说，小的时候和伙伴们捉迷藏，他就爱躲到这个桶里，成年后意识到这是一个古董，就刻意对其进行了保护收藏。由于家中老人去世早，自己又不想引起不必要的麻烦，所以至今对该桶的名称、用处以及出处都不甚清楚。

据鉴定的专家介绍，该灭火装置在清朝和民国期间，广大农村多用它作为灭火的主要器材，作用似于现在的“灭火器”，开封当地的农民一般都叫它“水龙桶”。这种“水龙桶”在我国古代农村消防灭火中具有极其重要的地位。由于体积大、附属部件多再加上本身为木制品，所以像这件保存如此完好的“水龙桶”实属罕见，具有一定的历史价值。

52 中国消防

图 2.26　清代的水龙桶（2009 年第 2 期《中国消防》刊登）

可见为解救百姓于水火，有豪侠悲悯之士出资设置水仓，而此善举得到当时文人们的赞扬，拟联造句予以歌颂，而这类楹联选入典籍，成为美谈。

救火时，在取水、运水方面，除了用水桶等之外，古人发明了水袋与水囊。而在喷射水的环节，宋代《武经总要》中已有抽水、喷水的唧筒式机械装置。清代的水龙与唧筒原理相同。水龙是灵便的救火利器，起到了今天消防员所用的喷水枪的作用。水龙的工作原理不复杂，与自行车打气筒的工作原理相似，不过打气筒抽入与压出的是空气，而水龙抽入与压出的是水而已。水龙抽水时进水孔的盖子被涌进的水打开，而用力挤压喷水时，进水孔盖子又被涌出的水关闭，水从而得以向需要的方向喷射出去，从而得以便利自如地抽水并将水喷向高处、远处。据清代笔记所载，救火水龙是从日本引入的：“救火之器，古惟水袋唧筒。顺治初，上海县唐氏得水龙之制于倭人，久而他处渐传其制。其行于天津县者，法尤善。城内外置水龙四十八，各隶以二百人，人皆土著，按期练习武力，无事仍安常业，有事则一呼毕至。盖即寓兵于此，而使之可守可战，远胜于召募流民以捍卫者矣。”[2] 笔记所记可能是真实的。这也只能说明，当时的“上海”没有国货水龙，但是水龙是否为日本人所发明，尚需再考。

几乎所有的火灾都先是小范围内火失去控制并蔓延开来而酿成。因此，如果能够有效抑制小范围内火势的蔓延，就可以避免大的火灾。中国古人认

1 〔清〕梁章钜:《清代笔记小说大观（五）·浪迹丛谈》，上海：上海古籍出版社，2007 年，第 3946 页。

2 〔清〕陆以湉:《清代笔记小说大观（六）·冷庐杂识》，上海：上海古籍出版社，2007 年，5176 页。

识到了这一点，并将其体现在建筑方面。南方民居的马头墙就是具有一定阻隔火势蔓延作用的防火墙，并不仅仅是一道动人的建筑景观。

图 2.27 建筑防火墙

中国古代建筑材料，以易燃的木质为主。这样的建筑在火灾面前几乎毫无抵御能力。因此为特殊防火之需要，以阻火不易燃烧的材料代替木材，成为重要的手段之一。防火智慧均出于实际需要。明代宫廷内部火灾频仍，这对皇家典籍与档案的保存形成了致命威胁。《永乐大典》就成遭此厄运，1449 年南京文渊阁大火，《永乐大典》原稿付之一炬。笔记载明神宗时，《永乐大典》之抄本再遭火厄："明成祖先命解缙等辑《文献大成》，后命胡广、王洪因之编《永乐大典》，计二万二千八百七十七卷，一万一千九十五本，目录六十卷，其表文见《蟫精集》中。弘治中，命重抄一部，藏于文楼，嘉靖中火，亟救得免。复命儒生摹抄，至隆庆元年始竟。神宗时，三殿火，书多被焚。"[1]

弘治五年（1492）大学士丘濬提出了一个富有一定技术性的防火、保存档案的建议："自古帝王藏国史于金匮石室之中，盖以金石之为物坚固、耐久，非土木比，又能扞格水火，使不为患。有天下者断石以为室，金以为匮，凡国家有秘密之记，精微之言，与凡典章事迹可以贻谋传远者，莫不收贮其中，以防意外之虞。"[2] 他进而提议："于文渊阁近便去处，别建重楼一所，

1 〔清〕阮葵生:《清代笔记小说大观（三）·茶余客话》，上海：上海古籍出版社，2007 年，第 2890 页。
2 金久红:《火灾、政争与实录的外传》，载《史学月刊》，2019 年第 12 期，第 117 页。

不用木植，专用砖石垒砌为之……收贮繁要文书，以防意外之虞。”[1]丘濬的建议被弘治皇帝“佳纳”，但是并未付诸实施。1534年南京太庙失火，令嘉靖皇帝震惊，一个月后，他下旨重抄累朝宝训、实录，同时敕建“石室金匮”即神御阁（也称皇史宬），并于1536年完工。[2]李婷婷的文章对皇史宬的防火、防震与防水功能，有较为详细的介绍。[3]

前文说过，中国古人对于火灾及其产生，既有朴素的唯物主义的认识，也有神秘主义甚至完全迷信的认识。刚刚所提到的防火设施、防火工具发明等，都是源自于直接的实践活动。而从神秘主义出发，也有复杂的防火救火方法。从科学与唯物主义的角度看，这类方法是不会发挥实际作用的。但是由于它们也是古人长期所相信的，因此从思想文化的角度，不能忽视。这些方法也是古代火文化不可或缺的一部分。这其中包括有的人拥有“对付”火的咒语等等。比如清代笔记讲，巫师蹈火就是要先念咒的：“《夷坚志》载：俚巫蹈汤火者多持咒语，其咒云：‘龙树王如来，授吾行持北方王癸禁火大法。龙树王如来，吾是北方王癸水，收斩天下火星辰。千里火星辰必降，急急如律令。’咒毕，手握真武印吹之，用少许冷水洗，虽火烧坏或疮亦可疗，为人拯治辄效。”[4]而如前文所述，当糜竺家火灾正盛之时，那数十青衣神使再次出现并在他们帮助下得以灭火。这次神使们还为糜竺出了个主意：“童子又云：‘多聚鹳鸟之类，以禳火灾；鹳能聚水于巢上也。’”[5]中国古人称鹳为水鸟，但神使建议糜竺家多养鹳，并不是说鹳的能成为储水的容器，所以他们说这样可以“禳火灾”。禳的含义是向鬼神祈祷以消除灾殃。因此养鹳防火的作用不是出于现实的物理机制。那么是什么呢?《拾异记》的作者给出了解释：“夫阴阳递生，五行迭用，由水火相生，亦以相灭。”简单地说就是鹳有水的属性，因此可以克火、祛火。这样的解释，已经超越了把水火（此例主要是水）视为物质实体的层面，即已经不完全是从唯物主义角度对五行说的理解。之所以如此说，是因为在这种情况下，起作用的只是能聚

1 金久红：《火灾、政争与实录的外传》，载《史学月刊》，2019年第12期，第117页。
2 金久红：《火灾、政争与实录的外传》，载《史学月刊》，2019年第12期，第118页。
3 李婷婷：《明代档案保护技术概览》，载《湖北档案》，2010年第7期，第15页。
4〔清〕褚人获：《清代笔记小说大观（二）·坚瓠集》，上海：上海古籍出版社，2007年，第1568页。
5〔前秦〕王嘉：《汉魏六朝笔记小说大观·拾遗记》，上海：上海古籍出版社，1999年，第549页。

水的鹳的象征意义，也即此处的“水”只具有抽象与象征意义，而不需要考量在祛火过程中水在量上的物质多少与消耗。这种情形在中国古代是很常见的。不仅在运用五行说时会出现这种情况，在运用阴阳说以及元气说（或元气论）时，都会出现这种情形。笔者认为，这个角度揭示出的是：阴阳五行说、元气论等中国古代思想与理论，虽然都有一定的唯物主义的产生基础，但是在运用他们的过程中，却有非唯物主义的倾向或者非唯物主义的认识。以元气说为例，对这一观点再做一具体说明。晚清学者郑复光在其著作中指出，人要潜于水下会被溺死，理由是：“人之呼吸其息以气，水不能藏气。”[1]这一说法，在他那个时期，针对这个问题，不存在什么错误。但是如何解决这个问题呢？郑复光首先借鉴了此前的观点：“曾见兵法家言出水师用银做一弯环之管，一端衔口内一端两歧入鼻。意以气出口则入鼻，周流以当呼吸。”[2]在鼻口之间通过管道构成一个气通道，在人呼与吸时其中的气体构成一个密闭往复流通回路。这样的仪器显然不可能起到源源不断提供氧气供人呼吸之用。郑复光也对此有质疑，但是他质疑的不是其根本错误，而是认为“窃恐难用”[3]。郑复光本人给出了一个他认为更适当的设计：“用猪脬一枚口接一管，用时人紧塞其鼻，脬内气勿灌足。（潜水者）衔管入水呼则藏气于脬；吸则还气于人，似为胜之。”[4]郑复光给出的他认为更好的设计是鼻子不参与呼吸、人只通过管子用口呼吸猪脬内储存的空气。不要以为这个设计胜在猪脬能盛更多的空气，其实郑复光与他所说的“水师”潜水者所用的呼吸器一样，都不在乎潜水者所携带空气的多少。郑复光接着说：“脬如嫌大或取其半……”[5]因此脬内所储空气的多少根本不是郑复光关注的重点。在他看来，被密闭的“气”，在人呼吸时不存在被消耗的问题，只要不漏气，而循环呼吸吐纳，人就不会窒息。在这个意义上，郑复光让潜水者携带的气多少都是无所谓的，只要保证有气即可。因此这时候的气与神使对糜竺所言鹳鸟聚的水一样，只是一个非物质的抽象与象征，而不需具有物理上的意义。根

1 〔清〕郑复光:《费隐与知录》，上海：上海科学技术出版社，1985 年，第 63 页。
2 〔清〕郑复光:《费隐与知录》，上海：上海科学技术出版社，1985 年，第 64 页。
3 〔清〕郑复光:《费隐与知录》，上海：上海科学技术出版社，1985 年，第 64 页。
4 〔清〕郑复光:《费隐与知录》，上海：上海科学技术出版社，1985 年，第 64 页。
5 〔清〕郑复光:《费隐与知录》，上海：上海科学技术出版社，1985 年，第 64—65 页。

据麋竺的故事以及郑复光在其著作中的所言可知，至少从东晋到晚清，对中国古人所运用的阴阳五行学说以及元气学说，不能简单地做唯物主义诠释。在古人运用五行学说或元气论解释一个实际过程时，五行或元气在有些情形下具有超越物质属性的含义，这时候五行之中的任一行或元气，都可以具有无需考虑量的属性：需要水，有水就行，无论水多水少；需要火，有火即可，不管火大火小；需要气，只要有气即可，无需关注气的多少。忽视一个过程中一种本来具有物质属性的具体事物量的属性时，事实上就是否定了这种事物的物质性。类似的极端情形，在中国古代还有多种表现。例如，按照中国古代的性命说，根据一个人的八字可判断出一个人的五行特征，有的人可能五行缺水，也有的人可能五行缺火。对于一个具有先天五行缺陷的人，算命先生最简单的改命手段是：对于五行缺水的人，为他取名时，用上水字或具有水字偏旁的字。其他情形与此同类。一个人五行缺水，只要名字与水有关就可以改变命运。显然这种情形下与水有关的字丝毫不具有水的物质属性。因此，这时算命先生对于五行说的运用，完全不在唯物主义的范畴。

2.6.8 结语

中国古代火文化，内容丰富、庞杂、琐碎，涉及到的领域十分宽广。在本书这一部分，所提及、所论述的内容，虽然不无较为详尽之处，但是总体而言，仍是点到为止。对此话题有兴趣者，可以自己去广泛地阅读典籍，从而更深刻地感悟和揭示中国古代火文化。

虽然此处对于火文化的探究尚未充分展开，所引文献也不全，但是读者仍然可以较为充分地了解到中国古代文化的基本形态或基本特点。万物有灵的巫术文化、神人鬼怪分界并存但又可以偶尔互动的世界图景；基于简单实践基础上的朴素唯物主义认识，在这一层面认识基础上对诠释世界的基本理论如阴阳五行学说等的建构；理论在应用过程中出现的兼具唯物与唯心特征并因人而异的向不同维度的延展；简单基本理论在现实世界中受到生产生活实践的挑战，从而造就的短时间争论与困惑。这些都是中华文化的特点。更为令人惊异的是，矛盾且不完备的理论并未让中国古人寝食难安。这一切结合在一起，成就了包括科技文化在内的中国古代文化一方面博大精深，另一方面又不堪一击。在各个领域，中国古人几乎最大的成功都在于他们需要理论，但是他们又不为理论所束缚和局限，他们大胆的、智慧的、唯物的科技实践，创造了一个又一个奇迹，从而缔造了几千年的文明。中国古代火文化，是中华古代文化的一个分支、一个特例，与整体中华文化的结构与形态十分相似。

第三章 中医文化与现象

3.0 引言

中医具有悠久的历史、繁杂的内容。如果按照中医起源的其中一种说法，中医史比中华民族的历史还要漫长。从今天来看，中医是中国古代各种科学技术领域中，并不常见的至今仍然成建制存在的领域之一。

中医应该不是开始就受传统文化的制约和指导，后来由于医家对中医理解及向患者解释的需要，使中医与传统文化的联系愈加紧密，在此过程中，中医的思想方法及实践经验也丰富了传统文化的基本内容。与此同时，在诠释医理、药理的过程中，中医门派众多，中医理论也变得愈加复杂。在特殊时期貌似正确的解释，随着时代的发展、人类认识的进步，反而成了诟病中医并称其为伪科学的重要证据。

中医在中国古代悠久历史中的重要性，使得今天我们更要关注并深刻思考和认识中医；围绕中医的各种褒贬的声音不绝于耳，也是科技史必须关注中医的重要理由；中医知识与理论的繁纷复杂，也要求今天的科技史界做一些辨析和鉴别工作。

3.1 医基于理：笔记小说视域的中医文化与精神[1]

3.1.1 引言：医基于理

不为良相即为良医。悬壶济世是中国古代读书人社会使命的一部分。笔记小说的作者是各历史时期出色的文化人，有的人有着高深的医学造诣。从笔记小说的视角去感受中医文化，考察各历史时期中医特征，可以站在一个特殊瞭望台上观察中医，因而更容易提炼出中医的内在精神。什么是中医文化的基本精神？“医者意也”是中医的一个传统观念。[2]很多中医典籍都用这句高深莫测的话概括中医，然而对其内涵却并没有高度的共识。简单地将它理解为中医的奥妙只可意会难以言传，这种说法有失偏颇。《太平圣惠方·序》说：行医治病在特殊情况下，“精微之道，用意消停”[3]。强调了“意”的作用。但这有个前提：“医明其理，药效如神”[4]。说明医理同样不可或缺甚至是先决条件。既然中医之道能以理阐明，那它就不是看不透、说不清的一团乱麻，其认知系统不是“模糊逻辑”。由问诊到对症下药的整个施治过程中，中医家处处有理有据，此即“医基于理”之大体含义。中医之“理”，包括病理、药理，施治的依据，以及中医对人体的认知等。医家辨“症”施治时所遵循者，理也；医家注解药性、诠释药理所依据者，理也；医家借助五脏六腑、五运六气、六脉七情等所揭示和阐发的亦为理也。中医是理性框架下的一种社会存在，至于中医之“理”是否真的合理则是另一回事。中医之理的存在价值之一是消除患者心理疑惑并取得其信任，因此，中医之理或朴素而众所周知，或简明而人所易懂，非理学家诘屈聱牙的高论，更非不可言传的神秘主义秘辛。明代谢肇淛说，医家以意取效，明理是必须的前提：“以意取效……须博通物性、妙解脉理而后以意行之……”[5]其基本精神与《太平圣惠方·序》所言一脉相承。无论出于中医的职业追求，还是为了

1 本节主要内容曾发表于《医学与哲学》，2020 年第 24 期，第 60—64 页，作者：厚宇德。
2 廖育群：《医者意也：认识中医》，桂林：广西师范大学出版社，2006 年，第 42 页。
3 〔日〕岗西为人：《宋以前医籍考》，郭秀梅整理，北京：学苑出版社，2010 年，第 614—615 页。
4 〔日〕岗西为人：《宋以前医籍考》，郭秀梅整理，北京：学苑出版社，2010 年，第 1598 页。
5 〔明〕谢肇淛：《五杂俎》，上海：上海书店出版社，2001 年，第 101 页。

获得世人对医家行为的认可，最终都脱不开人类本能的理解动机：有理则医家自信，明理则患者心安。这是历代笔记小说中相关史料所诠释的中医文化的基本精神。

3.1.2　中医的基础理论及作用

谢肇淛曾指出医家有以意悟者、有以博识者、有以理推者，[1] 将独家感悟、博闻强识、道理圆融视为医家的三大进境。道理圆融必须建立在一定的理论之上。今天中医界仍认为，气、阴阳、五行理论是中医的硬核。[2] 但并非没有争议，如有研究者更加重视六气观念："丢掉了六气内容，就无法阐明中医经络理论体系，难以完成中医理论思维的构建，造成中医基础理论体系结构性缺陷。"[3] 中医与中国传统哲学息息相关，或说一脉相承。中国传统哲学几千年来一直在道、气、阴阳、五行的框架里传承。有学者认为，中医范式也有更迭转变：《伤寒论》第一次改变了《黄帝内经》以阴阳五行、藏象经络、诊法治则为核心的基本范式，奠定了辨证论治、六经分证的新说；而金元四家及瘟病学派的崛起则打破了中医范式一脉相传的格局，开始呈现诸说分立之气象。[4] 但无论中医基本理念在各学派有何侧重，在思维模式上，中医一直未能超越中国古代哲学的基本范畴。清代阮葵生认为，五运六气是历代中医家阐释自己纲领的基础："医宗纸上高明有学问者，其言大都如是（指五运六气说）。"[5] 因此，大体上说中医理论万变不离其宗，不无道理。

然而在解剖实践极为有限，因而对人体主要系统与器官缺乏清晰认识且因检测手段有限因而发现病情与认识药物性能等方面均受限制的条件下，如果认为古代中医已经具有合理、完备的理论体系，那是缺乏理性认识的。笔记小说所呈现的中医文化的基本特征是既务求理解和以理服人，又务实地履

1 〔明〕谢肇淛：《五杂俎》，上海：上海书店出版社，2001 年，第 101 页。
2 张青龙，郑晓红，王银泉等：《中医基础理论的科学内涵》，载《中医药理论研究》，2016 年第 1A 期，第 84—87 页。
3 王雷：《论〈中医基础理论〉教材中六气理论缺失与中医理论体系结构性缺陷的关系》，载《中医学报》，2019 年第 11 期，第 2289—2291 页。
4 李爽姿、王勤明：《五说中医基础理论》，载《中华中医药杂志》，2018 年第 3 期，第 816—819 页。
5 〔清〕阮葵生：《清代笔记小说大观（三）·茶余客话》，上海：上海古籍出版社，2007 年，第 2843 页。

行实践精神、直面具体病情之复杂与特殊性，重视疗效而不拘泥理论说教，不为教条所束缚。这使得中医具有一定突破理论桎梏的能力。阮葵生对此有极好的表述："同一病者，人异其症，治异其方，生死异其验，迟速异其候。安得据纸上之陈言，而一概执以试民命乎？"[1] 有时候，古人如果发现有些方法治病有效，即使无法诠释和理解其中的道理，他们仍然沿用这类方法。清朝时，淮南地区人得了疟疾，就让病人换一个生活环境，因为世人认为这样往往就不治而愈。虽然人们对其原因"殊不可解"，此法却在不同地区得以长期流传，阮葵生推测在唐玄宗时期此法即已为人所知。[2] 这类事例反映出中医重视理论，但也营造一些弹性空间而不刻板。有些有效的方法，即使不知其所以然仍可以继续得以沿用。在这个意义上，笔者认为，中医的基础理论所承载的，重点不是对医学实践的指导功能，而是使医生的专业行为得到世人理解和认可的需要。

3.1.3 中医之理的实践基础

任何理论都源于实践并由实践捍卫和推进。"古今不甚相远者，惟有医之一途，盖功用最切，优劣易见。"[3] 谢肇淛此语，揭示了中医源自实践、必须接受实践检验和淘汰的生存机制。历来世人更加相信老医生，理由是"老取其阅"。[4] 这种心理就建立在老医生实践经验丰富则医术更加精湛的认识之上。

笔记小说里的中医文化，高度认可中医源于实践的认识论，其中一种看法认为中医源于远古的"仿生学"。唐代的张鷟根据医书和自己的观察，曾说："虎中药箭食清泥；野猪中药箭豗荠苨而食；雉被鹰伤，以地黄叶帖之……"[5] 而"黄帝师药兽而知医"的传说，[6] 所揭示的同样是医学源于"仿生学"的史观。这种认识不无道理，但不能设想所有的中药都源自动物的启

1〔清〕阮葵生:《清代笔记小说大观（三）·茶余客话》，上海：上海古籍出版社，2007 年，第 2843 页。
2〔清〕阮葵生:《清代笔记小说大观（三）·茶余客话》，上海：上海古籍出版社，2007 年，第 2848 页。
3〔明〕谢肇淛:《五杂俎》，上海：上海书店出版社，2001 年，第 101 页。
4〔宋〕王得臣:《宋元笔记小说大观（二）·麈史》，上海：上海古籍出版社，2001 年，第 1376 页。
5〔唐〕张鷟:《唐五代笔记小说大观·朝野佥载》，上海：上海古籍出版社，2000 年，第 8 页。
6〔清〕阮葵生:《清代笔记小说大观（三）·茶余客话》，上海：上海古籍出版社，2007 年，第 2839 页。

迪，因此笔记小说里有诸多关于中药发现的故事。

其一，偶然发现法。张鷟讲过一个故事：有个酒鬼患了麻风病，家里人让他住进深山中的茅屋里，为他准备了一瓮酒。酒鬼喝酒不停，一条乌蛇掉入酒瓮被淹死也不知，直到把酒喝干后他才发现蛇骨。酒鬼逐渐病愈，由此得到了一个酒泡乌蛇治麻风病的药方。基于偶然而发现某物具有某种疗效的事例，在古代相关典籍中时有所见。

其二，逻辑筛选推理法。唐代李肇发现，很长时期里，世人多患热黄病，后来此病几乎消失，而人又多患腰脚病。他分析了各种因素，发现在此期间惟一的变化是人们由不饮茶到普遍饮茶。由此他得出个结论："疑其茶为之也。"[1]

其三，联想与反向推理法。苏东坡在海南见到一种类似芍药的野花，有小孩吃了而"大便难"。另外，土著患痢疾，吃其叶子即好。根据这些记载，朱弁推断此花可能具有治疗腹泻的作用，通过亲身试验，他发现果真如此。[2]中国古人在得到类似结论的过程中，毫无疑问有逻辑推理的思维过程。但值得说明的是，在中国古人那里逻辑推理是潜在的，难以见到他们运用"因为……所以……"之类明晰的推理形式。

从方法上看，以上几例都有一定的合理性。但是不可思议的"神逻辑"，在中医世界并不罕见。在张鷟列举的药方中，就有"被蚕啮者，以甲虫末傅之；被马咬者，以烧鞭鞘灰涂之"。道理何在呢？他的解释是："盖取其相服也。"[3]甲虫能钳制蚕，所以甲虫末可治疗"被蚕啮者"；马惧怕鞭打，所以鞭杆灰能治疗"马咬者"。这类推理今天看来十分荒唐，但不妨碍古人视之为足以服人的道理。在经典的中医著作中，都存有诸如此类的对药性的荒诞诠释，笔者对此曾给出过更多的例证。[4]

中医的实践还包括特定的专业训练，针法练习就是一例。南宋周密说："今世针法不传，庸医野老，道听途说，勇于尝试，非惟无益也。"[5]可见周密

1 〔唐〕李肇：《唐五代笔记小说大观·唐国史补》，上海：上海古籍出版社，2000 年，第 186 页。

2 〔宋〕朱弁：《宋元笔记小说大观（三）·曲洧旧闻》，上海：上海古籍出版社，2001 年，第 2991 页。

3 〔唐〕张鷟：《唐五代笔记小说大观·朝野佥载》，上海：上海古籍出版社，2000 年，第 8 页。

4 厚宇德：《溯本探源：中国古代科学与科学思想史专题研究》，北京：中国科学技术出版社，2006 年，第 160—161 页。

5 〔宋〕周密：《宋元笔记小说大观（五）·齐东野语》，上海：上海古籍出版社，2001 年，第 5599 页。

赞成和鼓励针法实践。其舅父发现过试针铜人，中空而穴位处有小孔。使用时将铜人周身包括穴位用黄蜡涂上并灌满水，试验者选错穴位针不可入；选对穴位则针入而水出。中医对于实践的高度重视，反映出在古人看来，实践具有理论不可替代的重要性。

中医通过实践习得知识与技术，还可以孕育、催生自我感悟，这是实践消化与习练积累的个性化升华。中医的“理”“术”“意”都是伴随医者内在感悟的产生而逐渐提升的。宋代的王晃，研习针灸很久而苦无进境。一天阅读《诗经》，看到：“左之左之，君子宜之。右之右之，君子有之。”他顿开茅塞而悟得针法。[1] 要成为名医，仅仅通过实践学习技艺是不够的；在实践中的自我感悟不可或缺。个体感悟是实践的一个环节，也是进一步推动中医之理细化、深化的基础。

3.1.4 药论：中药及其应用之理

方中有理。宋代杨大均善医，能背诵多部医书和《千金方》。《千金方》里面的药方，表面上只是一些药材的名字，叶梦得好奇而问：“此有何义而可记乎？”杨回答说：“古之处方，皆因病用药，精深微妙。苟通其意，其文理有甚于章句偶俪，一见何可忘也？”[2] 杨大均的高明之处在于，他在貌似没有逻辑联系的药方中，发现了蕴含于其中的药理与病理。中国古人在利用中药治病的实践中，形成了丰富而独特的理性认识，传统称之为药论。笔者抛砖引玉，试归纳其若干要点。

药论观点之一：药分三品。晋代张华对此有如下说明：“上药养命，谓五石之练形，六芝之延年也。中药养性，合欢蠲忿，萱草忘忧。下药治病，谓大黄除实，当归止痛。”[3] 依此论，中药材本身具有不可逾越的上中下的品类，此可称为中药品类之绝对说。《庄子·徐无鬼》言：“药也，……是时为

1 〔宋〕陈师道：《宋元笔记小说大观 · 后山谈丛》，上海：上海古籍出版社，2001 年，第 1583 页。

2 〔宋〕叶梦得：《宋元笔记小说大观 · 避暑录话》，上海：上海古籍出版社，2001 年，第 2599—2600 页。

3 〔晋〕张华：《汉魏六朝笔记小说大观 · 博物志》，上海：上海古籍出版社，1999 年，第 201 页。

帝者也。”郭璞为此作注：“当其所需则无贱，非其时则无贵。”[1]按照这一道理，药物不存在绝对的品类高下之分，适逢其时而有大用者为贵，此可称为中药品类之相对说。基于这样的认识，宋代马永卿彻底否定中药品类之绝对说：“《本草》所录上品药为君，中品药为臣，下品药为佐使，可一笑也。”[2]

药论观点之二：对症下药。关于对症下药，笔者在笔记小说中找到的较早的明确阐释出自晋代《博物志》：“夫命之所以延，性之所以利，痛之所以止，当其药应以痛也。”[3]只有药对应于症，才能治病保命。对症下药反映的是病症与药物之间的一一对应关系。然而中医在实践中发现，药物与病症之间，并非仅有简单的一一对应关系。

药论观点之三：一症多治。叶梦得说：“《素问》……言一病治各不同而皆愈”。[4]一病多治揭示出，病症与药物之间存在一多对应关系。一症多治反映出了中医学的复杂性，还有反映中医学复杂性的更为极端的事例，在此将它们单独概括为药论观点之四。

药论观点之四：以偏概全、极端用药法。良医用药施治，一般而言要根据患者体质之虚实，分析病症之阴阳，而后随症用药。但是宋代方勺说，蜀地有位名石藏的良医，行医偏用暖药。而浙江余杭名医陈承，则偏用凉药施治。世人用诗句形象地描写两位名医的职业特征：“藏用担头三斗火，陈承箧里一盘冰。”[5]不分病症，一味用温剂或一味用凉剂，却都行之有效，这是中医研究必须予以格外重视并深入探索的现象。以上两观点说明中医的实践已经揭示出，中医的诊病、治病过程，不是简单的因果环链式，而蕴含相当复杂的逻辑关系。因而中医的行医过程，不能类比西方近代科学范式，而将其简单分解为若干因果单元的组合。生命现象复杂，中医之理复杂，中医是一门复杂性科学。中医不仅复杂，有证据表明它在古代还具有明显的社会心理学特征。唐代李肇在著作中所记载的一件事，能很好说明了这一点：“窦氏子言家方盛时，有奴厚敛群从数宅之资，供白麦面，医云：‘白麦性平。’

---

1 〔宋〕马永卿：《宋元笔记小说大观（三）· 嬾真子录》，上海：上海古籍出版社，2001 年，第 3166 页。
2 〔宋〕马永卿：《宋元笔记小说大观（三）· 嬾真子录》，上海：上海古籍出版社，2001 年，第 3166 页。
3 〔晋〕张华：《汉魏六朝笔记小说大观 · 博物志》，上海：上海古籍出版社，1999 年，第 201 页。
4 〔宋〕叶梦得：《宋元笔记小说大观（三）· 避暑录话》，上海：上海古籍出版社，2001 年，第 2596 页。
5 〔宋〕方勺：《宋元笔记小说大观（二）· 泊宅编》，上海：上海古籍出版社，2001 年，第 2127 页。

由是恣食不疑。凡数岁，未尝生疾。其后有奴告其谬妄，所输面乃常麦，非白麦也。群从诸宅，一时暴热皆发。”[1]

药论观点之五：有益无损的用药原则。治病就要服药，但是如果对病情认识不够彻底或者不能确定药物是否对症，这时草率用药风险极大。在此情况下如何施治？笔记小说载，清代名医徐灵胎对此提出过明智的有益无损原则：“择至易轻浅、有益无损之方以备酌用。”[2]这一做法虽然难奏特效而延缓治疗过程，但是对患者身体损害最小，堪称特殊情况下非常明智的实用主义指导思想。

药论观点之六：炮制过程影响中药性能。在高明的中医看来，中药的药效，并非仅仅由药材本身所必然地决定，中药的炮制过程直接影响药效：“同一方也，而炮制当否利钝迥别。”[3]现代研究表明，中药炮制的确能够影响药物的性能与功效。[4/5]因此，中医施治效果如何，不仅决定于医生的正确诊断，对症下药，还与中药的炮制过程是否适当直接相关。

中医的药论内容丰富而细节复杂，中国古人也存在中医今不如昔的理念。其理由之一就体现在用药方面。谢肇淛曾借用隋唐名医许胤宗的说法，阐释这个道理：“病与药值，惟用一物攻之，气纯而速愈。今之人不善为脉，以情度病，多其物以幸有功，譬猎不知兔，广络原野，冀一人获之。”[6]阮葵生则指出：“高丽人用药止一味两味，至三味则极多矣，未有至四味者。”[7]谢肇淛和阮葵生从不同角度批评的都是中医的一方多药现象，这是庸医权宜之计的反映。这样的医生如同只会带领学生玩题海战术的老师，其水准一定有限。民国名医陆士谔说：“论药释方……必推其原，必明其故，将其所以然之理，说得明明白白。”[8]可见杨大均所言并非虚话，药理客观存在。

1〔唐〕李肇：《唐五代笔记小说大观 · 唐国史补》，上海：上海古籍出版社，2000 年，第 186 页。
2〔清〕陆以湉：《清代笔记小说大观（六）· 冷庐杂识》，上海：上海古籍出版社，2007 年，第 5124 页。
3〔清〕阮葵生：《清代笔记小说大观（三）· 茶余客话》，上海：上海古籍出版社，2007 年，第 2844 页。
4 郭岩峰，王波：《中药炮制对药物性能功效及理化性质的影响分析》，载《心理月刊》，2020 年第 16 期，第 221 页。
5 程家化：《中药炮制对中药饮片疗效的影响分析》，载《临床医药文献电子杂志》，2020 年第 34 期，第 165 页。
6〔明〕谢肇淛：《五杂俎》，上海：上海书店出版社，2001 年，第 101 页。
7〔清〕阮葵生：《清代笔记小说大观（三）· 茶余客话》，上海：上海古籍出版社，2007 年，第 2842 页。
8 陆士谔：《医学南针》，北京：中国中医药出版社，2019 年，第 8 页。

3.1.5　中医脉理：诊断、治疗过程中的主要医理

脉诊（也称切脉、探脉、号脉等）是中医治病救人时的首要事，如同西医诊疗必先测体温一样。体温只是西医判断患者健康状况的参数之一，而脉诊却是中医最主要的诊断手段。孙思邈对此有毫不含糊的说明："良医之道，必先诊脉处方，次即针灸，内外相扶，病必当愈。"[1]在中医看来，病人的健康状况可以通过号脉而一清二楚，这一传统由来久远："古之上医，要在视脉，病乃可识。"[2]在中医史上，脉诊一直未曾缺席，民国名医陆士谔仍说切脉"为认证之巧法"。[3]

脉诊要熟知脉理与病理。医生如此取穴行针，医生让病人服用指定的药物；如果有人提出质疑，医生能讲出这样做的理由：病人的脉象如此这般，所以一定是哪哪有问题，所以只能如此行针，只能服此药。那么脉诊的依据是什么?《素问·调经论》说："人之所有者，血与气耳。"气血在中医看来，本质上就是人的一切；人的病变即气血状态之变；而气血的变化则可以由人脉搏的强弱、缓急等展示出来。因此脉诊就是通过人脉搏的状况反推人的健康状况。笔记小说完全接受这种认识："气血盛则脉盛，气血衰则脉衰，血热则脉数，血寒则脉迟，血微则脉弱，气血平则脉缓。"[4]悠久的历史使诊脉本身成为中医复杂而关键的技术。在陶宗仪看来，晋代王叔和与南宋崔嘉彦（尤其后者）对于中医脉学的可学习性、可操作性具有重要贡献："晋王叔和分为七表八里，可谓详且至矣。然文理繁多，学者卒难究白。"而崔嘉彦以《难经》为宗，"以统七表八里而总万病。"[5]对崔嘉彦的学说陶宗仪有如下详解：

1 〔唐〕孙思邈著，李景荣、苏礼、任娟莉、焦振廉等校释：《千金翼方》，北京：人民卫生出版社，1998 年，第 397 页。

2 〔明〕谢肇淛：《五杂俎》，上海：上海书店出版社，2001 年，第 101 页。

3 陆士谔：《医学南针》，北京：中国中医药出版社，2019 年，第 7 页。

4 〔元〕陶宗仪：《宋元笔记小说大观（六）· 南村辍耕录》，上海：上海古籍出版社，2001 年，第 6371 页。

5 〔元〕陶宗仪：《宋元笔记小说大观（六）· 南村辍耕录》，上海：上海古籍出版社，2001 年，第 6371 页。

> 其说以为浮者为表、为阳，外得之病也，有力主风，无力主气，浮而无力为芤，有力为洪。又沉为实，沉者为里、为阴，内受之病也，有力主积，无力主气，沉而极小为微，至骨为伏，无力为弱。迟者为阴，主寒，内受之病也，有力主痛，无力主冷，迟而少驶为缓，短细为涩，无力为濡。数者为阳，主热，外得之病也，有力主热，无力主疮、数而极弦为紧，有力为弦，流利为滑。[1]

这种表述看似含义清晰，但浮沉以何为度？有力、无力以何为尺？迟与数分界何在？没有心口相传和长期实践摸索，是难以把握的。这些问题不仅令今天的外行雾里看花，中医脉诊时三指搭脉即能辨析万病，这一事实也让古人讶异。从脉诊的细节出发，阮葵生就多有疑惑："手之寸关尺，止一脉耳，乃三指下便大分六经症候。夫一指内分两经，已难辨隔，而过一指即判然迥别，不知另有一脉耶？抑即一脉而至此寸许之地，辄分而三耶？"[2]仔细想来，阮葵生所疑极有道理。虽然对脉诊心存困惑，但阮葵生对其有效性深信不疑："相传已久，神异屡中，无人异词，殆亦知其所当然而亦不知其所以然者。"[3]脉诊时医生完全凭借自己的感觉，却达到了十分精确、微妙高超甚至难以理解的程度。中医批评者有一种意见说中医达不到现代科学那样精确量化。事实上中医在很多方面，比如中药炮制、医生诊脉过程中，高明的中医在精确性、高精辨析性等方面的造诣简直是不可思议的。不过中医的精确与精细分辨，不像现代科学那样通过仪器测量和分析来实现，而完全凭借医生微妙的感觉经验。就如同中国古人烧造瓷器或冶炼时，判断火候靠的不是温度计，而是肉眼对火焰的感性视觉一样。

正因为脉诊是极其复杂的、失之毫厘谬以千里的技术，所以并非每个医生都能掌握得出神入化。但无论水准高低，在多数中医看来，脉诊与施治过程之中都没有一点含混，处处有理有据。

---

1 〔元〕陶宗仪:《宋元笔记小说大观（六）· 南村辍耕录》，上海：上海古籍出版社，2001 年，第 6371 页。

2 〔清〕阮葵生:《清代笔记小说大观（三）· 茶余客话》，上海：上海古籍出版社，2007 年，第 2849 页。

3 〔清〕阮葵生:《清代笔记小说大观（三）· 茶余客话》，上海：上海古籍出版社，2007 年，第 2842 页。

3.1.6 中医世界观的基本特征

古代中医的世界与现代人的世界，差异明显。中医文化的这一特征，直接关乎其各层面医理的诠释。总体而言，中医认为，医道与天道同一，中医的疆域横跨客观与主观，覆盖存在与道义，囊括生理（身体）与心理，医与巫、医与卜虽然逐渐有所剥离，但是一直没有形成明确的、彼此区隔的边界。

唐代刘肃引用孙思邈的一段话，通过天人对比，揭示了医道同于天道、医理同于天理的思想观念："吾闻善言天者，必本之于人。天有四时五行，寒暑迭代。其运转也，和而为雨，怒而为风，凝为霜雪，张为虹霓：此天地之常数。人有四肢五藏，一觉一寐，呼吸吐纳，精气往来，流而为荣卫（泛指气血），彰而为气色，发而为声音：此人之常数也。阳用其精，阴用其形，天人之所同也。"[1] 人有寒热之病，天有盈缩之变，病与变彼此一一对应。所以良医治病与圣人治世，大同而小异："良医导之以药石，救之以针剂。圣人和之以至德，辅之以人事。"[2] 有这样的认识基础，在中医世界主观与客观、存在与道义变得难解难分，脉定人生就是其中一例。宋代敖器之善察脉，并相信脉定人生："心脉要细、紧、洪。备此三者，大贵大贤也。"罗大经对此极为认可，并做出如下诠释："小心翼翼，细也；务时敏，紧也；有容乃大，洪也。"[3] 这样二人就构造了生理脉动特征决定为人处世方式，从而决定人的成功与否的命运逻辑。还有比这更加极端的认识，比如古人认为人的健康甚至生命力，与充满伦理意味的正邪之气有关。唐太宗期间有西域胡僧会咒术，施法能令人死。太宗挑选官兵做试验，结果是说死即死说活即活，十分灵验。太常卿傅奕却不以为然："此邪法也。臣闻邪不犯正，若使咒臣，必不得行。"于是，唐太宗让胡僧发咒术于傅奕，结果傅奕诸事皆无，而胡僧忽然自倒，并再没复苏。[4] 这个故事的结论是邪术无法战胜强大的正气。

另一方面，有些中医大夫善于识别心理疾病并精通心理疗法，甚至还能

1 〔唐〕刘肃：唐五代笔记小说大观 · 大唐新语，上海：上海古籍出版社，2000 年，第 307 页。
2 〔唐〕刘肃：唐五代笔记小说大观 · 大唐新语，上海：上海古籍出版社，2000 年，第 307 页。
3 〔宋〕罗大经：《宋元笔记小说大观（五）· 鹤林玉露》，上海：上海古籍出版社，2001 年，第 5176 页。
4 〔唐〕刘悚：《唐五代笔记小说大观 · 隋唐嘉话》，上海：上海古籍出版社，2000 年，第 101 页。

驱灭附体之神怪。五代人孙光宪记载了一个唐代故事，说有一位妇人误食一虫，之后长期担心有后患而忧虑成疾且久治不愈。后遇一名医，了解缘故后以药使之吐泻，并假告病人吐出了一只小虾蟆。病人信以为真，疾病立除。[1]这位名医显然是一位熟知病人心理的高手。

南宋周密说有一位丧偶妇人“忽得疾如中风状”，一位曹姓医生以针灸使其病愈。患者回忆说，每次发病时都是她去世的丈夫将其领入山林之中。最后这次也是这样，不过见其丈夫脚骨为荆棘所刺，她才得以逃开。这个故事如周密所说“尤涉神怪”。[2]对于诸如此类的事件，中国古人是不以为怪而等闲视之的。在正统医界，对待这种涉怪病症，有专门的祝由科疗法：“祝由科，谓人病不用针石药饵，可祝而愈。”[3]元代陶宗仪归纳的中医“十三科”中，就包括祝由科。[4]清人褚人获曾借《南史》的一个医案对祝由科有如此说明：有位叫做薛伯宗的医生善于治疗痈疽，公孙泰背上长毒疮，“薛为气封之，徙置斋前柳树背，疽遂消，树便起一瘤如拳”。这就是说通过祝由之术，能把人后背上的毒疮转移到树干上。[5]这是今人所难以相信的。

医与卜的关系也颇密切。唐代《朝野佥载》说：定州富人魏全之母忽失明。依今之理应该首先去就医，然而魏全却首先去“问卜者王子贞”。卜者经过职业操作后给出的答案是：明年三月一日有青衣者东来，请其疗“必愈”。[6]这个故事真假不说，但是有一点是肯定的：在唐代有些人，对待疾病的第一应对措施是占卜，而不是就医。医卜相关的一个结果是，有的医生本身就善于占卜。周煇说，北宋京师的僧医智缘有次为王安石诊脉，说脉象显示王安石有子将登科甲，第二年王安石的儿子王雱果然登第。有人对此提出质疑，智缘辩解说：秦医和为晋侯诊脉，能知道其良臣将死。那么，“因父知子，又何怪乎？”[7]极其理直气壮。

1〔五代〕孙光宪：《唐五代笔记小说大观 · 北梦琐言》，上海：上海古籍出版社，2000 年，第 1892—1893 页。

2〔宋〕周密：《宋元笔记小说大观（五）· 齐东野语》，上海：上海古籍出版社，2001 年，第 5599 页。

3〔唐〕张鷟：《唐五代笔记小说大观 · 朝野佥载》，上海：上海古籍出版社，2000 年，第 6 页。

4〔元〕陶宗仪：《宋元笔记小说大观（六）· 南村辍耕录》，上海：上海古籍出版社，2001 年，第 6332 页。

5〔清〕褚人获：《清代笔记小说大观（二）· 坚瓠集》上海：上海古籍出版社，2007 年，第 1629 页。

6〔唐〕张鷟：《唐五代笔记小说大观 · 朝野佥载》，上海：上海古籍出版社，2000 年，第 6 页。

7〔宋〕周煇：《宋元笔记小说大观（五）· 清波杂志》，上海：上海古籍出版社，2001 年，第 5129 页。

中医世界的很多观念是与近代科学相抵触的。如健康问卜、天人感应、特殊关系人物的健康彼此关联，等等。这些观念的存在，站在近代科学的立场看是中医落后的标志。但是如果以当代复杂性科学以及纠缠态等视角去看，有些人认为中医里观念多与前沿科学理念契合。笔者认为，不能因为这一现象而认为中医一直是高于近代科学的存在。西方科学在由前科学、近代科学再到现代科学的螺旋上升过程中，也伴有现代科学与前科学阶段观念上和某些理念上的趋同。缺少中间阶段的包括中医在内的中国古代科学，正如李约瑟所说，长期大致停留在经验阶段，只有原始型的或中古型的理论。[1]这是缺乏必要进步环节的结果，而不是其理论体系超前的标志。

3.1.7　结语

中医是中国传统文化孕育诞生的文化子系统，它源自实践、服务于实践的特征使它与传统文化即中医的基础理论，有一定的冲突。但是中国古代的哲学与科学的基本范式一直没有发生质的改变，这又使得中医的基本理论相应地万变不离其宗。于是中医就一直在时常发生理论不能指导实践、实践与既有理论发生冲突的事态下，出现了理论不完备但没被丢弃，在特殊语境下理论与实践井水不犯河水的特殊景观。研究和了解中医的视角颇多，笔者认为从笔记小说中的相关史料出发，可以较为深入地洞察中医的方方面面。本书只涉及少数基本议题，深入的研究，大有可为。

3.2　中医的超现实思维的文化思想溯源[2]

今天的医学世界仍然存在奇迹，时有患者出乎医生预料而战胜不治之症的报道。如著名科学家彭加木曾于 1957 年被诊断为身处癌症晚期，医生推断其生命只剩半年时间。然而由于他积极抗癌而又生活、工作了 25 年，直

1　李约瑟:《中国科学技术史：第一卷》，北京：科学出版社，1975 年，第 3 页。

2　本节内容曾发表于《医学与哲学》，2021 年第 23 期，第 64—68 页，作者：厚宇德。

到于罗布泊考察时意外失踪。[1] 之所以会偶尔出现这类医学奇迹，是因为生命复杂，物质条件、人的信念与情感等等对身体健康都有重要的影响。[2] 导致医学奇迹出现的一些因素属于现代医学无法精确检测和掌控的范围，因此在特定条件下当这些因素发挥较大作用时，在医学上只能称之为奇迹。医学奇迹发生与否具有明显的个体差异，因而难以作为普适性的治疗手段。但是，对于这类影响健康的特殊因素及其作用，人们已经能够不借助超自然力量而予以解释。与现在医学的情形不同，中国古人以及传统中医认同的奇迹，往往具有超自然力量的属性。本节将中国古代的医学奇症、妙药、荒诞之说与不可思议之医术，统称为古人超现实思维之产物。

3.2.1　中医超现实思维之奇怪病症

疾病复杂，五花八门、千变万化，即使同类病症，在不同患者身上的表现也可以有较大的差异。这类事实加上古人丰富的想象，即成为诞生笔记史料中各种奇症的土壤。其中有的可能属实，但有的明显存在文学化的描写。此节仅择其中几例。

“馋虫”虾蟆。俗语戏称馋嘴孩子“肚子里有馋虫”，这一说法大有来头。唐代的《朝野佥载》里说唐高宗时期有这样一个故事：“永徽中有崔爽者，每食生鱼三斗乃足。于后饥，作鲙未成，爽忍饥不禁，遂吐一物，状如虾蟆。自此之后，不复能食矣。”[3] 这则故事告诉人们，崔爽腹中那只貌似虾蟆（即蛤蟆）的动物是一个性急的馋虫，正是它导致了崔爽每餐需要吃大量的生鱼。

人面疮。疮为痈、疽等症的总称，是常见的体表病患。中医认为，痈、疽都是因毒邪所致的气血壅塞阻滞、局部化脓性疾病。在唐代笔记中，有一则关于奇而又怪“人面疮”的记载：“江左数十年前，有商人左膊上有疮如人面，亦无他苦。商人戏滴酒口中，其面亦赤，以物食之，凡物必食，食多觉膊内肉涨起，疑胃在其中也。或不食之，则一臂痹焉。有善医者，教其历

1　潘荣芬：《勇斗癌症的科学家彭加木》，载《上海党史研究》，1996 年第 4 期，第 37—39 页。

2　梁兆松：《信念与精神免疫》，载《心理世界》，1998 年第 4 期，第 37—42 页。

3　〔唐〕张鷟：《唐五代笔记小说大观 · 朝野佥载》，上海：上海古籍出版社，2000 年，第 9 页。

试诸药，金石草木悉与之。至贝母，其疮乃聚眉闭口。商人喜曰：‘此药必治也。’因以小苇筒毁其口灌之，数日成痂，遂愈。”[1]医生用智慧战胜了俨然拥有较高智慧的“人面疮”。

笑疾。俗话说笑一笑十年少，适当欢笑有利于健康。但是凡事趋向极端即变为病态。唐代笔记中记载西晋文学家陆云好笑并失控：“陆云有笑癖。尝谒司空张华，华多须，以袋盛之。云见华，不及拜而笑倒。又尝自服缞绖（丧服）上船，见水中影，笑而堕水，几至于死。”[2]《黄帝内经·素问》说：人之“神有余则笑不止，神不足则悲。”[3]《黄帝内经·灵枢》又说：人之“心气虚则悲，实则笑不休”。[4]虽然《黄帝内经》里没出现“笑癖”“笑疾”的说法，但是已经将异常的笑与哭归入了病类，并对相关病症的产生原因作出了说明。笔记小说还载有食物中毒所引起的笑疾，还附有较为奇特的治疗方法：“四明温台间山谷多产菌，然种类不一。食之，间有中毒，往往至杀人者。盖蛇虺，毒气所熏蒸也。有僧教掘地，以冷水搅之，令浊。少顷，取饮，皆得全活。此方自见《本草》，陶隐居注谓之‘地浆’。亦治枫树菌食之笑不止，俗言“笑菌”者。居山间，不可不知此法。”[5]晋代张华《博物志》中说：“枫树生者啖之，令人笑不得止，治之，饮土浆即愈。”[6]当代医学将病态的笑失控与哭失控统称为病理性哭笑，并认为该症为脑部病损所导致，研究发现病损处多位于双侧大脑半球、基底节以及脑干。[7]不过此结论尚非最终结论。

洁癖。南宋周煇转述了其曾祖撰写的关于朋友米芾的一个故事。一次他去米芾处，米芾说：“得一砚，非世间物，殆天地秘藏，待我而识之。”周煇曾祖一见甚喜：“诚为尤物，未知发墨，如何？”于是唤人取水，但是因为等不及，即“亟以唾点磨研”。不料这一举动令米芾当即变色并决定把这砚

1〔唐〕段成式：《唐五代笔记小说大观·酉阳杂俎》，上海：上海古籍出版社，2000 年，第 672 页。
2〔唐〕李冗：《唐五代笔记小说大观·独异志》，上海：上海古籍出版社，2000 年，第 945 页。
3　上古真人：《黄帝内经》，北京：时代文艺出版社，2001 年，第 184 页。
4　上古真人：《黄帝内经》，北京：时代文艺出版社，2001 年，第 392 页。
5〔宋〕叶梦得：《宋元笔记小说大观（三）·避暑录话》，上海：上海古籍出版社，2001 年，第 2626 页。
6〔晋〕张华：《汉魏六朝笔记小说大观·博物志》，上海：上海古籍出版社，1999 年，第 198 页。
7　吴小琴、刘晓加：《卒中后病理性哭笑的研究现状》，载《中国卒中杂志》，2012 年第 9 期，第 721—724 页。

台送给周煇曾祖：“砚污矣，不可用，为公赠。”[1]米芾是洁癖患者，然而，比较而言，元代画家倪元镇的洁癖故事更加令人忍俊不禁：“毗陵倪元镇有洁病，一日，眷歌姬赵买儿，留宿别业中。心疑其不洁，俾之浴。既登榻，以手自顶至踵，且扪且嗅。扪至阴，有秽气，复俾浴。凡再三，东方既白，不复作巫山之梦，徒赠以金。赵或自谈，必至绝倒。”[2]

现在医学认为洁癖属于心理疾病，是一种强迫症。宋代有人请教理学大家邵雍：“人问邵尧夫：‘人有洁病，何也？’尧夫曰：‘胸中滞碍而多疑耳，未有人天生如此也。初因多疑，积渐而日深，此亦未为害。但疑心既重，则万境皆错，最是害道第一事，不可不知也。’”[3]邵雍的说法有两个重点，其一“洁病”属于后天病症，其二“洁病”源于多疑。有的强迫症患者具有多疑的倾向，因此邵雍的解释不无相关；然而在洁癖与多疑症之间不能简单地画等号，洁癖患者并非都多疑，多疑症也不是都患有洁癖。笔者认为将这则史料中的“洁”字视为“诘”字之误，或者理解为通假用法，即将邵雍的解释看作是对“诘疾”即多疑症病因的诠释，整个解释则更加贴切而毫无异义，不再像用以诠释洁癖那样小似而大非。

3.2.2 中医超现实思维之奇异之物

中医祛病救人的主要手段是以药施治，并一直认为，有些药物在治病救人时作用异常，有特别疗效，堪称灵丹妙药。这类药材往往被认为具有一定的“灵气”，这是中医存在奇异之物的一个方面。人参就是中药有代表性的一种奇异珍品。南朝笔记《异苑》中称人参为土精，具有人的形状而会啼哭：“人参一名土精，生上党者佳，人形皆具，能作儿啼。昔有人掘之，始下铧，便闻土中呻吟声。寻音而取，果得人参。”[4]据说今天长白山的某些赶山人碰到野参，第一反应仍是给它系上红绳，否则人参会逃掉。这类说法没

1 〔宋〕周煇:《宋元笔记小说大观（五）· 清波杂志》，上海：上海古籍出版社，2001 年，第 5070 页。
2 〔元〕陶宗仪:《宋元笔记小说大观（六）· 南村辍耕录》，上海：上海古籍出版社，2001 年，第 6479 页。
3 〔宋〕佚名:《宋元笔记小说大观（三）· 道山清话》，上海：上海古籍出版社，2001 年，第 2933 页。
4 〔南朝宋〕刘敬叔:《汉魏六朝笔记小说大观 · 异苑》，上海：上海古籍出版社，1999 年，第 607 页。

有科学依据，但是人参具有特殊疗效却是事实。研究发现多类型人参皂苷是人参药理作用的主要物质基础，其具有抗癌、保护心脑血管、保护神经系统、减少肝损伤和抗病毒等药理活性。[1]

在中医中，有些实物具有治病、健身、延寿等作用，不像人参那样是出于其本体的属性，而是或者因为产地殊异或者因为来源神乎其神。唐代张鷟笔记小说记载了一根尺长之木可以治病的故事："如意年中，洛州人赵玄景病卒五日而苏，云见一僧与一木长尺余，教曰：'人有病者，汝以此木拄之即愈。'玄景得见机上尺，乃是僧所与者，试将疗病，拄之立差，门庭每日数百人。御史马知己以其聚众，追之禁左台，病者满于台门。则天闻之，追入内，宫人病，拄之即愈，放出任救百姓病。"[2]在这个故事中，这根尺长之木的神奇完全在于其来路之不凡。宋代张端义的《贵耳集》载有一种大灵豆："华山陈抟有灵豆，服一粒，四十九日不饥，筋力如故，颜色若婴儿，世罕得服之者。"[3]这奇妙的"大灵豆"惟仙人陈抟才有。

唐代笔记《酉阳杂俎》记载江苏句容的良常山里有一种萤火芝，吃它的果实，可以使人心开七巧："萤火芝，良常山有萤火芝，其叶似草，实大如豆，紫花，夜视有光。食一枚，心中一孔明，食至七，心七窍洞彻，可以夜书。"[4]这种神奇的萤火芝，似乎良常山之外不曾有之。

另一本唐代笔记《杜阳杂编》说大轸国进贡的碧麦极为神奇："碧麦大于中华之麦粒，表里皆碧，香气如粳米，食之体轻，久则可以御风。紫米有类苣藤，炊一升得饭一斗，食之令人髭发缜黑，颜色不老，久则后天不死。"[5]想必如此神奇的碧麦一定在其他地域难以播种，否则从唐朝开始，它就该造福中华。因此碧麦之奇异在于产地。《酉阳杂俎》还记载一种米能根除疟疾。这种米除了产地特殊外，之所以能治病，还和它曾被烧焦有关。然而这种米烧焦而具有治病作用，又不可复制："焦米，乾陀国昔尸毗王仓库为火所烧，其中粳米焦者，于今尚存，服一粒，永不患疟。"[6]因为焦米若能

1　宋奇：《人参化学成分和药理作用研究进展》，载：《人参研究》，2017 年第 2 期，第 49—51 页。
2 〔唐〕张鷟：《唐五代笔记小说大观 · 朝野佥载》，上海：上海古籍出版社，2000 年，第 7 页。
3 〔宋〕张端义：《宋元笔记小说大观（四）· 贵耳集》，上海：上海古籍出版社，2001 年，第 4287 页。
4 〔唐〕段成式：《唐五代笔记小说大观 · 酉阳杂俎》，上海：上海古籍出版社，2000 年，第 626 页。
5 〔唐〕苏鹗：《唐五代笔记小说大观 · 杜阳杂编》，上海：上海古籍出版社，2000 年，第 1385 页。
6 〔唐〕段成式：《唐五代笔记小说大观 · 酉阳杂俎》，上海：上海古籍出版社，2000 年，第 631 页。

复制，就会成为治疗疟疾的普用药物。

中医有的方剂对用水有特殊要求，如必须用无根水或天水等等。道教用以治病驱鬼之符水，与普通水的区别是经过了特殊的处理。处理水使之具有特殊功效，除了可以借助特殊"技术"，还可以借助某些特殊器皿。唐代的《酉阳杂俎》载："马侍中尝宝一玉精碗，夏蝇不近，盛水经月，不腐不耗。或目痛，含之立愈。"[1] 中医中的神奇实物往往是极端个性化的，如一般的玉碗不能变水为药，但是段成式所记载的马侍中的这只玉晶碗，却具有这般神奇的功效。现代化学分析表明，水源的地质差异可以使不同区域水的微量元素含量存在差异。饮用水中的微量含量与饮用者的健康息息相关。类似的经验在笔记小说中有所记载。如《酉阳杂俎》提到的田公泉水，所述完全有可能是真实的："华阳雷平山有田公泉，饮之除肠中三虫（长虫、赤虫、蛲虫）。用以浣衣，胜灰汁。"[2]

除了特殊的水之外，尿是中医中另外一种特殊液体，中医尤其相信童子尿是滋阴降火的妙剂。尿液有多种用法，秋石方就是从尿液中炼制滋补中药的手段之一。笔记小说中还有关于其他神奇尿液的记载，如"石驼尿"："石驼溺，拘夷国北山有石驼溺，水溺下，以金银铜铁瓦木等器盛之皆漏，掌承之亦透，唯瓢不漏。服之令人身上臭毛落尽，得仙。"[3] 这石驼尿本身是仙药，性质特别，像王水一样能侵蚀"金银铜铁瓦木"容器而漏掉，唯独不侵蚀的却是从物理性能上看不甚坚固的葫芦瓢。这些说法无论如何也难以令今人相信。

镜子里的世界是打开中国古人想象力的一个特殊视角。在各种关于镜子的故事中，有一种在今天看来，寄托了古人对于诊病仪器的一种期待。这类镜子大可盈丈，小可数寸。唐代笔记中有关于秦代照骨宝的记载："秦镜，儛溪古岸石窟有方镜，径丈余，照人五脏。秦皇世号为照骨宝，在无劳县境山。"[4] 五代时竟然出现了直接用于透视诊病的铁镜："叶法善有一铁镜，鉴物如水，人每有疾病，以镜照之，尽见脏腑中所滞之物，后以药疗之，竟至

1 〔唐〕段成式：《唐五代笔记小说大观 · 酉阳杂俎》，上海：上海古籍出版社，2000 年，第 622 页。
2 〔唐〕段成式：《唐五代笔记小说大观 · 酉阳杂俎》，上海：上海古籍出版社，2000 年，第 626 页。
3 〔唐〕段成式：《唐五代笔记小说大观 · 酉阳杂俎》，上海：上海古籍出版社，2000 年，第 631 页。
4 〔唐〕段成式：《唐五代笔记小说大观 · 酉阳杂俎》，上海：上海古籍出版社，2000 年，第 626 页。

痊瘥。”[1]明代则有驱除某些病魔的古镜：“吴县三都陈氏，祖传古镜一具，径八九寸。凡患症者执而自照，必见一物附于背，其状蓬首黧面，糊涂不可辨。一举镜而此物如惊，奄忽失去，病即时愈。盖疟鬼畏见其形而遁也。世以为宝。”[2]

古人为什么认定某物是可以治病的神奇之物？古人的行为，在现代人看来，有时候是极为不可思议的。清代笔记《坚瓠集》中有这样一个记载：“宿州天庆观，雍熙中回道人访观主不遇，题二诗于门。其一云：‘肘传丹篆十年术，口诵《黄庭》两卷经。鹤观古坛槐影里，悄无人迹户长扃。’乃玉柱篆，往往为人刮去煎汤治病，而字迹复生。”[3]字迹刮去自身可以复生，这绝无可能；题写在门上的诗句刮下来可以煎汤治病，这在今人看来莫名其妙、不可思议。但是在清代却就有人不仅相信，而且就这样去做了。古代中医里的神奇事物不可胜数，通过以上几例可以对其有个大概认识。

3.2.3　中医超现实思维之离奇说法

笔记小说除了有关于神奇医用之物的记载，还载有令人瞠目结舌的医案故事。考虑到古代的医学条件和技术水准，可以断定这些故事所述或者实施起来难度超大，或者根本不真实，因此，称其为古代中医的“离奇说法”。择其几例，以飨读者。

眼科手术二则。第一个故事出自宋朝笔记，说的是唐代文人施肩吾与赵嘏的故事：“施肩吾与赵嘏同年，不睦。嘏旧失一目，以假珠代其精，故施嘲之曰：‘二十九人同及第，五十七只眼看花。’元和十五年也。”[4]第二个故事出现在元代的笔记中：“杭州张存，幼患一目，时称张眼子。忽遇巧匠，为安一磁睛障蔽于上，人皆不能辨其伪。”[5]这两个故事都说的是眼病，患者很可能是一只眼坏死，所以为了美观而以假眼珠代替。根据文中叙述，赵嘏可

1 〔唐〕王仁裕：《唐五代笔记小说大观·开元天宝遗事》，上海：上海古籍出版社，2000 年，第 1722 页。
2 〔明〕陆粲：《明代笔记小说大观 · 庚巳编》，上海：上海古籍出版社，2005 年，第 708 页。
3 〔清〕褚人获：《清代笔记小说大观（二）· 坚瓠集》，上海：上海古籍出版社，2007 年，第 1258 页。
4 〔宋〕钱易：《宋元笔记小说大观（一）· 南部新书》，上海：上海古籍出版社，2001 年，第 292 页。
5 〔元〕陶宗仪：《宋元笔记小说大观（六）· 南村辍耕录》，上海：上海古籍出版社，2001 年，第 6434 页。

能以假代真多年，而张存的假眼竟然达到以假乱真的地步。这里面存在着手术如何得以完成、假眼珠如何得以固定，尤其是假眼珠如何做到很好消毒处理等问题。在唐代至元代的历史期间，成功操作这样的眼科手术难以设想。

神奇续肢手术。清代笔记《坚瓠集》收录了两则接续手术，其一是明代接续断指手术，另一为接续断舌手术："《耳谈》：黄陂江尉解银赴京，遇盗截去二指，抵京已五日矣，延医但求已痛。有仇总戎门下医人曰：'是可续也。'断指幸为从人拾得，即取合之，层层涂药，仍夹以薄板，戒三七日勿近水。及期果合，屈伸如故，但有红线痕。……又一人因奸被啮其舌，有人教以针刺舌断处，急剪狗舌，乘热接之即合，但语常期期，不如其旧。"[1] 接续断指的案例，如果考虑到发生在五天之后，并且期间对于断指并未做妥善的医学处理和保护，那么成功的可能性为零。而即使不考虑时间因素，成功接续断指并效果"屈伸如故"，这实属不可思议。而狗舌成功接续人舌的案例，竟然没有发生移植排斥反应，也令人称奇。

剖腹得救故事。《大唐新语》里面有一段这样的记载：

> 安金藏为太常工人，时睿宗为皇嗣。或有诬告皇嗣潜有异谋者，则天令来俊臣按之。左右不胜楚毒，皆欲自诬，唯金藏大呼谓俊臣曰："公既不信金藏言，请剖心以明皇嗣不反。"则引佩刀自割，其五脏皆出，流血被地，气遂绝。则天闻，令舁入宫中，遣医人却内五脏，以桑白皮缝合之，傅药，经宿乃苏。[2]

这位武则天时期的安金藏"五脏皆出"而气绝。医生把他的五脏重新安放回去，并敷药、缝合伤口，结果他过了一夜又复活了。这一番操作令人惊叹。

南宋周密在笔记中记载了一位邢氏神医："绍熙间，有医邢氏，精艺绝异。时韩平原知阁门事，将出使，俾之诊脉，曰：'和平无可言。所可忧者，夫人耳。知阁回轺日，恐未必可相见也。'韩妻本无疾，怪其妄诞不伦，然

1 〔清〕褚人获：《清代笔记小说大观（二）· 坚瓠集》，上海：上海古籍出版社，2007 年，第 1752 页。
2 〔唐〕刘肃：《唐五代笔记小说大观 · 大唐新语》，上海：上海古籍出版社，2000 年，第 254—255 页。

私忧之。洎出疆甫数月，而其妻果殂。”[1]医生为一位官员诊脉，然后说：你身体健康，没事；但你妻子的健康堪忧，等你赴任归来，恐怕见不到她了。医生没见到官员的妻子，而且官员知道他的妻子身体健康，所以他认为医生所言“妄诞不伦”。但不可思议的是官员的妻子却真的不过数月即去世。为一人诊病还可以诊出其配偶的健康状况，殊难理解，现代医学无法做到。

铜粉末接骨法。唐代笔记《朝野佥载》云：“定州人崔务坠马折足，医令取铜末和酒服之，遂痊平。及亡后十余年改葬，视其胫骨折处，有铜末束之。”[2]胫骨折断患者，以酒服铜粉末，伤折腿即痊愈，骨断处完全由铜粉衔接固定下来。这种方法是如何发现的？为什么唯用铜粉而不是其他金属粉末？实为匪夷所思，然在而古代专业中医著作中，这一说法却是有直接依据的。如《医宗必读》中即有关于自然铜能够“续筋接骨，折伤者依然复旧”等说法。[3]在笔者检索相关文献时，更出乎预料地发现，1999 年申请、2003 年授权公告的“接骨药及制作方法”（专利授权号：CN110315C）中，的确含有自然铜，类似的接骨片中也含有纳米级的铜粉。但是笔者认为此疗法及其相关认识还有待进一步做深入研究。

3.2.4　中医超现实思维之神奇医术

古代中医的超现实思维还包括一些令今人匪夷所思的神奇医术。在诊病方面，唐代有神医无需其他，仅靠观“颜色谈笑”即可诊病：“开元中，有名医纪朋者，吴人也。尝授秘诀于隐士周广，观人颜色谈笑，便知疾深浅，言之精详，不待诊候。”[4]比观色诊病更为神奇的还有闻咳知病，南宋学者施德操说他的好友、名医沈洞玄即有此能：“余与洞玄别二十年，闻其别后，医益工巧，视病罕诊脉，止令作咳嗽声，辄知病之所在，不知此何法也？”[5]这位沈名医不仅医术高明，而且治疗期间待患者若宾客似亲友，以至于自己

1 〔宋〕周密：《宋元笔记小说大观（五）· 齐东野语》，上海：上海古籍出版社，2001 年，第 5657 页。
2 〔唐〕张鷟：《唐五代笔记小说大观 · 朝野佥载》，上海：上海古籍出版社，2000 年，第 8 页。
3 李中梓：《医宗必读》，南京：江苏凤凰美术出版社，2017 年，第 110 页。
4 〔唐〕郑处诲：《唐五代笔记小说大观 · 明皇杂录》，上海：上海古籍出版社，2000 年，第 977 页。
5 〔宋〕施德操：《宋元笔记小说大观（三）· 北窗炙輠录》，上海：上海古籍出版社，2001 年，第 3307 页。

临终时还有欠债："凡有病至，不惟与药，地稍远者，必设酒。其贫者，馆之，日与饮食，如此则亦难继矣。故人之所以馈洞玄者亦厚，临死日，犹有逋三十缗，盖尽费于此也。察洞玄之心，自孙真人以来，一人而已。"[1]因为好友医术高超、医德高尚、慈善为怀，施德操视其与药王孙思邈比肩，也不为过。南宋时期江西有位严姓医生，世人授以"严三点"之名号："近世江西有善医号严三点者，以三指点间知六脉之受病，世以为奇，以此得名。"[2]诊脉之法繁琐难以掌握，而严三点在三点之间即可洞察病情，令人匪夷所思。

中医里还有具备神奇疗效的药方。宋代笔记《墨庄漫录》中提到了一个治疗偏头痛的宫中秘方：

> 王文公安石为相日，奏事殿中。忽觉偏头痛不可忍，遽奏上请归治疾，裕陵令且在中书偃卧。已而小黄门持一小金杯，药少许，赐之云："左痛即灌右鼻，右即反之，左右俱痛并灌之。"即时痛愈，明日入谢。上曰："禁中自太祖时有此数十方，不传人间，此其一也。"因并赐此方。苏轼自黄州归，过金陵，安石传其方，用之如神，但目赤，少时头痛即愈。[3]

由王安石得之于宫中并传给苏轼的这个治疗偏头痛的药方，到底是什么内容呢？笔记所述极为清楚："法用新萝卜，取自然汁，入生龙脑少许调匀，昂头使人滴入鼻窍。"[4]可见神奇的药方，不一定需要贵重的药材，也不一定需要复杂的制作工艺。因此更显示出其神奇之处。

古医家面对离奇怪病，有时能创造性地想出令人拍案叫绝的治疗方法。这类故事的真假且在其次，在这一过程中展示的古人的特殊智慧，值得关注；探析这类离奇案例反映出来的深层思维取向，有助于我们了解古人的医学世界。唐代笔记中即有一个相关医案："洛州有士人患应语病，语即喉中

1 〔宋〕施德操：《宋元笔记小说大观（三）· 北窗炙輠录》，上海：上海古籍出版社，2001 年，第 3307 页。

2 〔宋〕周密：《宋元笔记小说大观（五）· 齐东野语》，上海：上海古籍出版社，2001 年，第 5657 页。

3 〔宋〕张邦基：《宋元笔记小说大观（五）· 墨庄漫录》，上海：上海古籍出版社，2001 年，第 4690 页。

4 〔宋〕张邦基：《宋元笔记小说大观（五）· 墨庄漫录》，上海：上海古籍出版社，2001 年，第 4690 页。

应之。以问善医张文仲，经夜思之，乃得一法。即取《本草》令读之，皆应；至其所畏者，即不言。仲乃录取药，合和为丸，服之应时而愈。”[1]在这个故事中，除了医生和患者，疾病本身仿佛成了具有思维能力的第三方存在。医生通过让患者阅读《本草》而给“它（疾病）”各种药物刺激，再基于观察“它”的反应，找到降服“它”的办法，从而令患者痊愈。3.2.1 节古医治疗“人面疮”的手段，与此如出一辙。这类充分展示医生思维智慧的案例，对于今天的医生应该也有所启迪。

3.2.5　中医超现实思维的文化基础与现实需求

在中国古代正史、医书、笔记小说甚至纯粹的文学作品中，关于神医、神奇药物，以及神奇医术的记载和描述颇多。这类故事虽然或神奇或离奇但并不突兀，而多较为自然地被记载、被人们所津津乐道。任何民族的早期文化都充满诸多神奇，但是中国文化的特殊性在于这种较为原始的神奇文化基因，虽有所变异但是从未终止、断绝。不妨说，中医的超现实思维，可以看成是这种基因在中医领域的显性遗传。但是，如果把发生于现实社会的故事，完全看成古老文化基因树之果，那就难免过于迂腐、书生气；现实中出现的故事，都有其现实意义。

3.2.5.1　巫文化根深蒂固

对繁荣的宋代文化，鲁迅先生做过这样的评价：“宋代虽则宠儒，并容释道，而信仰根本，夙在巫鬼。”[2]信奉巫鬼的文化，在中国古代不限于宋代，几乎历代如此。《周礼·司巫》云：“若国大旱，则帅巫而舞雩。”[3]《论语·子路篇》有子曰：“南人有言曰：人而无恒，不可作巫医。善夫！”[4]可见“子不语：怪、力、论、神”，[5]但并不疑巫、避巫。在古代尤其远古时期，医与

1 〔唐〕张鷟:《唐五代笔记小说大观 · 朝野佥载》，上海：上海古籍出版社，2000 年，第 8 页。
2 鲁迅:《中国小说史略》，上海：上海古籍出版社，1998 年，第 65 页。
3 〔汉〕郑玄注、贾公彦疏:《周礼注疏（上）》，北京：北京大学出版社，1999 年，第 687 页。
4 杨树达:《论语注疏》，上海：上海古籍出版社，1986 年，第 326 页。
5 杨树达:《论语注疏》，上海：上海古籍出版社，1986 年，第 166 页。

巫是不分彼此的，传说苗父为巫医之祖："苗父者上古神医也。……以菅为席，以刍为狗。人有疾求医，但北面而咒十言即愈。世谓此乃祝由科之始也。"[1] 清代王宏翰对此有正确认识："以刍为狗用咒乃幻术怪说，圣人所不言而惑世之首也。假使咒十言而疾即愈，则上古神农黄帝诸圣兢兢制经详论何太苦而多争耶？……（然）人庸愚不究圣贤之学惑于释老之言迷入年久，无不随世逐波，即士大夫亦酷信之……"[2] 人们对于疾病与治疗方法等的认识是缓慢的、渐进的，并且巫医从来未曾绝迹。元代陶宗仪归纳的中医"十三科"中，就包括祝由科。[3] 清人褚人获曾借《南史》的一个医案对祝由科有如此说明：有位叫做薛伯宗的医生善于治疗痈疽，公孙泰背上长毒疮，"薛为气封之，徙置斋前柳树背，疽遂消，树便起一瘤如拳。"[4] 这就是说通过祝由之术，能把人后背上的毒疮转移到树干上。巫师不限于巫医巫祝，还有其他门类；无论哪一类，巫术的共同特征是对于超自然、超现实力量的依赖与借助。

3.2.5.2 一切皆有可能与气本论是中医超现实思维的哲学基础

相信世间一切皆有可能的观念，是中国古人的一个独特的思想倾向。明代学者谢肇淛的《五杂俎》一书，对于一切皆有可能这一观念，通过具体事物有过多次清晰的展示。如书中的一个记载说："天祐初，（杨行）在鼓城避暑于佛寺，忽闻大声震地，走视门外乃见一雹，其高与寺楼等，入地可丈余，经月乃消。"[5] 一颗冰雹高达几丈，盛暑之际经月才消融殆尽，实在匪夷所思。对此谢肇淛的看法是："其言似诞。然宇宙之中恐亦何所不有。"[6] 言外之意，宇宙万有，无物称奇。在另外一个语境，他又表达了类似的观点："洪武间，出内府所藏桃核示词臣，核长五寸，广四寸七分，前刻'西王母赐汉

---

1 〔清〕王宏翰著，奚飞飞校注：《古今医史》，长沙：湖南科学技术出版社，2014 年，第 142—143 页。
2 〔清〕王宏翰著，奚飞飞校注：《古今医史》，长沙：湖南科学技术出版社，2014 年，第 143—144 页。
3 〔元〕陶宗仪：《宋元笔记小说大观（六）·南村辍耕录》，上海：上海古籍出版社，2001 年，第 6332 页。
4 〔清〕褚人获：《清代笔记小说大观（二）·坚瓠集》，上海：上海古籍出版社，2007 年，第 1629 页。
5 〔明〕谢肇淛：《五杂俎》，上海：上海书店出版社，2001 年，第 16 页。
6 〔明〕谢肇淛：《五杂俎》，上海：上海书店出版社，2001 年，第 16 页。

武桃’及‘宣和殿’十字，涂以金……宇宙之间固何所不有……”[1] 宇宙之间哪有什么不能存在？宇宙之间哪有什么不能发生？这类观点是明代学者谢肇淛记载非同寻常事物或传说时，不以为怪的口头禅。一切皆有可能这一思想有两个重要内涵：人的潜力无限、物的潜能无限；据此进而可以得到一个极端的推论：人定胜天。人的潜力无限，才可能出现神医与神奇的医术，进而产生“我命在我不在天，还丹成金亿万年”[2] 等理念；物的潜能无限，则为神奇的医疗器具与神奇的药物出现，提供了“学理”上的依据。

一切皆有可能观点的哲学基础是中国古代的气本论。与西方文化较早出现原子论不同，中国古代思想史几乎始终秉持气本论。道家虽然强调道体，但庄子仍一言以蔽之：“通天下一气耳。”[3] 在屈原生活的时代，人们对气本论的阐释更加细致：“从混沌中产生气，气分为阴阳，阴阳掺合，化生万物。”[4] 宋代众儒继续秉持这一观点，如程颐曾说：“万物之始，皆气化。”[5] 在中国古代思想家看来，气是人与水火、动植物共同的物质基础：“水火有气而无生，草木有生而无知，禽兽有知而无义，人有气、有生、有知亦且有义，故为天下贵也。”[6] 既然人与万物皆为一气汇聚而成，那么就不难推演出人与万物皆可相生相克与互相转化的观点。晋代葛洪即持此观点，在他看来，事物的变化与互相转化属于自然的常态：“夫变化之术，何所不为。……人之为物，贵性最灵，而男女易形，为鹤为石，为虎为猿，为沙为鼋，又不少焉。……变化者，乃天地之自然。”[7] 而在五代时的谭峭看来，不同种类事物之间在本质上是不存在区别的：“老枫化为羽人，朽麦化为蝴蝶，自无情而之有情也。贤女化为贞石，山蚯化为百合，自有情而之无情也。是故土木金石，皆有情性精魄。虚无所不至，神无所不通，气无所不同，形无所不类。”[8] 所以在中国古人看来，不同种类事物之间相互感应与相互转化观念，属于常识。在这

1 〔明〕谢肇淛：《五杂俎》，上海：上海书店出版社，2001 年，第 192 页。
2 王明：《抱朴子内篇校释》，北京：中华书局，1996 年，第 287 页。
3 孙通海译注：《庄子》，北京：中华书局，2007 年，第 300 页。
4 席泽宗：《科学史十论》，上海：复旦大学出版社，2003 年，第 127—128 页。
5 〔宋〕程颢、程颐：《二程遗书》，上海：上海古籍出版社，2000 年，第 130 页。
6 安小兰译注：《荀子》，北京：中华书局，2007 年，第 90 页。
7 王明：《抱朴子内篇校释》，北京：中华书局，1996 年，第 284 页。
8 〔五代〕谭峭：《化书》，北京：中华书局，1996 年，第 2 页。

样的理念下，一切皆有可能观念，对于古人而言不存在丝毫认识和接纳上的障碍。这类理念在中国古代存在于诸子及显学经典著述之中，而中医之学理又根植于传统文化之经典。[1] 在这样的文化背景下，中医受其诱使，萌发一些超现实的玄想，并用于消解医学实践中的问题，就成为比较自然的情理中的事。

3.2.5.3 中医的超现实思维寄托着古代医患的期待

在医疗条件有限时，人们往往感叹并幻想出现更高明的医生、更灵验的药物、更神奇的医学器具。笔者阅读了大量关于中医超现实思维的故事，感受到那种超现实思维，是包括医生和患者在内的古人对于医生、药物、医学器具等的超现实期待。

在这个思想层面，中医的超现实思维，具有一定的积极意义。这主要体现在两个方面。其一，这类思维毫无疑问包含着对奇病的揣摩、对灵丹妙药的向往、对神奇医术的渴求、对奇异诊病器物的期待，这些超现实思维，一定意义上为中医的发展开阔了想象空间，明确了中医的发展的方向，并一定程度上可以成为促进医学进步的动力。其二，疾病治疗的过程，心理作用不可忽视。一个患者得上难以根除的疑难杂症，一旦遇到名医、奇方和妙药，无论各有几分真实，只要患者相信，客观上就是对患者的巨大安慰，并能够极大地增加患者战胜疾病的信心。因此，中医的超现实思维，虽然多为不实，但妥善利用很多时候有助于患者康复。在这方面，中医有极为丰富的实践经验。

3.2.5.4 超现实思维有助于中医完善自我职业保护

中医治疗过程如图 3.1，有关键的三个环节：医生给病人诊病，对症开方，病人买药服药，之后就可见疗效。如果药到病除或病情大有好转，可以肯定医生的诊断以及出方值得肯定；而如果服药后没有明显疗效甚至病情加重，则可以断定医生诊断或开方有误。

---

1 毕伟博、姜旻、崔红生：《再谈“读经”——试论中医传承创新的基点》，载《中华中医药杂志》，2019 年第 6 期，第 2393 页。

图 3.1　中医治疗的基本环节

如果现实生活中治疗过程果真如此简单，那么古代的中医将处于不断接受医疗实践考验的氛围中，这样看来中医群体似乎难以混入滥竽充数者。但是，实际情况却不是这样。清代著名中医家王宏翰在编著《古今医史》时，制定的遴选名医的一条原则是：对于“医庸而名振、胸次一无真学者，不录”[1]。可以想见，古代医家并非都有真才实学，并非都能妙手回春。这些“无真学”的庸医不但可以滥竽充数，甚至还可以名噪一时。在古代中医群体中，不仅有人医术存在问题，还有的人医德有问题。清代另外一位中医家徐大椿尖锐批评过当时的一些医学“名家”：“今之为名医者，既无学问，又无师授，兼以心术不正，欺世盗名，害人无筭，宜有天罚以彰其罪。”[2]

直视图 3.1，很显然它展示的是一个处处实证的实践过程。那么医术鄙陋的庸医、医术与医德都存在问题的劣医，如何能够在中医领域安身立命甚至还能进入名医行列呢？奥妙在于，与中医的发展相同步，中医从业者创造出了一套“邀功避罪之良法”[3]，很多庸医即以期为护身符，并把这套“良法”玩得游刃有余、炉火纯青。中医“邀功避罪之良法”被发明以后，中医诊病治疗的实际过程，就变得复杂化，现试用简图（见图 3.2）予以说明：

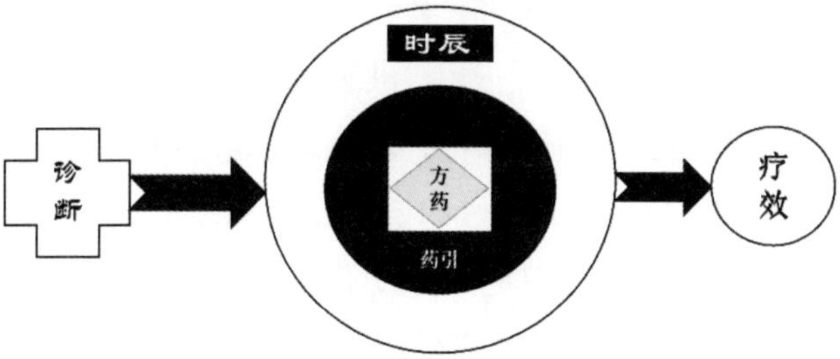

图 3.2　中医实际治疗过程简图

1 〔清〕王宏翰著，奚飞飞校注：《古今医史》，长沙：湖南科学技术出版社，2014 年，第 97 页。
2 〔清〕徐大椿撰，万芳整理：《医学源流论》，北京：人民卫生出版社，2019 年，第 104 页。
3 〔清〕徐大椿撰，万芳整理：《医学源流论》，北京：人民卫生出版社，2019 年，第 105 页。

不难看出，图 3.1 与图 3.2 的区别，主要体现在了中间的用药环节，实际上图 3.2 的诊断过程也可以比图 3.1 复杂烦琐，为了简化问题，本节将两个图的区别只体现在中间用药环节。在图 3.2 中，患者不仅仅是遵医嘱煎制并服用中药，煎制和用药环节加上了一些特殊要求。医生往往对药引（图 3.2 中间环节之黑色部分）、用药时辰（图 3.2 中间环节之白色部分）等附加严苛的要求。实际诊疗过程中，中医可以根据其需要，随时增加图 3.2 中间部分代表附加条件的圆环数量，如加一环代表对中药熬制时间与火候的要求，再加一环代表对煎制所用水的要求等等。这些“附加条件”，本质上往往就是中医师们保证自己永远无错无罪的护身符：一旦没有疗效、疗效不佳或者病情恶化，中医会说患者所用的药引子不符合要求，或者问患者于什么时刻服药，并搬出很多说辞，说服药时间不对，诸如此类。总之每一道附加条件圆环，在特殊时刻都可以成为中医免错的保护层。对中医这类用药附加条件之奇怪与不可思议，鲁迅有深刻之体会。在《父亲的病》一文中，他归纳第一位名医的特点时说：“他大概的确有些特别，据舆论说，用药就与众不同。我不知道药品，所觉得的就是‘药引’的难得……起码是芦根，须到河边去掘；一到经霜三年的甘蔗，便至少也得寻两三天。”[1] 这位名医医治无效，只能去找名医陈莲河。大凡名医套路都是相似的：陈莲河的“一张药方上，总兼有一种特别的丸散和一种奇特的药引。……最平常的是‘蟋蟀一对’，旁注小字道：‘要原配，即本是一窠中者。’……这差事在我并不为难……然而还有‘平地木十株’呢，这可谁也不知道是什么东西了……药引寻到了，然而还有一种特别的丸药：败鼓皮丸。这‘败鼓皮丸’就是用打破的旧鼓皮做成；水肿一名鼓胀，一用打破的鼓皮自然就可以克伏他”。[2] 中医在治疗过程中增设的药引等辅助条件，多具有一定的超现实性：想法有些荒谬、奇特，而在实际操作时其微妙的要求难以彻底实现。本质上“附加条件”中布满医生为患者精心设计的“坑”，借助于此，医生能够在误诊或医治无效的情况下自证无错。因此，中医的超现实思维，可用于中医自我保护。

还需要说明的是，在漫长的医学实践中，中医形成的自保手段事实上比

1 鲁迅：《鲁迅作品精选 · 小说散文》，北京：中国文史出版社，2001 年，第 458—459 页。
2 鲁迅：《鲁迅作品精选 · 小说散文》，北京：中国文史出版社，2001 年，第 459—460 页。

本书所说还要复杂多样。清代一家徐大椿曾说过另外一种医家避错成名的手段："或旁人互生议论，或病人自改医方，而医者欲其术之行，势必曲从病家之意。病家深喜其和顺，偶然或愈，医者自矜其功。如其或死，医者不任其咎。病家亦自作主张，隐晦其非，不复咎及医人。"[1] 这是一个值得专门研究的话题。

3.2.5.5　超现实思维有助于实现庸医到名医的转化

按照著名学者尤瓦尔·赫拉利的说法，人类一直生活在充满谎言和虚假的文化中："事实上，人类一直活在后真相时代……几千年来，人类社群网络里许多的'新闻'和'事实'其实都是虚构的。"[2] 在这种强硬命题之下，庸医被传为名医就不再值得惊讶。但须意识到事实的另一面：假作真时真亦假，与"无真学"的庸医传为名医的故事相反，历史上著名医家长期甚至生前一直不能功成名就者，大有人在。清代笔记《虞初新志》中记载明万历年间，有位名为刘云山的医生，"其术未行"而一生默默无闻。但是基于后人编造的一个离奇故事，刘云山的医术得以复活："身死三十七年，而名始著。"[3] 金代著名医家张元素是易水学派创始人，然而他学医、行医多年却"无所知名"。[4] 后来借助他同时期另外一位医学大家刘完素诊病的故事，才逐渐声名日隆，侥幸未被埋没。在这样的生存环境下，为了生存或为了推广某一医学学说，中医很早就开始了具有自己行业特色的制造神奇活动，这是中医超现实思维的重要源头之一。

《黄帝内经》是中医无可逾越的经典，然而这本巨著出自黄帝手笔之说，可能是中医虚构故事中最为经典者。这一说法在古代就有人质疑，明代著名医家虞抟在其《医学正传》中就说：有人怀疑《黄帝内经》是"先秦之士依仿而作之"。[5] 虞抟对《黄帝内经》的评价是："其言深而要，其旨邃以弘，其考辩信而有征，是当为医家之宗。"[6] 这一评价是中医界的共识。医家之宗的

1 〔清〕徐大椿撰，万芳整理：《医学源流论》，北京：人民卫生出版社，2019 年，第 105 页。
2 〔以色列〕尤瓦尔·赫拉利：《今日简史》，林俊宏译，北京：中信出版社，2018 年，第 225 页。
3 〔清〕张潮：《清代笔记小说大观（一）·虞初新志》，上海：上海古籍出版社，2007 年，第 390 页。
4 〔元〕脱脱：《金史·卷一三一》，北京：中华书局，1975 年，第 2812 页。
5 〔明〕虞抟著，郭瑞华点校：《医学正传》，北京：中医古籍出版社，2002 年，第 1 页。
6 〔明〕虞抟著，郭瑞华点校：《医学正传》，北京：中医古籍出版社，2002 年，第 1 页。

经典尚需假托黄帝之名以期得以流传，更何况一般的医书与学说呢？

关于名医的超现实神话更为丰富。位列金元四大医家之首的刘完素，关于其医术师承的故事，就是个不折不扣的神话。《金史》记载为："刘完素字守真，河间人，常遇异人陈先生，以酒饮守真，大醉，及寤洞达医术，若有授之者。"[1] 阅读古代与中医有关的著述，可见"异人"出现频次颇多。如宋代《邵氏闻见后录》中说："无为军医张济，善用针，得诀于异人。"[2]《侯鲭录》则说："唐白岑遇异人传发背方，其验十全。"[3] 在这样的情况下，不仅医生以"得于异人"来神化自己的医术，骗子也依托"异人"行骗。宋代笔记《避暑录话》中说有个叫做巢谷的四川人，携有"圣散子方"，吹嘘说用于治疗伤寒无一不愈，而"自言得之于异人"。[4] 苏轼被这人的侠义状所感，为其医方做序，使此方名声大振："宣和后此药盛行于京师，太学诸生信之尤笃"。[5] 然而结果是采用此方而致使"杀人无数"。这位骗子先假借"异人"神化药方，再利用苏轼的影响力，欺骗指数不断升级。

在中医虚构的超现实神奇中，除了"异人"，仙人、神仙也可直接登场。宋代叶梦得曾介绍了当时出现在徐州地区的一个方法简单、疗效灵验的专治暑热的药方，说此方经沈括等人"亲验"，证明有奇效。此方是谁发明的呢？传说云："此方本徐州沛县城门忽有板书钉其上，或传神仙欲以救人者。"[6] 一位医生、一个学说要得到世人的高度信赖是较为艰难的。借助中医的超现实思维，创造一些医术传承等方面的"神迹"，有助于实现由普通医生（甚至庸医）到名医甚至神医的转化。除了医生，特殊的药方、新的医籍都需要"包装"，而古代包装的常见手段就是付诸神奇，因此，中医的超现实思维，对于传统医界而言具有重要的现实意义。

1 〔元〕脱脱：《金史 · 卷一三一》，北京：中华书局，1975 年，第 2811 页。

2 〔宋〕邵博：《宋元笔记小说大观（二）· 邵氏闻见后录》，上海：上海古籍出版社，2001 年，第 2015 页。

3 〔宋〕赵令畤：《宋元笔记小说大观（二）· 侯鲭录》，上海：上海古籍出版社，2001 年，第 2097 页。

4 〔宋〕叶梦得：《宋元笔记小说大观（三）· 避暑录话》，上海：上海古籍出版社，2001 年，第 2592 页。

5 〔宋〕叶梦得：《宋元笔记小说大观（三）· 避暑录话》，上海：上海古籍出版社，2001 年，第 2592 页。

6 〔宋〕叶梦得：《宋元笔记小说大观（三）· 避暑录话》，上海：上海古籍出版社，2001 年，第 2597 页。

3.2.6　结语

中医是我国传统文化遗产中特色鲜明的重要组成部分，几千年来它是我国先民赖以生存的重要手段，至今仍然在发挥着作用。今天正确对待中医的态度是把握其精髓，并使之发扬光大。要做到这一步，首先应该力求客观且全面地去认识中医，不要因为喜爱而无视甚至刻意回避它的不足，也不要因为它难以纳入现代科技体系而贬它、黑它、藐视它。中医不能纳入现代科技体系，有中医手段和方法“落伍”的原因，同时也与现代科技功能仍有限相关。比如现代医学还存在无法医治的疾病，对于有些疾病的病理的认识也还有局限。另一方面，中医的一些有效手段如脉诊以及针灸等，具有现代医学不具备的效用，但是今天的医学对脉诊以及针灸等发挥作用的机制还无法作出合理的诠释。这都显示出现代医学甚至现代科技的局限性。

本节所提及的与奇症、奇物、奇术，以及奇说等有关的史料，仅是极小部分例证，在笔记小说以及中医文献等古代著述中同类史料远不限于此。这些史料反映出的“超现实思维”，是中医的诸多特征之一。以此视角对中医进行的研究，对于全面了解中医文化是必需的、有意义的。

3.3　古代民间中医传承问题

在任何历史时期，文化与知识的昌盛、科学与技术的发展都直接依赖于足够数量的、高水准的专业人才；一旦人才凋零、青黄不接，则知识与技术的良好发展必成空谈。知识与技术的传承模式受制于社会的政治、经济、文化习俗等诸多因素。反过来，知识与技术的传承模式总也制约人才培养的质量与数量，进而对政治、经济、文化等等的发展产生积极或消极的作用。因此，研究历史上某一时期、某一领域知识与技术传承模式得出的正确结论，是衡量与评价这一历史时期的政治、经济与文化品质的标准之一。中医的社会使命是治病救人，关乎上至皇帝下至普通百姓的健康大事，进而关乎社会与家庭的稳定；中医是历史悠久、内容庞杂的知识与技术系统，至少其部分领域，具有高深而精妙的专业特征。这两方面决定了古代中医领域的知识与技术传承，既具有特殊的重要性，也具有高度专业化知识与技术传承模式的普适性与典型性。元代罗天益说：“医自轩岐设教，其为天下斯民虑至深远也。然去圣既远，教虽存而不免寖至失真，此所以必又待豪杰之士为之维持发越，而后可以永其传也。”[1]这段话，揭示了中医薪火相传的重要性以及传承过程中客观存在的不稳定性，这种不稳定性警示世人更加谨慎对待中医的传承。在几千年的历史进程中，在中国古代的百工诸行里，位于方技之列的中医较其他技术领域更为幸运，不仅从业者、爱好者数量众多，而且在正史、在笔记小说、在医学著作中，或多或少均可见关于其传承之记述。这些文献是了解中医传承进而理解其他技艺传承的独特文化景区。它的存在为深入研究中医传承提供了保障，也有助于全面洞察中国古代技艺的一般传承状况。

3.3.1 奇术良方秘而不传的文化习俗

古人在中医传承方面存在两种矛盾心态。一方面，出于社会需求以及学说延续的需要，医术精湛、医德圆满的传道医家有寻觅、考察与培养传人，以期开枝散叶、薪火相传的愿望。另一方面，对于多数普通医者而言，正如清代徐大椿所说：行医“不过为衣食口腹之计”。[2]在维持生存的最低需求层面，俗语所说的教出徒弟饿死师傅现象的存在，直接成为限制中医传承的基本因素。

在医学传承问题上的两极分化，直接决定了古代民间医学传承的两种方式。第一种，对于不存在生存压力的少数名医大德而言，他们著书立说、广收门徒，当然广收也不意味着收徒没有苛刻的条件限制；第二种，对于多数普通医家而言，他们掌握的医学奇术良方，秘而不传或仅限于在家族内秘传。如唐代《酉阳杂俎》中说，荆州有位叫做张七政的百姓，掌握接骨奇方，但是“其术终不肯传人”。[3]清代笔记《冷庐杂识》载，萧山韩氏一族制作的五圣丹治疗疯狗与毒蛇咬伤有奇效，韩氏售药而不传方：“惟制药施送，

1〔元〕罗天益：《卫生宝鉴》，北京：人民卫生出版社，1987年，重刊《卫生宝鉴》序：第1页。
2〔清〕徐大椿撰，万芳整理：《医学源流论》，北京：人民卫生出版社，2019年，自序：第10页。
3〔唐〕段成式：《唐五代笔记小说大观·酉阳杂俎》，上海：上海古籍出版社，2000年，第599页。

（其方）秘不传人。”[1] 秘而不传良方是极易理解的：如果外传良方，自家就失去了谋生的根本。因此，在古代医界，医生怀有秘不告人的绝活绝技是司空见惯之事；而一位医者偶得秘方则是机缘巧合之幸事。宋代僧人道广是幸运者之一，《古今医统大全》载：“僧道广，西蜀人，好医，得不传之秘。”[2]

医术医方秘而不传的现实原因之一是医界生存竞争激烈，因此拥有一个他人不具备的秘方绝活就是生存的根本保障。在古代社会，靠技艺谋生的群体内部竞争激烈而残酷，笔记小说中不乏这方面的史料。其一，说的是东汉学者马融与门徒郑玄：“郑玄在马融门下，三年不得见，令高足弟子传授而已。融尝算浑天不合，召郑玄，令一算便决，众咸骇服。及玄业成，辞归，融心忌焉。玄亦疑有追者，乃坐桥下，在水上据屐。融果转式（运转卜具），欲敕追之，告左右曰：‘玄在土下水上据木，此必死矣。’遂罢追，竟以免。”[3] 郑玄作法而得以自救之细节不可信，但马融忌惮徒弟郑玄而欲图谋之的故事，足以揭示古代师徒之间的猫虎关系，甚至是一山不容二虎的你死我活关系。其二，据宋代笔记讲，南宋高宗时匠艺人的处境相当不错：“百工技艺咸精其能，故挟技者率多遇”。官员王益尝偶遇一位关西棋手，技艺超群。王决定将关西棋手推荐给宋高宗，在面见的前一天出了事情：“国手夜以大白浮之，出处子，极妍靓。曰：‘此吾女也，我今用妻尔。但来日于御前饶我第一局，吾第二局却又饶尔。我与尔永为翁婿，都在御前。不信吾说，吾岂以女轻许人？’国手实未尝有女，女盖教坊妓也。关西朴而性直，翌日上诏与国手弈，上与王视第一局，关西阳逊国手。上拂衣起，命王且酌酒，曰：‘终是外道人，如何敌得国手？’”事后关西人才知道被暗算了，结果：他“郁闷不食而死”。[4] 国手恶毒坑害民间高手的故事再次说明，在古代社会艺人之间的竞争极其激烈，为了生存，艺人们不择手段，拼得你死我活。不难想象类似的事件也存在于古代医界。据载，扁鹊即为秦太医令所谋害：李

1 〔清〕陆以湉：《清代笔记小说大观（六）· 冷庐杂识》，上海：上海古籍出版社，2007 年，第 5163 页。
2 〔明〕徐春甫编集，崔仲平、王耀廷主校：《古今医统大全（上册）》，北京：人民卫生出版社，1991 年，第 28 页。
3 〔晋〕裴启撰：《汉魏六朝笔记小说大观 · 裴子语林》，上海：上海古籍出版社，1999 年，第 568 页。
4 〔宋〕叶绍翁：《宋元笔记小说大观（五）· 四朝闻见录》，上海：上海古籍出版社，2001 年，第 4922 页。

醯“为秦太医令，与扁鹊同时。自愧不如鹊，遂阴使人杀之”。[1]清代人继续采信这一说法：“扁鹊名振列国，后被秦太医令李醯所杀。”[2]在古代社会，同行是大冤家的激烈恶性竞争关系，使“专业技术人员”之间彼此忌惮，提防与加害等行为无可避免。

然而，史料显示，激烈的利益竞争并不是古人秘而不传医方的唯一理由。不靠行医谋生的普通人掌握了一个偏方也往往秘而不宣。在宋代就有人注意到了这种文化现象：“世人有疾病，得名方而愈者，往往秘藏不肯示人”。[3]更值得思考的是，不仅普通百姓有这种秘藏良方的习性，甚至宫廷内也藏有严禁外传的医学秘方。宋代《墨庄漫录》载：“王文公安石为相日，奏事殿中。忽觉偏头痛不可忍……已而小黄门持一小金杯，药少许……即时痛愈，明日人谢。上曰：‘禁中自太祖时有此数十方，不传人间，此其一也。’”[4]

对于不行医的普通百姓而言，不存在广传灵方而受损失的担忧；对于朝廷来说，更不存在将良方普告天下会给政权带来隐患的危险，相反会博得天下百姓的感激与拥戴。那么如何理解由朝廷到民间秘守医方医术的行为与心理呢？在族群之间存在激烈对峙、时有生死之战的历史时期，各族群彼此视对方为恶魔为天敌，内心都具有置对方于死地或见对方消亡而痛快之心理。在这样的社会氛围下，拥有救命良方就拥有了一种保命手段，从而就比对手多了一层生存下去的机会。笔者认为，从民间底层到朝廷塔尖，古人守秘医方医术的行为与心理，从人类学的角度去理解，是古代甚至远古时期族群彼此相仇之心理基因潜在遗传的结果。这种潜在的、本能的心理遗传，成为了中国古代社会基于族群或家庭自我保护意识的一种不自觉而存在的亚文化；这种心理的文化基因内隐而十分强大，以致在这种秘而不传做法失去实际社会意义时，它仍然得以本能地存在。将这一社会心理与行为归于潜在和本能的理由是，我们无法通过理性思维对其长期存在予以合理诠释。无论如何，这一现象背后的动力也构成了古代中医传承与传播的阻力的一部分。

---

1 〔明〕徐春甫编集，崔仲平、王耀廷主校：《古今医统大全（上）》，北京：人民卫生出版社，1991年，第6页。

2 〔清〕王宏翰著，奚飞飞校注：《古今医史》，长沙：湖南科学技术出版社，2014年，第153页。

3 〔宋〕费衮：《宋元笔记小说大观（三）·梁溪漫志》，上海：上海古籍出版社，2001年，第3422页。

4 〔宋〕张邦基：《宋元笔记小说大观（五）·墨庄漫录》，上海：上海古籍出版社，2001年，第4690页。

3.3.2　古代民间中医传承模式

基于上节所论，古代民间中医的师徒传承模式主要限于名医高徒之间，以及有特殊关系的家族成员或亲朋之内。除此之外，仰慕某位名医而揣摩学习其医术的私淑弟子，以及研读文化经典、博取历代众医家之长的自学成为名医者，历朝历代也大有人在。从所传承的知识特性上看，最为明显的是以宋代为分野，逆时而上注重医理及医方并行传承，顺时而下则更加注重医方继承。按照清代徐大椿的看法，这种趋势肇端于东汉张仲景："其方，亦俱原本神农、黄帝之精义，皆从古相传之方，仲景不过集其成耳。自是之后，医者以方药为重，其于天地阴阳，经络脏腑之道，及针灸杂术，往往不甚考求。"[1]

3.3.2.1　中医师徒授受的传承模式

务学不如择师，拜名师是学医的捷径。能够广收门徒的古代医家都堪称名医。一个没有声誉的医生很难令人信服从而师之。名医基本不存在生存压力，而一般的医生除了医术一般外，为了养家糊口，即使有一二绝技也不会轻易对人倾囊相授。在中医史上，著名医家的师承谱系、一些重要的开枝散叶脉络尚属清晰，总体呈现较短历史时期内有可以"顺藤摸瓜"的直系传承脉络；而由金元以降则呈现各家各派总体交汇融通的趋势。

古代中医典籍比较重视梳理名医师承及其收徒授业的来龙去脉。扁鹊学医术于"舍客长桑君"。[2] 扁鹊自己有子阳、子豹等弟子。[3] 汉代淳于意先师从公孙光、后师承杨庆。[4] 而宋邑、冯信、高期、王禹、唐安、杜信等都曾从淳于意学医。[5] 张伯祖为汉代另一名医，"张仲景从而师之"。[6] 而杜度、卫沈等为

1 〔清〕徐大椿撰，万芳整理：《医学源流论》，北京：人民卫生出版社，2019 年，第 95 页。
2 〔明〕徐春甫编集，崔仲平、王耀廷主校：《古今医统大全（上册）》，北京：人民卫生出版社，1991 年，第 6 页。
3 〔明〕徐春甫编集，崔仲平、王耀廷主校：《古今医统大全（上册）》，北京：人民卫生出版社，1991 年，第 7 页。
4 〔明〕徐春甫编集，崔仲平、王耀廷主校：《古今医统大全（上册）》，北京：人民卫生出版社，1991 年，第 8 页。
5 〔清〕王宏翰著，奚飞飞校注：《古今医史》，长沙：湖南科学技术出版社，2014 年，第 163 页。
6 〔清〕王宏翰著，奚飞飞校注：《古今医史》，长沙：湖南科学技术出版社，2014 年，第 167 页。

张仲景之弟子。[1] 华佗的师承不甚明确，但李当之、吴普、樊阿等人受业于华佗则有据可查。[2] 刘完素亲传弟子有马宗素[3]、荆山浮屠等人。[4] 李杲师从张元素："杲幼岁好医药，时易人张元素以医名燕赵间，杲捐千金从之学，不数年，尽传其业。"[5] 而王好古、罗天益等人为李杲之弟子。[6] 朱震亨师承许谦，又师承罗知悌，而罗知悌则是刘完素一脉所传："震亨师金华许谦，得朱子（金华名医朱彦修）之传，又学医于宋内侍钱塘罗知悌，知悌得之荆山浮屠，浮屠则河间刘守真门人也。"[7] 朱震亨的著名弟子则有赵良、[8] 戴元礼等人。[9] 在师徒授受的中医传承中，名医的影响是决定性的，不仅学脉开枝散叶，甚至还会造就一州一府盛产名医的局面。北宋高文庄就创造了这样的业绩："本朝公卿能医者，高文庄一人而已。尤长于伤寒。……孙兆、杜壬之流，始闻其绪余，犹足名一世。文庄，郓州人。至今郓人多医，尤工伤寒，皆本高氏。"[10]

家族内医学传承的史料也较为丰富。汉代名医楼护，其父为医官，自幼受家学熏陶。[11] 北齐时徐謇善医，其子徐雄"医术为江左所称"。而徐雄之子徐之才、徐之范，徐之范之子徐敏齐，皆入仕，并均以善医著名。[12] 徐家医学连绵，成为四代出现五位名医的世家大族。北宋翰林医官使刘翰家族也是"世习医业"。[13] 金代易水学派创始人张元素家子承父业："张璧号云岐子，乃（张）元素之子。得父学名著当时。"[14] 明代葛乾孙医承父业："父应雷，以医名。……（乾孙）屡试不偶，乃传父业……名与金华朱丹溪埒。"[15] 明代倪维

1 〔清〕王宏翰著，奚飞飞校注：《古今医史》，长沙：湖南科学技术出版社，2014 年，第 170 页。
2 〔清〕王宏翰著，奚飞飞校注：《古今医史》，长沙：湖南科学技术出版社，2014 年，第 173 页。
3 〔金〕刘守真撰，孙洽熙编校：《河间医集》，北京：人民卫生出版社，1998 年。第 5 页。
4 〔清〕张廷玉：《明史 · 二九九卷》，北京：中华书局，1974 年，第 7645 页。
5 〔明〕宋濂：《元史 · 卷二百三》，北京：中华书局，1976 年，第 4540 页。
6 〔清〕王宏翰著，奚飞飞校注：《古今医史》，长沙：湖南科学技术出版社，2014 年，第 305 页。
7 〔清〕张廷玉：《明史 · 二九九卷》，北京：中华书局，1974 年，第 7645 页。
8 〔清〕王宏翰著，奚飞飞校注：《古今医史》，长沙：湖南科学技术出版社，2014 年，第 324 页。
9 〔清〕王宏翰著，奚飞飞校注：《古今医史》，长沙：湖南科学技术出版社，2014 年，第 326 页。
10 〔宋〕叶梦得：《宋元笔记小说大观（三）· 避暑录话》，上海：上海古籍出版社，2001 年，第 2592 页。
11 〔清〕王宏翰著，奚飞飞校注：《古今医史》，长沙：湖南科学技术出版社，2014 年，第 164 页。
12 〔清〕王宏翰著，奚飞飞校注：《古今医史》，长沙：湖南科学技术出版社，2014 年，第 202 页。
13 〔元〕脱脱、阿鲁图等：《宋史 · 卷四六一》，北京：中华书局，1977 年，第 13505 页。
14 〔清〕王宏翰著，奚飞飞校注：《古今医史》，长沙：湖南科学技术出版社，2014 年，第 292 页。
15 〔清〕张廷玉：《明史 · 二九九卷》，北京：中华书局，1974 年，第 7635 页。

德承家传医法：“倪维德，字仲贤，吴县人。祖、父皆为医显。”[1]医学的家族传承对于中医规模的扩大影响有限，但是因为每个医学名家都有多代传承之秘，日积月累，中医家传对于民间中医的专科化有重要的影响。这在明代的南京就曾经十分明显：“南都在正、嘉间，医多名家，乃其技各颛一门，无相夺者。如杨守吉之为伤寒医，李氏、姚氏之为产医，周氏之为妇人医，曾氏之为杂症医，白骡李氏、刁氏、范氏之为疡医，孟氏之为小儿医，樊氏之为接骨医，钟氏之为口齿医，袁氏之为眼医，自名其家。”[2]

子嗣是血缘与生理基因的继承者，高徒是学脉与学术思想的继承者。俗曰师徒如父子，好的师徒关系，并不淡于父子关系。只有在这样的关系下，为师者才能倾囊相授，为徒者才能在内心深处尊重师长、珍惜学统，并矢志于学。

3.3.2.2　医道私淑的继承模式

在古代中医群体中，自学成才者大量存在，医道私淑就是其中的情形之一。私淑专指未得亲传，因敬仰某位前辈名医及其学说，受其影响而成医家者。汉代山东人阳庆（亦作杨庆）得到黄帝和扁鹊的脉书，自学成才“诊病洞知人生死”。[3]汉代秦信自学黄帝与扁鹊医术亦成著名良医。[4]宋代李知先则“善读仲景书，著有伤寒歌括行世”。[5]明代人指出，张元素与刘完素虽然有学医传奇故事，但不足信，实际上二人都是私淑北宋名医钱乙之风。[6]名医朱震亨除有师承，还私淑刘完素、张从正、李杲等多人。[7]张从正不是刘完素门徒，但是金代笔记说：“张子和……其法宗刘守真完素……”[8]《金史》亦曰：

1〔清〕张廷玉：《明史 · 二九九卷》，北京：中华书局，1974 年，第 7636 页。
2〔明〕顾起元：《明代笔记小说大观（二）· 客座赘语》，上海：上海古籍出版社，2005 年，第 1371 页。
3〔明〕徐春甫编集，崔仲平、王耀廷主校：《古今医统大全（上册）》，北京：人民卫生出版社，1991 年，第 8 页。
4〔明〕徐春甫编集，崔仲平、王耀廷主校：《古今医统大全（上册）》，北京：人民卫生出版社，1991 年，第 9 页。
5〔清〕王宏翰著，奚飞飞校注：《古今医史》，长沙：湖南科学技术出版社，2014 年，第 283 页。
6〔明〕虞抟著，郭瑞华点校：《医学正传》，北京：中医古籍出版社，2002 年，第 2 页。
7〔清〕陆以湉：《清代笔记小说大观（六）· 冷庐杂识》，上海：上海古籍出版社，2007 年，第 4997 页。
8〔金〕刘祁：《宋元笔记小说大观（六）· 归潜志》，上海：上海古籍出版社，2001 年，第 5955 页。

“张从正……其法宗刘守真……”[1]所以张从正于医道私淑刘完素无疑。明代罗益、吕复私淑李杲，除了朱震亨外，罗知悌亦私淑刘完素。[2]私淑是较为特殊但并不少见的中医传承模式，私淑模式展示出的是前代医家的真才实学和影响力，是一派医学学术思想之幸运，貌似充满偶然实则体现了学派之真实力。

3.3.2.3 研究经典自得衣钵的医家成才模式

中医之学理根植于“经”（中华文化最精华的经典论著）。[3]对于古代医家而言“经”包括一般传统文化的精华典籍和中医典籍两部分，更让后世学者感兴趣的是他们对于《诗经》《春秋》《易经》以及《老子》《庄子》等诸子百家经典著述的深刻钻研。东晋的蔡谟：“以儒道自达，治莅知名，性有道风，耽尚医学。”[4]唐朝人记载，药王孙思邈“善谈《庄》、《老》、百家之说”。[5]南唐李云卿“博通经史善医”。[6]三国时的李譔笃好医方又“通五经诸子学”。[7]宋代的孙用和“通经学，精医方，究轩歧之秘”。[8]金元四大家之一的李杲“通《春秋》、《书》、《易》”。[9]医家钻研的这些“经”书不仅提升他们的素养和精神境界，还对他们体悟医术有直接的帮助。有的中医家在熟读经书时受到启发，对中医有新的感悟，甚至激发出创新的灵感。如宋代蜀人王晃读《诗经》中“左之右之，君子宜之”等句产生灵感，对针灸之法有了新的领悟。[10]在中国古代，对于传统文化之经典著述最为熟悉的是儒生，或某些佛、道中人。因此，除了从小即专门学医、行医者外，落举学医、行医是儒生重要的人生选择之一，所以儒生兼治医学或转而专门行医者最多，著名的

1 〔元〕脱脱：《金史 · 卷一三一》，北京：中华书局，1975 年，第 2811 页。
2 〔明〕虞抟著，郭瑞华点校：《医学正传》，北京：中医古籍出版社，2002 年，第 2 页。
3 毕伟博、姜旻、崔红生：《再谈“读经”——试论中医传承创新的基点》，载《中华中医药杂志》，2019 年第 6 期，第 2393 页。
4 〔明〕徐春甫编集，崔仲平、王耀廷主校：《古今医统大全（上册）》，北京：人民卫生出版社，1991 年，第 16 页。
5 〔唐〕刘肃：《唐五代笔记小说大观 · 大唐新语》，上海：上海古籍出版社，2000 年，第 307 页。
6 〔清〕王宏翰著，奚飞飞校注：《古今医史》，长沙：湖南科学技术出版社，2014 年，第 237 页。
7 〔清〕王宏翰著，奚飞飞校注：《古今医史》，长沙：湖南科学技术出版社，2014 年，第 240 页。
8 〔清〕王宏翰著，奚飞飞校注：《古今医史》，长沙：湖南科学技术出版社，2014 年，第 252 页。
9 〔清〕王宏翰著，奚飞飞校注：《古今医史》，长沙：湖南科学技术出版社，2014 年，第 303 页。
10 〔宋〕陈师道：《宋元笔记小说大观（二）· 后山谈丛》，上海：上海古籍出版社，2001 年，第 1583 页。

道医、僧医也时有所出。金代李庆嗣即不第而自学成名医：“少举进士不第，弃而学医，读素问诸书，洞晓其义。……所著《伤寒纂类》四卷、《改证活人书》三卷、《伤寒论》三卷、《针经》一卷，传于世。”[1] 金代纪天锡也是：“早弃进士业，学医，精于其技，遂以医名世。”[2]

医家研习的“经”除了文化经典，当然包括中医之经典著作。在阅读中医经典著作过程中，产生独到感悟几乎是古代中医大家必备的经历，他们由此得以开山立宗。宋代道士杨大均刻苦钻研医学权威典籍，从而“善医，能默诵《素问》、《本草》及两部《千金方》四书，不遗一字”。[3] 金元大家之一刘完素坚持不懈，钻研《内经》几十年：“余二十有五，志在《内经》，日夜不辍，殆至六旬。”[4] 明代李时珍：“好读医书，医家《本草》……乃穷搜博采，芟烦补阙，历三十年，阅书八百余家，稿三易而成书，曰《本草纲目》。”[5] 马宗素说：“宗素自幼习医术，酷好《素问》、《内经》、《玉册》灵文。”[6]

必须指出，那些青史留名、在医界和民间影响深远的医家，有的虽然属于某一个学脉，有直系师承，但也不为师承所局限；而对于某位前辈名医心生崇敬的私淑者，同样也还会借鉴其他名医大派之主张。因此，只从表面师承看他们的学术源流，是有着很大的局限性的，也有很多史料佐证这种看法。如汉代程高：“程高广溪人，好医问道无倦。人有一艺长于已者，必千里服膺。”[7] 宋代张扩：“精研医理，闻有长于已者，须千里求之不惮时。”[8] 元、明时期名医滑寿师从京口名医王居中，然而“寿又参会张仲景、刘守真、李明之三家”。[9] 元末明初的吕复从师与究古并进：“以母病求医，遇名医衢人郑礼之，遂谨事之……乃尽购古今医书，晓夜研究，自是出而行世，取效若神。”[10] 明代倪维德家传与自学相结合：“祖、父皆为医显。维德幼嗜学，已乃

1 〔元〕脱脱：《金史 · 卷一三一》，北京：中华书局，1975 年，第 2811 页。
2 〔元〕脱脱：《金史 · 卷一三一》，北京：中华书局，1975 年，第 2812 页。
3 〔宋〕叶梦得：《宋元笔记小说大观（三）· 避暑录话》，上海：上海古籍出版社，2001 年，第 2599 页。
4 〔金〕刘守真撰，孙洽熙编校：《河间医集》，北京：人民卫生出版社，1998 年，第 383 页。
5 〔清〕张廷玉：《明史 · 二九九卷》，北京：中华书局，1974 年，第 7653 页。
6 〔金〕刘守真撰，孙洽熙编校：《河间医集》，北京：人民卫生出版社，1998 年，第 5 页。
7 〔清〕王宏翰著，奚飞飞校注：《古今医史》，长沙：湖南科学技术出版社，2014 年，第 169 页。
8 〔清〕王宏翰著，奚飞飞校注：《古今医史》，长沙：湖南科学技术出版社，2014 年，第 267 页。
9 〔清〕张廷玉：《明史 · 二九九卷》，北京：中华书局，1974 年，第 7634 页。
10 〔清〕张廷玉：《明史 · 二九九卷》，北京：中华书局，1974 年，第 7635 页。

业医，以《内经》为宗。……求金人刘完素、张从正、李杲三家书读之，出而治疾，无不立效。”[1]

中医传承之中，古人除了多家借鉴，从而各家各派之间有所融通外，中医的一些经典著述，如《内经》《难经》《伤寒论》等，也都是他们共同的“圣经”。宋代僧智远“善《太素》”。[2]宋代庞时“独取《难经》通其说”。[3]宋代初虞世“论病皆深究《素》《难》之理”。宋代谢复古“于伤寒能发仲景之旨”。[4]王克明也是“深究《素》《难》”而成名医。[5]金代刘完素“详悉《内经》”。[6]纪天锡“注《难经》五卷”。[7]明代陶华“邃究《伤寒》”。[8]在这个意义上说，虽然历史上中医门派林立、学脉伸展交错，但总体看来中医共同的根源依然清晰。

3.3.3 中医界知名度放大器：传承神话与“包装术”

无论医书还是医生，声名显赫、影响力大，则对生存和医术传承都极为有利。在古代中医界，包装营销术十分重要。春秋、战国时期百家争鸣，以先王注我，托古之风常见，而这种现象因为其效力显著而自此以后数千年未绝。此正如《淮南子》所说：“世俗之人，多尊古而贱今，故为道者必托之于神农、黄帝而后能入说。”[9]与今人剽窃他人成果来成就自家虚名行径截然相反，托古之风发展到作者愿意为传其道而甘为无名英雄的地步。《黄帝内经》就是这风气的产物，这一点早有人提出，如明代医家虞抟疑其为“先秦之士依仿而作之”。[10]学术托古行为如果像《黄帝内经》这般成功，牺牲了作者却能大大成就了著作，则有利于医术的流传与继承。古代依托之医书不限

1〔清〕张廷玉：《明史·二九九卷》，北京：中华书局，1974年，第7636页。

2〔清〕王宏翰著，奚飞飞校注：《古今医史》，长沙：湖南科学技术出版社，2014年，第255页。

3〔清〕王宏翰著，奚飞飞校注：《古今医史》，长沙：湖南科学技术出版社，2014年，第261页。

4〔清〕王宏翰著，奚飞飞校注：《古今医史》，长沙：湖南科学技术出版社，2014年，第269页。

5〔清〕王宏翰著，奚飞飞校注：《古今医史》，长沙：湖南科学技术出版社，2014年，第274页。

6〔清〕王宏翰著，奚飞飞校注：《古今医史》，长沙：湖南科学技术出版社，2014年，第290页。

7〔清〕王宏翰著，奚飞飞校注：《古今医史》，长沙：湖南科学技术出版社，2014年，第293页。

8〔清〕王宏翰著，奚飞飞校注：《古今医史》，长沙：湖南科学技术出版社，2014年，第342页。

9〔汉〕刘安：《淮南子·修务》，长春：时代文艺出版社，2000年，第482页。

10〔明〕虞抟著，郭瑞华点校：《医学正传》，北京：中医古籍出版社，2002年，第1页。

于《黄帝内经》，如清代王宏翰认为《脉诀》也是其中之一："李时珍脉学内有《脉诀》。考证引据王、钱。二人辩论《脉诀》乃高阳生假托王叔和之名。"[1]

除了包装推销著述，医生与医术同样需要包装。常见的手段之一是医生杜撰传承神话，称自己的某一医术得之于异人甚至神人。如："无为军医张济，善用针，得诀于异人。"[2] 再如："唐白岑遇异人传发背方，其验十全"。[3] 徐应明是明代民间游医，他"遇异人有别传，决生死远近……皆奇验"。[4] 类似故事给人的感觉是古代医界"异人"颇多。什么样的人才算得上异人呢？刘完素（守真）讲自己医术源头时提到一位异人，试看其本事：刘完素"常遇异人陈先生，以酒饮守真，大醉，及寤洞达医术，若有授之者"。[5] 他堪称以最轻易的方式获得了高超的医术，而这都赖之于异人陈先生。事实上呢？明朝人说："元素之与完素，虽设为奇梦异人以神其授受，实闻乙之风而兴起者焉。"[6] 这就是说他们的医术主要靠私淑宋代名医钱乙，刘完素编个神奇故事为的是将其医术升级到最高规格。在相信"异人""神仙"存在的文化背景下，中国古人惯于将来路不明的医方等想成来自于仙人、大能。宋代的叶梦得在书中记载了徐州地区的一种治疗暑热的有效偏方，有人称其为仙人恩赐："此方本徐州沛县城门忽有板书钉其上，或传神仙欲以救人者。沈存中、王圣美皆著其说，而余亲验之。"[7] 与异人、神仙相近，还有某人生前默默无闻，死后行医以至于其医道大行的故事："刘云山，万历间医也，然当时其术未行，身死三十七年，而名始著。"[8] 刘云山人死医术复活，不是因为有人发现了他的遗著，而是民间传出了他的鬼魂现身治病救人的故事。鬼魂出来为人治病当然不足信，最有可能是与他有特殊关系的人，通过编撰并传扬这

1 〔清〕王宏翰著，奚飞飞校注：《古今医史》，长沙：湖南科学技术出版社，2014 年，第 328 页。
2 〔宋〕邵博：《宋元笔记小说大观（二）· 邵氏闻见后录》，上海：上海古籍出版社，2001 年，第 2015 页。
3 〔宋〕赵令畤：《宋元笔记小说大观（二）· 侯鲭录》，上海：上海古籍出版社，2001 年，第 2097 页。
4 〔明〕朱国祯：《明代笔记小说大观（四）· 涌幢小品》，上海：上海古籍出版社，2005 年，第 3700 页。
5 〔元〕脱脱：《金史 · 卷一三一》，北京：中华书局，1975 年，第 2811 页。
6 〔明〕虞抟著，郭瑞华点校：《医学正传》，北京：中医古籍出版社，2002 年，第 2 页。
7 〔宋〕叶梦得：《宋元笔记小说大观（三）· 避暑录话》，上海：上海古籍出版社，2001 年，第 2596 页。
8 〔清〕张潮：《清代笔记小说大观（一）· 虞初新志》，上海：上海古籍出版社，2007 年，第 390—391 页。

个故事，推广他的医术并得以成功。

借助于在世名人编撰故事，也可以达到包装、提升一个医家名气的效果。历史上曾有一个著名的贬抑刘完素而成功地使张元素名声大振的故事。张元素是易州人，学医行医多年但“无所知名”。[1]故事说大名医刘完素患伤寒，自疗多日无效。这个时候后生张元素出现了：“元素曰：‘子误矣。某味性寒，下降走太阴，阳亡汗不能出。今脉如此，当服某药则效矣。’完素大服，如其言遂愈，元素自此显名。”[2]张元素为刘完素治病的故事是谁讲出去的？如果是张元素自己四处传扬则不仅有损刘完素的医术，更相当于打脸刘完素，在中国传统文化背景下，这对于为张元素树立口碑和医德人品都极为不利。相反，如果是刘完素亲自助推这个故事，那则能展示其胸怀广阔、提携后进之美德。很可能此前刘完素就已经与张元素相识并结好尤深，刘完素非常欣赏张元素，以至于愿意为了成全张元素而做出一定的自我牺牲。有证据表明刘张二人确有深交，虽然张元素不是刘完素的门生，但早有学者指出，他对刘完素的学说有所继承和发展。[3]

有时候世人对中医界的“促销”伎俩心知肚明。南宋有位姓严的医生号称用手指点患者三下即可诊出病情，并有效果，故获得“严三点”之名号。周密根据自己对脉诊的了解认为这绝无可能。其他人也认为严三点的做法不过是一种神话自己医术的手段：“或谓其别有观形察色之术，姑假此以神其术，初不在脉也。”[4]

以上所述之古代中医包装术，或借助于黄帝这样的绝对权威，或借助于异人，或借助于名医等，编撰故事为的是吸引世人信赖医籍、医生或医术或药方，“推销”的还都是货真价实、真能治病救人的医术。当然，骗子也精于利用这种手段，但是目的不是治病救人，而只是为了行骗。苏东坡贬放黄州时，遇到一位叫做巢谷的四川老乡。此人一脸侠义之状颇讨苏东坡喜欢、信任。巢谷拿出医书中不曾记载的圣散子方，并“自言得之于异人”[5]，称其

1 〔元〕脱脱：《金史 · 卷一三一》，北京：中华书局，1975 年，第 2812 页。

2 〔元〕脱脱：《金史 · 卷一三一》，北京：中华书局，1975 年，第 2812 页。

3 王振瑞：《刘完素“六气病机说”及张元素对它的继承和发展》，载《中华医史杂志》，2015 年第 5 期，第 263 页。

4 〔宋〕周密：《宋元笔记小说大观（五）· 齐东野语》，上海：上海古籍出版社，2001 年，第 5657 页。

5 〔宋〕叶梦得：《宋元笔记小说大观（三）· 避暑录话》，上海：上海古籍出版社，2001 年，第 2592 页。

十分灵验："凡伤寒不问证候如何，一以是治之，无不愈。"[1] 苏轼因为巢谷貌状奇侠而信其所言："子瞻奇之，为作序，比之孙思邈三建散"。此方经苏轼作序而名声大振："天下以子瞻文章而信其方""宣和后此药盛行于京师"。[2] 然而结果很恶劣："太学诸生信之尤笃，杀人无数。今医者悟，始废不用。"[3]

在宋代中了医界骗子招数的文化人不仅只有苏轼，朱熹也曾被骗子盯上："朱文公有足疾，尝有道人为施针熨之术，旋觉轻安。公大喜，厚谢之，且赠以诗云：'几载相扶藉瘦筇，一针还觉有奇功。出门放杖儿童笑，不是从前勃窣翁。'"[4] 道士得到朱熹赠诗，立即溜之大吉，朱熹却"未数日，足疾大作，甚于未针时"。[5] 他立即令人四处追寻，可是道人已经不知所终。朱熹十分焦急，因为他知道骗子一定会携其诗更加肆无忌惮去蒙人："某非欲罪之，但欲追索其诗，恐其持此误他人尔。"[6]

无论为了增加经典中医著作问世时的影响力，还是为了推出一位医生，以期得到世人的关注和信赖，古代中医界人士编造医学传承神话、使用各种"包装营销术"，本质上都是医术传承与传播的压力以及生存竞争之激烈使然。大量相关历史故事说明，所有的古代中医包装术，都是古代中医从业者精心设计（有时甚至是多人合作、配合）、主动运用的自觉行为，已经是中医文化的一部分，是个体中医得以出类拔萃的重要手段。无论是为了获得充分的行医空间以扩大影响的专业良医，还是在利益驱动下彻头彻尾的骗子，都极为重视并善于运用这种"自我营销"的技巧。

3.3.4　余论

遍读古今对于中医史的高度概括，笔者认为清代徐大椿的一段叙述最为

1 〔宋〕叶梦得：《宋元笔记小说大观（三）· 避暑录话》，上海：上海古籍出版社，2001 年，第 2592 页。
2 〔宋〕叶梦得：《宋元笔记小说大观（三）· 避暑录话》，上海：上海古籍出版社，2001 年，第 2592 页。
3 〔宋〕叶梦得：《宋元笔记小说大观（三）· 避暑录话》，上海：上海古籍出版社，2001 年，第 2592 页。
4 〔宋〕赵令畤：《上海古籍出版社 . 宋元笔记小说大观（五）· 鹤林玉露》，上海：上海古籍出版社，2001 年，第 5296 页。
5 〔宋〕赵令畤：《上海古籍出版社 . 宋元笔记小说大观（五）· 鹤林玉露》，上海：上海古籍出版社，2001 年，第 5296 页。
6 〔宋〕赵令畤：《上海古籍出版社 . 宋元笔记小说大观（五）· 鹤林玉露》，上海：上海古籍出版社，2001 年，第 5296 页。

精准、鞭辟入里：

> 医家之最古者《内经》，则医之祖乃岐黄也。……至黄帝……医学从此大备。……至扁鹊、仓公，而汤药之用渐广。张仲景先生出……专以方药为治，遂为千古用方之祖。……自是之后，医者以方药为重……而治病之法，从此一变。唐宋以后，相寻弥甚，至元之刘河间、张洁古等出，未尝不重《内经》之学。……然其人皆非通儒，不能深通经义，而于仲景制方之义，又不能深考其源，故其说……各任其偏，而不归于中道。……至明之薛立益，尤浮泛荒谬……既不知神农、黄帝之精义，则药性及脏腑经络之源不明也；又不知仲景制方之法度，则病变及施治之法不审也。惟曰某病则用某方，如不效，改用某方。……胸中毫无把握，惟以简易为主。自此以降，流弊日甚，而枉死载途矣。安得有参《本草》、穷《内经》、熟《金匮》《伤寒）者，出而挽救其弊，以全民命乎？其害总由于习医者，皆贫苦不学之人，专以此求衣食，故只记数方，遂以之治天下之病，不复更求他法，故其祸遂至于此也。[1]

徐氏所论令人称道之要点可再强调如次：

对中医总体发展走向把握准确。中医之学高开低走，几经波动而终归一路式微。自《内经》以降，汉唐各有所峰隆，两宋乏医之大者但医家规矩未泯，金元诸峰并涌然，各有所偏。自宋而始，医家山岳龙脉已往，所向偏峰孤耸于丘、原之相已成。而明清两代，非无进取，但较之过往辉煌，总体式微、元气与活力欠缺之态尽呈。

对后世医学整体缺陷认识深刻。后世医家重视《内经》者，不能把握《内经》精髓，而“各任其偏，而不归于中道。”更多医家根本不研习经典、不揣摩医理，一味采用“某病则用某方，如不效，改用某方”之低下手段，以僵化医方应对万变之病情，乃至“流弊日甚”。

揭示了中医从业者文化素质低的事实。后世医学门派之所以各走一偏，

1 〔清〕徐大椿撰，万芳整理：《医学源流论》，北京：人民卫生出版社，2019 年，第 95 页。

原因是："其人皆非通儒，不能深通经义"，"其害总由于习医者，皆贫苦不学之人"。中医从业者文化素质长期低下是中医没机会再创辉煌的根本原因。"窃慨唐宋以来，无儒者为之振兴，视为下业，逡巡失传，至理已失，良法并亡。"[1]解析了中医从业者文化素质低下的原因。为什么没有文化素质高的读书人专精于医道呢？这是由于古人对于中医的矛盾心态造成的："医，小道也，精义也，重任也，贱工也。"[2]生命与健康重要，所以医学重要，因此行医者肩负重任也；医理、医术"无识之徒有所不能窥也"[3]，所以中医之义甚精也。然而比起治理国家、平定天下之大学问，医学堪称"小道"；行医者"一介之微，呼之而立至，其业不甚贱乎？"因此重要而极为专业化的中医在古代社会仍是小道、贱工之属。而"道小则有志之士有所不屑为"；[4]"工贱则业之者必无奇士"。[5]志士不屑、奇士不就，中医从业者总体上都是社会底层，成为文化欠缺者的糊口求生之术："专以此求衣食，故只记数方"。[6]

以上四个方面，都与古代中医传承直接相关。

在现代人看来，优质而充分的生源、高水平的教学与实践、持续稳定的教育环境等，是培养出杰出专业人才的前提条件。然而在中国古代社会尤其民间技术行业，一般而言，这些条件均难以具备，因而在古代社会，杰出技术人才的出现具有较大的偶然性，或由于极为出色的天赋，或由于极其特殊的机缘。古人对于极不完备的专业技术人才培养环境习以为常，并不为怪；与之相关，形成了具有一定唯心与天命论的人才观。孟子名言曰："天将降大任于是人也，必先苦其心志，劳其筋骨，饿其体肤，空乏其身……"[7]此语中杰出人才为天意所造就的倾向十分明显。匡世救人的人才会在亟需之时奉天承运而生的观念根深蒂固，明代《四友斋丛说》对此说得十分清楚："我朝列圣修德，皇天眷佑，凡遇国家有一大事，必生一人以靖之。如英宗北

1 〔清〕徐大椿撰，万芳整理：《医学源流论》，北京：人民卫生出版社，2019 年，自序：10。
2 〔清〕徐大椿撰，万芳整理：《医学源流论》，北京：人民卫生出版社，2019 年，自序：9。
3 〔清〕徐大椿撰，万芳整理：《医学源流论》，北京：人民卫生出版社，2019 年，自序：9。
4 〔清〕徐大椿撰，万芳整理：《医学源流论》，北京：人民卫生出版社，2019 年，自序：9。
5 〔清〕徐大椿撰，万芳整理：《医学源流论》，北京：人民卫生出版社，2019 年，自序：10。
6 〔清〕徐大椿撰，万芳整理：《医学源流论》，北京：人民卫生出版社，2019 年，第 96 页。
7 〔战国〕孟子著，〔汉〕赵歧注，〔宋〕孙奭疏：《孟子注疏》，北京：北京大学出版社，2000 年，第 407 页。

狩，则生一于肃愍；刘瑾谋逆，则生一杨文襄；宸濠之变，则生一王阳明；武宗南巡，则生一乔白岩；武宗大渐时，江彬阴畜异谋，则生一杨文忠、王晋溪，皆对病之药，手到病除，真若天之有意而生之者。”[1]这一观念同样出现在古代医界，五代时的笔记《北梦琐言》中谈到名医时，即说：“大国必有一人相继者。”[2]这类人才观在思想认识上会直接导致对知识与技能传承重要性的轻视。知识与技术传承领域的诸多羁绊与忌惮、错误的人才观念，都成为古代诸多领域出现技艺失传、人才不能逐步提高、知识与技能往往高开低走等等的重要原因。

最后对本书文献所取范围略作解释。笔者认为依据笔记小说史料，撰写中医文化方面的文章，是合适而较为充分的。但是探究中医传承这类需要历史实证的话题，单纯依赖笔记小说难免令人心生疑窦。因此本书利用笔记小说史料，也参照专业中医著作以及《金史》《元史》等正史文献，并做相互补充、印证，这应该是比较适宜的。

3.4　秋石方研究仍需继续

3.4.1　秋石方早期研究述要

中国古代秋石方引起科技史界格外关注，始于鲁桂珍和李约瑟的文章。20 世纪 60 年代他们最早开始研究中国古代秋石方（即古人从人尿液里提取养生中药的方法），提出中国古代秋石性激素说，确信中国古人能从人尿液中提取性激素。鲁、李二人是中国科技史领域著名的有特殊影响力的学者，他们的研究成果发表在 *Nature* 等著名的杂志上[3]，因而影响较大，其观点很快得到多数中外学者的认同。美国内分泌学家威廉斯 – 阿什曼（H. G.

1 〔明〕何良俊：《明代笔记小说大观（二）· 四友斋丛说》，上海：上海古籍出版社，2005 年，第 921 页。

2 〔五代〕孙光宪：《唐五代笔记小说大观 · 北梦琐言》，上海：上海古籍出版社，2000 年，第 1892 页。

3 Lu Gwei-Djen and Joseph Needham. Medieval Prepartions of Urinary Steroid Hormones, *Nature*, Vol. 200, No. 4911,（1963）, pp.1047–1048.

Williams-Ashman）和雷迪（A. H. Reddi）1971 年曾在著述中有这样的评价："李约瑟和鲁桂珍揭开了内分泌学史上令人兴奋的新篇章……向我们显示了中国人在好几百年前就已经勾画出二十世纪杰出的甾体化学家在二三十年代所取得的成就之轮廓。"[1]

在鲁、李二人研究成果基础上，国内学者将中国古人提取性激素的时间不断上溯。如杨存钟在文中说："人尿中性激素的发现和提取，被公认为是近代科学的重大成就之一。现代化学上这一突出成就，九百年前，我国古代化学家就已在很大程度实现。"[2]九百年之说的依据，是指宋代医书《苏沈良方》中有秋石方记载。其后杨存钟又发表文章，赞扬秋石方是沈括对于中国古代科技的又一重要贡献。[3]张秉伦教授在 1986 年发表的文章中将秋石方的出现年代再一次大提前："汉唐以来，关于淮南王炼秋石的记载屡见不鲜，说明淮南王刘安等人炼秋石一事是比较可靠的；自淮南王开始炼秋石作为有效药物的传统在我国一直传世不泯……"[4]但张秉伦教授认为《苏沈良方》仍然是秋石方研究的重要文献，他特别肯定《苏沈良方》中的秋石阳炼法，认为这一方法是提取性激素"相当科学的方法"。《苏沈良方》中对秋石阳炼法，是这样描写的：

> 小便不计多少，大约两桶为一担。先以清水挼好皂角浓汁，以布绞去滓，每小便一担入皂角汁一盏，用竹篦急搅，令转百千遭乃止，直候小便澄清。白浊者皆定底，乃徐徐撇去清者不用，只取浊脚并作一满桶。又用竹篦子搅百余匝，更候澄清，又撇去清者不用。十数担不过取得浓脚一二斗。其小便须先以布滤过，勿令有滓。取得浓汁入净锅中熬干、刮下、捣碎，再入锅，以清汤煮化。乃于筲箕内布纸筋纸两重，倾入筲箕纸内，滴淋下清汁，再入锅熬干。又清汤煮化，再

1　张秉伦、孙毅霖：《"秋石方"模拟实验及其研究》，载《自然科学史研究》，1988 年第 2 期，第 170 页。

2　杨存钟：《世界上最早的提取、应用性激素的完备记载》，载《化学通报》，1977 年第 4 期（4），第 59 页。

3　杨存钟：《沈括对科技史的又一重要贡献》，载《北京医学院学报》，1976 年第 2 期，第 135—139 页。

4　张秉伦：《"秋石"在安徽——从炼丹术到性激素的提取》，载《生物学杂志》，1986 年第 1 期，第 26 页。

> 依前法滴淋。如熬干色未洁白，更准前滴淋，直候色如霜雪即止。乃入固济（以封泥密封之意）沙盒内，歇口、火煅成汁，倾出。如药末成窝，更煅一两度，候莹白五色即止。细研，入沙盒内，固济。顶火四两，养七昼夜，久养火尤善，再研。每服二钱，空心温酒下……[1]

《苏沈良方》对秋石阳炼法，以及秋石服用法等的描述，具有毫不含糊的可操作性。因此它被科技史家重视并被遴选为模拟实验研究的首选秋石方之一。

在20世纪80年代初所有关注秋石方的研究者中，台湾大学刘广定教授的视角与众不同，他是最早对秋石性激素说发表否定性文章的学者。张秉伦教授在2004年的文章中，对刘广定教授的学术观点做了简要的归纳：

> 公开对性激素说提出质疑者，惟有台湾大学刘广定教授一人。他于1981年在台湾的《科学月刊》杂志上陆续发表了题为《人尿中所得秋石为性激素说之检讨》、《补谈秋石与人尿》和《三谈秋石》等3篇论文，从理论上进行分析和探讨，对秋石为“性激素说”提出了质疑。刘广定教授的主要依据可归纳为以下三点：（1）不是所有的皂甙都能与胆固醇或其他类固醇化合物形成沉淀，也不是所有的类固醇化合物都能和地芰皂宁产生沉淀物。（2）制备秋石所用的原料都是童尿，几乎不含有性激素。（3）秋石在常温下潮解，与甾体性激素的稳定性不能吻合。[2]

刘广定教授自己也曾在文章中回顾过其相关观点在大陆早期的传播情况：

> 虽然席泽宗在1983年出版的*Chinese Science*（第六期）中，已曾提及拙作，大陆的一般科学史家却到1985年才知道。这是由于北大化

1 〔宋〕沈括、苏轼：《苏沈良方》，北京：中国医药科技出版社，2012年，第73—74页。

2 张秉伦、高志强、叶青：《中国古代五种“秋石方”的模拟实验及研究》，载《自然科学史研究》，2004年第1期，第2页。

学系赵匡华教授在1984年编成的《中国古代化学史研究》论文集，次年出版，其中收录了《科学月刊》的三篇笔者有关秋石的文章。[1]

席泽宗院士并不是将刘广定教授的观点介绍到大陆的第一人。事实上在刘广定教授相关研究成果发表的第二年，即1982年的第4期《化学通报》上，刊有郭正谊先生一篇短文，专门介绍刘广定教授的研究成果。[2]虽然1985年刘广定教授对秋石性激素说的质疑观点已为大陆一般科学史家所了解，但是后期事实表明，其观点在当时的影响远不及鲁桂珍、李约瑟的秋石性激素说。

3.4.2　张秉伦教授的秋石方研究及学界的相关评价

张秉伦（1938—2006）是中国科技大学教授、我国著名科技史家。张秉伦教授在秋石方领域的最早论文，前文已经提到发表于1986年。在这篇文章中张秉伦教授尚未质疑鲁桂珍和李约瑟的观点。该文以下面这段话结尾：

追溯炼秋石的渊源，回顾性激素制剂之秋石的兴衰，不禁令人兴奋和遗憾交加；喜看今日许多传统名药恢复生产，展望他日若有有识之士（如药物化学家）如果能模拟沈括在宣城的实验，再利用现代仪器设备进行分析检测，然后经过动物试验和临床试验，加以总结提高，使传统名药焕发青春，岂不乐哉！[3]

笔者认为这段话很重要，因为张秉伦教授对秋石方模拟实验研究的热情期待由此得以充分展示。张秉伦教授1986年关于秋石方的文章发表于年初，文中并未提及刘广定教授及其学术观点。从1987年开始，张秉伦教授

1　刘广定：《科学与科学史研究——再从秋石谈起》，载《科学月刊》，1988年第11期，第829—830页。

2　郭正谊：《人尿中所得“秋石”是不是性激素？》，载《化学通报》，1982年第4期，第23页。

3　张秉伦：《“秋石”在安徽——从炼丹术到性激素的提取》，载《生物学杂志》，1986年第1期，第27页。

与学生孙毅霖（上海交通大学科技史荣休教授）对秋石方典型方法，如阳炼法、阴炼法和石膏法进行了模拟实验和理化检测分析。结果表明这三种秋石方的提取物中都不含性激素。[1] 他们的研究成果发表于 1988 年《自然科学史研究》。1987 年张秉伦教授开始亲自做模拟实验，这是为名药焕发青春的想法使然，还是受刘广定教授文章影响的结果？就此笔者 2014 年 11 月 5 日通过信函请教了张秉伦教授最早的合作者孙毅霖。2014 年 11 月 6 日孙毅霖教授回函 [2] 如下：

> 1984 年我师从张秉伦教授，张老师已经研究秋石多年，并对同行研究秋石的结果一直非常关注，在 86 年以前，张老师基本上还是倾向于李约瑟和鲁桂珍的观点，而刘广定的观点促使张老师产生了做模拟实验进行检验的想法，张老师把模拟实验作为我的硕士论文交给我来做了。在开始做模拟实验之前，张老师和我都希望实验的结果能够证明李约瑟的观点，可实际结果恰恰相反，这就使得整个模拟实验更具有挑战性了。这就是当时的实际情况。

孙毅霖教授的回忆清晰地帮助我们描绘出了张秉伦教授和他学术观点变化的完整轨迹：起初主观上认同鲁桂珍与李约瑟先生的观点，并期待以此焕发这一传统名药的青春；刘广定教授的文章使张秉伦先生意识到实验研究秋石方的重要性，但实验却出乎意料得到了否定的结果；尊重实验事实的科学精神使张秉伦教授大胆发表了实验结果，并很快由秋石性激素说的支持者转变为该学说的证伪者。这样刘广定教授和张秉伦教授，因学术研究而建立交集。1987 年在香港的一次学术会议上，二人不期而遇。对此刘广定教授有过描写：

> 去年十二月香港大学中文系为六十周年系庆举办了一个盛大的研

1 张秉伦、孙毅霖：《“秋石方”模拟实验及其研究》，载《自然科学史研究》，1988 年第 2 期（2），第 170—183 页。

2 在笔者撰写此文时，致函孙毅霖教授，问可否在文章中引用他的这封回函，孙教授慨然同意，在此对于孙教授的慷慨帮助致以诚挚谢意。

讨会。张秉伦教授在会中提出秋石研究报告，笔者有幸与其相会，并且交谈甚欢。据他说，以前大陆也有一些学者对李约瑟的说法持怀疑的态度，但没人愿公开发表论文。张、孙两人正式论文已在今（1988）年第2期《自然科学史研究》刊出，确是一篇上好的学术论文。[1]

在20世纪80年代的秋石方模拟与检验实验之后，张秉伦教授进一步在古代文献中搜集其他具体操作方法有所不同的秋石方。在21世纪之初又开始了新一轮的模拟实验研究。2001—2003年，张秉伦教授与学生高志强等对此前尚未进行实验研究的五种具有代表性的秋石方，进行了模拟实验研究和理化检测分析，得到的仍然是否定结果。[2]张秉伦教授晚年在接受访谈时，对于秋石方研究有过结论性的总结："秋石方的提取物是一些无机盐和含有少量其他有机物的混合物，根本不是性激素。我们的研究表明，迄今为止国内外凡有人明确认为含有性激素的秋石方，其实都不含有性激素。所以，我认为鲁桂珍和李约瑟关于秋石是性激素的说法，基本上可以被否定了。"[3]

张秉伦教授2006年去世。2003年笔者在中科大访学时即知道，张秉伦教授因为患癌做过鼻腔手术，导致说话不够清晰。那时新生听张秉伦教授的课，要经过一段时间才能适应张秉伦教授的语音。而后期先生病情恶化并再次做过手术，笔者不清楚这时张秉伦教授与人交谈时语音是否足够清晰。因此这次访谈是否清晰反映张秉伦教授的个人观点，值得考察。"我认为鲁桂珍和李约瑟关于秋石是性激素的说法，基本上可以被否定了"一语，虽然也体现出了谨慎的态度，但是以笔者对张秉伦教授的了解，仍觉得与张秉伦教授的学术风格略有不符。笔者这样说是有依据的。在了解了张秉伦教授等人的模拟实验研究后，鲁桂珍表达过自己的看法："有关模拟实验可能有问题，例如实验的条件、方法等，某一环节上的疏漏，均可能导致失败。并且古书上提到的炼制法，也还没有全部尝试过。在这样的情况下，不宜过早下否定

1　刘广定：《科学与科学史研究——再从秋石谈起》，载《科学月刊》，1988年第11期，第829—830页。

2　张秉伦、高志强、叶青：《中国古代五种"秋石方"的模拟实验及研究》，载《自然科学史研究》，2004年第1期，第1—15页。

3　万辅彬问，张秉伦答：《科技史研究应文献与实证并重》，载《广西民族大学学报》，2006年第1期，第4页。

结论。”[1]在鲁桂珍看来，除非把各种秋石方一一证伪，否则就不能断定秋石性激素说不成立。

鲁桂珍的观点张秉伦是了解的，鲁桂珍的这段话笔者即引自张秉伦的文章，从张秉伦2004年的两篇文章看，他本人对于秋石方研究的态度与鲁桂珍相近。在发表于2004年第1期《自然科学史研究》的文章末尾，张秉伦说：“至于中国古代究竟有多少种秋石方，它们是否为性激素制剂？我们正在系统搜集，在前人工作的基础上，现已累计搜集到40种秋石方，它们绝大多数与已经做过模拟实验的秋石方大同小异，但仍须进一步分析研究。”[2]同样，在2004年稍晚发表的另外一篇文章中，张秉伦表达出的观点，与鲁桂珍的态度更是高度相近：“看来系统收集秋石方成了解决这个久而未决问题的关键。在历史长河中，秋石方可谓林林总总，形成了庞大的秋石方家族。那么古书究竟有多少种秋石方制法呢？我们在前人工作的基础上，经过多年收集，至少有40种秋石方，这些秋石方中，有些名同而炼制方法不尽相同。炼制方法不同，很可能会影响其成分和功效的差别。”[3]笔者认为张秉伦在这两篇文章的态度，更能体现其严谨的学术作风。2004年初发表的文章表明，张秉伦2003年认为仍有很多秋石方尚需实验与检验，秋石方的模拟实验研究仍要继续。而据张秉伦2004年7月6日写给笔者的信函可以知道，2004年初先生癌症即已不幸复发，3月上旬到北京治疗两周效果不好，之后到上海的治疗，做手术并放疗，直到6月才回校修养。在这样的情况下，2004年以后张秉伦未能将搜集更多秋石方并通过模拟实验予以研究的想法付诸实施，也未再发表相关研究著述。而在此期间也未见其他学者有对秋石方的进一步模拟实验研究。因此2006年初发表的对张秉伦的访谈文章，说张秉伦认为秋石性激素说“基本上可以被否定了”，这一结论在笔者看来是下得有些突然的。这抑或是张教授晚年在病榻上思索的结果？诚如是，未能就此请张秉伦教授做出更加详细的说明，实为遗憾。

张秉伦一生在科技史学科涉足多个研究领域，在他的研究工作中，秋石

1 高志强、张秉伦：《秋石研究进展》，载《中华医史杂志》，2004年第2期，第116页。
2 张秉伦、高志强、叶青：《中国古代五种“秋石方”的模拟实验及研究》，载《自然科学史研究》，2004年第1期，第14页。
3 高志强、张秉伦：《秋石研究进展》，载《中华医史杂志》，2004年第2期，第116页。

方研究是一个突出亮点。学界对张秉伦的秋石方研究工作多有好评，张志辉对此做过很好的概括与归纳：

> 有关"'秋石方'模拟实验及其理化检测"专题研究，采取严格的模拟实验与文献资料相结合的方法，"否定了自李约瑟以来许多专家学者所认定的中国药物化学史上的一项'奇迹'，使得这个热门课题终于得到实事求是的科学结论，所以它的学术水平是属于国际领先的"（胡道静语）。他的论文引起学术界广泛重视和引用，受到包括英国李约瑟研究所所长何丙郁、台湾科学史家刘光定教授等同仁的高度评价。[1]

这是很高的评价。但是笔者认为（相信张秉伦生前也是这样认为），张秉伦等人对秋石方的实验研究，尚未彻底"否定了自李约瑟以来许多专家学者所认定的中国药物化学史上的一项'奇迹'"。刘广定对于张秉伦的秋石方模拟实验研究十分重视。在 1988 年发表的文章中，他专设一节，名为《张秉伦模拟沈括的秋石制法》，其中有这样的描述：

> 安徽合肥中国科技大学的张秉伦教授决定开始从事实验研究。他和研究生孙毅霖先生以沈括当年提炼秋石所在地安徽宣城为实验场所，采用当地药店售卖的皂荚及当地的井水，对沈括的"阳炼法"、"阴炼法"、及明人陈嘉谟的"石膏法"进行模拟实验，每次用人尿 20–53 公斤不等。在 1986 年 4、5 两个月里共做了十次实验，按照古法取得产物，并用三种检验固醇类化合物的化学方法及 X 射线绕射、X 射线荧光、气相层析、质谱（GC–MS）三种物理方法，研究产物之成分，他们发现没有任何固醇类化合物存在，更不要说性激素了。[2]

张秉伦教授与弟子们的实验研究结论支持刘广定教授的学术预判，刘教授对此深怀感激之情。在著作中他曾说："除了感谢先师的教诲外，还要对

1　张志辉：《科技史家张秉伦教授》，载《广西民族学院学报》，2006 年第 1 期，第 1 页。

2　刘广定：《科学与科学史研究——再从秋石谈起》，载《科学月刊》，1988 年第 11 期，第 829—830 页。

张秉伦教授以实验证实拙说深表谢意……1987 年底在香港有幸遇见张教授，得知其研究成果后，益增个人研究科学史之信心，并深信‘科学’在‘科学史研究’确具极重要的地位。”[1]

3.4.3 “阳丹诀”是一种特殊的秋石方

前已阐明，研究秋石方能否提取性激素这一问题，首先面对的情况是，在中国古代浩如烟海的文献中，有很多至今尚未尽知的不同种类秋石方。如果要通过模拟实验彻底证伪秋石方，就需要将所有的秋石方全部搜集、一一进行模拟实验并进行理化检测分析，而只有所有结果都是否定的才算大功告成。在这一工作结束之前，原则上就不能宣称秋石方不能提炼性激素。事实上，在刘广定教授在 20 世纪 80 年代初年发表的文章中，就有张秉伦教授的模拟与检验实验没有包括在内的特殊秋石方。如该文中提到的清代医家编撰的《本经逢原》卷四之“阴收秋石法”：

> 将铅球大小数十枚，俱两片合成，多钻孔眼，入尿桶中浸，每日倾去宿尿，换尿浸之。经秋收取，置铅罐藏之。[2]

这种“阴收秋石法”，没向尿液中添水，也没有加碱，更没有高温过程（张秉伦先生认为这几点对于秋石方而言极为重要）。因此严格说来，其提取物“秋石”不在张秉伦教授与其学生实验所检验的那些秋石范围之内。

不仅对古籍中标明为“秋石方”的文献仍需进一步搜集与实验检验，而且对古籍中没有标明为“秋石方”的一些从人尿中提取物质的方法，也应该搜集；对于其提取物是否含有性激素也需要检验。因为只要中国古人从人尿液中能够提取出性激素，无论其方法是否名为秋石方，都足以证实鲁桂珍、李约瑟所说中国古人能够从尿液中提取性激素的说法是正确的。

此前研究“秋石方”的研究者都很重视《苏沈良方》。据考《苏沈良方》

1 刘广定：《中国科学史论集》，台北：“国立”台湾大学出版中心，2002 年，第 275 页。

2 刘广定：《从北宋人提炼性激素说谈科学对技术史研究的重要性》，载《“国立”台湾大学文史哲学报》，1981 年第 30 期，第 363—376 页。

非苏轼与沈括二人生前合作所成："沈括通医药学，尝集得效方成一书，后人附益以苏轼医学杂说，故名苏沈。"[1]可能与此认识有关，此前研究秋石方注意力都集中于"沈"（沈括）而忽视了"苏"（苏轼）。《苏沈良方》之中，在"阳丹诀"[2]、"阴丹诀"之后才是"秋石方"。"阳丹诀"、"阴丹诀"均来自于苏轼的医学著述，故明代人将其辑录于《东坡志林》之中。[3]其中"阳丹诀"详细描述了"阳丹"的提取方式及其服用方法：

> 冬至后斋居，常吸鼻液，漱炼令甘，乃咽下丹田。以三十瓷器，皆有盖，溺其中，已，随手盖之，书识其上，自一至三十。置密室，选谨朴者守之。满三十日开视，其上当结细砂如浮蚁状，或黄或赤，密绢帕滤取。新汲水净，淘澄无度，以秽气尽为度，净瓷瓶合贮之。夏至后取细研，枣肉丸如梧桐子大，空心酒吞下，不限丸数，三、五日后服尽。夏至后仍依前法采取，却俟冬至后服。此名阳丹阴炼，须清净绝欲，若不绝欲，其砂不结。

反复阅读数遍，觉得这段话中的前 18 字，有 15 个字与后面无关。对于后面内容而言，前 18 字，只取"冬至后"三字即可。这样我们可以把这段话中的主要语句大致翻译如下：

> 冬至后准备三十个有盖的瓷罐，向每个瓷罐里撒尿，之后用盖子盖上，并在盖子上由一到三十分别写上标签以示区别。把这些盛有尿液的瓷罐放置在隐秘的房间里，选择稳妥可靠的人看守。30 天后打开瓷罐，应该能够看到瓷罐内尿液上凝结有像漂浮的蚂蚁一样的细砂，有的是黄色有的是红色。用致密的绢帕把它们过滤出来。再用新鲜的水冲洗，直到没有骚秽的异味为止。把得到的固体粉末放于干净的瓷瓶中密封储存。夏至后取出细细研磨，做成梧桐子大小的丸状。空腹用酒服下，不限数量，三、五日服尽。夏至后仍然可以如法炮制，做

1　梁昆生：《〈苏沈良方〉由苏轼转述考》，载《云南中医学院学报》，1987 年第 2 期，第 52—56 页。

2〔宋〕沈括、苏轼：《苏沈良方》，北京：中国医药科技出版社，2012 年，第 72 页。

3〔宋〕苏轼著，〔明〕汤云孙辑：《东坡志林》，北京：商务印书馆，1959 年，第 8 页。

成的药丸却要冬至后服用。这叫做阳丹阴炼法，取尿前，人必须清净绝欲，若不绝欲，就不会结砂。

笔者认为，苏轼虽然称这种方法为“阳丹诀”或“阳丹阴炼”，但其仍是从人的尿液里提取固体药物的一种方法，从秋石性激素角度看，与秋石方不存在本质区别；如果能证实苏轼“阳丹诀”的提取物含有性激素，即可以证实鲁桂珍、李约瑟说中国古人能从人尿液中提取性激素的命题为真。与其他类似文献相比，苏轼的“阳丹诀”里所述的方法更值得重视。其重要性在于它与张秉伦与学生通过模拟实验所证伪的那些秋石方，有根本的不同。这具体体现在以下几个方面：

其一，“阳丹诀”所述的从尿液中提取固体药物方法，没有加高温环节。

张秉伦是笔者科学史领域的重要启蒙老师之一。2002至2003年笔者在中国科技大学科技史与科技考古系访学，曾认真听过张秉伦的《中国古代科技史研究方法》以及《中国古代科技文献学》两门课。课下与张先生也多有请益。除在课堂聆听张秉伦介绍秋石方，课下还多次向张秉伦请教秋石方研究方面的一些问题。在交流中，张秉伦曾强调，除了几种特殊情况外，中国古代的秋石方之所以无法提取出性激素，主要因为文献所述提取过程中多要借助高温手段（多数秋石方中有“火炼”“焰火煮之”等等加高温之语，《苏沈良方》中就云：“凡世之炼秋石者，但得火炼一法而已。”[1]）而即使人尿液中存在微量性激素，也会因高温加热而分解。张秉伦认为这是多种秋石方所得的秋石中检测不出性激素的根本原因。然而“阳丹诀”没有加高温环节，这就为提取物中保存性激素提供了较大的可能。

其二，“阳丹诀”所述的从尿液中提取固体物质方法，没有添加其他酸或碱物质的环节。因此无需考虑其他物质对于尿液中微量性激素的破坏。也就是说，苏轼的“阳丹诀”恰巧规避了张秉伦模拟实验研究方法所认识到的、导致其他秋石方失败的那些做法。换句话讲，依据张秉伦生前的实验研究，不足以断定苏轼的“阳丹诀”不能从人尿中提取性激素。这样，苏轼的“阳丹诀”，很有可能是提取尿液里性激素的一种有效方法。

1 〔宋〕沈括、苏轼：《苏沈良方》，北京：中国医药科技出版社，2012年，第72页。

其三，苏轼“阳丹诀”所用尿液特殊，不同于多数秋石方。

笔者曾与生物以及医学专业人士讨论过秋石方问题。他们认为，原则上人的尿液中可以含有微量的性激素。这一点张秉伦在1986年发表的文章中[1]，已经引用了其科学依据。如1927年威廉斯－阿什曼等发现孕妇尿中有大量性激素等。但是尿液中是否含有性激素，可能取决于比较明显的个体差异，孕妇就是一个特例。除了孕妇外，某些疾病的患者尿液里很可能含有的性激素也会稍高。即使同一个人在不同的生理周期其尿液所含性激素数量也有所不同。这样看来，以不同人的尿液为原料，在同样的实验条件下完全可能得出不同的结果。传统的秋石方也强调了尿液来源的重要性，但是受中国特殊文化的影响，多是强调用童子尿液。而正如刘广定指出，童子尿恰恰是不含性激素的。张秉伦模拟实验所用大量尿液均取自于孕妇的可能性很小，因此这也未必不是张教授模拟实验得出否定结果的可能原因。苏轼的“阳丹诀”要求尿液需要来自于“清净绝欲”者，因此应该是指必须提取成年人的尿液，并指出否则就得不到“丹砂”。一个人“清净绝欲”的过程换个角度就是养精蓄锐的过程，因此苏轼的“阳丹诀”具有更大的可能性支持秋石性激素说。

当年在向张秉伦请教时，老先生一再说，借助模拟实验研究秋石方，学生能否吃苦耐劳是实验研究成功与否的一个决定性的因素。指的是这类模拟实验，需要较长时间在给人的尿液加温的情况下进行。在不具备更高级的实验器材的条件下，刺鼻的气味是难以忍受的。与张秉伦指导学生做过的模拟实验相比，苏轼的“阳丹诀”实验操作过程无需加热，相对简单、更易于操作。“阳丹诀”模拟实验最为重要的一步是对获取的固体物做现代理化检测。这需要实验室、助手，以及物化检测等经费。笔者呼吁具备这些条件的科技史研究单位或个人，积极开展对于苏轼“阳丹诀”的模拟实验研究。此研究与张秉伦教授等此前的模拟实验研究同等重要，而且如上所述，很可能会得到支持鲁桂珍、李约瑟猜想的结果。

1　张秉伦:《“秋石”在安徽——从炼丹术到性激素的提取》，载《生物学杂志》，1986年第1期，第26—27页。

3.4.4 余论

苏轼在医学与养生领域沉浸甚深且颇有心得。除了《苏沈良方》《东坡志林》收入的他在医学与养生方面的著述外，明代的王如锡还编纂过 12 卷本《东坡养生集》。[1] 因此苏轼如果在秋石方等方面有特殊贡献，也在情理之中。在以前的秋石方研究中苏轼不是学者们关注的焦点人物，这可能是一项严重的缺失。

在即将结束本节时，笔者认为有必要再澄清一个问题：秋石性激素说是一回事，秋石的中药价值是另外一回事。即使有一天能够证伪所有的秋石性激素说，也不能否定秋石所具有的中药价值。对于不含激素秋石的药用价值，诸年来有一些优秀的研究工作。如孙毅霖教授的研究指出，秋石具有滋补肾阴、安固元阳、降邪火妄动等药效。[2] 对于秋石药效这一视角的研究，与本论的宗旨无关。笔者呼吁秋石方研究仍要继续，指的是对秋石性激素这一观点的证实或证伪工作仍有必要做更广泛而深入的研究。

本节内容，主要由 2015 年 11 月参加在韩国汉城举办的“第六届宋辽金元史国际学术大会”的会议论文改写而成。当时屠呦呦获得诺奖不久，记得笔者介绍这部分内容时，曾令在场的与会者产生浓厚兴趣。谨以此文纪念张秉伦教授，如果对于秋石方研究有些许的促进作用，想来一定是张先生所乐见的。

鸣谢 本节所引鲁桂珍、李约瑟 1963 年在 *Nature* 杂志发表的关于秋石方的论文，由剑桥大学李约瑟研究所图书馆馆长约翰·墨菲特（John Moffett）提供；所引用的刘广定教授的研究著述均由刘先生本人复印并于 2014 年 12 月从台北惠寄过来，在此向二位先生谨致谢忱。

1 〔明〕王如锡辑：《东坡养生集》，北京：中华书局，2011 年。

2 孙毅霖：《“秋石方”药性考》，载《科学技术与辩证法》，2009 年第 1 期，第 77—83 页。

第四章

传统文化与精神

4.0 引言

前面论述了中国传统文化中，与农桑文明及中医有关的若干话题，这是中国传统科技文化两个重要的基本方面。但是中国古代科技文化依存领域众多。依存于战争与军事，有特定的科技史脉络，如武器制造中的冶炼、锻造技术的演进，以及水文、气象知识的不断积累等等；依傍于宗教也有特定的古代科技文化，如道教中与炼丹术、养生术相关理念的变化等等。现实社会多领域的文化相互关联、影响，最终融合成一个地区、一个民族或一个国家有别于其他地区、其他民族或其他国家的特色文化“场”。如果把这个文化场比喻成电磁场，那么每个人都是存在于这电磁场中的一个带电粒子，每个带电粒子的运动或静止都要受到电磁场的作用，而每个带电粒子的运动也影响着整个电磁场。影响带电粒子的电磁场，可以有带电粒子之外的场源，也可以是这些带电粒子中每个运动带电粒子激发的电磁场的叠加。在这样的比喻中，特别要说明的一点是，人类社会的文化场，正常情况下不存在制约它的外在场源，但是它也不仅仅是当下社会全部个体激发的文化场的简单叠加。因为早于当下文化场的传统文化，虽然其创造者早已毁灭，但是依然对这些消亡了的存在们的后代的文化环境有重要影响。这就是任何文化都具有的遗传与继承性。4.1 节即通过若干例证，阐述了文化与技术活技艺相互影响的问题。

巫文化几乎贯穿华夏文化，这一现象应该予以认真对待。4.2 节讨论了关于宋代巫文化的几个话题。4.3 节的内容说明，虽然在中国古代相当长的历史时期里，总体而言匠艺类从业者社会地位不高，但是在这样的文化生态下，也存在着一条属于这一社会群体的得道封圣的思想门径，那就是由技入道。

中国传统文化重守成而不追求变革的倾向是明显的。然而 4.4 节的内容则提出并予以论证：中国传统文化中也存在一切皆变、一切皆有可能的理念，并且这一理念与中国传统自然观密切相关。这一事实再次有力说明了中国传统文化的极其复杂性——虽然有的观念可能并不突出因而影响有限，但是各种思想甚至各种近现代理念，几乎都能在中国传统文化中找到相似的思想或思想萌芽，单就科学而言，牛顿经典力学的决定论思想、爱因斯坦的相对论、量子物理的一些观念，甚至量子纠缠态，都有人能找到中国古人的片言只语，并论证这些古代观念与现代科学思想彼此相通。需要指出的是，做这一工作的人绝不仅仅限于我们称为“民科”的群体，也有物理学教授做着类似的工作。与此认识相似的观念在清朝曾被“发扬”成西学中源说。这种学说认为西方的数学、天文学等等都是“师从”中国古代圣贤的结果。值得注意的是这种思想并未消失，而且还有作者著书立说，论证西方文明是剽窃和复制中华文明的结果。[1] 评述如此宏大的结论远非笔者所能胜任，但是对于具体问题和个别具体说法，倒是可以尝试做些分辨。4.5 节即属于此类内容。

中华民族是一个勤劳、智慧的民族。无论古代还是今天，中国人都充分证明了，自己拥有做出任何优秀发明创造的才智。因此，可以断定中国古人具备创新的能力和素质。那么事实上中国古人是不是在任何朝代的绝大多数时期里，都在锐意进取、积极创新？究竟什么决定了一个社会创新动力的强劲或虚弱？这似乎是一个过于现代的问题，但是借助于它，有利于我们看清中国古代社会的诸多问题。这是 4.6 节所讨论的。

1　诸玄识：《虚构的西方文明史——古今西方“复制中国”考论》，太原：山西人民出版社，2017 年。

4.1　文化与工具形态相互影响之例证[1]

4.1.1　引言：复杂多义的文化

有时我们感觉“文化”一词的内涵十分具体准确，“文化”以无可替代的身份出现在语言中，仿佛它既是表达思想的最牢固可靠的根据地，也是孕育并决定着一切的空气与土壤，有着无可匹敌的决定性能量。但是“文化”似乎还具有普遍适应性的角色：饮食文化、足球文化、音乐文化、“那个人没文化”“传统文化”“一定的文化是一定社会的政治与经济的反映”“文化开启了对美的感知”“文化指人类在社会历史发展过程中所创造的物质财富和精神财富的总和”……面对五花八门关于“文化”的说法，又觉得“文化”仿佛是能够如风如雾一样变换自己模样与身份的妖魔。在这样的眼花缭乱的变换中“文化”时而似乎魔力无边，时而又似乎极其软弱无力。

科学技术是人类精神与外在世界交互作用的结果，而不是闭门造车的产物。因此科技文化在人类“文化空间”中，孕育发生于人类精神与外在世界的交界处。科技文化既是人类精神与外在世界交互作用的产物，也是引导人们以适当的方式对待外界的调控与指导系统。因此在人类的精神世界，科技文化对于人类的存在与发展，具有决定性的重要作用。萨顿说“科学史应该成为人类文明史主线”[2]，此说永远难以成为书写历史的基本原则，但是它并不缺乏学理上强大的逻辑依据。

工具是技术的重要体现形式，研究文化与工具形态的交互影响，以及通过不同民族中具备相似功用的工具的不同形态反推不同民族的文化差异，是研究技术与文化交互作用的可以有所作为的一个视角。

4.1.2　如何理解不同时期、不同文化背景下工具的相似性

不同时期、不同文化背景下的工具形态上也具有一定的相似性，如刀

1　本节主要内容曾发表于《台州学院学报》，2016 年第 2 期，第 38—51 页。

2　萨顿著，刘珺珺译：《科学的生命》，北京：商务印书馆，1987 年，第 30 页。

具、器皿，形态上的相似性远大于差异性。这是工具形态与功能之间存在对应关系所导致的。有些陶器、青铜器与瓷器在外形上具有明显的相似性；很多石制工具、青铜工具以及铁制工具，除制作材料不同外，外形上都具有一定的相似性。这是文化与习惯的稳定延续性所导致的，是文化对技术影响的一个方面。这种影响的逻辑关系比较简单，本节不做过多论述。内蒙古博物馆中收藏的一枚青铜斧形制与某些石斧相似，在后期的铁制工具中几乎难以见到类似的造型。这是青铜器与石器工具形制相似的一个范例。而大汶口的陶觚与商代的铜觚，形状上的相似性很明显。翻阅陶器与青铜器图册，可以发现更多的这种相似性。

图 4.1　常见石斧（图片来自网络）

图 4.2　铜斧（内蒙古博物馆藏）

图 4.3　大汶口陶觚（图片来自网络）

图 4.4　商后期铜觚（图片来自网络）

4.1.3 文化与工具相互影响的例证

作为技术的重要实体形式，器物与工具的形态是如何形成与演变的？这是充满诱惑力、令学者好奇的议题："整个物质世界是如何演变成今天的形态的呢？为何某个器具的形态是这个样子而不是另一种样子？"[1]不同的时空隔离与滋养孕育不同的文化形态，而每种文化对于工具形态都具有自己的遴选与促进演化功能。这早已为学者们注意到："同样功能的器具在不同文化中有不同的形态"。[2]有些功能相近的工具在西方社会与以中国为代表的东方社会，具有明显的形态差异。事实上，不只存在文化对工具单方面的影响，工具也能够进一步对文化的演进产生影响。

4.1.3.1 简单例证：筷子是文化选择工具形态的结果

中西有盆、碗、杯、碟等形制相同或相似的餐饮用具，筷子（古代称箸）却是以中国为核心的东方文化所特有的餐具，西方人则惯于使用刀叉。中国人使用筷子用餐是文化决定工具形态的一个最常见的例子。从发明的基本动因上看，筷子显然是手指的延伸。这种延伸不完全是因为手指短而要增长，更多的是出于卫生以及礼仪的需要。单根的棍状物可以起到一定的功用，但是"独木难行"，其功效有限。而用餐时一只手同时支配三根或更多根筷子，一般而言难度极大或绝无可能。要用棍状物以夹的方式取物，两根是最合理的选择。筷子的发明可能很早，但是学习使用筷子有一定难度，因而筷子即使在中国历史上很可能也并非很早就是一种普及化的工具。筷子最终成为中国以及其他一些亚洲国家的主要餐具，应该是由饮食文化的价值取向以及烹调技术的特殊性所决定的。在春秋末期，孔夫子已经精要概括了当时的饮食文化的理念与追求："食不厌精，脍不厌细。"（《论语·乡党》而这样的饮食追求，必然是将切割食材的工序放在了制作食物的过程之中，而不像西餐那样在烹饪好之后才边吃边切割。因此，在中国的餐饮工具史上，

1 〔美〕亨利·佩卓斯基著，丁佩芝、陈月霞译：《器具的进化》，北京：中国社会科学出版社，1999年，作者序：1.

2 〔美〕亨利·佩卓斯基著，丁佩芝、陈月霞译：《器具的进化》，北京：中国社会科学出版社，1999年，作者序：1.

不是没有出现过刀叉，但是刀叉在汉文化圈自然地从主要餐饮工具角色逐渐淡出了。从饮食礼仪的角度看，在刀、叉、勺、匙与筷子等主要用餐工具中，毫无疑问，筷子，尤其特殊材料（如象牙、金银、竹等）制作的筷子，在餐桌上更能契合中国传统文化中追求高雅与彬彬有礼的风格。食用精细切割的食物也可以用勺、匙类器具，为什么偏偏用筷子呢？首先要说明筷子从来没有完全取代勺匙类器具，但是在中华民族的饮食史上，勺匙类器具的功用被主要定位于饮用粥汤类食物，而其他取食入口以及布菜等场合，几乎都使用筷子。筷子不像刀叉那样具有无法去除的“凶器”特点，更能展示食客文雅礼节的筷子毫无疑问更易于体现中国“君子远庖厨”的传统饮食文化心理。总之，中国人惯于用筷子的事实，与中国传统文化的影响是分不开的。当然，勺匙之类餐具有时可以代替筷子，但是在古时候与制造筷子相比，制造勺匙难度更大、所需要的原材料成本也明显更高。这在一定时期也可能成为筷子更加普及的理由之一。

4.1.3.2　复杂例证：从毛笔到算盘的逻辑轨迹

毛笔作为中国古代文房四宝之首，是中国人几千年长期沿用的书写与绘画工具。算盘在西方起源不比中国晚，但是只有在中国才把算盘的作用发挥到了极致。因此，毛笔与算盘都是有着鲜明特色的传统中国文化工具符号。那么，这二者之间是否存在什么关联呢？在笔者看来，这二者之间是大有渊源的。简单地说，没有毛笔就不会出现中国发达的珠算文化。当然这期间需要加入若干必要的逻辑链条。

在浙江的湖州等地，秦将蒙恬被封为笔祖。考古和历史研究表明，在中华文明史上，毛笔的出现远远早于秦代。甚至可以说早在汉字出现之前，毛笔或其雏形即已经出现了。东周人已用毛笔在竹木简、缣帛上书写；曾侯乙墓中出现春秋时期的毛笔；在史前彩陶等文物上面有毛笔书写的迹象。这表明远在殷商之前可能即有了毛笔的雏形。“治世之功，莫尚于笔”，中国历代古人用毛笔叙事抒情。毛笔被古代中国人奉为“天地之伟器”。“笔墨纸砚是数千年中华文明的传承工具，经过历史的沉淀，文房四宝本身也成了中华文化的重要组成部分"[1]。中国古代文人书房里的四宝，可以说都是为了一个目标：书法和绘画。

书法与绘画是中国古人的挚爱。从王羲之到李白、杜甫，从欧阳修、苏轼、黄庭坚到唐寅、文徵明与郑燮，再到李叔同，几乎中国史上所有文人都酷爱书法与绘画；从李斯到颜真卿，从王安石到刘墉，几乎历代名臣都酷爱并投身于书法与绘画创作；从梁武帝、唐太宗、武则天到宋徽宗，从康熙、雍正到乾隆，中国历史上很多皇帝也都酷爱书法与绘画，有的甚至堪称个中大家。传统书法与绘画是中国文化的基本的主流模式，在中国传统文化中的重要的核心地位牢不可破，中国的书法与绘画都是借助于毛笔所绘就。而书法与绘画在中国传统文化中的重要核心地位，进一步使得毛笔作为书写工具，在中国几千年历史长河中一枝独秀。这完全是由于书法是中国文化之核心所决定的。

毛笔对于中华文明的重要影响可能超越我们的想象。笔者认为，可能出于偶然，中华先民在发明文字之前，因为使用毛笔的雏形在陶器上绘制图案，才发明了毛笔。而正是毛笔的书写特征决定了其后在中华文明中出现方块汉字。早期多民族都曾使用象形文字。但只有中华民族的象形文字转化为主要由横竖撇捺点勾组成的方块汉字。汉字构造适合毛笔书写，其实质在于毛笔决定了汉字的构型。而其他民族的文字都逐渐从象形而走向了字母化。字母化的文字以及阿拉伯数字都不适合用毛笔书写，而更适合于硬笔书写。因此，极有可能是中华先民早期的书写工具——毛笔的特殊性决定了汉字的诞生。若果真如此，这是工具决定文化的一个范例。

强大的书法与绘画影响力使毛笔成为中华民族几千年来唯一的书写工具。而毛笔显然不适合于笔算的书写。因此在中国古人的日常生活以及经济活动中，必须另行发明计算工具。这就是早期的算筹以及后期的算盘。据数学史家李迪先生的研究，唐代中国人较为深入接触了印度的数学，那时"笔算中国人知道，而没有接受"。[2] 为什么中国古人没有接受笔算呢？其一是具有筹算等熟悉的计算工具与方法，其二无论使用中国传统的文字式计数还是

1　金芷君:《文房四宝之一——笔》，载《中医药文化》，2006 年第 3 期，第 30 页。

2　李迪:《中国数学通史（上古到五代卷）》，南京：江苏教育出版社，1997 年，第 341 页。

阿拉伯数字，毛笔都不适合做笔算之书写工具。在不愿意放弃既有的计算工具以及书写工具的情况下，放弃笔算只能是唯一的选择。这为后来算盘文化在中国历史上的繁荣预留了巨大的伏笔。进而导致为发挥算盘作用所发明的珠算口诀等逐渐发展起来，从而造就了中西计算工具完全不同的发展方向。

毛笔决定汉字构型，汉字进一步决定书法绘画艺术；而书法绘画艺术在中国文化中的重要影响和地位则坚实地巩固了毛笔作为中国人唯一书写工具的地位。毛笔作为一成不变的书写工具决定了笔算在中国无法盛行，因而不能取代算筹和算盘的使用。而随着商业行为的发展，以算盘为硬件、以系统的珠算口诀为软件的珠算，比筹算具有便捷等优势，因此从宋元明清直至 20 世纪，在计算工具逐渐被电脑所取代之前，算盘在中国成为不可或缺的计算工具就是极其自然的必然。

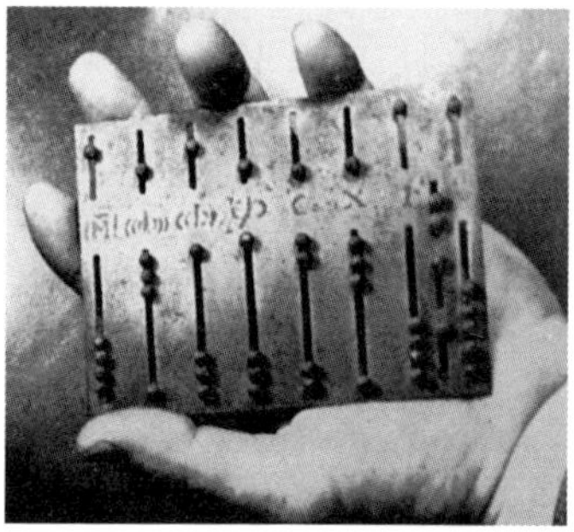

图 4.5　古罗马游珠算盘

在西方，古罗马人在古希腊人使用游珠算数的基础上，在硬的平板上刻出一行近 10 列平行孔槽，一行相等个数较长平行孔槽，短槽与长槽上下对应。在每个短槽中放 1 颗可以移动的小球珠，在每个长槽中放 4 颗可以移动的球珠。古罗马的这种计算工具，已经具备算盘的基本形态和部分计算功能。[1] 称其为早期算盘是比较合适的。

图 4.6　笔算与算盘共用

在西方世界，这种计算用的计算版直到 16 世纪，才逐渐被纸与笔算所取代。在 16 世纪初的书籍与绘画中，计算版仍频出现。图 4.6 是中世纪 1504 年的一张绘画，图中阿拉伯数字笔算和计算版同时被使用。[2]

1 J. M. Pullan, *The history of the abacus*, London: Hutchinson & Co (Publishers) LTD, 1968, 18–19.

2 Parry Moon, *The Abacus: Its history; its design; its possibilities in the modern world*, London: Gordon and Breach Science Publishers, 1971, 24–25.

日本科技史家广重彻承认："通过阿拉伯传来的印度计数法，由此又引起了笔算的普及（十五世纪以来）……"[1] 也就是说，在西方历史上，类似算盘雏形的计算工具一直使用到至少 15 世纪前后。其后以在纸上笔算的方式代替了算盘。文艺复兴前后有人开始尝试制作自动化计算器，这一条发展方向延续到电子计算器问世，形成与中国有明显不同的西方计算工具发展道路。而在中国最晚到北宋时期算盘的硬件形态已经基本固定，这是中国算盘史共识。从北宋张择端的《清明上河图》上可见到几乎与后来无异的算盘形制。为了更好地发挥算盘的计算功能，中国人发展了算盘的软件——算盘口诀，珠算成为中国古代应用数学的核心。

导致中西计算史沿不同轨迹发展的最重要的因素，很可能是由于中西书写工具——笔的不同。中国人一成不变地使用毛笔，而西方人最早用古埃及的芦苇笔，然后发明鹅毛笔，再之后又发明了铅笔和钢笔等书写工具。也有人认为古希腊、古罗马时期，在西方就有用铅棒做成的铅笔。[2] 而由石墨制作的铅笔在 16 世纪最早出现于英国。另外一个明显制约中国人使用笔算的原因是数字的表达方式。前文说过，中国人在唐代就接触过但是没有引入接受源自于印度的阿拉伯数字，真正采用这种数字书写形式是 20 世纪初的事情。而用文字表示数目的方式显然不方便于笔算。毛笔决定了方块汉字，这并非绝无仅有。苏美尔人发明了用于书写的泥版，继而发明了楔形文字。萨顿说："楔形文字是把泥版作为书写材料这种选择的不可避免的结果。"因为"楔形文字突出的优点是它非常适合在泥土中书写"[3]。

至此，就得到了有由毛笔到算盘的环环相扣、漫长的一个工具演化逻辑链条：毛笔→汉字→书法绘画→书法绘画奠定毛笔作为书写工具的神圣地位→无法实现笔算→算筹 + 珠算的计算方式的出现→独特的算盘文化。笔者不是技术史研究专家，对技术史领域文献所知有限。不知道是否此前有人做过将书写工具、计算工具，将书画史与数学史结合起来的研究。这一逻辑链条，纯系本人构建，如有雷同绝非剽窃；如有不当希望此领域专家指正。

1 〔日〕广重彻著，李醒民译：《物理学史》，北京：求实出版社，1988 年，第 25 页。

2 王恒、朱幼文：《世界科技发明图鉴》，北京：中国电影出版社，2000 年，第 372 页。

3 〔美〕乔治·萨顿著，鲁旭东译：《黄金时代的古代科学》，郑州：大象出版社，2010 年，第 78—79 页。

4.1.3.3 道德规范对服装的制约

如果我们将看待人类制造的视野扩展到“工具”之外，比如我们如果注意不同民族的服装，其形态与文化的关系就更加鲜明。牛仔裤是纯粹西式服装，早期出现于 19 世纪中叶，是一种具有耐磨、耐脏、穿着贴身、舒适等特点的工作装。第二次世界大战期间成为美军的制服。20 世纪 50 年代一些大牌电影明星开始在电影以及生活中穿着牛仔服，使牛仔成为时尚的标志。一个时期内牛仔服除了耐用等特点外，设计上更加紧身化，更凸显人体的修长、苗条与性感，与 20 世纪美国的好莱坞文化十分契合。20 世纪后期随着文化多样性的趋势，牛仔裤的设计可谓进入花样翻新的阶段。

而传统的东方民族，在风格不同之中却都具有一个共同的特征，即尽量通过服装将人体包裹起来。其根本用意是不许女人外露美色。这完全是民族文化中的道德观念使然。

4.1.4 文化与技术相互关系研究的困难

历史与考古研究都重视证据，证据或者是历史文献资料，或者是古代遗留实物。任何研究都离不开研究者的想象与逻辑推理，但是完全基于想象和逻辑推理的历史或考古研究，基本上不会被相关领域的学术界认同。对于文化与技术相互影响的研究，很多情况是难以像某些历史与考古研究那样，基于证据锁定结论。而依靠联想、想象与推理，才能理解与解释某些客观存在的历史事实。如果以衡量传统历史与考古研究的标尺来看，这样的工作就不够严谨。但是如果完全依照“严谨”的方式去做，这一方向的研究则难有进展。在一定事实基础上，借助想象与推理的研究，虽然无法让所有人信服，但是其结论有启发性，仍然具有学术上的积极意义。因此，对于特殊领域的研究，在特殊问题上，应该为想象与推理方法适当开绿灯。通过实例能更方便阐述这一观点。

4.1.4.1 中西马具不同说明什么？

在用马做动力方面，中国人较早发明了马轭，而西欧在很长历史时期里一直使用“喉肚带挽具”。西欧人长期使用这种办法，在马用力时气管会被勒紧，使马的牵引力只能发挥四分之一或三分之一。

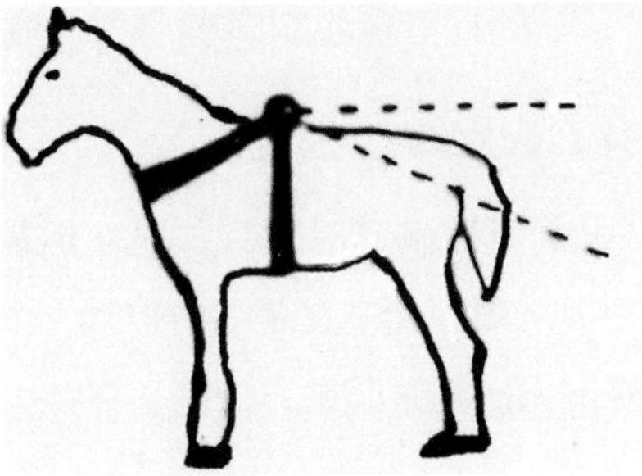

图 4.7　西欧挽具

图 4.8　西欧马车

李约瑟在 1964 年发表的文章中指出，有证据表明中国人在五世纪末、六世纪初已使用间圈（套包）加马轭（夹板子）。[1] 见图 4.9。而在中国的农村，现在依然采用这一方法，见图 4.10。

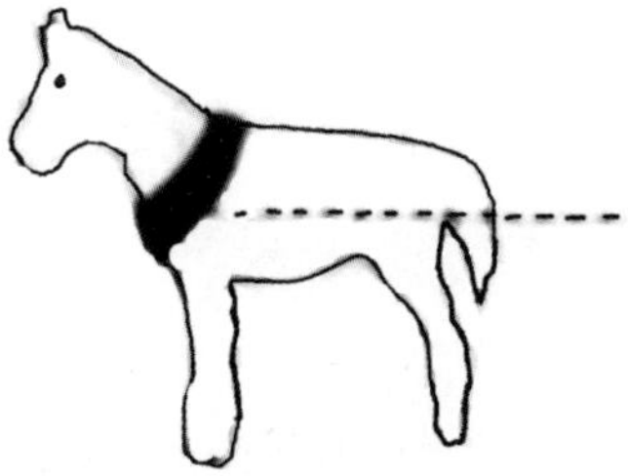

图 4.9　马轭

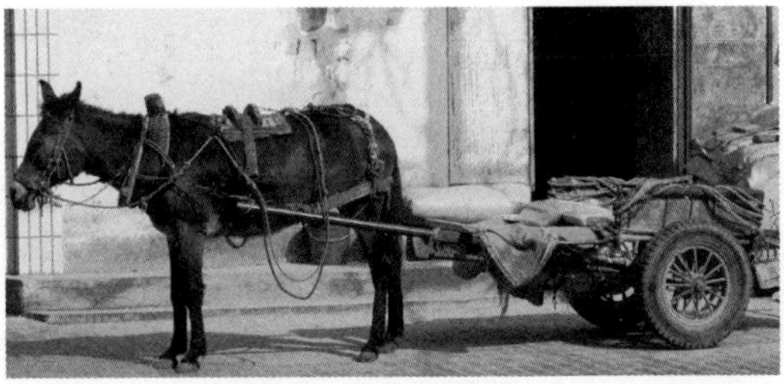

图 4.10　日用马车

这种差异现象是什么文化因素起作用的结果吗？无论先民还是近代中国人，在技术方面多追求实用性。因此在中国较早发明出马轭不是什么令人奇怪的事。西方人较晚才学会使用马轭，这不意味着西方人不聪明。而是因为使用“喉肚带挽具”，视觉效果好，恰恰契合了西方人的精神气质，那就是他们的外向、张扬。中国传统中也有张扬的文化符号，如张牙舞爪的龙。但龙在中国传统文化中是帝王们的专属符号。使用“喉肚带挽具”时，马首更能高昂，马匹也更便于高抬蹄前行。昂首阔步的高头大马牵引的西方马车，

1　潘吉星编：《李约瑟文集》，天津：天津人民出版社，1998 年，第 307—311 页。

更能展示贵族的传统气质。在这一方面，“喉肚带挽具”毫无疑问具有其无法替代的优势。这就如同今天有人选择某类外形大气而性价比并不实惠的轿车道理相似。

4.1.4.2 中西锯齿方向不同是由什么决定的？

文化对于工具形态的影响，有时难以用显而易见的理由予以说明。但是我们还是能够找到理解事实的蛛丝马迹。亨利·佩卓斯基在著述中曾就一个事实发问但并未予以解答：“西方的锯子靠推力切割，而东方的锯子靠拉力切割，有什么道理可以解释？”[1]

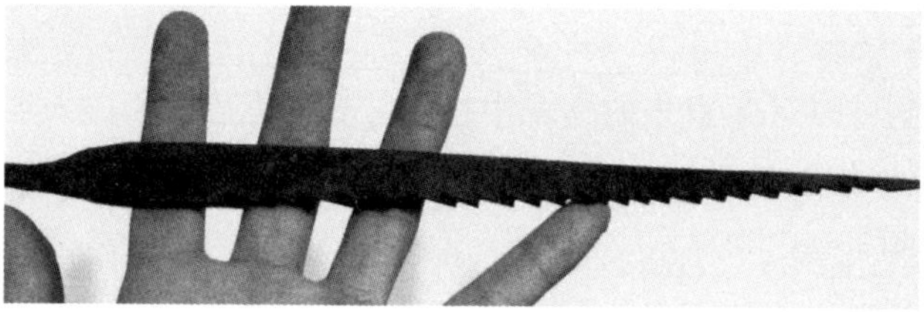

图 4.11　西方锯子

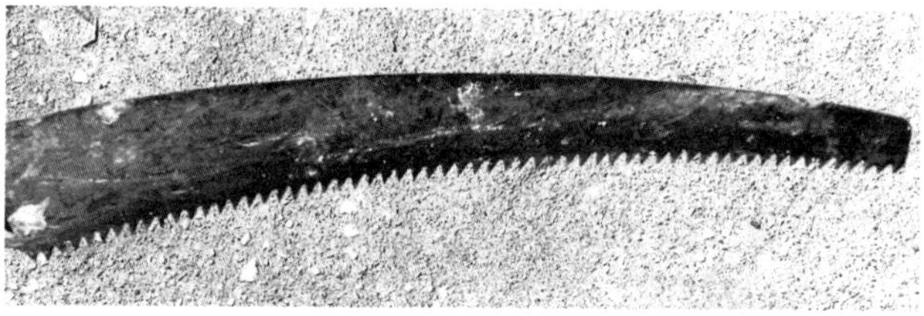

图 4.12　中国锯子

毫无疑问，锯齿向前更能契合西方人的外向与张扬的气质，彰显他们具有冒险精神与侵略性的特质。而锯齿向后更能暗合中国人的内向、隐忍与含蓄的性情。除此之外难以想到其他什么理由。

包括工具形态在内的技术演变过程有时是超出想象的，因而愈加能够调动研究者的好奇心。通过以上文字，本节要表达的是，技术的演变过程，有文化的简单或复杂影响，影响的链条存在环环相扣的可能。除此之外，有时

1〔美〕亨利·佩卓斯基著，丁佩芝、陈月霞译：《器具的进化》，北京：中国社会科学出版社，1999年，作者序：1.

偶然事件、发明者性格与视野的个体差异等都可以是决定技术发明的决定性因素。技术与工具的发明直接来自于具有特殊才能的人，即发明家。发明家是对于器物或技术的缺点极其敏感并善于找到解决办法的人。对此亨利·佩卓斯基有很好的阐释："发明家、设计师和工程师不见得是第一个发现技术问题和目标的人，不过他们却是最先想出解决办法的人；同时，我们则倾向于接受我们生活的世界不尽完美，对小小的不方便能随遇而安。我们甚至会修正自己的行为以适应科技，直到发现另一个引起惊叹且可以使用的替代品为止，就像左撇子一直适应右撇子的工具一样。"[1] 特定的文化有助于发明家大显身手。如果一个民族，或一个民族的某一时期的文化背景，适合于诞生更多的发明家，这个民族，或一个民族的特定时期，工具形态的变化就会比较明显。中国要从"中国制造"升级为"中国创造"，应该有意识培育适宜于发明家生存与发展的社会文化。

4.1.5　余论：对待异族文化的心态

阿拉伯世界借助古希腊文明，在西方中世纪黑暗时期缔造了自己独特的辉煌；西欧自阿拉伯世界译介吸纳古希腊的文明，导致文艺复兴并直接开启近代科学技术时代。历史事实证明，任何文明的崛起几乎都是其囊括既有优秀文明，并给予其适宜发扬光大的土壤的结果。中华文明几个鼎盛时期，如汉唐盛世，都是在吸纳其他民族优秀文化方面做得较好的历史时期。在我们高度强调继承民族文化的今天，不应该忘记这样的历史事实而避免自我封闭与夜郎自大心态重新萌发。物理学和生物学的理论都告诉人们，任何与外界没有交流的孤立系统都只能走向自我混乱与死亡。我们今天所谓的传统文化，其积极的内容从来不是一成不变的。中国传统文化十分重视音乐，"乐"在六艺中居于第二位，《乐经》也位于六经之列。有很多说法都是礼乐并列："礼节民心，乐和民声"、"乐从中出，礼至外作"、"大乐与天地同和，大礼与天地同节"。《礼记·乐记》说："夫礼乐之极乎天而蟠乎地，行乎阴阳二通乎鬼神，穷高极远而测深厚。"这些语句无不昭示乐在中华先民心目中神

1〔美〕亨利·佩卓斯基著，丁佩芝、陈月霞译：《器具的进化》，北京：中国社会科学出版社，1999年，第252页。

乎其神的重要性。但是即使如此重要的传统文化单元，自古以来却一直处于变易之中。宋代文学大家苏东坡曾说："世以琴为雅声[1]，过矣！琴，正古之郑卫[2]耳。今世所谓郑卫者，皆乃胡部，非复中华之声。自天宝中[3]，坐、立部与胡部合，自尔莫能辨者。或云琵琶中有独弹，往往有中华郑卫之声，然亦莫能辨也。"苏轼此言是否有失偏颇姑且不论，今天我们所谓传统民族乐器，如二胡、胡琴、扬琴、箜篌、笛子、琵琶、唢呐等等都不是汉族之本土产物，而它们的加入则极大地丰富了中华民族的音乐文化却是不争的事实。中华民族敢于开放与吸纳他族优秀文化时就会繁荣，故步自封与闭关自守时就要挨打受辱。今天不难见到有些专家学者关于汉语纯净性的呼吁、对传统道德观念所谓世风日下的悲观叹息。类似的哀叹几千年前就是孔夫子的口头禅。但是历史可以开阔我们的心胸、拓展我们的视野、增强我们的信心：世界潮流势不可挡，顺其者昌逆其者亡；该来的总要来，该去的总要去。过分迷恋过去会失去未来，是变相的自戕！

4.2 基于政治与文化层面对宋代巫术的几点考察

4.2.0 引言

在中国几千年的文明史上，有失传的实用技术（如木牛流马等奇器的制作技术），有失传的由著名科学人物创立的科学理论（如祖冲之的缀术），有消亡的重要学派（如墨家学派）。但是巫术等迷信活动却连绵不断、推陈出新，一直存在于历代各社会阶层生活的方方面面。巫术曾是可登大雅之堂的，一些重要的文献典籍中，都有与巫术相关的内容。如《周礼·司巫》云："若国大旱，则帅巫而舞雩。"《论语·子路篇》有这样的记录：子曰"南人有言曰：人而无恒，不可作巫医。善夫"。可见"子不语怪力论神"，但并不避巫。

1 雅正之乐。《白虎通·礼乐》云："乐尚雅何？雅者，古正也，所以远郑声也。"

2 郑卫两国的民间音乐，非雅声，被儒家斥为"乱世之音"。

3 李隆基年号，742—755 年。

4.2.1　对于宋代巫术存在状况的分析

阅读研究宋代巫术的著述，例如《论宋代巫术》等[1]，总给人巫术在宋代的状况较之其他朝代更为特殊的印象。鲁迅先生的观点可谓一个范例：“宋代虽则宠儒，并容释道，而信仰根本，夙在巫鬼。”[2]然而纵观几千年中华文明史，中国古代具备这一特征的朝代应该不仅仅限于有宋一代。要了解宋代的巫术存在状况，有一个方面是研究者最先关注的，即对于宋代巫术的存在状况做一些量化调查分析。然而，事实上我们很难获得了解宋代巫术状况所需要的十分详实的全部数据，如无法获取宋代相信并参与过或借助过巫术活动的人占总人口的比例，无法获得各个地区巫术从业者的可靠数量，等等。但是此前的研究者得出的若干数据，对于我们想象和感受宋代巫术的存在状况还是有帮助的。如据统计，在北宋时期的汴京城，以卜筮为业者竟然占总人口的百分之一[3]。毫无疑问，宋代汴京城卜筮者的这个数量是巨大的。有的卜筮活动与巫术有内在关联，在今天看来都是迷信活动，但巫术行为却不仅仅局限于卜筮。因此，对于北宋时期汴京城巫术从业者的数量，还可以展开更大的想象空间。除汴京城外，关于宋时南方巫师的统计数据同样引人关注：“宋代巫师的数量惊人。宋仁宗时，江西洪州的巫师多达‘一千九百户’；宋神宗时，江西虔州的巫师更多，有‘三千七百家’。”[4]基于前人统计出来的十分有限而宝贵的关于宋代局部地区的卜筮者或巫师数量，大体上可以肯定宋代巫术从业者的数量是巨大的。然而由此还不能得出宋代巫术格外猖獗的结论，这不仅仅因为这些统计数据是局部的；若说宋代巫术格外猖獗，还需要与其他朝代巫术行业的相关数据做对比。只有比对的结果显示宋代巫术从业者数量远高于其他朝代，才可以认定宋代巫术处于一个历史上的高峰期。因此，仅仅根据宋代的巫术这类统计数据就得出宋代巫术更猖獗的一般性结论，在逻辑上是有欠缺的。这一方面的研究，有待深入。在这样的前提下，从政治与文化层面解读宋代巫术，就有必要性。

1　肖忠文：《论宋代巫术》，载《天府新论》，2001 年第 3 期，第 83—86 页。
2　鲁迅：《中国小说史略》，上海：上海古籍出版社，1998 年，第 65 页。
3　刘黎明：《宋代民间巫术研究》，成都：巴蜀书社，2004 年，第 5 页。
4　杨倩描：《宋朝禁巫述论》，载《中国史研究》，1993 年第 1 期，第 76—83 页。

4.2.2 基于政治层面对宋代巫术的考察

所谓基于政治层面对宋代巫术的考察，本质上就是客观分析宋代统治者对于巫术的态度。因为所谓封建社会的政治，主体属于统治者即皇帝和官员们的“游戏”。

可以肯定，在宋代相信并从事巫术活动原则上是皇家的特权。宋代宫廷内在节日里有特定的驱傩活动：“禁中以腊月二十四日为小节夜，三十日为大节夜，呈女童驱傩，装六丁、六甲、六神之类，大率如《梦华》所载。”[1]驱傩的本质就是巫术。另外，从李昉等奉宋太宗之命而编撰的《太平御览》和《太平广记》也可以看出，皇家不仅不忌讳而且相信并重视巫术。《太平御览》将养生、医、卜、筮、相、占、巫、祝、符、术、幻等并列归于方术部。可见方术部的主体都与巫术息息相关。《太平广记》的主要内容则是神怪故事，其中神仙五十五卷，女仙十五卷，神二十五卷，鬼四十卷，再加上道术、方士、异人、异僧以及草木鸟兽的精怪等等，基本上都是志怪故事。这些内容可以清晰反映出宋代统治阶级和撰写这些书籍的文人的思想意识和精神信仰，以及生活之情趣。

皇家清楚，自己相信巫术是一回事；放任民众自由信仰巫术则是另一回事。如果放任民间巫术活动自由开展，即允许巫师与鬼怪神灵界自由沟通，统治阶级君权神授的权威就一定意义上会受到挑战。因此，统治阶级对于民间的巫术行为一定有所监管和防范。有人认为：“宋代在治理巫术妖教犯罪方面所取得的成就是前后历朝历代不能比的。”[2]但事实上对于民间的巫术信仰，统治阶级也不是简单地彻底取缔。因为在有的时候，有的巫术对于统治者而言也有利用价值，适当利用有助于获取民心。

宋代皇帝对于民间巫术行为的干预情况可以从皇帝颁布的诏令来考察。宋太宗太平兴国二年（977 年）十月，颁《禁天文相术六壬遁甲三命及阴阳书诏》：“自今后除二宅及易筮外，其天文相术六壬遁甲三命及他阴阳书，民间并不得私习。先有蓄者，限诏到一月，悉以送官。限外不送及违诏

---

1 〔宋〕周密：《武林旧事》，北京：中国商业出版社，1982 年，第 46 页。

2 赵章超：《宋代巫术妖教犯罪与法律惩禁考述》，载《宗教学研究》，2002 年第 4 期，第 134—137 页。

私习者，悉斩。有能告者，赏钱十万。州县吏匿不以闻者，亦重寘其罪。”[1] 宋真宗景德元年（1004 年）正月，颁《禁习天文星算相术图谶诏》，禁私藏相关图书：“私家并不得停留及衷私传习。有者限一月陈首纳官。逐处官吏焚毁讫奏。敢违犯隐藏者，许诸色人论告，其本犯人处死。论告人给赏钱十万。”[2] 宋真宗景德三年（1006）四月，颁《禁天文兵书诏》，但是该禁诏也包括禁止相术图书、七曜历、太乙雷公式、六壬遁甲等等：“天文兵法，私习有刑。著在律文，用防奸伪。顾兹群小，尚或有违，将塞异端，宜惩薄俗。两京诸路管内、除准敕合留阴阳卜筮书外，应元象器物、天文星算、相术图书、七曜历、太乙雷公式、六壬遁甲、兵书、先诸家历算等，不得存留及衷私传习。有者限一月陈首纳官，释其罪。令官吏当面焚毁讫奏，限满不首，隐藏违犯，并当处死。”[3] 宋真宗大中祥符二年（1009）十月，颁《禁约河北民弃农业学禁术诏》：“禁咒之方、击刺之术，既靡缘于南亩，实有乱于齐民。言念僻违，用申科禁。”[4] 明确禁学、禁行巫术。

这几则诏令很直接地反映出了宋朝最高统治者对于巫术的态度。在禁诏中，禁巫多与禁天文星算、私藏兵书甚至习武等并提，其用意再明显不过。像禁止私习天文的道理一样，私习巫术有时能危及皇权，这是宋室最为忌惮的。因此对于踏入巫术和天文活动禁地的犯人，可给予“处死”“悉斩”等严厉的惩处。另一方面，虽然是巫术，只要不危害皇权的稳定，皇家就不会发禁令阻止。因此，宋代统治者对于巫术采取了区别对待的手段。总之，皇家禁巫，其根本目标与近现代为消除封建迷信而禁巫有本质的区别。皇家对巫术区别对待的态度，为巫术留下了在宋代的存在和发展空间；在允许从事的范围内，巫术新形式不断涌现。正如有的学者所指出：虽然宋代也禁巫，但“就总体而言，宋代民间求吉避凶的白巫术却有了较大的发展”。[5] 所谓的白巫术，包括求雨、插箸祭门、轨革卜、骰子卜、卦影等等巫术新种类、新方式。

1 〔宋〕佚名：《宋大诏令集》，北京：中华书局，1997 年，第 731 页。
2 〔宋〕佚名：《宋大诏令集》，北京：中华书局，1997 年，第 733 页。
3 〔宋〕佚名：《宋大诏令集》，北京：中华书局，1997 年，第 734 页。
4 〔宋〕佚名：《宋大诏令集》，北京：中华书局，1997 年，第 735 页。
5 高国藩：《中国巫术史》，上海：上海三联书店，1999 年，第 505 页。

从政治结构上看，宋代地方官府是朝廷与百姓之间的联系网络，也是最高统治者的外围保护层。民间巫术活动如果引起社会动荡，首先直接冲击的是地方责任官员。因此，为任一方的官员即使内心相信巫术的法力，当巫术成为动乱与不安的导火索时，权衡利弊，只要他认为朝廷仍是可以依靠和效忠的，他最终采取的还是强硬手段。为了尽职以及得到皇家根本性的支持，地方官员会将一些紧迫情势上奏朝廷。皇帝颁布的诏令往往就是针对了解到的这些情况而采取的应对措施。

从根本上讲，在中国历史上任何宗教都达不到与皇权分庭抗礼的地步，因此与西方宗教一定时期内可以成为抑制巫术的决定性力量不同，在古代中国能够制约巫术的只有政治势力。而政治势力之所以制约巫术，不是其本身不相信巫术，而是它不允许巫术成为威胁或瓦解其统治力量的因素。正因为如此，不会危及统治者地位的巫术不在严打之列。宋代统治阶级的这一态度为宋代的巫术获得了一些“合法”的生存空间。

4.2.3 基于文化层面对宋代巫术的考察

所谓基于文化层面考察宋代巫术，主要指的就是分析宋代知识阶层对于巫术的态度。在中国的古代封建社会的任何阶段，其文化特征的代表者主要是知识界的杰出人物，如老子、庄子、孔子、孟子、董仲舒、王安石、苏轼，等等。在宋代的知识阶层中，沈括是一个典范：他博学多才、精明能干，既是有为的官员，又是“中国整部科学史中最卓越的人物”；他的《梦溪笔谈》则是“中国科学史上的里程碑”。[1] 在包括沈括在内的宋代的知识分子中，笔者至今未见有能够摆脱历史局限性而直言不信巫术的纯粹唯物主义者，《梦溪笔谈》中不乏与巫术有关的内容。兹举几例。

沈括相信卜筮算卦。在他看来，只要人心能做到“寂然不动”，是完全“能通天下”的。卜卦时之所以要借助“灼龟”或“璺瓦”，就是为了利用无心之物以弥补人心之不定：“今之卜筮，皆用古书，工拙系乎用之者。唯其

1 J. Needham: *Science and Civilisation in China*, Vol. 1, Cambridge: Cambridge University Press, 1954, 135.

寂然不动，乃能通天下之故。人未能至乎无心也，则凭物之无心者而言之。如灼龟、璺瓦，皆取其无理，则不随彼理而震，此近乎无心也。神而明之，存乎其人，故一术二人用之，则所占各异。人之心本神，以其不能无累，而寓之以无心之物，而以吾之所以神者言之，此术之微，难可以俗人论也。”[1] 不难看出，沈括相信卜筮的有效性，对于卜筮之类他是有自己的独到见解和心得的。

沈括相信人心在特殊情况下可以通神。而巫师、巫婆手段之灵验，就在于他们能够洞察人心。他的这一想法在一个女巫的“事迹”中得到了证实：“山阳有一女巫，其神极灵。予伯氏尝召问之，凡人间物，虽在千里之外，问之皆能言。乃至人中心萌一意，已能知之。坐客方弈棋，试数白黑棋握手中，问其数，莫不符合。更漫取一把棋，不数而问之，是亦不能知数。盖人心所知者，彼则知之；心所无，则莫能知。”[2] 由此可见，对于巫师的做法沈括也较为关注，不否认其灵验，并有自己的理解。

对于术士能预言人生死大限之说，沈括也有实证：“吴人郑夷甫，……尝遇一术士，能推人死期，无不验者。令推其命，不过三十五歳。忧伤感叹，殆不可堪。……岁余，忽有所见，曰：‘生死之理。我知之矣。’遂释然放怀，无复芥蒂。……至期，沐浴更衣。公舍外有小园，面溪一亭洁饰，夷甫至其间，亲督人洒扫及焚香。挥手指画之间，屹然立化。家人奔出呼之，已立僵矣：亭亭如植木，一手犹作指画之状。”[3] 相信人之生死大限能够被准确预言，必然是无法否认死生有命的那些“道理”了。

《梦溪笔谈》中，记载了一起雷州的咒语害人案件。对于这一案件，沈括的记录十分详尽：“余在中书检正时，阅雷州奏牍，有人为乡民诅死，问其状，乡民能以熟食咒之，俄顷脍炙之类悉复为完肉；又咒之，则熟肉复为生肉；又咒之，则生肉能动，复使之能活，牛者复为牛，羊者为羊，但小耳；更咒之，则渐大；既而复咒之，则还为熟食。人有食其肉，觉腹中淫淫而动，必以金帛求解；金帛不至，则腹裂而死，所食牛羊，自裂中出。狱具

1 〔宋〕沈括：《梦溪笔谈》，长春：时代文艺出版社，2001 年，第 82 页。
2 〔宋〕沈括：《梦溪笔谈》，长春：时代文艺出版社，2001 年，第 189 页。
3 〔宋〕沈括：《梦溪笔谈》，长春：时代文艺出版社，2001 年，第 194 页。

案上，观其咒语，但曰‘东方王母桃，西方王母桃’两句而已。”[1]身为中书检正，沈括没有为本案的被告翻案，而是当了解到有如此“法力”的咒语只不过是一句“东方王母桃，西方王母桃”时，表示出了不可思议的讶异，但看不出沈括对于这类巫术类案件荒诞性的怀疑。

宋代的知识阶层不能与巫术活动“划清界限”，是由这一时期知识分子的思想认识的局限性所决定的。欧阳修曾说：“凡物有相感者，出于自然，非人智虑所及，皆因其旧俗而习知之。”[2]这句话能较好地揭示宋代知识分子的世界观和认识论的重要特征，也是几千年来中国知识阶层的共性之一[3]。它表明，在宋代知识分子的思想世界，有巫术可以委身的广阔空间。相信在这个世界上，有人无法认识和理解（即“非人智虑所及”）的现象，这是神秘文化产生的前提。当古人进一步错误地认为这类“非人智虑所及”的现象不仅存在，还能够左右和改变人的健康和命运时，那么巫术类的迷信方式就成为人们最容易想到的应对之策。欧阳修所说的“物”（凡物有相感者），应该理解为人之外的一切，包括物质世界也应该包括人虚构的神仙鬼怪等等。这正如明代的方以智所阐释的：“盈天地者，物也”（《物理小识》自序），“物理在一切中”，“性命生死鬼神只一大物理也。”[4]古人所谓的物，囊括一切，“性命生死鬼神”也不例外，这与今天“物”之内涵大不相同。

《格物粗谈》一书相传为苏轼所著，其中汇集了很多合理的生活经验，如：“饮真茶令少睡”“石灰止血但不可著水，著水即烂肉”等等；也搜集有物类感应之说，如“月望则蚌蛤实”“犀角置穴狐不敢归”“斧怕肥皂”等等。有些条目显示了在对自然事物深入的观察和认识基础上提出的一些假设性结论，如：“蜂蝶以须代鼻”。夹杂其中的仍有很多类似于巫术迷信类的禁忌或“经验”，如：“对三光便溺折人年寿”“小儿指月令耳后生疮”“朱书禹字配身渡江免风涛”“夜行叩齿鬼不敢近”“下床及出门，先左足百事吉”等

1 〔宋〕沈括：《梦溪笔谈》，长春：时代文艺出版社，2001 年，第 204 页。

2 〔宋〕欧阳修：《归田录》，北京：中华书局，1981 年，第 33 页。

3 董仲舒在他的《春秋繁露 · 郊语第六十五》中说：“磁石取铁”之类现象，“皆奇而可怪，非人所意也”。这表明，理解自然现象时，将难以理解处归于神秘是中国古代的一个认识传统。

4 〔明〕方以智：《物理小识》（万有文库本），上海：商务印书馆，1937 年，第 10 页。

等。[1]这本书是不是出自苏轼尚存争议。[2]宋初赞宁曾撰类似书目，清初的方中通认为这类书可能是苏东坡“阅赞宁而取其近用”[3]之故所成。不论是书出自何人之手，自然现象与神怪奇异现象不相分别，生活经验、客观知识与巫术迷信并存，从而构成关于“外在”世界的整体知识体系，这种“自然观”是中国古人知识结构中一以贯之的理念之一。

由上所述，宋代的知识分子，即使是精英人物，他们相信巫术，至少没明确表示出对于巫术彻底的抨击和反对。从他们对于外界事物属性的感悟上可以看出，他们有相信巫术至少不能完全摒弃巫术的思想基础。

4.2.4　对宋代南方巫术空前盛行之说的辩证认识

根据宋代关于巫术的著述记载，在宋代南方是巫术更加繁盛的地区。在南方的有些州县，巫师多得令人难以置信。以江西为例，“宋代巫师的数量惊人。宋仁宗时，江西洪州的巫师多大‘一千九百户’；宋神宗时，江西虔州的巫师更多，有‘三千七百家’”。[4]如此一来，往往会使读者形成宋代巫术盛行，根源在南方的印象。这是两个几乎都成立的历史命题联系起来后的一个逻辑推理的自然结果。这两个命题就是：

A 命题：宋代巫术盛行。

B 命题：宋代南方的巫术更为盛行。

因此深入研究宋代的南方巫术是非常必要的。有的学者探究了宋代南方巫术兴盛的原因：“从文献看，宋代民间巫术在南方较为兴盛，这与南方地区的自然环境有某种内在的关联。由于特定的地貌与气候条件，自古南方地区就被视为瘴疠之地，各种流行病蔓延。时至宋代，情况依然如此。”[5]笔者认为：多山岭，交通不便，居住群落被隔绝、信息闭塞是南方地区居民客观的生存环境。崇山峻岭之中自然现象繁杂多变，其中有当时人们难以正确理

1 〔宋〕苏轼：《格物粗谈（及其他一种）》，北京：中华书局，1985 年。

2 宋军朋：《〈物类相感志〉和〈格物粗谈〉内容之对比研究》，华东师范大学古籍研究所，2004 年。

3 〔明〕方以智：《物理小识》（万有文库本），上海：商务印书馆，1937 年，物理小识编录缘起：3。

4 杨倩描：《宋朝禁巫述论》，载《中国史研究》，1993 年第 1 期，第 76—83 页。

5 刘黎明：《宋代民间巫术研究》，成都：巴蜀书社，2004 年版，第 256 页。

解的现象，如暴雷暴雨、地震滑坡、毒蛇猛兽出没、人在群山中易于迷失方向等等。开化程度较低的山民对于这类现象做神秘的解释十分自然。因为闭塞，一些神秘解释得不到其他文化思想的冲击，就能得以长久流传，成为风俗甚至信仰，从而成为巫术的一部分。这一切都有利于滋生巫术。然而，我们在这样说的同时也要意识到：宋代交通闭塞的南方少数民族地区存在的这些特殊情况，在其他朝代，比如汉唐时期也同样存在。所以才说："时至宋代，情况依然如此。"这些因素不会仅仅在宋代才成为孕育巫术的温床，在宋代之前如此，在宋代之后的很长时期依然如此。因此，这不该是人们认为有宋一代南方地区巫术更为猖獗的决定性因素，进一步是不是只有到了宋代南方巫术才猖獗就成为了一个问题。

对此，笔者的看法是：说宋代南方地区巫术比北方泛滥也许符合事实。但这不等于要承认唯独在宋代南方巫术才开始泛滥成灾。之所以认为宋代南方巫术较为猖獗，很可能是宋代整个国家势力逐渐南移之后，在人们的认识层面产生的一个副产品。这一政治与文化中心的南移使一直处于中原偏北方的汉族文化圈的注意力和视角发生了变化，早前不受更多关注的发生在南方的一切在汉族主流文化圈里的比重有了明显的增加。这就使得此前虽然存在但是难以进入主流文化圈的南方巫术等现象进入了更多汉人士族的视野。在这样的大形势下，宋人才更加关注并"发现"了在南方广泛存在的一些风土人情，包括浓重的巫术氛围。事实上，在广大南方地区的文化中，巫术一直是重要的力量，而不是进入宋代巫文化才开始在南方泛滥。作为一个特例，在宋代南方人信巫不信医成为引人注意的奇怪现象之一。但是南方人不是进入宋代才开始信巫不信医的，事实上宋之前南方人更加信巫不信医，宋之后南方人也不是不再信巫而信医。因此，在这个意义上，横向与中原地区比较，说宋代南方巫术更泛滥是事实；但把南方的巫术纵向和它的过去比较，说宋代南方巫术更加泛滥有违事实，在这个意义上这是一个伪命题。因此，不应该把南方巫术泛滥看成宋代巫术猖獗的原因。除非相信在汉族势力南移的过程中，南方落后的文化与风俗对汉文化产生了巨大的冲击。

如前所述，宋人关于南方地区巫术泛滥的描述也会成为加深后人印象中宋代巫术猖獗的重要因素。但是，如果认为宋代南方的巫术空前绝后地猖獗的命题是值得质疑的甚至是应该否定的。这样就会显露出另外一个问题，即一旦否认前文的B命题即宋代南方的巫术更为猖獗的真实性，则如何理解A命题，即宋代巫术猖獗，就是个问题了。下文将首次从一个新视角，对这一问题予以解读，并给出明确的意见。

4.2.5　试析宋代巫术猖獗的原因

历史上巫术文化的影响力有消有长，中西皆不例外。在西方世界，波义耳、牛顿等人生活的17至18世纪，科学家（比如这两个人）还参与炼金术等巫术研究。但这时炼金术等巫术活动属于“地下活动”，或“半地下活动”[1]，从事这些活动的人交流时都隐瞒真实姓名，以化名相称[2]。与此形成鲜明对比的是：这个时期科学活动可以大张旗鼓地开展。这容易让现代人产生错觉，以为这一时期的科学以及科学文化已经彻底战胜了它的对立面，其实远非如此。在西方，基督教一教独大的中世纪文化背景下，巫术成为了异端，被视为帮助人与上帝的对立面撒旦沟通的媒介和方法[3]。大体上从1580年到1700年（事实上延续了更久），欧洲发生了针对巫术的迫害运动。这才是波义耳、牛顿时代炼金术等巫术活动转入地下的根本原因。

恩格斯在《自然辩证法》中有一篇文章，名为《神灵世界中的自然科学》。在文中，恩格斯提到，与达尔文同时提出进化论思想的科学家华莱士，撰写过《论奇迹和现代唯灵论》，他“已经有一只脚踏进神灵世界中去了。到了1865年，他的另一只脚也跟着踏进去了。”[4]恩格斯还提到，化学元素铊的发现者、英国科学家威廉·克鲁克斯，“大约从1871年起开始研究降神现象”，并开始相信灵异和神灵的存在。[5]恩格斯这篇文章告诉读者：在19世纪后半叶，相信存在神灵和灵异现象、相信巫术，并对它们开展所谓“研究”

1 〔英〕迈克尔·怀特著，陈可岗译：《最后的炼金术士：牛顿传》，北京：中信出版社，2004年，第151页。

2 〔英〕迈克尔·怀特著，陈可岗译：《最后的炼金术士：牛顿传》，北京：中信出版社，2004年，第181页。

3 王亚静：《中世纪巫术的社会功能解析》，东北师范大学，2008年，第4页。

4 恩格斯著，中共中央马克思、恩格斯、列宁、斯大林著作编译局译：《自然辩证法》，北京：人民出版社，1971年，第37页。

5 恩格斯著，中共中央马克思、恩格斯、列宁、斯大林著作编译局译：《自然辩证法》，北京：人民出版社，1971年，第39页。

又成了引人注意的不可忽视的社会现象。

到了20世纪，科学技术才成为人类文化的重要力量，相比之下，宗教、哲学等等都已明显式微，巫术在科技文化灿烂的区域或偃旗息鼓或苟延残喘。而在此之前，科学技术一直没有对巫术显示致命的威胁。不仅如此，20世纪之前的很多时候巫术与科学技术是难解难分的，甚至有时是相互“促进”的。在中国古代，总体说来，宗教不过是专制统治者手中的工具而已。中国不曾像西方那样有过政教分离的时期，更没有宗教凌驾于王权之上的现实。宋代也不例外，当时的宗教不能像16至17世纪西方的宗教那样，足以给予巫术致命的打击。宋代的科技水准为人称道，但是还远远无法与西方19世纪后半叶的科学相比，当然与20世纪的科技更有质的差别。因此，科学技术在宋代对巫术形成致命打击的条件也不具备。既然在历史上曾大大削弱巫术影响的宗教和科技两股力量，在宋代还都不具备对巫术形成致命性打压的实力，就不难理解为什么宋人多信巫以及宋代科技代表人物沈括也不能与巫术彻底决裂的历史事实了。

宋代是中国封建社会的一个特殊阶段。宋代的科学技术、文化等诸方面较之汉唐诚然得到了较大的发展。比如有专家认为宋人的审美观处于中国古代的最高点（马未都：凤凰网，2013年5月8日，“锵锵三人行”节目视频）。在宋代政治、经济、科技、文化等诸多领域全面发展的社会背景下，作为其文化重要组成部分的巫术得以同步发展和繁盛亦在情理之中。笔者承认宋代巫术已经呈现出某些前所未有的“泛滥”或“猖獗”势头，并认为宋代巫术“泛滥”或“猖獗”，主要与宋代城市生活得以空前崛起以及与之相伴的城市生活的极大丰富密切相关[1]。宋代城市崛起，这一人类群居方式的转型对巫术的繁盛影响重大，这主要因为，这一社会变化，极大促动了巫术在宋代成为了一种建制化的社会行业。在宋代巫术（尤其官方允许存在的巫术形式）绝不像今天这样代表着愚昧、无知和迷信，在一定意义上，某些巫术形式反而是当时“先进文化”的一个必要组成部分。这由前文所述的沈括等人对巫术、迷信等津津乐道的态度上可以看出。在这样的社会思想意识下，社会城市化的发展带来的社会群体的集中必然成为了宋代巫术发展的积极促动力。

1　全汉升：《宋代都市的夜生活》，载《食货》，1934年第1期，第23—28页。

前文提到，在北宋时期，汴京城里巫术迷信活动中仅以卜筮为业者竟然占到了全城总人口的百分之一[1]。这一数据直接展示了在宋代城市生活中巫术类活动的“盛况”，为数不少的城市居民成为了这一行业的从业者。在中国历史上，宋代在很多方面都几乎达到了封建社会的巅峰和极致状态，这其中也包括中国传统文化中一股最顽强的力量——巫术。在这一视域下，也仅仅在这一意义下笔者承认宋代巫术较为猖獗与泛滥的事实。

4.2.6　余论：中国巫术史研究的进路

古人是不会将巫术的很多重要方面用文字记录的。这就决定了通过历史文献法研究古代的巫术具有难以避免的局限性。面对在时空上、在逻辑上彼此没有直接和必然联系的文献，面对文献没有涉及的关于巫术的某些方面，过去学者更多的是靠想象和推理来弥补。但是近现代科学成功的发展模式告诉我们，仅靠想象和推理是不足以推动学术活动持续沿着正确方向发展的。于是实验成了科学发展过程中，为科学家的行为和思想纠错的法官和试金石。同样道理，巫术的研究也不能一味放任研究者的想象和推理，而需要一种制约性的实践，依靠它为研究者单纯的思想活动纠错。这种实践一定不存在于高度现代化的城市环境。因为研究者要摆脱的就是充斥于这种环境中的现代思想意识。这种实践的空间指向性很明确，那就是远离城市生活、缺乏甚至不受现代思想意识影响的偏僻的地区，尤其少数民族地区。在那里，有的部落里还较好地保持着某些原生态的包括巫术在内的古代文化。那里应该是深入研究古人世界的最适宜的场所，尤其是研究中国古代巫术的理想环境。过往西方学者的巫术研究，比如《金枝》中，有的涉及了中国的巫术，但是由于作者无法真正深入中国古代文化的氛围而显得漂浮、表面化。

到最合适的地方以耳闻目睹的方式直接深入挖掘巫术的内涵并通过这一方式了解古人眼里的世界，这是中国巫术研究的必由之路。只有这样才有可能有足够的新发现。但是在上路之前一定要先做一次“洗脑”，研究者首先要对自己进行一次思想认识上的校正。过去的巫术研究者潜意识中都坚信一

1　刘黎明：《宋代民间巫术研究》，成都：巴蜀书社，2004 年，第 5 页。

个前提：现代人能够理解和认识历史上的巫术。而今天的巫术研究者应该有意识地清楚承认：如果我们不放弃只有现代人才具有的一些基本的理念和认识，就不能真正理解和认识历史上的巫术。有了这样的认识，深入到研究巫术最理想的环境之后，就不会只走形式主义的路线，而是真正地潜下心来，实心实意变成一个“土著”，只有这样，我们才能看到、听到我们在城市里无法听到的、无法见到的，才能对于巫术研究有巨大的推动。

4.3 由技入道：技艺的内化与人性的升华

4.3.1 引言

雅斯贝斯（Karl Jaspers）认为，回忆历史是为人性争得一席之地、使人找到自我而不至于消失于虚无迷惘之乡的重要手段。[1] 萨顿（George Sarton）则说：“历史学家的主要职责就是恢复人的个性。”[2] 无个性，没人性。回忆历史的方式有很多，人物、事件、思想源流都是铺陈历史的常见依托维度。在文化长河里做思想冲浪、溯源，诸子百家之言是前行的重要落脚点。那么技术史该如何挖掘、描述和展示人性呢？在笔者看来，方法之一是思考技术与人（人性）的关联。技术是人的创造与发明，技术是在人与自然交互作用的过程中诞生的，它能帮助人们实现一定的期待、达成一定的目标。这是人与技术最基本的关系。以制造和使用工具为主要标志的技术行为是人的本性与意志的体现，因而可以从技术的发明动机与器具的制造过程窥见人性触须的伸展。除此，技术还具有二次人性化的相变空间，即在技术的使用过程中，因逐渐纯熟而实现由技术到技艺，再通过大量实践，使技艺与人的本能相结合；与此同时人的思想由平庸、偏狭、有漏洞、不完备的状态，一朝顿悟而进入主观心理感觉到大彻大悟的境界。在这一“相变”过程中技艺融于人的身心、与人合二为一；主体人主观感觉到自己与世界默契合流，从而对人

1 〔英〕汤因比著，张文杰编：《历史的话语》，桂林：广西师范大学出版社，2002 年，第 51 页。

2 〔美〕乔治 · 萨顿著，刘珺珺译：《科学的生命——文明史论集》，北京：商务印书馆，1987 年，第 18 页。

生、对世事、对宇宙大道有了难以言传的独特感悟，豁然开朗、明心见性、怡然自得。这就是由技术初学者到匠人、再由匠人心态实现由技入道的演变与升华的历程。

4.3.2 道之难传与难证

《道德经》开宗明义地指出："道可道，非常道。"[1]真正的大道不可言传。因此，悟道、证道非修道者自家明心见性不可。《庄子·天道》也曾诠释天道幽幽，不可言传、不可以言语为凭证的道理，并为世人不晓此理而感叹：

> 世之所贵道者，书也。书不过语，语有贵也。语之所贵者，意也，意有所随。意之所随者，不可以言传也，而世因贵言传书。世虽贵之，我犹不足贵也，为其贵非其贵也。故视而可见者，形与色也；听而可闻者，名与声也。悲夫！世人以形色名声为足以得彼之情。夫形色名声，果不足以得彼之情，则知者不言，言者不知，而世岂识之哉！[2]

不过，在庄子看来，道也并非绝对不可言传身教。在《庄子·大宗师》中，通过南伯子葵与女偊的一段对话揭示一个道理：道是能够言传身教的，但是必须满足一个苛刻的条件，即"以圣人之道告圣人之才"。[3]传授的必须是圣人之道，而学习者要具备"圣人之才"。这一条件足以彻底斩断众多人士的求道之路。不过"圣人之才"是难以界定的，总有人不愿因为有此一说而放弃修行证道的宏愿。

葛洪就是一个矢志求道的代表人物，他在《抱朴子·地真》中曾这样表达他的信念与做法："道成之后，略无所为也；未成之间，无不为也。"[4]这句话含义丰富，可以明确肯定的一点是：任何未得道的人，必须以"无不为"的精神和态度去努力做各种尝试，才有可能成为得道者，勤勉与决心由此而成为得道所必需的条件。葛洪在得道之前的这种"无不为"的"有为"态

1 陆元炽：《老子浅释》，北京：北京古籍出版社，1987 年，第 11 页。
2 曹础基：《庄子浅注》，北京：中华书局，1990 年，第 103 页。
3 曹础基：《庄子浅注》，北京：中华书局，1990 年，第 98 页。
4 葛洪著，顾久译注：《抱朴子内篇全译》，贵阳：贵州人民出版社，1995 年，第 468 页。

度，与老子的“无为”精神背道而驰，反映出的是不同时期求道者思想方法上的变易。而修道者之所以必须具备“无不为”的心理准备，只因为求道艰难，没有简单的、一蹴而就的捷径。“无不为”的求道过程，既是长期的渐进积累过程，也是不断做各种尝试的试错求真过程。

4.3.3 由技入道的思想基础

《道德经》为中国古代的道论奠定了基调[1,2]，因而今天分析“由技入道”不能无视它的存在。老子主张守中、清静无为、返璞归真，主张放弃使用工具和技术。他对“小国寡民”的阐释，较为全面地揭示了他的这一思想：

> 小国寡民。使有什伯之器而不用；使民重死而不远徙；虽有舟舆，无所乘之；虽有甲兵，无所陈之。使人复结绳而用之。至治之极。甘其食，美其服，安其居，乐其俗，邻国相望，鸡犬之声相闻，民至老死不相往来。[3]

老子不倡导奋发图强、锐意进取，而要求人们知足常乐、老守田园；主张放弃使用，因而更不会鼓励人们去创新、去发明更好的技术与器具。所以，在老子的价值观下，在生产、生活实践活动中刻苦勤勉、精益求精地提升技艺的行为，也难以进入被鼓励与倡导之列。《道德经》中的若干“驭民”策略也与此密切关联，如：“不见可欲，使民心不乱……常使民无知无欲。”[4]如此状态的民众无异于一群终日浑浑噩噩、不思进取之徒。而即使有人清醒理智，也要让他从心里意识到明哲保身的必要性，从而“不敢为天下先”[5]；即使因为机缘巧合一个人不小心已经建功立业，那也要“功遂身退”[6]。

1 张岱年：《论老子的本体论》，载《社会科学战线》，1994 年第 1 期，第 99—101 页。

2 孙熙国：《论老子对“道”的三重规定及其哲学启示》，载《哲学研究》，2001 年第 10 期，第 35—42 页。

3 陆元炽：《老子浅释》，北京：北京古籍出版社，1987 年，第 151 页。

4 陆元炽：《老子浅释》，北京：北京古籍出版社，1987 年，第 17 页。

5 陆元炽：《老子浅释》，北京：北京古籍出版社，1987 年，第 131 页。

6 陆元炽：《老子浅释》，北京：北京古籍出版社，1987 年，第 25 页。

在这样的思想意识下，几乎不存在直接衍生出“由技入道”这一理念的可能性，很难为孜孜以求乃至“由技入道”的理念找到思想根据，也难以开辟能演绎、引申出“由技入道”这一理念的门径。庄子也不无是念，《庄子·天地》叙述了一则故事：

> 子贡南游于楚，反于晋，过汉阴，见一丈人方将为圃畦，凿隧而入井，抱瓮而出灌，搰然用力甚多而见功寡。子贡曰：“有械于此，一日浸百畦，用力甚寡而见功多，夫子不欲乎？”……为圃者忿然作色而笑曰：“吾闻之吾师，有机械者必有机事，有机事者必有机心。机心存于胸中则纯白不备。纯白不备则神生不定，神生不定者，道之所不载也。吾非不知，羞而不为也。[1]

胡化凯对这则故事做过深刻剖析。他指出：“浇田老人（为圃者）的话，代表了道家对于机械技术的态度。机械可以使人‘用力甚寡而见功多’但道家反对运用它，因为他们认为，‘功利机巧必忘夫人之心’，‘有机事必有机心’，使用机械技术会使人产生投机取巧的心理。”[2] 然而庄子之道与老子之道还是存在着明显的不同。与老子阐述的更加恢弘高妙的道相比，庄子的道虽然也妙义无穷，但已经不再回避世俗，小到蝼蚁中有之，脏到屎尿中亦有之。[3] 道论发展到这一阶段，道不避世俗、无所不在的新格局使其与包括技艺在内的诸端世事彼此关联起来。《庄子·天地》中有与此最为相关的一段关键论述如下：

> 通于天地者，德也；行于万物者，道也；上治人者，事也；能有所艺者，技也。技兼于事，事兼于义，义兼于德，德兼于道，道兼于天。[4]

1　曹础基：《庄子浅注》，北京：中华书局，1990 年，第 175 页。
2　胡化凯：《中国古代科学思想史二十讲》，合肥：中国科学技术大学出版社，2013 年，第 229 页。
3　曹础基：《庄子浅注》，北京：中华书局，1990 年，第 333 页。
4　曹础基：《庄子浅注》，北京：中华书局，1990 年，第 161 页。

这段论述，由技到事，再由事而义、由义而德、由德而道，乃至由道而天，建构了始于技艺、止于天道而有多个拐点的逻辑通道，笔者认为也可以视为匠艺之人境界攀升的阶梯（见图 4.13）。庄子思想体系中由技入道之思想门径与理论基础，简言之即技可通天。图中诸项的复杂关系尚待进一步阐释；无论如何，这一思想为凭借技艺而生存的劳力者，保留了可以超凡入圣的机会。因此庄子的这一思想在中国科技思想史，尤其技术思想史上，具有极其重要的价值与意义。庄子对由技入道这一思想的阐释，并非仅此一次，他还通过多个生动的例子揭示了由技入道的诸多细节与要义，庖丁解牛的故事就是一个范例。

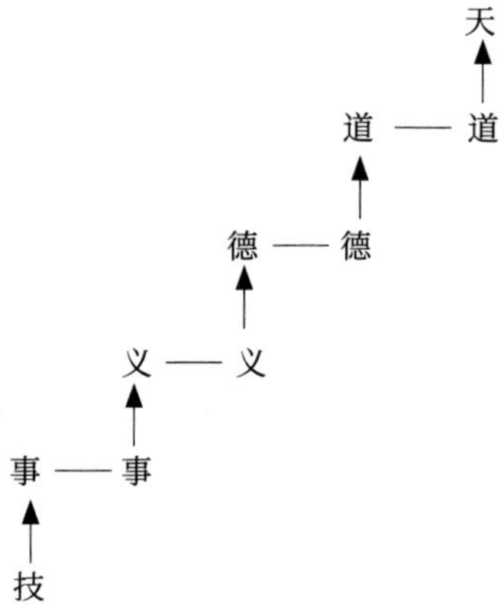

图 4.13　由技入道

4.3.4　由技入道之例证

《庄子 · 养生主》中“庖丁解牛”故事里的庖丁本是凡人一枚，但他经过 3 年的实践摸索，熟知了牛骨的结构特点，从而双目所见再非“全牛”；又经过多年摸索之后，解牛时能够“以神遇而不以目视，官知止而神欲行”，达到了随心所欲的程度——何时刀快进、何时刀慢行都在其熟练掌握之中；出神入化、游刃有余，刀行于间隙中而不硬碰牛骨，所以一把刀使用了 19 年仍像刚刚磨出来的一样锋利、闪亮。不仅仅如此，庖丁知道何时该切割哪里，先后切割不同部位发出的不同声音连贯起来，合乎乐律，就像雅乐一样动听；庖丁解牛时做出的动作，节奏就像《桑林》之舞一样优美。[1]

庖丁解牛这个故事首先说明了由技入道的有效路线——庖丁所解之牛多达数千，这说明他有丰富的实践基础；无论是用刀“批”还是“导”都“因其固然”，喻因势利导、按规律行事；庖丁“所好者道也”，揭示了他有对超乎技艺的大道的追求。这三点是所有由技入道者必须具备和遵循的基本点。

1　曹础基：《庄子浅注》，北京：中华书局，1990 年，第 43—44 页。

其次它揭示出了由技入道的超越性。由技入道最为重要、最有意义的一点是，在这一过程中由技入道者思想境界的升华具有对具体技艺本身的极大超越性。如果庖丁在敏锐而深刻的感悟与再实践中，深化了对音乐和舞蹈的理解，并油然萌生了类似于毕达哥拉斯（Pythagoras）研究谐音时得出的世界与灵魂都是和谐的念头[1]；如果庖丁在出神入化解牛的过程中领悟到了与老子提出的“治大国若烹小鲜”[2]相类似的想法，也不会令人惊讶。由技入道者开悟时如果没有对具体技艺本身的这种超越性，由技入道者大彻大悟时就不会有那种丰富、清晰的主观体验。

有“慧根”的出色匠人，在自己的长期实践中能感受到微妙难言之道意者不乏其例，轮扁是庄子提到的另外一个此道中人。“斫轮”匠人轮扁曾这样向桓公阐释他的斫轮之道：“斫轮，徐则甘而不固，疾则苦而不入；不徐不疾，得之于手而应于心，口不能言，有数存乎其间。臣不能以喻臣之子，臣之子亦不能受之于臣，是以行年七十而老斫轮。”[3]轮扁强调的是由技入道的不可言传性，他是从技艺的最佳火候或分寸难以把握这个视角阐释这一道理的。

需要明确的是，并不是一个匠人拥有了超越一般人所能掌握的熟练的技艺，就意味着他已经由技入道。表明一个匠人已经由技入道的重要依据是：他基于技艺产生了不可言传身教的感悟，即在展示技艺时领悟到了轮扁所说的“有数存乎其间”的“数”。对于这其中的微妙感受，明代学者谢肇淛有很明晰的阐释：“穿杨、贯虱，精之至也，然亦可习之。至于截箭啮镞，非可习而能也。神而明之，有数存乎其间，即羿亦不能传之子者也。”[4]匠人在由技入道过程中感受到的“道”或“数”，即是他们在此过程中对技艺本身超越性精神收获的载体。

由技入道的实践经历，不限于在道家的思想框架下阐述。世人多将佛教修行称为“遁入空门”，实不尽然。在佛教中的一些门派里，也存在类似于

1　汪子嵩、范明生、陈村富、姚介厚：《希腊哲学史（1）》，北京：人民出版社，1997年，第263—266页。

2　陆元炽：《老子浅释》，北京：北京古籍出版社，1987年，第121页。

3　曹础基：《庄子浅注》，北京：中华书局，1990年，第204页。

4　〔明〕谢肇淛：《五杂俎》，上海：上海书店出版社，2001年，第123页。

“由技入道”的修行途径。早有研究者对此做过阐释：

> 在很多人印象中，“修行”一词与佛法的修炼有关，必定要天天诵经礼佛、吃斋茹素，再不然就是执着于深山老林中的冥思苦想。其实不然，“一切声色，尽是佛事”，“砍柴挑水无非妙道”，生活其实就是“道”的显像，将修行融入生活，以观照当下，对于我们优化自身素质、提升精神品质具有明显的效果。[1]

在笔者看来，佛门中最典型的一类由技入道修炼者当属武僧，他们奉行禅武合一之宗旨。从佛教修行角度看，以习武作为禅修的重要方法，意味着对禅修方式的丰富；而从武术角度看，将禅修行为引入习武之中，则意味着对习武方式与内涵的改变。诵经清修，可以觉悟；痴迷武技，持之以恒也可以觉悟。武术之中技艺兼备，将禅武合一归入“由技入道”理念是比较准确的，武僧们禅武合一的修行是一种典型的由技入道的实践例证。

4.3.5 技艺融入本能：由技入道的关键环节

在中国古人看来，得道或者说进入道境是认识世界以及人生修行的最高境界。这是道家的终极目标，也是其他诸家的理想归宿。儒家鼻祖孔子曾慨叹：“朝闻道，夕死可矣。”[2] 凡人入道或得道，在很多故事或传说中，常见的契机或是在修行中自己开悟证道，或是经过师尊点拨，从而醍醐灌顶、大彻大悟。两种方式的共同之处在于都走精神路线，这可谓“由理入道”。与此相对的由技入道，指的是一个人在所掌握的某种技能不断提升过程中，忽然涌现出一种独特感觉，俨然不但掌握了技艺的精髓，还对人生、对世界有了通透的认识，从而精神境界得以升华。

由技入道与冥想或坐而论道存在根本的不同。陆游说：“纸上得来终觉浅，绝知此事要躬行。”这一诗句可以用来揭示学习间接经验、由理入道方

1　殷玲玲：《工匠精神也是一种修行》，载《法音》，2018 年第 10 期，第 74 页。

2　张燕婴译注：《论语》，北京：中华书局，2006 年，第 44 页。

式的局限性，以及亲自实践的必要性。游泳教练或游泳教科书都会明白地告诉学习游泳的人：该如何摆动手臂或双腿，该如何呼吸等所有动作要领；但不下水而仅在教室里听讲或读书是不能真正学会游泳的。19 世纪英国教育家赫胥黎的一句话也很好地揭示了实践的重要性：“论及木工技术的机敏的谈话，并不能造出一把椅子……”[1] 因此在初步学习和掌握技术这一环节，最重要的是做而不是说，所以：“对于一个手工艺者来说，工场是唯一的和真正的学校。”[2] 实践的过程就是习练技术者不断与技艺磨合的过程，这些论述表达了一个共识：必须实践中学技艺。只有实践才是由技入道的唯一通途。

由技入道的实践过程一般包括三个阶段：首先学会基本的技术要领；其次反复实践以至于熟能生巧，把技术升级为技艺；最后技艺化为本能、沉融于潜意识之中，同时基于技艺又超越技艺，有机缘真切体验到人生、宇宙的天道至理。由技入道的实践过程，就是走完这三个阶段的过程。一个人记住一个武术或体操的基本招式，或者现代人借助仪器设备的使用说明书和原理图，一个人能够操作仪器设备完成某些既定任务，即可认为都属于初步掌握了一项技能或技术，走完了第一阶段，由一个普通人变成一个技能或技术的初步掌握者。一个学会了一项技术或技能的人，经过反复操作或演练的实践，逐渐由初步掌握技术或技能，到达将技术或技能升级成技艺的程度，他就完成了由技入道过程的第二个阶段。这时技术拥有者的技术或技能已经出类拔萃、较为难得，但是尚未达到出神入化之境，因而未触及道机，对于工匠而言就是完全合格的匠人状态。欧阳修的《归田录》中所记载的陈尧咨的射术以及卖油翁的酌油术，均处于由技入道三阶段中的第二阶段：

陈康肃公尧咨善射，当世无双，公亦以此自矜。尝射于家圃，有卖油翁释担而立，睨之，久而不去。见其发矢十中八九，但微颔之。康肃问曰：“汝亦知射乎？吾射不亦精乎？”翁曰：“无他，但手熟尔。”康肃忿然曰：“尔安敢轻吾射！”翁曰：“以我酌油知之。”乃取一葫芦

1〔英〕托·亨·赫胥黎著，单中惠、平波译：《科学与教育》，北京：人民教育出版社，1990 年，第 263 页。

2〔英〕托·亨·赫胥黎著，单中惠、平波译：《科学与教育》，北京：人民教育出版社，1990 年，第 265 页。

置于地，以钱覆其口，徐以杓酌油沥之，自钱孔入，而钱不湿。因曰："我亦无他，惟手熟尔。"康肃笑而遣之。[1]

卖油翁抓住了由技入道第二阶段的关键所在："惟手熟尔"，是行当中合格而出色的匠人、行中高手，但是尚未达到心中道意盎然的境界。要跨入第三阶段，从技艺掌握的角度看，熟能生巧之"熟"的火候要达到技艺融入躯体本能的地步。表面看，由技入道过程中技术或技能拥有者直接提升的是技术或技能，但由技入道者心里必须有更高的情怀，即如庖丁那般有强烈的对道之所好。否则，技有所得即"自矜"或一句"惟手熟尔"沾沾自喜再无他求，那么就只能自囿于匠人之境。把陈尧咨、卖油翁与庖丁相比较不难发现，由技入道的庖丁在实践过程中，因为有对道的不懈追求，他能做到一再突破自己的认识境界。而这是陈尧咨没做到的，也是卖油翁没有表达出来的。

借助武术的特殊实践，可以对技艺如何融于本能之说做出解释与说明。由技入道的三个阶段，在练习武术时各有具体的体现：首先是初步了解了某一种武术（比如少林拳或武当剑），有多少招式以及基本的动作要领，并能在模仿的意义上做出动作；其次是能够一招一式地做刻板的套路式演练；最后阶段对应于武术修炼得熟能生巧、炉火纯青，在受到攻击或威胁时，能够本能而迅速地做出最合理的发挥武术功能的随机应变。处于第三个阶段的习武者虽然记得所习练的武术套路，但是在紧急时刻，他能摆脱武术套路先后衔接与过渡等羁绊，并做出最合理的行为反应。我们无法想象一位武术大师按部就班地依照武术套路的先后顺序，一招一式地施展开来去与人格斗，并应对自如。想要做到根据具体情境快速而流畅地做出最合理的武术应对，习武者必须将特定武术招式的精髓融于超乎其思考过程的本能之中。这样的武术大师是存在的，比如李小龙的截拳道据说基本达到了这一境界。而这一级别武术大师的存在则进一步说明，将武术或其他技艺融于本能是可以实现的目标。技艺如同武术一样，只有达到了完全与学习者的本能合二为一，才可以随心所欲、迅速而有效地施展出来，做到这一步的人对技艺必然有了不可言传的感悟，这是已臻道境的标志。否则，一边思考用哪个招式更好，再凭

1〔宋〕欧阳修：《归田录》，北京：中华书局，1981 年，第 9—10 页。

借记忆的套路去出招，一切都将毫无意义。

将技艺沉淀、融入本能之中，是一个缓慢的过程。关于技艺“沉入”本能中的例子不胜枚举。事实上普通人也都有将技艺融于本能之中的经验。比如学游泳、学骑自行车时，无论他人怎么详尽告诉如何上车、如何保持平衡并顺利骑行等技巧，也无论学骑车的人将这些背诵得多么熟练，都没什么大用。而关键的还是必须由学骑车的人亲自去试骑、去摸索。而一旦他掌握了难以描述的、基于本能的骑行奥妙和技巧，即使几年不骑车，再骑自行车时，不用重新学习，因为骑车的技艺要领已经沉融、内化到他的本能之中。技艺融入本能的这类纯粹经验的描述是有科学根据的。研究表明记忆按照信息加工方式可以分为两种：外显记忆和内隐记忆。内隐记忆是一个相对独立的记忆系统，特征是被试者并非意识到自己具有这种记忆，只是在特定任务的操作中能自然地表现出来，这种操作不依赖于对先前经验的有意识恢复……这种记忆也被称作无意识记忆或潜意识记忆。[1]。会游泳的人，游泳前无需也做不到回忆游泳的详尽技术细节；同样会骑车的人，骑车前不用也不可能在心里回忆并背诵骑车的动作要领。这些已经都储存在他的内隐记忆之中，事实上就是融入到了知觉难以触摸的本能的潜意识之中。心理学的研究表明，潜意识或无意识的过程不仅重要而且很多时候具有决定性的作用。亲历的研究实践也令科学家对此坚信不疑，2020 年获得诺贝尔物理学奖的彭罗斯就说人有意识状态时的思维远远不及无意识时的算法：“按照我自己的推理，无意识过程很可能是算法的，但是该算法是极其复杂的，要仔细解开它极为困难。完全有意识的可以合理解释为完全合逻辑的思维，也可以（经常）用算法来表达，但是在完全不同的水平上。”[2]

如果把由技入道的主体范围外延到人类之外，比如包含也靠技能生存的动物界，那么技艺沉融于本能就不再是由技入道的充分必要条件了。前文曾言：匠人在由技入道过程中感受到的“道”或“数”，即是他们在此过程中对技艺本身超越性精神收获的载体。就人类和动物而言，二者存在多种本质区别，与本章话题相关的是，与道家对“道”心驰神往、佛修对开悟而洞

1　龚亮、程怀东、汪凯：《内隐记忆的神经机制》，载《临床神经病学杂志》，2011 年第 1 期，第 71 页。
2　〔英〕罗杰 · 彭罗斯著，许明贤、吴忠超译：《皇帝新脑》，长沙：湖南科学技术出版社，1999 年，第 474 页。

悉佛法相似，很多人都有超乎现实生活的精神追求。而人类对超乎现实的追求，往往是因为受生命短暂、能力有限等等问题困扰而欲突破困扰使然。在由技入道的人生“相变”瞬间，“道”或“数”成为得道或开悟者破解现实困扰并由此精神“飞升”的阶梯。笔者认为，有的动物可以把一项技艺掌握到匪夷所思的程度，但是动物尚未进化到具备丰富的精神生活的地步（除非我们相信狐仙、蛇仙等是真实的存在），因此，从掌握技艺的角度而言，动物堪称专家，但以目前人类对动物的科学认识而言，它们是无法进一步实现由技入道的。

4.3.6　由技入道与高峰体验

在古人看来，一个人一经得道或入道，则意味着对他而言大千世界与芸芸众生已经不再有什么秘密，他的内心也不再有什么困惑。对自然界、对社会，以及对包括人类在内的生命现象达到如此高的境界的认识，一直是人类追求的目标。在现代科技视域下，人类将永远处于对这一目标的追逐过程中。也就是说，这一目标在今天的人看来，隐约可见却遥不可及。

国外学者有关于身体与技术的著作，如《论技术、技艺与文明》一书中，有关于“身体技术”与“身体技艺”的论述。然而细读全书，发现作者主要是在以下语境中展开的讨论：“在不同的社会当中，人们以传统的方式知道了怎样使用他们的身体。”[1] 而书中在身体技艺部分，则明确一个理念：“身体的总习惯是一种技艺，仅有教授习得，并且这种技艺还处在发展中。”[2] 然后在此理念下，深入讨论技艺是如何形成的。因此，全书更是在社会性的范畴下，将工具看作人的肢体和器官的延伸，然后在传统技术语境下，分析社会人的身体技艺。作者强调研究要在社会学—心理学—生物学联动的视角下展开研究[3]，但作者所说的“心理学”也是社会心理学，并不关涉个体生命

1 〔法〕马塞尔 · 莫斯、爱弥尔 · 涂尔干、亨利 · 于贝尔著，蒙养山人译：《论技术、技艺与文明》，北京：世界图书出版公司北京公司，2010 年，第 79 页。

2 马塞尔 · 莫斯、爱弥尔 · 涂尔干、亨利 · 于贝尔著，蒙养山人译：《论技术、技艺与文明》，北京：世界图书出版公司北京公司，2010 年，第 102 页。

3 马塞尔 · 莫斯、爱弥尔 · 涂尔干、亨利 · 于贝尔著，蒙养山人译：《论技术、技艺与文明》，北京：世界图书出版公司北京公司，2010 年，第 97 页。

在学习和应用技术的实践对其精神层面的影响。因此对本节没有直接的参考价值。

《身体与技术：德雷福斯技术现象学思想研究》一书第一章讨论身体理论，是在西方几位哲学家尚处于争议状态的理论基础上展开讨论的，第二章对于“具身行为理论”的讨论亦是如此。这与笔者的视角聚焦层面完全不同，本节不建筑在哲学假设性理念之上，而是基于历史文献中的典型故事，以及人们生活中人人可以感受的可靠经验，分析生活中和在这些文献中的故事里关于技艺的实践经验，以及技艺实践与人心理与精神之间的互相反馈。该书介绍了德雷福斯提出的人习得技能的“五阶段论”：新手阶段、高级初学者阶段、胜任阶段、熟练阶段、专家技能阶段。[1]从德雷福斯的主要论述内容和写作动机上看，他提出“五阶段论”是必要的也是合理的。在这“五阶段论”中，专家技能阶段是巅峰，在此阶段，专家们“不仅看到了需要达成的目标，由于已储存了大量相互区别的情境，他们也直接看到了怎样达成这一目标。”[2]这种描述充分显示在德雷福斯的“五阶段论”中，即使技术顶级人物，也仅限于具备技术应用的一定前瞻性，丝毫不关涉应用技术促成其精神质变的话题。并且他明确指出：“这些阶段相当程度上是连续的。”[3]这就意味着在各阶段之间并无飞跃即无顿悟等质变发生。对于人类而言，笔者将由技入道的过程分为三个阶段：学会技术的基本要领阶段；熟能生巧阶段；技艺化为本能、沉融于潜意识阶段。在德雷福斯的新手阶段与高级初学者阶段，技术修习者掌握技术尚未熟练也未发生根本变化，因此以“学会技术的基本要领阶段”统称之完全合理；而德雷福斯所说的胜任阶段、熟练阶段与专家技能阶段，因为是保持着发展的连续性，因而也未产生显著的质变，因此整体称之为熟能生巧阶段亦无不妥。而本节的第三阶段，在德雷福斯“五阶段论”中没有对应者，这就是德雷福斯的“五阶段论”，与笔者提出的由技入道“三阶段论”之间的根本异同。综上，这些书籍对于我们探讨技艺实

1　姚大志：《身体与技术：德雷福斯技术现象学思想研究》，北京：中国科学技术出版社，2020 年，第 109—113 页。

2　姚大志：《身体与技术：德雷福斯技术现象学思想研究》，北京：中国科学技术出版社，2020 年，第 114 页。

3　姚大志：《身体与技术：德雷福斯技术现象学思想研究》，北京：中国科学技术出版社，2020 年，第 115 页。

践触发精神相变的“由技入道”话题，并无直接的启发与借鉴意义。

还有一个观点现在也许还需要予以明确，即由技入道的过程一定是精神状态存在相变与飞跃的。德雷福斯说人的技艺提升过程相当程度上可以看作是连续发生的，这大体上不错，但是在技艺不断熟练到实现由技入道之间，一定存在明心见性、豁然开朗的一个瞬间，对佛修而言即为“开悟”。而基于对“悟”的看法的分歧，禅宗分为南北两派，慧能为首的南派主张“顿悟”，而以神秀为首的北宗恪守“渐悟”的理念。事实上南北二宗之间的争论焦点，只是一个时间问题，并无教理上的冲突。慧能本人就曾说：“法本一宗，人有南北，法即一种，见有迟疾。何名顿渐？法无顿渐，人有利钝，故名顿渐。”[1] 因此，无论任何人，在常人到开悟之间都要有充分的准备，只是有的人需要的时间更长，而有的人需要时间较短甚至个别人只需要很短的时间而已。因此，顿悟者与渐悟者之间只存在五十步与百步的差别而已，本质上都属于同一类型。限于佛教之内，谢灵运曾指出：“渐悟”是佛教印度的特质，而“顿悟”这适合中国人的性格。[2] 与这一类型真正有本质区别的是那些即使竭尽身心也不能开悟的人，这就是说，不是每个人刻苦修行就一定都能开悟的。渐悟派领袖神秀就认为，有的人因为“宿业障重”，是不能顿悟也不能靠恒久修持靠渐悟而得法的。[3]

既然如此，古人所经历的豁然开朗、茅塞顿开、大彻大悟等得道的感受，以及所达到的思想与精神境界，大多是不具备客观实在性的。笔者认为，古人证道时的感受相当程度上是不无错觉的一种特殊主观心理体验。前面曾讨论，由技入道者必须要使理性习得的知识或技艺与本能、潜意识达成不能清醒意识到的关联、纠缠与耦合，从而使技艺“融入”本能与潜意识之中。这就表明，由技入道的证道过程，心理因素具有不可或缺的作用。人本主义心理学家马斯洛（Abraham Maslow）研究发现，心理健康者的共性之一，是他们“常常说自己有过近乎神秘的体验”[4]。他将这种特殊体验命名为

1 石刚：《六组坛经今注》，北京：首都经济贸易大学出版社，2007 年，第 81 页。

2〔美〕彼得 ·N. 格里高瑞编，冯焕珍、龚隽、秦瑜、唐笑芝等译：《顿与渐：中国思想中通往觉悟的不同法门》，上海：上海古籍出版社，2010 年，第 163 页。

3 石刚：《六组坛经今注》，北京：首都经济贸易大学出版社，2007 年，第 6 页。

4 林方主编：《人的潜能和价值——人本主义心理学译文集》，北京：华夏出版社，1987 年，第 366 页。

"高峰体验"："这种体验可能是瞬间产生的、压倒一切的敬畏情绪，也可能是转眼即逝的极度强烈的幸福感，或甚至是欣喜若狂、如醉如痴、欢乐至极的感觉（因为'幸福感'这一字眼已经不足以表达这种体验）。"[1] 马斯洛基于对大量案例的研究、概括，曾这样描写不同个体在高峰体验中的各种心理感受，其中有些语句用于描写由技入道者的特殊体验，非常恰当：

> 在这短暂的时刻里，他们沉浸在一片纯净而完善的幸福感之中，摆脱了一切怀疑、恐惧、压抑、紧张和怯懦。他们的自我意识也悄然消失。他们不再感到自己和世界之间存在着任何距离而相互隔绝，相反，他们觉得自己已经与世界紧紧相连融为一体。他们感到自己是真正属于这一世界，而不是在世界之外的旁观者。最重要的一点也许是，他们都声称在这类体验中感到自己窥见了终极真理、事物的本质和生活的奥秘，仿佛遮掩知识的帷幕一下子给拉开了。……产生这种体验的人像突然步入了天堂、实现了奇迹，达到了尽善尽美。[2]

马斯洛特别关注究竟是什么促使人产生了高峰体验，他发现很多行为都有可能使人毫无预兆地进入高峰体验状态："这些美好的瞬时体验来自爱情，和异性结合，来自审美感受（特别是对音乐），来自创造冲动和创造激情（伟大的灵感），来自意义重大的顿悟和发现，来自女性的自然分娩和对孩子的慈爱，来自与大自然的交融（在森林里、在海滩上、在群山中，等等），来自某种体育运动，如潜泳，来自翩翩起舞时……"[3] 更加进一步的研究使马斯洛认识到："几乎在任何情况下，只要人们能臻于完善，实现希望，达到满足，诸事顺心，便可能不时产生高峰体验。"[4] 他敏感地发现，产生高峰体验的刺激因素可以多种多样，但高峰体验者的主观体验却彼此相似。这就是说，高峰体验者"通过不同的途径得到了相同的刺激作用"。[5] 马斯洛将

1 林方主编：《人的潜能和价值——人本主义心理学译文集》，北京：华夏出版社，1987 年，第 366 页。
2 林方主编：《人的潜能和价值——人本主义心理学译文集》，北京：华夏出版社，1987 年，第 366—367 页。
3 林方主编：《人的潜能和价值——人本主义心理学译文集》，北京：华夏出版社，1987 年，第 368 页。
4 林方主编：《人的潜能和价值——人本主义心理学译文集》，北京：华夏出版社，1987 年，第 369 页。
5 林方主编：《人的潜能和价值——人本主义心理学译文集》，北京：华夏出版社，1987 年，第 371 页。

高峰体验者们共相似的主观体验归纳如下：“神秘体验、宇宙意识、海洋体验、审美体验、创作体验、爱情体验、父母情感体验、性体验、顿悟体验等等。”[1] 马斯洛所描述的高峰体验，与“由技入道”者感悟到天道至理时的感受不完全一致，但敏锐的读者一定能够感受到，二者之间有较大的内涵重叠域。这体现在：其一，马斯洛描述高峰体验的一些关键词语，用来描写那些由技入道者是十分贴切的，如：“他们都声称在这类体验中感到自己窥见了终极真理、事物的本质和生活的奥秘”——这恰恰是中国古人所谓“得道”的核心含义。其二，马斯洛所列举的可以诱发高峰体验的诸项根源中，“来自创造冲动和创造激情”“来自意义重大的顿悟和发现”“来自某种体育运动，如潜泳，来自翩翩起舞时”等等往往也是诱发得道者尤其由技入道者得道的机缘，换个角度由技入道的过程多数也都能纳入马斯洛认为借助某些活动人可以感受高峰体验的行为模式之中。其三，马斯洛所说高峰体验者所具有的相似的主观体验中，神秘体验、宇宙意识、创作体验、顿悟体验等都是由技入道者所同样具有和经历的。由技入道的瞬间是得道者身心的一种彻底解放，由存在约束、羁绊以及种种差强人意和不可能的世界，跃迁到了一个自由自在的完美世界。是什么驱动了这一跃迁？是人对于世界、对于自己的认识发生了变化。这与高峰体验者又殊途同归，他们在发现了外在世界的和谐与壮美等之后，更容易感受到高峰体验：“世界愈谐和、美好、公正，它便愈能使人也变得如此。当我们在外界发现了最高的价值时，我们就可能同时在自己的内心中产生或加强这些价值。……换言之，……处于较好环境的人更容易产生高峰体验。”[2] 而由技入道者往往是通过自己认识境界的提升而更深刻地感悟到了世界的和谐、自然与美好。

一些著名物理学家有时也乐于敞开心扉，表达他们在研究过程中的心理或精神感受。曾任英国皇家学会会长的诺贝尔奖得主威廉·亨利·布拉格（W. H. Bragg）说过这样的话：“当我们胆敢向自然本身发问时，我们都能体会到在其伟大的存在面前的那种谦卑感。当我们开始安装（可能十分简单的）仪器时，我们希望利用它们探究未知；同时我们为自己的大胆冒失而

1　林方主编：《人的潜能和价值——人本主义心理学译文集》，北京：华夏出版社，1987 年，第 371 页。
2　林方主编：《人的潜能和价值——人本主义心理学译文集》，北京：华夏出版社，1987 年，第 374 页。

感到有些羞愧……那无限的有序与壮丽感笼罩在研究者身上，就像无人轻易能拒绝的一件圣衣一般的礼物一样。”[1] 在这段自白中，布拉格将马斯洛阐释的高峰体验者对自然的那种“压倒一切的敬畏情绪”展示得淋漓尽致；而马斯洛所说的神秘体验、宇宙意识、审美体验等等在这里同样都有迹可循。因此，从本节的研究视角看，布拉格是一位在实验研究中达到了极高精神境界的由技入道者；而从马斯洛的角度看，布拉格是一位在研究工作中多次经历过高峰体验的人。

按照马斯洛的诠释，高峰体验不仅实验物理学家依据由技入道的途径可以产生，理论物理学家同样可以有奇妙的高峰体验。1901 年，22 岁的爱因斯坦（Albert Einstein）在给大学好友 M· 格罗斯曼（M. Grossman）的信中写到：“从那些看来同直接可见的真理十分不同的各种复杂的现象中认识到它们的统一性，那是一种壮丽的感觉。”[2]1930 年，51 岁的爱因斯坦这样描述他所谓的“宇宙宗教感情”：“人们感觉到人的愿望和目的都是徒然，而又感觉到自然界里和思维世界里却显示出崇高庄严和不可思议的秩序。个人的生活给他的感觉好像监狱一样，他要求把宇宙作为单一的有意义的整体来体验。”[3] 爱因斯坦所说的宇宙宗教感情与世俗的宗教信仰有本质区别，是教会所不关注的：“这种宗教感情不知道什么教条，也不知道照人的形象而想象成的上帝；因而也不可能有哪个教会会拿它来作为中心教义的基础。”[4]1934 年，55 岁爱因斯坦又说：对于有的科学家而言，“他的宗教感情所采取的形式是对自然规律的和谐所感到的狂喜的惊奇，因为这种和谐显示出这样一种高超的理性。”[5] 青年爱因斯坦和中老年爱因斯坦的这些主观认识和感受，在马斯洛看来都是对特定高峰体验准确而深刻的总结和叙述。

但是，在阐述高峰体验与由技入道的心理感受等相似性的同时，我们还必须指出：马斯洛学说中的高峰体验与由技入道者悟道的心态，并非毫无区

1 G. M. Caroe：*William Henry Bragg, 1862-1942: Man and Scientist*，Cambridge：Cambridge University Press，1979，130.

2 许良英、赵中立、张宣三编译：《爱因斯坦文集（第三卷）》，北京：商务印书馆，1979 年，第 347—348 页。

3 许良英、范岱年编译：《爱因斯坦文集（第一卷）》，北京：商务印书馆，1976 年，第 280—281 页。

4 许良英、范岱年编译：《爱因斯坦文集（第一卷）》，北京：商务印书馆，1976 年，第 281 页。

5 许良英、范岱年编译：《爱因斯坦文集（第一卷）》，北京：商务印书馆，1976 年，第 283 页。

别。区别之一是，马斯洛认为高峰体验转瞬即逝："所有的高峰体验都是转瞬即逝的，而非永存不变。……对一些人来说，高峰体验则由于使人产生了意义重大的顿悟、启示或宗教皈依而使其整个人生观发生了永久性的变化。这一点很容易理解，因为高峰体验就像使我们暂时步入了天堂，而后我们又在这索然无味的认识上不时回想那美好的时刻。"[1]然而由技入道者，不论是解牛的庖丁，还是斫轮入道的轮扁，还是其他人，他们由技入道后，美好的感觉不会瞬间化作乌有，而可以随时在实践中再次体味并享受这种大道在握、随心所欲而无阻无碍的美妙。另外，马斯洛认为，产生高峰体验无需在熟能生巧之后："人们也不需要经过若干年的训练和学习后才能获得。"[2]但由技入道这种类型基于实践才能产生的高峰体验，如前文所说，却必须经过长时间的磨练，熟能生巧、由技而艺之后，才有可能出现。这些区别的存在，并不意味着高峰体验与由技入道的主观感觉之间不可通约。问题的症结在于，马斯洛在研究高峰体验时研究了数量可观的案例，但是其中几乎不包括由技入道者这一类型；他也没有将长期习练一种技艺而获得高峰体验这种情形作为研究的重点。这样他的高峰体验理念、他对高峰体验的描述，无法完全涵盖由技入道的全部特征，就在所难免。但是由技入道作为心理高峰体验的一种特殊情形，其基本特征大体已经囊括在马斯洛的高峰体验理论之中。

因此马斯洛的高峰体验理念可以帮助我们深入理解由技入道的本质，即由技入道者在证道瞬间的美好感觉，除了有认识论上实在的收获外，较大程度上只是证道者本人在特殊状态的一种主观心理感受。由技入道的过程除伴随着高峰体验之外，还有其他更多的内容，对此仍需做深入的探究。这是基于技术史挖掘人性、恢复人的个性所必须的工作。

4.3.7 余论与结语

由技入道的过程，是人在技术操作过程中人性升华而达到大道通透之境的过程。在这一过程中"技"貌似人与道之间的中介，而这实为一种错觉。

1 林方主编：《人的潜能和价值——人本主义心理学译文集》，北京：华夏出版社，1987年，第374—375页。

2 林方主编：《人的潜能和价值——人本主义心理学译文集》，北京：华夏出版社，1987年，第370页。

事实上，道生一、一生二、二生三、三生万事万物。道生万事万物，道亦在万事万物之中。诸种哲思、诸种技艺，其极致皆入道境。万法归一，由各种哲思与技艺出发，原则上皆可入道境。由技入道，人没有异化为工具或技术，而是摆脱了技术的羁绊；人技合一是人的肢体功能的自然延展与人性的终极升华。一经入道，庖丁的刀、轮扁的斧、华佗的针、王羲之的笔……均无区别，是刀是斧是针是笔，也非刀非斧非针非笔，而与达摩一苇渡江之芦苇，本性如一也。

从本质上看由技入道之变只是一个特殊心理状态的产生与体验过程，这个过程给人的感受并不是那样神奇也并不是在认识的道路上从此便可一劳永逸。但是它依然十分重要，它让人愉悦、幸福，不再困惑、不再迷失、不再孤寂，它是一个人心理健康的重要标志。一个人的幸福感，一方面来自外界，另一方面源于自己的心理感受。而由技入道是沟通外在与内在后达成的一种理想状态，在这一状态下技艺得以内化、人性得以升华。在现实生活中，从小学生魔术般手玩铅笔到熟练而迅速地盲打电脑键盘，再到有的人随心所欲地踢毽子等等，很多平常事都具有宽阔的熟能生巧的发展空间。把一件事做到极致都可以产生类似于由技入道的心理感悟，有助于增加幸福感、自信心以及对生活的热爱，从而使心理更加健康、内心更加强大。

李志超先生曾说：在中国古代有一部分“能工巧匠也是得道之人”[1]。在中华文化中，有些做出特殊贡献的匠人、发明家享有殊荣。嫘祖（发明养蚕）、仓颉（造字圣人）、鲁班（土木建筑鼻祖、木匠的祖师）、张仲景（医圣）、孙思邈（药王）等等在中华文明史上都是有重要地位、很受尊敬的人物。中国古人甚至还将重要的发明归功于三皇五帝等人文始祖，如说神农发明耒耜，又尝百草为药神；燧人氏发明了钻木取火；早期最重要的医书被命名为《黄帝内经》，传说黄帝还发明了挖掘水井、舟车、弓矢等等。将三皇五帝奉为重要发明人，间接反映出的是中华民族在某些历史阶段对重要发明人的尊重和崇敬。但是，在漫长的中国古代社会，人们对于技术的态度时有变化，具体情形较为复杂。当中国圣人宣讲“劳心者治人、劳力者治于人”，

1　李志超：《天人古义》，郑州：大象出版社，2014 年，第 5 页。

并视之为“天下之通义”[1]时，技术与拥有技术的匠人显然是难登大雅之堂的。北宋梅尧臣诗云：“陶尽门前土，屋上无片瓦。十指不沾泥，鳞鳞居大厦。”诗文写的是“陶者”，但能反映两汉以来中国工匠的大体境遇。因此，必须认识到，“由技入道”这一理念，在中国古代社会不是一以贯之始终得到认可和弘扬的；它难以在主流文化中占据重要位置，更多时候属于“左道旁门”之属。这一文化倾向一直延续到近现代，即使今天也并非完全绝迹。诺贝尔奖获得者丁肇中 1991 年曾说，受中国传统文化的影响，“中国学生大都偏向于理论而轻视实验，偏向于抽象的思维而不愿动手。中国学生往往念功课成绩很好，考试都得近 100 分，但是面临着需要主意的研究工作时，就常常不知所措了”。[2]他呼吁这样的文化倾向是必须予以彻底摒弃的：“希望我们这一代对于格物和致知有新的认识和思考，使得实验精神真正地变成中国文化的一部分。”[3]倡导弘扬传统文化中由技入道的难得精神，是本节所论的主旨所在。

4.4　一切皆有可能

4.4.1　引言

李志超教授认为：“科学史的灵魂是科学思想史，只搞史料整理，不做科学思想史分析，就是买椟还珠……”[4]阴阳五行思想、元气论、天人合一观念等是比较明确地以思想形态存在于中国传统文化之中，古人对其内涵都已做过多角度阐释。它们也成为中国古代科学思想史研究的重要内容。除此之外，在中国古代文献中，还有一些思想意识形态，古人有过各种个案式的以及在某种较狭窄视域内的说明，但是远不如五行与元气论等那样做过鲜明的高度概括性的一般性表述，但是这类思想确实曾毫无疑问地长期存在过、传

1　杨伯峻译注：《孟子译注》，北京：中华书局，1988 年，第 124 页。
2　戴友夫：《著名科学家演讲鉴赏》，济南：山东人民出版社，1995 年，第 299 页。
3　戴友夫：《著名科学家演讲鉴赏》，济南：山东人民出版社，1995 年，第 300 页。
4　李志超：《天人古义——中国科学史论纲》，郑州：河南教育出版社，1995 年，第 29 页。

承过。科学思想史研究也应该包括对于这类思想的概括与研究。

相比于西方文化，世人往往认为中国传统文化更具有自然、中庸、阴柔、圆融、和合等特点。这种看法不够全面。相信人定胜天、相信世间一切皆有可能而追求极致的思想，也是中国古人思想观念的长期存在的内容。"一切皆有可能"蕴含三义：人的潜力无限、物的潜能无限、人与物皆可变易。具体而言，其一，赋予人以天下最尊贵的地位。能力是与地位相对应的，最尊贵的人能创造貌似不可能的奇迹。其二，肯定大千世界无奇不有，一切皆有可能存在或发生。其三，万物皆变，可自我演变，亦可突破物种局限而彼此互变。无法证明中国古人都相信一切皆有可能，但是有很多古人相信这一点符合历史事实。中国古人的这一思想认识中，包含着完全有违常识与常理的看法。

4.4.2 人贵而有大能

中国传统文化肯定人的特殊地位。老子说："道大，天大，地大，人亦大。域内有四大，而人居其一焉。"[1]而荀子则进一步阐述了在他看来，在世间万有之中人为最贵的理由与依据："水火有气而无生，草木有生而无知，禽兽有知而无义；人有气、有生、有知，亦且有义，故最为天下贵。"[2]最为天下贵的人可以有异乎寻常的大能力。庄子说，至人能"乘天地之正，而御六气之辩，以游无穷"[3]。《淮南子》则说："泰古二皇，得道之柄，立于中央，神与化游，以抚四方。"[4]而在五代时的谭峭看来，领悟了大道的人可以在天地之间随心所欲："阴阳可以作，风云可以会，山陵可以拔，江海可以覆。"[5]不仅如此，甚至还可以改天换地："阴阳可以召，五行可以役，天地可以别构，日月可以我作。"[6]以上这些异能虽然都是"先皇""大人""圣人"等所具备的，但是中国古人认为，只要通过合适的修炼与学习，凡人即可成仙得

1 饶尚宽译注：《老子》，北京：中华书局，2007 年，第 25 页。
2 安小兰译注：《荀子》，北京：中华书局，2007 年，第 90 页。
3 孙通海译注：《庄子》，北京：中华书局，2007 年，第 10 页。
4 顾迁译注：《淮南子》，北京：中华书局，2009 年，第 3 页。
5 〔五代〕谭峭：《化书》，北京：中华书局出版，1996 年，第 17 页。
6 〔五代〕谭峭：《化书》，北京：中华书局出版，1996 年，第 26 页。

道。在明代的谢肇淛看来，历史上了不起的大人物，更像是一些洞察世界奥秘、掌握关于天地万物核心知识的大专家："圣人之所谓知天者，岂有它哉？亦不过识得盈虚消息之理而已。……《易》之一书，千言万语总不出此四字，但天之盈虚消息，自然者也，圣人之知存亡进退而不失其正，亦自然者也。"[1] 圣人能预见上下500年并不神秘，关键是他们精通特殊的技能："六壬之数若精，天下无不可测之物。"[2] 早在汉代的《淮南子》之中，即有类似的看法："明于性者，天地不能胁也；审于符者，怪物不能惑也。"[3]

庖丁本是凡人，但在庄子"庖丁解牛"的故事里，庖丁在工作时，炫技出神入化："手之所触，肩之所倚，足之所履，膝之所倚，砉然响然，奏刀騞然，莫不中音，合于桑林之舞，乃中经首之会。"[4] 庖丁之所以解牛时能够游刃有余，是由于在长期实践中他熟悉了牛的骨骼结构，积累运刀用力的经验技巧，从而在操刀时能做到"依乎天理""因其固然"。也因此在解牛过程中庖丁就能恰如其分地控制节奏与力度："每至于族，吾见其难为，怵然为戒，视为止，行为迟，动刀甚微"，直至"謋然已解"。[5] 庖丁对文惠君说："臣之所好者道也，进乎技矣。"[6] 庄子以庖丁解牛的故事作为普通人可达道境的实例，阐明晋升道境的可行路线以及达到道境后怡然自得的神态。

在晋代的葛洪看来，得道者不仅能做出改天换地等能事，还可以主宰自己的命运："我命在我不在天，还丹成金亿万年。"[7] 因此，在中国古人看来，作为天下之最贵者，人几乎可以无所不能地主宰一切。而要做到这一步，人需要得道明性。沿这一思路引申推论下去，巫术、法术等等必然将裹挟进来，因此一定程度上会冲淡人作为世界主宰其禀赋的特殊性。然而相比于其他民族的传统文化，中国传统思想赋予人以特殊地位、充分肯定人的主观能动性的思想倾向，最为突出而无出其右者。

1 〔明〕谢肇淛：《五杂俎》，上海：上海书店出版社，2001年，第17页。
2 〔明〕谢肇淛：《五杂俎》，上海：上海书店出版社，2001年，第114页。
3 顾迁译注：《淮南子》，北京：中华书局，2009年，第134页。
4 孙通海译注：《庄子》，北京：中华书局，2007年，第55页。
5 孙通海译注：《庄子》，北京：中华书局，2007年，第56页。
6 孙通海译注：《庄子》，北京：中华书局，2007年，第56页。
7 王明：《抱朴子内篇校释》，北京：中华书局，1996年，第287页。

4.4.3　似不可能的存在是可以存在的

在中国古人看来，无涯的世界上无奇不有。无论在今人看来有些记载或传说中的事物多么离奇、荒诞、不可思议，中国古人却能做到视之如寻常事物，毫不讶异。明代《五杂俎》一书包罗万象，其中有一部分内容就是与灾凶吉祥及怪异现象有关的记载或传说。如其从《稽神录》中选录的一件事："天祐初，（杨行）在鼓城避暑于佛寺，忽闻大声震地，走视门外乃见一雹，其高与寺楼等，入地可丈余，经月乃消。"[1]一颗冰雹几丈高，盛暑之际经月才消融殆尽，实在匪夷所思。对此谢肇淛的看法是："其言似诞。然宇宙之中恐亦何所不有。"[2]在另外一个语境，他又表达了类似的观点："洪武间，出内府所藏桃核示词臣，核长五寸，广四寸七分，前刻'西王母赐汉武桃'及'宣和殿'十字，涂以金……宇宙之间固何所不有，但谓西王母赐汉武者则诞妄无疑"。[3]"宇宙之中恐亦何所不有""宇宙之间固何所不有"，是谢肇淛面对非同寻常事物记载或传说时，不以为然的口头禅。虽然如此，与鲜见事物有关的传说等等，仍能强烈吸引中国古代文人的眼球，谢肇淛也不例外。他的书中收录了许多这类内容，如："汉惠帝二年，天裂东北，广十余丈，长二十余丈。文帝五年，齐雍城门外有狗生角。成帝永始元年，河南樗树生支如头，眉、目、须皆具。"[4]再如："鼠有大如牛者，谓之鼷鼠。"[5]诸如此类，不一而足。奇闻轶事，是中国古代文人最关注的兴趣点之一，这类记载遍见于诸家著述，尤其笔记小说之中。

4.4.4　人与物皆可变易

在中国古人的传统思想中，万物之间不存在不可逾越的种类鸿沟，而可以相互演变。这在今天的人看来多属匪夷所思、异乎寻常之说。但是中国古

1 〔明〕谢肇淛：《五杂俎》，上海：上海书店出版社，2001 年，第 16 页。
2 〔明〕谢肇淛：《五杂俎》，上海：上海书店出版社，2001 年，第 16 页。
3 〔明〕谢肇淛：《五杂俎》，上海：上海书店出版社，2001 年，第 192 页。
4 〔明〕谢肇淛：《五杂俎》，上海：上海书店出版社，2001 年，第 5 页。
5 〔明〕谢肇淛：《五杂俎》，上海：上海书店出版社，2001 年，第 175 页。

人对此深信不疑。如在葛洪看来，变化是事物自然而然的常态："夫变化之术，何所不为。……人之为物，贵性最灵，而男女易形，为鹤为石，为虎为猿，为沙为鼋，又不少焉。……变化者，乃天地之自然"。[1]

在中国古代典籍中，关于事物之间相互演变的五花八门的记载与传说，可谓比比皆是。如《五杂俎》中即相关例证颇多："人化为虎者，牛哀、封邵、李微、兰庭雍之妹也；化为鼋者，丹杨宣赛母也；化为狼者，太原王含母也；化为夜叉者，吴生妾刘氏也；化为蛾者，楚庄王宫人也；化为蛇者，李势宫人也。"[2]古代的笔记小说中几乎无一不充斥着这类内容。

不仅生物之间可以演变，今天我们称为无机物的物质，在中国古人看来，也是可以生长、变化的，即使金石也不例外。一定意义上，在中国古人看来，整个自然界生生不息、转化不止，根本不存在无机的"死"物。如《五杂俎》中说："大凡石在土中、水中皆能长。"[3]而清代的郑光祖则更加大胆地指出大地本为活体而非一块死物："地活物也，非块然者也。"[4]如果地为活物，那么它如何呼吸？郑光祖揣测"风穴"就是地呼吸之口："西域……有风穴，每风之出必掀飞石为行旅患，越日又吸气入内，非大地呼吸之窍乎？"[5]

在这样的认识下，人还找到了借助外物"催化"以帮助自己变化从而提升自己的生命层次的一些方法："千年人参根作人形，千年枸杞根作狗形，中夜时出游戏，烹而食之，能成地仙。"[6]另一方面，其他外物也能通过牺牲人的生命来提升自己的修为："狐千岁始与天通，不为魅矣，其魅人者，多取人精气以为内丹。"[7]谢肇淛对此类事件深信不疑，并认为这都不是偶尔才发生的稀有事件："江北多狐魅，江南多山魈，鬼魅之事不可谓无也。"[8]中国古人相信的人与物皆可变易的思想，展现出一个与我们今人头脑中完全不同

1 王明：《抱朴子内篇校释》，北京：中华书局，1996 年，第 284 页。

2〔明〕谢肇淛：《五杂俎》，上海：上海书店出版社，2001 年，第 94 页。

3〔明〕谢肇淛：《五杂俎》，上海：上海书店出版社，2001 年，第 51 页。

4 戴念祖：《中国科学技术典籍通汇 · 物理卷》，郑州：河南教育出版社，1995 年，第 495 页。

5 戴念祖：《中国科学技术典籍通汇 · 物理卷》，郑州：河南教育出版社，1995 年，第 495 页。

6〔明〕谢肇淛：《五杂俎》，上海：上海书店出版社，2001 年，第 223—224 页。

7〔明〕谢肇淛：《五杂俎》，上海：上海书店出版社，2001 年，第 173 页。

8〔明〕谢肇淛：《五杂俎》，上海：上海书店出版社，2001 年，第 309 页。

的世界。

4.4.5　一切皆有可能信念的文化基础

一切皆有可能这一思想的重要内涵之一，即是事物可由A变为B，因此其必须建筑于事物可变的信仰或动态自然观之上。而变的动因即可源于内在（如有德者居之、聪慧使然、特殊先天禀赋使然等等），也可以来自于外在，即在适时、适地的机缘下借助于“超自然”的外在力量（如天意、法术等等）。而存在“超自然”力量的思想推论的极致，将不可避免地导致命中注定力量的介入。而命中注定思想再稍加延伸则导致森严的等级观念的出现。这样，在中国古人思想中，人本身自由的能动性与天地大道决定的等级规则之间，即构成互相联系，一定程度上既相互制约又相辅相成的无法克服的一对矛盾。一个人无所不能、一切皆有可能、我命由我不由天，这直接挑战的是天地大道的尊严以及其所决定的秩序；而人要想具备做此挑战的能力，又必须去悟道修心。对于这一无法规避的矛盾，中国古人不曾深究，也不为之所惑，这可能是由于中国古人在思想方法上具备了在阴阳对立与平衡中求生存的技巧与智慧的一种必然的心理状态。

凡尘世界可以无奇不有，渺小的人类个体可以无所不能。这样的思想在西方传统宗教文化中没有生存的土壤。因为在西方传统主流文化中，一切均由神所主宰。因此，这是中国独特传统文化孕育的思想产物。孕育该思想的中国传统文化土壤，主要体现为两个方面，其一，与中国古代文化中浓郁的巫术文化有关。谢肇淛说：“傩以驱疫，古人最重之，沿汉至唐，宫禁中皆行之，护童侲子至千余人……”[1]而鲁迅先生曾说：“宋代虽则宠儒，并容释道，而信仰根本，夙在巫鬼。”[2]事实上，在元明清历代的中国传统文化中，巫术一直保持强大的生命力。即使在21世纪的今天仍偶尔可见可感泛巫术文化的隐隐阴风。祈降雨、却水害、禳灾、遁甲、诵咒语、画符箓、施巫蛊、请神、送鬼、呼山精、避虫蛇、看风水、撒豆为兵、上天入地……都

1〔明〕谢肇淛:《五杂俎》，上海：上海书店出版社，2001年，第30页。

2　鲁迅:《中国小说史略》，上海：上海古籍出版社，1998年，第65页。

是行巫做法的诸多表现。在小说中，仗剑做法、呼风唤雨是《水浒传》中公孙胜的最大本事，而《三国演义》里作为智慧化身的诸葛亮也是筑坛做法借东风、精通祈禳之术能延续寿命的巫师高手。这些都不是作家偶然的随意之笔，因为在中国古人看来，行巫做法都是了不起的大本事。巫术的本质是相信这个世界存在特殊的强大力量，而人借助特定的手段（画符、念咒等）能够支配这些特殊力量或能获得其协助，从而可以决定战争的胜利、可以决定寿命的长短等等，将很多的不可能变为现实。

其二，与中国传统文化中源远流长的气论思想有关。与西方文化不同，中华民族的思想史几乎是始终秉持气本论。庄子虽然强调道体，但是他仍曾一言以蔽之曰："通天下一气耳。"[1]在屈原生活的时代，人们对气就已经形成了如下看法："从混沌中产生气，气分为阴阳，阴阳掺合，化生万物。"[2]而更早一些的《系辞》即说："刚（阳气）柔（阴气）相推而生变化。"[3]有宋众儒继续秉持这一观点，如程颢、程颐曾说："万物之始，皆气化。"[4]

在明代的谢肇淛看来，在庄子"通天下一气耳"的宇宙模型下，气还有个特殊的作用，即支撑并维持天地之间广阔无物空间的稳定："盖天地之中空洞无物，须得一气鼓舞动荡其间方不至毁坏，即如人之有气息一般。"[5]对于天地之间万物的育生，谢肇淛不再坚持气化万物的笼统说法，而将其推进一步，主张气化与形化并存："天地间气化形化，各居其半。人物六畜，胎卵而生者，形化者也。其他蚤蝨、蟫蠹、蝌蚪、蚜蚄之属，皆无种而生，既生之后，抱形而繁，即殄灭罄尽，无何副处。盖阴阳氤氲之气，主于生育，故一经熏蒸酝酿，自能成形，盖即阴阳为之父母也。"[6]时至 20 世纪上半叶，虽已有西方物理、化学、生物知识输入，仍有人坚持传统的气本论。如著名思想家康有为曾说："夫浩浩元气，造起大地。天者一物之魂质，人者，亦一物之魂质也，虽形有大小，而其分浩气于太元，挹涓滴于大海，无以异

1 孙通海译注：《庄子》，北京：中华书局，2007 年，第 300 页。
2 席泽宗：《科学史十论》，上海：复旦大学出版社，2003 年，第 127—128 页。
3 金景芳：《〈周易·系辞传〉新编详解》，沈阳：辽海出版社，1998 年，第 14 页。
4 〔宋〕程颢、程颐：《二程遗书》，上海：上海古籍出版社，2000 年，第 130 页。
5 〔明〕谢肇淛：《五杂俎》，上海：上海书店出版社，2001 年，第 16 页。
6 〔明〕谢肇淛：《五杂俎》，上海：上海书店出版社，2001 年，第 180 页。

也。”[1]说气本论在中国文化中源远流长，实不为过。

谭峭曾对不同事物间的转化予以分类，并明确指出事物之间之所以能够相互转化，是因为它们神相通、气相同、形相类：“老枫化为羽人，朽麦化为蝴蝶，自无情而之有情也。贤女化为贞石，山蚯化为百合，自有情而之无情也。是故土木金石，皆有情性精魄。虚无所不至，神无所不通，气无所不同，形无所不类。孰为彼，孰为我？孰为有识，孰为无识？万物，一物也；万神一神也，斯道之至也。”[2]

在古代中国人看来，人与世间万物等所有存在，在气这个层面上是彼此同一的，而这很自然地成为万事万物彼此之间相互演化的本体论依据。另外气可多可少、可稀可浓，其质地可分无限之类别（如五行之气，清、浊之气等），其形态万千而不拘泥固化。气的这些特性是其具有孕育并演化出各种奇迹的可能性。

4.4.6　余论

中国古人一切皆有可能的思想意识，与巫术等封建迷信藕断丝连。一方面今天我们不难找到可以证伪它的例证；另一方面，生命进化、人类进步、科技发展的过程，就是将一个又一个不可能变成可能的过程。脏娃娃只可以水洗而不该抛弃。同样道理，一切皆有可能的思想也不该全盘否定，而应该辩证对待。

一切皆有可能的命题，与 20 世纪、21 世纪的科学气质有相当的交集。高能理论物理学家波金霍恩（John Polkinghorne，1930—2021）的一段表述可以为证：“20 世纪的科学是一个宏大的、令人深刻的故事。任何一个具有明确世界观的人都必须了解它的内容……我们能够理解这个世界，数学为物理科学提供了完美的语言，这一切绝非一般的事实。一句话，对于科学而言，一切皆有可能。”[3]在科学的视域阐释一切皆有可能，不是为了宣扬科学

1　康有为:《大同书》，沈阳：辽宁人民出版社，1994 年，第 4 页。

2〔五代〕谭峭:《化书》，北京：中华书局，1996 年，第 2 页。

3〔美〕安德鲁·皮克林著，王文浩译:《构建夸克——粒子物理学的社会学史》，长沙：湖南科学技术出版社，2012 年，第 331 页。

主义的教义，而在于强调：从服务与造福人类的角度而言，科学技术的潜力仍然是无限的。这也是人类面向未来不可或缺的倚重。

中国古人的传统思想丰富多彩，而非仅仅局限于阴阳、五行等几则人类较原始形态的思想框架或思维模式。其中，一切皆有可能的思想意识，也许是今天更应该也更值得深入挖掘并发扬光大的。因为它可以从传统文化的角度，为中华民族注入强大的思想动力和信心。然而对于这一传统思想的挖掘、研究与强调，却一直都是十分欠缺的。

4.5 由“中国人发明 X 光线”说开去[1]

1895 年德国物理学家伦琴在实验中意外发现了 X 射线，这成为了 20 世纪物理学高速发展的一个重要先导性贡献。伦琴因为这一发现获得了历史上首个诺贝尔物理奖（1901 年）。50 多年后，有位中国作者发表了一篇文章，认为中国古人早已发明 X 射线。[2] 这篇文章指出：“稽之我国古籍，确有类似于 X 光线神奇之物的记载；惜乎缺乏公开的研究，与深造的精神，致湮没不闻，今试举此类文献以考之。”这位作者所举文献有以下诸条：

> 晋侯疾病，求医于秦，秦伯使医缓为之……至曰：“疾不可为也，在肓之上，膏之下，攻之不可，达之不及，药不至焉，不可为也。”
>
> ——《左传·成公十年》
>
> 扁鹊见蔡桓侯曰：“君有疾在腠理……桓侯无之……居十日，复见曰：君有疾在肌肤……居十日，复见曰：君之疾在肠胃……居十日，扁鹊望桓侯而逃走……桓侯遂死。”
>
> ——《韩非子·喻老篇》

关于扁鹊，文章还提到：“史记扁鹊仓公列传，扁鹊饮上池水，尽见五

1 本节主要内容曾发表于《科技导报》，2013 年第 21 期，第 84 页，作者：厚宇德。

2 仲远：《中国人发明 X 光线》，载《现代医药杂志》，1949 年第 4 卷，第 39—40 期，第 7—8 页。

官脏结。

该文作者说：“以上三则乃秦时之 X 光线思想萌芽。”但是他事实上又认为扁鹊等医生是应用了 X 光线透视装置的：“因为人之为人，五官所同，使不假于物，和缓扁鹊之辈，虽精于四诊，亦绝不能一见而透视人之肉体。”显然，仲远认为秦代名医已经可以借助于 X 光线设备给人透视。

这篇文章中还提到了《西京杂记》里的一条文献：“汉高祖得始皇方镜，广四尺，高五尺九寸，表里有明人，照人则影倒见，以手捧心，则见肠胃五脏。有疾病照之，则知病之所在。”该文甚至也将《述异记》中不可思议的内容也拿来作为自己观点的佐证：“日林国西南有石镜，方数百里，光明莹澈，可鉴五脏六腑，亦名仙人镜。”

这类极为不靠谱的学术“研究者”一般在两个方面存在认识局限：其一对过去一知半解，其二缺乏真正的科学知识。以这位作者为例，首先他对于中医的了解特别有限。中医相信人体的内在变化（如病变）会反映到人的体表的（如面部、耳部、瞳孔等），并有一套由表知里的通过察言观色（包括号脉）做出诊断的方法。这套方法有多大的可靠性姑且不论，中医家至少是相信他们有此能力的。因此，扁鹊等人虽然五官与常人无异，但是不借助 X 射线透视装置，还是可以做出如文献所载的诊断的。中国古人相马的道理与中医的望诊是有些相近的，我们且以《齐民要术》里叙述的相马的五脏（心、肝、脾、肺、肾）法（图 4.14）对此做些介绍。按照这个方法，一匹好马，应该肝小、肺大、心大、脾小、肾小。理由是“肝小则识人意”“肺大则能奔”“心大则猛利不惊”“脾小则易养”（对于肾小未做解说）。问题是，一批活生生的马，它的心、肝、脾、肺、肾人的肉眼都是看不见的。那么相马者是如何做出判断的呢？

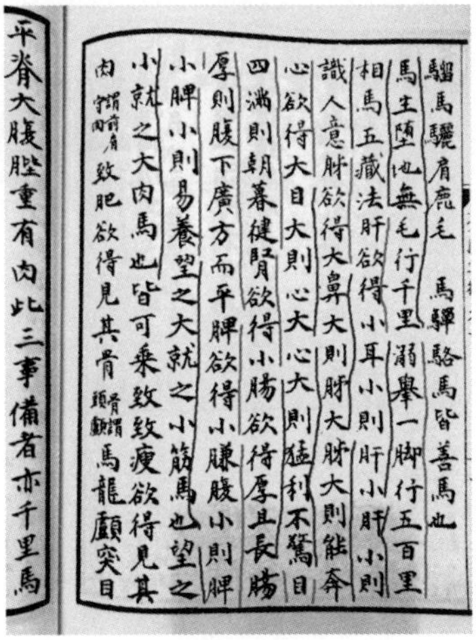
騮馬驪肩鹿毛　馬驒駱馬皆善馬也
馬生墮地無毛行千里溺舉一脚行五百里
相馬五藏法肝欲得小耳小則肝小肝小則
識人意肺欲得大鼻大則肺大肺大則能奔
心欲得大目大則心大心大則猛利不驚目
四滿則朝暮健腎欲得小腸欲得厚且長腸
厚則腹下廣方而平脾欲得小賺腹小則脾
小脾小則易養望之大就之小筋馬也望之
小就之大肉馬也皆可乘致致瘦欲得見其
肉謂前肩守肉致肥欲得見其骨骨謂頭顱馬龍顱突目
平脊大腹脞重有肉此三事備者亦千里馬

图 4.14　上海涵芬楼印《齐民要术》卷六之相马

1〔北魏〕贾思勰：《齐民要术》，北京：团结出版社，1996 年，第 204—205 页。

中医的望诊方法基于固有的观念，即人的身体存在着一定的表里关系，五脏六腑内在的疾病状态都会有相应的外表体现。因而只要知道表里的对应关系，就可以由表知里。与此道理一致的五脏相马法的关键就是明确这种表里对应关系："耳小则肝小""鼻大则肺大""目大则心大""腹小则脾小"（对于肾依然未做阐释）。有了这种对应关系，相马者只要观察和衡量马耳、鼻、目、腹之大小，即可知道其肝、肺、心、脾的大小，从而判断出这匹马是良驹还是驽马。

再说这类人科学知识的缺乏。要发明出X射线透视仪，需要解决两个大问题：其一要能够人为地产生出X射线；其二设计发明能够利用X射线透视的仪器。要产生出X射线，最为重要的技术首先是要拥有抽真空的设备，用以实现密闭玻璃管内的高度真空状态。其次要能够制造出金属（如钨、铬等）两极间几万至几十万伏的电势差。[1]这样阴极发射的电子在电场力作用下通过真空空间时，才能被加速而获得很高的动能，其后撞击阳极（靶子）时才会产生X射线。制造高真空度的空间是秦汉时期的人们做不到甚至想不到的。至于制造高电压同样也是不可能的。因为说秦汉代人具有与电有关的经验，也无过是特殊的摩擦起电现象（目前还没发现汉代之前诸如"玳瑁掇芥"这类描述摩擦起电现象的文献资料）以及雷电现象而已。雷电（闪电）是高压放电现象，但是那时候的人还不能将雷电与"玳瑁掇芥"等电现象联系起来，更不要说利用雷电。在这样的认识下，让那时的人们有意识、有目的地去制造几万甚至几十万伏高压差是绝对不可能的。因此，说秦汉时期就已经发明了X射线纯属天方夜谭。而制造特殊医学装置的困难也可以不予以讨论了。

崇古心理是中华文明的特征之一。这一心态在特殊的情况下可以发展到病态的程度。今天有人（包括个别名校的教授和所谓著名学者）有一种认识，认为中国的易经、风水、阴阳五行等思想学说，具有超越时间和时代局限性的内涵和功用。在这些人看来，无论什么现代科学理论或者什么现象（如苏联解体、美国9·11事件等等），道理都包含在中国老祖先的"理论"之中了，都可以事先根据中国古代这种具有万能功效的理论予以预言和

1　褚圣麟：《原子物理学》，北京：高等教育出版社，1998年，第219页。

解释。如有人认为《周易》不是占卜书，而是一部史前化学经典：阴就是电子，阳就是质子；64 卦实际上是 64 种元素（门捷列夫刚产生元素周期律思想时，只想到了 63 种元素），乾卦代表氢元素，夬卦代表氦元素，等等。还有人认为，《周易》就是高级的化学："将化学体系同《周易》相互对应，则能整体性地贴合，故这一精神化石应是上古残留下来的化学典籍。"[1] 不用问，这类"学者"不会回答在历史上《周易》是不是曾经起过什么化学典籍应该起到的实际作用的问题。更不用问，为什么那个时代的中国古人就能认识到西方人借助于现代科技手段 19 世纪才认识到 20 世纪才完善的元素周期律。

今天有一种现象：在书店或图书馆里，纯粹的科学技术专著旁边就可以堂而皇之地摆放着琳琅满目的如《八宅明镜》《卜筮正宗》等充满迷信甚至巫术性质的印刷品。因此，当下中国的某些文化领域，实质上已经进入了后现代阶段。巫术、风水、算命、占星术等迷信的东西，与科学技术在主流销售渠道或阅读与学习场所机会均等地展示着。而这些东西曾经是在主流渠道基本被肃清了的。因此，60 后、70 后更多知道它们与科学技术的本质区别。我们不提倡对于这些东西采取焚禁的政策，如果从了解和研究古代文化等角度看，这类书籍有其存在的必要性。但是应该思考，在迷信与科学相提并论、"和平共处"条件下成长起来的孩子，未来在他们的意识中，对于科学和迷信会有一个更加正确的区分吗？为此，至少应该有人对于科学与迷信的区别不断地说些什么。

4.6　中国古人善于创新[2]

古人是否喜欢创新是个有趣的话题，笔者认为这是一个重要而横跨漫长时空的庞大议题，因此，要回答这个问题，很有必要回溯到特定的历史文化背景中去，做足够的相关考察和审视。

笔者认为，创新是在包括价值观等在内的特定社会文化背景下，人们内

1　雷元星：《周一归真——对一部史前化学的追认》，成都：四川科学技术出版社，1999 年，第 105 页。
2　本节的主要内容曾发表于《台州学院学报》，2021 年第 1 期，第 1—6 页，作者：厚宇德。

在的心理动机与精神动力受到驱动，从而展示出来的标新立异、追求超越过往、创造前所未有事物的一种心态和行为。创新不仅仅隶属于科学与技术范畴，科学与技术的更新是创新，新思想的出现、各领域艺术家对独特风格与个性的追求，以至于自创一派都是创新行为。在创新不仅仅隶属于科技用语这一认识上，张教授与笔者不存在分歧，如他在文章所指出："从 17 世纪到 19 世纪，创造性成为艺术的本质特征，这从文艺复兴时期开始。"[1]

基于对"创新"的这一相同认识去看中国古人，他们在创新方面有不尽如人意之处，但是中国古人锐意进取、刻意创新方面的事迹也比比皆是。在几千年的历史长河里，中国人充分展示出了自己的创新天赋与能力，并在农业、纺织技术、金属冶炼制造、玉器加工、瓷器制造，以及各类艺术创作等等诸多领域，都取得了巨大的成就。中国古代笔记小说的作者是历代著名的"文化人"，笔记小说是他们对耳闻目睹的人间万象的记录与评价。这决定了在笔记小说中上至朝廷政治运作下至百姓居家日用，方方面面无所不包，其中包含丰富的论及中国古人是否喜欢创新的史料。笔记小说浓郁的文化特色决定了它是研究古人是否喜欢创新的绝好视角。限于篇幅，今只择诗文、书法、陶瓷三领域之笔记史料对中国古人是否喜欢创新试做深入辨析。

4.6.1　中国古人在诗文撰写方面的创新及对极致的追求

说到古人做文章，很多人会想起八股文。但是形式主义的八股文不是中国古人文字创作的精华。中国古人为文作赋、吟诗填词，最重视创意。文学大家苏东坡认为，作文重在立意："东坡教诸子作文，或辞多而意寡，或虚字多实字少，皆批谕之。又有问作文之法，坡云：'作文先有意，则经史皆为我用。'大抵论文以意为主。今视坡集诚然。"[2] 苏轼所说"作文先有意"，指的就是作文重在先有不落俗套的好创意。这不是东坡先生的独家观点而是古代文人的共识，如清代学者梁绍壬也说："某作诗，力求新异。"[3] 所追求的

1　张卜天：《为什么古人不喜欢创新》，载《科学文化评论》，2018 年第 3 期，第 118 页。

2　〔宋〕周煇：《宋元笔记小说大观（五）· 清波杂志》，上海：上海古籍出版社，2001 年，第 5088—5089 页。

3　〔清〕梁绍壬：《清代笔记小说大观（六）· 两般秋雨盦随笔》，上海：上海古籍出版社，2007 年，第 5443 页。

是与众不同的立意。古人还高度肯定古文、诗词歌赋曲、传奇小说等文体上创新的价值和意义。如，清代人张潮在《幽梦影》中即曾说："文体贵在创新。"[1] 并且指出："发前人未发之论方是奇书。"[2] 类似说法无不彰显出对于创新的高度认可和赞许。

宋代李清照诗云："生当作人杰，死亦为鬼雄。"这诗句不能简单理解为只是对项羽这类指挥千军万马的将军，或者是对出没江湖除暴安良的侠士的描写。明代学者称左丘明、庄周、屈原、司马迁等四位下笔千钧、笔透人生世事的文人为豪杰："左氏、庄周、屈原、司马迁，此四人，豪杰之士也。观其文章，各自成一家，不事蹈袭，可见矣。"[3] 四位名家的道德文章都做到了"自成一家"而不因循蹈袭，其文别具一格，事理阐释中肯通透。而要至此境地，独家创意与洞见不可或缺。有此等才智而立言益世之文人，不恰是文坛学界之豪杰吗？

学界江湖深，要自成一家实属不易。宋代学者罗大经借用魏鹤山的语句对此有过如下阐释："魏鹤山答友人书云：'须从诸经字字看过，思所以自得，不可只从前贤言语上作工夫。'又云：'要作穷理格物工夫，须将三代以前模规在胸次，若只在汉、晋诸儒脚迹下盘旋，终不济事。'又云：'向来多看先儒解说，近思之，不如一一自圣经看来。盖不到地头亲自涉历一番，终是见得不真。又非一一精体实践，则徒为谈辨文采之资耳……'鹤山此论学者不可不佩服。"[4] 魏鹤山、罗大经所论说明，一个人吟诗、作赋、撰文要有创意和真知灼见，必须用心研读经典，并独立思考，有些世事还需作者"亲自涉历""精体实践"，否则"纸上得来终觉浅"，难脱俗套而无济于事。

写文章追求新奇之意、追求语不惊人死不休是对作者智力、阅历与才华的巨大挑战，但历朝历代，总有人呕心沥血力争脱颖而出。动力何在？宋代叶梦得说过一件事："政和间，大臣有不能为诗者，因建言诗为元祐学术，不可行。李彦章为御史，承望风旨，遂上章论陶渊明、李杜而下，皆贬之。因诋黄鲁直、张文潜、晁无咎、秦少游等，请为科禁……进士闻喜燕例赐诗

1 〔清〕张潮：《幽梦影》，北京：北京燕山出版社，2010 年，第 50 页。
2 〔清〕张潮：《幽梦影》，北京：北京燕山出版社，2010 年，第 71 页。
3 〔明〕陆容：《明代笔记小说大观（一）· 菽园杂记》，上海：上海古籍出版社，2005 年，第 521 页。
4 〔宋〕周煇：《宋元笔记小说大观（五）· 清波杂志》，上海：上海古籍出版社，2001 年，第 5374 页。

以为宠。自何丞相文缜榜后，遂不复赐，易诏书以示训戒。何丞相伯通适领修敕令，因为科云：‘诸士庶传习诗赋者杖一百。’是岁冬，初雪。太上皇意喜，吴门下居厚首作诗三篇以献，谓之‘口号’。上和赐之。自是圣作时出，论不能禁，诗遂盛行。”[1]会做诗的不一定是优秀的官员，不会作诗的未必不是好官员。这则故事说明，在宋代也有不善于作诗的高级官员企图抵制以诗干政，但是最终还是“论不能禁，诗遂盛行”。可见，动力就来自于生存的需要与社会的需求。在中国古代社会，文采逊色的官员是稀少的，而文采飞扬则往往使能臣如虎添翼。

赏识诗文、重视才华的社会氛围不是穷书生们自己能酝酿的，只有具备强大社会影响力的人物才有可能。这样的氛围一旦形成，则客观上将为穷书生出人头地奠定台阶。清代的钱泳对此看得十分清楚：“诗人之出，总要名公卿提倡，不提倡则不出也。如王文简之与朱检讨，国初之提倡也；沈文悫之与袁太史，乾隆中叶之提倡也；曾中丞之与阮宫保，又近时之提倡也。”[2]在中国古代社会，皇帝是至高无上的，皇权的影响力无人能及。皇帝与皇家的嗜好往往成为世人向往和学习的风向标。明代学者谢肇淛对《风俗通》里的话有不能理解之处，认为这些内容很可笑：“《风俗通》云：‘赵王好大眉，人间皆半额。齐王好细腰，后宫多饿死。’夫细腰束素，固自可人；广眉不修，丑莫甚焉，不必半额也。又云：‘楚王好细腰，群臣皆数米而炊，顺风而趋。’夫妇人细腰可耳，施之臣下，将欲何为？此亦可笑之甚也。”[3]实质上《风俗通》揭示的道理就是：皇家或者达官贵人特殊嗜好具有难以理解的巨大社会影响力。至于谢肇淛耻笑眉毛半额、男人细腰丑陋不美，反而凸显出了他的学究气。殊不知当人们认为裤腿宽肥为时髦时，无论多宽人们都不认为是丑；而一旦认为裤腿短窄为美时，短及膝盖、瘦紧贴身也是潮而非丑。人的审美标准与道德一样，永远具有相对性与时代性。

皇帝与王公贵族的一项嗜好，无论是歌舞、蹴鞠还是书法、诗歌或是其他，都能为一个领域内的出类拔萃者开辟出一片人生舞台，进而在全社会成为一种风尚，令世人趋之若鹜。从而造成一项技术或一个文化领域的繁荣，

1 〔宋〕叶梦得：《宋元笔记小说大观（三）·避暑录话》，上海：上海古籍出版社，2001年，第2646页。
2 〔清〕钱泳：《清代笔记小说大观（四）·履园丛话，上海：上海古籍出版社，2007年，第3389页。
3 〔明〕谢肇淛：《明代笔记小说大观（二）·五杂俎》，上海：上海古籍出版社，2005年，第1573页。

造就一批专业人才。而一旦一项文化活动成为大众喜闻乐见的一种风尚，那么大众文化又足以为一些文化人创造安身立命的生存空间。经过一段相对稳定的社会涵养，以对名利的追逐为直接动力，文化人或技艺拥有者即能使其职业造诣逼近极致。这样的情形在中国古代曾一再出现，如有古代笔记说："汉篆、晋字、唐诗、宋词、元曲"为历代"五绝"。[1]这其中的每一绝都是恰逢其时发展而来的，结果就是唐朝人抵达了诗歌创作之极顶，宋朝人则缔造了宋词之巅峰，汉篆、晋字、元曲的情形与此相类。事实上，唐朝之后直到今天仍有无数人爱诗、写诗，但是唐诗难以超越；宋朝之后仍有无数人爱词、填词，但是宋词的文采与意境都是无法逾越的标杆。罗马不是一天建成的，汉、晋、唐、宋、元历代特殊文化高峰的涌现，是古代文人与艺人锐意进取、积极创新的结果。否则无法解释这类文化现象与史实的发生与发展。

4.6.2　中国古人在书法方面的创新及对极致的追求

中国古人较早就重视书法，而由晋代以降，世人对书法的欣赏与挚爱逐步达到了无以复加的程度。明代笔记中说："赏鉴家以古法书、名画真迹为第一，石刻次之，三代之鼎彝尊罍又次之，汉玉杯玦之类又次之，宋之玉器又次之，窑之柴、汝、官、哥、定及明之宣窑、成化窑又次之，永乐窑、嘉靖窑又次之。"[2]其中列于第一的"法书"即指书法作品，远在铜、玉、瓷等器之上。作为特殊例子，唐太宗对《兰亭序》的酷爱值得关注："太宗为秦王日，见拓本惊喜，乃贵价市大王书《兰亭》，终不至焉。及知在辩师（僧人）处，使萧翊就越州求得之，以武德四年入秦府。贞观十年，乃拓十本以赐近臣。帝崩，中书令褚遂良奏：'《兰亭》先帝所重，不可留。'遂秘于昭陵。"[3]有唐太宗这样的皇帝，唐朝人怎么可能轻视书法？不仅酷爱，很多帝王还是书法丹青好手，比如宋代除了创出瘦金体的宋徽宗，宋仁宗的书法也是造诣精湛，尤其精通"飞白"技法："仁宗万机之暇，无所玩好，惟亲翰

1 〔宋〕太平老人:《袖中锦》, 上海：商务印书馆，1940 年，第 4 页。
2 〔明〕陆容:《明代笔记小说大观（一）· 菽园杂记》, 上海：上海古籍出版社，2005 年，第 1389 页。
3 〔唐〕刘餗:《唐五代笔记小说大观 · 隋唐嘉话》, 上海：上海古籍出版社，2000 年，第 115 页。

墨，而飞白尤为神妙。”[1] 在这样的文化背景下，逐步奠定了书法在中国传统文化中的特殊地位，如谢肇淛所说：“凡百技艺，书上矣，卜筮次之，棋损闲心，画为人役。”[2] 书法是公认的第一技艺，这与书法作品被古代鉴赏家视为最受欢迎的文物是相互呼应的。书法的重要文化地位得到了上层统治阶级与全社会的高度认可，随之而来，士大夫阶层必然地视之为“必修课”，结果是：“自晋、唐及宋、元，善书画者往往出于缙绅士大夫。”[3] 在古代社会，研习书法主要是有钱又有闲的人们的雅事。

培养书法技能的基本手段是临摹，但是好的书法家不在于能把前辈的书法作品临摹得以假乱真。其他艺术也往往如此。齐白石说：“学我者活，似我者死。”[4] 指的就是艺术家在学习的同时必须形成自己的艺术个性与风格，直至自成一派。从较长的时间段看来，书法家努力求变的结果，是在不同时期，为有声望者所导引，形成特定的书法时尚。宋代的魏泰对唐宋之间书法的传承与不断的时尚变局有过很好的描述：“唐初，字书得晋、宋之风，故以劲健相尚，至褚、薛则尤极瘦硬矣。开元、天宝已后，变为肥厚，至苏灵芝辈，几于重浊。……正元（疑为贞元之误）、元和已后，柳、沈之徒，复上清劲。唐末五代，字学大坏，无可观者。其间杨凝式至国初李建中妙绝一时，而行笔结字亦主于肥厚，至李昌武以书著名，而不免于重浊。”[5] 书法艺术之创新，是个性与风格的独创，个性与风格没有进步可言，因此书法传承与发展可能如江河直下而一朝回旋，不似科学技术一骑绝尘，永远低走高开而永不回头。

在古代笔记小说中，记载书法家改变传统书法风格，自创新技法甚至自成一派的史料有不少。有蔡邕创立飞白技法的记载：“飞白书始于蔡邕，在鸿都学见匠人施垩帚，遂创意焉。”[6] 有李邕改变书体、徐浩尝试求变、沈传师力求改变风格的记载：“李邕脱子敬体，乏纤浓。徐浩晚年用力过，更无气骨，不如作郎官时婺州碑也……沈传师变格，自有超世真轨，徐不及

1 〔宋〕欧阳修：《宋元笔记小说大观（一）· 归田录》，上海：上海古籍出版社，2001 年，第 609 页。
2 〔明〕陆容：《明代笔记小说大观（一）· 菽园杂记》，上海：上海古籍出版社，2005 年，第 1633 页。
3 〔明〕陆容：《明代笔记小说大观（一）· 菽园杂记》，上海：上海古籍出版社，2005 年，第 1630 页。
4 裴斐：《个性化是精神生产必须遵循的客观规律》，载《文学评论》，1981 年第 2 期，第 31 页。
5 〔宋〕叶梦得：《宋元笔记小说大观（三）· 避暑录话》，上海：上海古籍出版社，2001 年，第 2779 页。
6 〔唐〕刘𫗧：《唐五代笔记小说大观 · 隋唐嘉话》，上海：上海古籍出版社，2000 年，第 802 页。

也。”[1] 有徐铉自创新技法、蔡君谟创飞草的记载：“江南徐铉善小篆，映日视之，书中心有一缕浓墨，正当其中。至屈折处，亦当中无偏侧。乃笔锋直下不倒侧，故锋常在画中，此用笔之法也。古人以散笔作隶书，谓之散隶。蔡君谟以散笔作草书，谓之散草，或曰飞草。其法皆生于飞白，亦自成一家也。”[2] 有陈文惠变古法的记载：“陈文惠公善八分书，变古之法，自成一家。”[3] 诸如此类的书法技法创新故事，不胜枚举。

明末清初的傅山晚年曾如此说书法一事：“少年时徒坏纸笔，但习恶书。近始稍解……即此小技，亦须破命为之，始得成就。”[4] 傅山的感慨表明，书法这门貌似极为简单的黑白线条艺术，要达到较高的造诣，不容易；追求个性欲自成一派，更不容易。非拼命努力并用心感悟，难以笔走龙蛇、出神入化。宋代笔记中有关于研习书法不仅要临摹，还必须立意高远的论述：“学书当作意，使前无古人，凌厉钟、王，直出其上始可，即自立少分；若直尔低头，就其规矩之内，不免为之奴矣。纵复脱洒至妙，犹当在子孙之列耳，不能雁行也，况于抗衡乎？此非苟作大言，乃至妙之理也。”[5] 只在前人规矩内临摹，难免为其奴；效仿得再妙，仍犹如子孙；只有孕育出前无古人的立意，才能直出其上，成就一派自家风景。

一段时期内书法创新发展之迅猛足以超越我们今天的想象，生于唐中期稍晚的段成式的著作中[6]，书法已经百体并存，它们是：悬针书、垂露书、秦望书、汲冢书、金鹊书、虎爪书、倒薤书、偃波书、幡信书、飞白书、籀书、谬篆书、制书、列书、日书、月书、风书、署书、虫食叶书、胡书、篷书、天竺书、楷书、横书、芝英隶、钟隶、鼓隶、龙虎篆、麒麟篆、鱼篆、虫篆、鸟篆、鼠篆、牛书、兔书、草书、龙草书、狼书、犬书、鸡书、震书、反左书、行押书、楫书、景书、半草书。

如果没有书法家的锐意创新，就不会出现这百体并存的壮观；如果没有晋代与唐代书法家追求极致的精神，晋唐二代的书法就不会迅速成为其后千

1 〔宋〕周煇：《宋元笔记小说大观（五）· 清波杂志》，上海：上海古籍出版社，2001 年，第 4700 页。
2 〔宋〕孔平仲：《宋元笔记小说大观（二）· 孔氏谈苑》，上海：上海古籍出版社，2001 年，第 2272 页。
3 〔宋〕孔平仲：《宋元笔记小说大观（二）· 孔氏谈苑》，上海：上海古籍出版社，2001 年，第 1286 页。
4 〔清〕傅山：《傅山全书（三）· 杂记》，太原：山西人民出版社，2016 年，第 344 页。
5 〔宋〕周煇：《宋元笔记小说大观（五）· 清波杂志》，上海：上海古籍出版社，2001 年，第 4747 页。
6 〔唐〕段成式：《唐五代笔记小说大观 · 酉阳杂俎》，上海：上海古籍出版社，2000 年，第 637 页。

余年无人能够超越的艺术巅峰。

4.6.3 中国古人在瓷器制作方面的创新与对极致的追求

瓷器是我国古代最伟大的发明之一。但中国瓷器最早出现于何时，有商周、秦汉、东汉等多种说法。[1]这些争议不影响中国古代五个陶瓷创造里程碑的存在：新石器时代早期陶器的出现；新石器时代晚期印纹硬陶和商、周时期原始瓷的烧制；汉、晋时期南方青釉瓷的诞生；隋、唐时期北方白釉瓷的突破；宋代到清代颜色釉瓷、彩绘瓷和雕塑陶瓷的成就。[2]陶瓷品质逐步升级的背后直接推动力是相关技术的创新与突破："纵观上述的五个里程碑是既继承又发展。清楚地表现了我国陶瓷工艺的发展过程和取得的突出成就，但它们之所以能随着历史的进程逐一得到实现，全赖在制瓷技术上不断取得的重要突破。"[3]历史上陶瓷烧造技术的主要突破有三：原料的选择和精选技术；窑炉的改进和烧成温度的提高技术；上釉技术的形成和发展。[4]

古代笔记中有关于陶瓷发展史的描述。关于陶瓷之起源，元代笔记《南村辍耕录》中有这样的描写："宋叶寘《坦斋笔衡》云：陶器自舜时便有，三代迄于秦汉，所谓甓器是也。今土中得者，其质浑厚，不务色泽。"[5]而清人钱泳认为瓷器始于唐代，并言简意赅描述了自唐而宋至明清，瓷器制作技术的稳步发展："谓瓷器始于五代，非也。尝读杜少陵《乞韦少府大邑瓷碗》诗云：'大邑烧瓷轻且坚。'则唐时已有之，至五代、两宋而始盛耳。明永乐、宣德、以及成、弘、正、嘉诸朝，皆称极盛。而本朝康熙、雍正、乾隆、嘉庆四朝，制作尤精，实超乎前古……"[6]清人刘廷玑认为瓷器始于柴世宗，但同样认为清代是瓷器发展的巅峰期："磁器始于柴世宗，迄今将近千

---

1 张潇、贺云翱：《我国秦汉时期瓷器考古相关问题初探》，载《东南文化》，2020 年第 4 期，第 96—106 页。

2 李家治：《中国科学技术史 · 陶瓷卷》，北京：科学出版社，1998 年，第 1—6 页。

3 李家治：《中国科学技术史 · 陶瓷卷》，北京：科学出版社，1998 年，第 9 页。

4 李家治：《中国科学技术史 · 陶瓷卷》，北京：科学出版社，1998 年，第 9—11 页。

5 〔元〕陶宗仪：《宋元笔记小说大观（六）· 南村辍耕录》，上海：上海古籍出版社，2001 年，第 6511 页。

6 钱泳：《清代笔记小说大观（四）· 履园丛话，上海：上海古籍出版社，2007 年，第 3267 页。

年……至国朝御窑一出，超越前代……磁器之在国朝，洵足凌驾成、宣，可与官、哥、汝、定媲美。”[1] 清代阮葵生对于瓷器问世年代与刘廷玑持相同观点，他在肯定宋明两朝瓷器的同时也认为清代瓷器在仿古与瓷器创新方面均有建树：“我朝御窑越超前代……又有郎窑，紫垣中丞开府西江时所造，仿古酷肖，万不能辨。今之所谓成宣者，皆郎窑也。又熊窑亦不多让。近则年窑、唐窑，皆入赏鉴。”[2] 此类文献资料，虽然对于瓷器的起源时期的认定，难以与今天借助考古与高科技实验研究的结论相媲美，但是笔记小说中，对自唐宋以来瓷器烧造技术持续发展的大趋势的描写，是极为充分的。笔记小说作者之所以能做到这一点，是因为有很多名贵的瓷器一直得以珍存并流传下来，成为瓷器发展史的物证。

虽然瓷器的发展历史大体有迹可循，但瓷器烧造方法，尤其特殊诀窍是秘而不宣的，因此关于窑工努力创新的故事，在笔记小说中也难得一见。但是古代笔记中关于瓷器的文献还是有其特殊价值，认真研读，可以总结出以下认识：

第一，朝廷和王公贵族具有生产和享用名瓷的特权、垄断权：“末俗尚靡，不贵金玉而贵铜磁，遂有秘色窑器。世言钱氏有国日，越州烧进，不得臣庶用，故云秘色。”[3] 第二，民间长期存在追捧珍稀名窑的风尚，使名窑瓷器价格昂贵：“嗣后惟官、哥、汝、定，其价甚昂，间亦有之，然而不易多得。若成窑，五彩暗花而体薄者，鸡缸一对，价值百金，亦难轻购，本无多也。再之宣密最佳，一时称盛……曹织部子清始买得脱胎极薄白碗三只，甚为赏鉴，费价百二十金。”[4] 第三，需求驱动创新，定州白瓷不堪用，于是有汝州窑诞生；处州龙泉窑粗厚，于是设置官窑：“本朝以定州白磁器有芒，不堪用，遂命汝州造青窑器，故河北唐、邓、耀州悉有之，汝窑为魁。江南

1 〔清〕刘廷玑：《清代笔记小说大观（三）· 在园杂志》，上海：上海古籍出版社，2007 年，第 2223—2224 页。

2 〔清〕刘廷玑：《清代笔记小说大观（三）· 在园杂志》，上海：上海古籍出版社，2007 年，第 2962 页。

3 〔元〕陶宗仪：《宋元笔记小说大观（六）· 南村辍耕录》，上海：上海古籍出版社，2001 年，第 6511 页。

4 〔清〕刘廷玑：《清代笔记小说大观（三）· 在园杂志》，上海：上海古籍出版社，2007 年，第 2223 页。

则处州龙泉县，窑质颇粗厚。政和间，京师自置窑烧造，名曰官窑。”[1] 第四，瓷器烧造方面的创新，并非都是窑工明确期待实现的结果，有时生产实践中的偶然发现促成了创新。瓷器是在较高的温度下所烧造，特定的高温作用于色釉可以发生难以预料的变化，即产生窑变，而窑变往往能达到鬼斧神工般的外观效果：“饶州景德镇，陶器所自出，于大观间窑变，色红如朱砂，谓荧惑躔度临照而然。物反常为妖，窑户亟碎之。时有玉牒防御使，年八十余，居于饶，得数种，出以相示，云：比之定州红甆器，色尤鲜明。”[2] 偶然发现的一项重要的瓷器烧造创新，经历认识波折后，终于得以完成。

最早的瓷器据说就是在烧造陶器时偶然发现的。在技术与技艺发明方面，偶然发现法是很重要的创新源头之一。宋代笔记中有描写一种绘画技巧以及一种制墨方法发现经历的文字：“朱象先少时画笔，常恨无前人深远润泽之趣。一日子鹅溪绢上戏作小山，觉不如意，急湔去之，故墨再三挥染，即有悟见。自后作画，多再涤去，或以细石磨绢，要令墨色着人绢缕者。沈珪道人作墨，亦尝因捣和墨，蒸去故胶，再入新胶，及出灰池，而墨坚如石，遂悟李氏对胶法云。”[3] 这段文字充分展示了中国古人对于偶然发生的现象中可能蕴含着创新机遇的高度敏感与珍视。

在古代瓷器制造业，往往需要几代窑工的创新努力，才能烧造出独具特色的名瓷，从而造就一家名窑。自唐宋以来，历代的各家名窑多数有迹可循：越窑、耀州窑、柴窑、钧窑、汝窑、官窑、定州窑、哥窑、龙泉窑、景德镇窑、邓窑、磁州窑、德化窑、郎窑、唐窑……还可以罗列下去。没有窑工们的创新进取，何以出现这些争奇斗艳的名窑？没有窑工对创新与极致的追求，原始粗糙的陶瓷如何会变成美轮美奂的瓷器艺术品？

4.6.4 结语：中国古人创新与追求极致的基本机制

展示和分析以上三个不同领域的历史文献，足以说明中国古人并非不喜

1 〔元〕陶宗仪：《宋元笔记小说大观（六）· 南村辍耕录》，上海：上海古籍出版社，2001 年，第 6511 页。

2 〔宋〕周煇：《宋元笔记小说大观（五）· 清波杂志》，上海：上海古籍出版社，2001 年，第 5067 页。

3 〔宋〕叶梦得：《宋元笔记小说大观（三）· 避暑录话》，上海：上海古籍出版社，2001 年，第 2411 页。

欢创新，相反，有中国古人乐于创新、善于创新，甚至追求极致的大量历史证据。但是笔者认为，不能由此得出中国古代一贯崇尚和鼓励创新与发展并追求极致的结论。在思想层面，中国传统文化自从建立了阴阳五行学说，就将它视为解释由天上到地下、由风水到医学等等几乎一切现象的“大统一理论”，一直延续几千年。我们看到在笔记小说中，从医学的角度曾有古人批评五行学说的荒谬，但是并未提出一个新的替代理论。在技术方面，冶炼铸造技术中国曾领先于世界，然而由宋以降，在某些方面开始落后于日本。在医学方面，古人也常出现今不如昔的感慨，如明代人说：“病与药值，惟用一物攻之，气纯而速愈。今之人不善为脉，以情度病，多其物以幸有功，譬猎不知兔，广络原野，。”[1]清代人还有更加否定的说法：“今人事事不如古人，而有二事却胜之：历法之密也，算法之巧也。”[2]中国古人在天文历算方面一直就精益求精吗？非也！宋代天文成就斐然，[3]其水准已步入该领域的高峰期。[4]然而公元1072年，沈括提举司天监后发现：“是时司天历官，皆承世族，隶名食禄，本无知历者。”沈括不得不从民间找来“一行之流”的卫朴做助手，结果司天监里那些不学无术者，“恶朴之术过已，群沮之，屡起大狱。……朴之历术，今古未有，为群历人所沮，不能尽其艺，惜哉”。[5]可见司天监中当时多数是碌碌无为的混事之辈。

基于正反史实以及本节前文所论，笔者认为：中国人自古以来具有善于发明创造的才能以及追求极致的精神；但是，中国人自古以来并未在方方面面都充分而持续发挥自己的创造才能，也没有将追求极致的精神贯彻于始终。从社会系统的运作机制上说，无论过去现在还是未来，只要社会价值体系对某一社会活动（生产、发明、创造、艺术创作等）具有高回报、高收益的尤其体面的社会激励，就会有人不断投身于这一社会活动之中。只要给予持续的激励，并创造合理的竞争氛围，相关事业就能从一个高度向另一个高度不断发展，造就繁荣和行业巅峰。在中国古代社会凡是存在持续激励机制

1 〔明〕谢肇淛：《明代笔记小说大观（二）·五杂俎》，上海：上海古籍出版社，2005年，第1589页。
2 〔清〕刘廷玑：《清代笔记小说大观（三）·在园杂志》，上海：上海古籍出版社，2007年，第2273页。
3 胡静宜：《略论宋代天文学人才的培养与任用》，载《自然科学史研究》，2001年第2期，第170页。
4 陈美东：《中国科学技术史·天文卷》，北京：科学出版社，2003年，第430页。
5 〔宋〕沈括原著，胡道静、金良年、胡小静译注：《梦溪笔谈全译》，贵阳：贵州人民出版社，1998年，第296页。

的领域，如玉器雕琢、瓷器烧造、诗词歌赋撰写、书法绘画创作等等，人们就有动力锐意进取、不断创新、创造奇迹；相反在不存在这样有效而持续激励的领域，人们就没有动力将时间、智慧投入其中，因此就不会出现繁荣，即使偶然有所发现与发明也终将昙花一现。本节主要基于中国古代文献得出以上认识，但是这一认识对于今天中国科技、文化、艺术与体育等事业都有朴素之启发。

第五章 传统文化的交流与影响

5.0 引言

中国人对于人类历史上宗教由一个地区或一个国家向外扩散，从而影响其他地区或国家的事，不会觉得奇怪。因为，在我国早已根深蒂固的佛教，就是从异域通过多种方式扩散、传播而来的。事实上在人类发展史上，在不同的地区、不同的国家、不同的民族之间，与宗教的传播相似，科学技术也一直处于传播与交流的过程中。交流内容之丰富、空间跨度之遥远，以及交流历史之悠久，可能是令很多人出乎意料的。中外科技交流是人类非常重要的促进发展的手段，在第 2.3 节，已经展示出了交流对于农业发展的重要性。科技传播与交流，是一个很庞大的研究领域，笔者在此涉猎极为有限。即使在第 2.3 节，所应用的证据基本上都是他人的研究成果，只是在阐述一个可能有人意识不到的一个历史事实而已。除此之外，笔者购买过一位 19 世纪英国学者写的一本论述人类发明史的旧书。其中涉及多项中国古代发明。展示一下这本书中对于中国古代发明的正确或不正确的看法，也是感受那个时期中外技术交流和人们对此认识的一个视角。另外中国古代有一种特殊器物——被中香炉，在中国的历史较为悠久，考古实物则在唐代、明代、清代较多。原理一致的器物也有文献说在古希腊时即已经出现。然而李约瑟对这一说法提出质疑，而认为此物的发明优先权属于中国。无论如何此物也与科技交流话题有关。

对于历史悠久、文脉从未间断的中华民族而言，每一个炎黄子孙，无论从事什么职业，无论是什么身份，或多或少都会受到传统文化的影响。即使那些对于中国传统文化持强烈批评意见的人，只要他是中国人，有在中国生活的经历，他身上就不会毫无中国文化的色彩。这也是本章文化影响话题里面的一层含义。本章用两节讨论中国儒家和道家文化在杨振宁身上的体现，并辨析这两种文化对他而言不同的来源。本章还阐述了几位中国著名科学家对于中国传统文化的看法，集中体现在他们阐述中国传统文化与科技发展关系的看法。在这一过程中，揭示了传统文化对于科技发展贡献与提高动力刺激方面的不足。

本章最后一节，论述的是杰出科学家，尤其战略科学家的素质与能力特征、学术道路及培养模式，意在引导读者思考，培养杰出科学家所需要的学术氛围与条件，在传统文化的主流价值观下，是否有可能满足？有什么理念是二者截然难以通约的？我想这样的意图和尝试，对于帮助读者更深入地看待传统文化，有帮助；对于中国科技界、科技教育界在培养杰出科技人才方面，也有一定的启发意义。

5.1 约翰·廷布斯论中国古代发明[1]

5.1.1 约翰·廷布斯其人

2009 年 1 月至 6 月，笔者受纽约李氏基金资助，到剑桥李约瑟研究所访学半年。期间我做的最多的事，就是在剑桥和伦敦搜集、借阅、研读文献资料。除此之外，还饶有兴致地带着淘宝的心情光顾剑桥的几个旧书出售点，出售新书的书店倒是较少前往。有一天，在中心市场摆书摊的一位老板告诉我，过几天在剑桥某地将有各地旧书商云集的一个二手书售书集会。并告诉了我地址。到了那天，我骑自行车很久才到了那个地点，在一个很大的建筑内的一楼，果然林立着旧书摊。那天我买了多本旧书，其中一本书的作

1 本节内容曾发表于《自然辩证法通讯》，2014 年第 4 期，第 65—69 页，作者：厚宇德。

者是约翰·廷布斯（John Timbs）。

约翰·廷布斯是19世纪一位英国文物专家、学者。1801年8月17日出生于伦敦的克勒肯维尔（Clerkenwell），1834年被选为伦敦古物专家学会会员，1875年3月6日去世。廷布斯幼时在一家私立学校读书，16岁开始做药剂师及印刷学徒。他较早就显示出了文学才能，19岁开始为《月刊杂志》（*Monthly Magazine*）撰写文稿。后来他成为了伦敦出版界一位成功的学者。

廷布斯视野宽广、涉猎广泛，一生著述颇丰，撰写、出版了一系列极具可读性的有影响的书籍。如1828年出版的《神秘的科学和艺术》（*Arcana of science and art*），1839年出版的《文学世界》（*Literary world*），1849年出版的《令人惊奇的发明史》（*A History of Wonderful Inventions*），1857年出版的《历史好奇心》（*Curiosities of history*），1858年出版的《杰出人物的求学岁月》（*School-days of eminent men*），1859年出版的《科学好奇心》（*Curiosities of science*），1860年出版的《科学发现者与实用发明家的故事》（*Stories of inventors and discoverers in science and the useful arts*），1866年出版的《伦敦的俱乐部生活》（*Club life of London*），1873年出版的《医生和患者》（*Doctors and patients*）等等。

5.1.2 《令人惊奇的发明史》（*A History of Wonderful Inventions*）

在廷布斯的所有著作中，最令笔者关注的是他的《令人惊奇的发明史》（*A History of Wonderful Inventions*）[1]。英文维基百科（http：//en.wikipedia.org/wiki/John_Timbs/[2012-10-07]）介绍廷布斯的条目所列其著述中，该书为1870年版本。笔者2009年曾于英国的剑桥大学购得该书的1868年版本（见图5.1），后发现该书还有1882年等版本。笔者目前所见该书最早版本为刊行于1849年（见图5.2）。该书不但在19世纪是一本畅销书，进入20世

1 John Timbs. *A history of wonderful inventions: from the mariner's compass to the electric telegraph cable*. London: George Routledge and Sons, 1868.

纪、21世纪，该书仍有新版本在刊行。

比较该书1849年与1868年两个版本的目录，可以看出，早期再版时书中的内容在先后顺序方面有一定变化。另外新版本内容也有所增加。加入了一些当时的新发明以及社会影响比较大的发明。对于同一项发明，在新版本中文字都有所增加。所以1868年版本书的正文页码（389页）是1849年版本（126页）正文页码的三倍还余11页，足见增幅可观。在形式上，1849年版全书分为上下两部分（First Division，Second Division），而1868年版本不再做此分割。

图5.1　1849年版封面

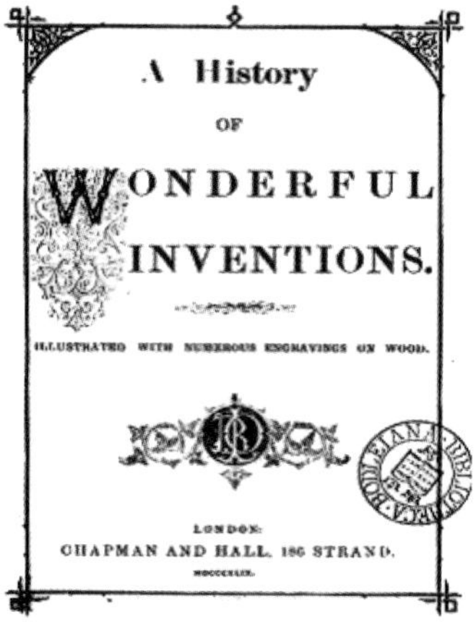
A History
OF
WONDERFUL
INVENTIONS.
ILLUSTRATED WITH NUMEROUS ENGRAVINGS ON WOOD.
LONDON:
CHAPMAN AND HALL, 186 STRAND.
MDCCCXLIX.

图5.2　1849年版扉页

1849年版与1868年版《令人惊奇的发明史》目录及页码对照表

1849年目录		1868年版目录	
目录	页码	目录	页码
First Division		The Mariner's Compass	1–21
The Mariner's Compass	1–11	Lighthouse and Lifeboats	22–38
Lighthouse	12–18	The Barometer	39–46
Gunpowder and Gun-cotton	19–39	The Thermometer	47–53
Clocks	40–48	Printing	54–75
Printing	49–76	The Telescope	76–98
The Thermometer	77–84	The Microscope	99–115

续表

目录	页码	目录	页码
The Barometer	85–89	Clocks and Watches	116–148
The Telescope	90–111	Gunpowder and Gun-cotton	149–166
The Microscope	112–120	Gas–lighting	167–179
Second Division		Artesian Wells	180–185
The Steam-engine	1–37	The Steam-engine	186–222
The Cotton Manufacture	38–66	The Cotton Manufacture	223–248
Steam-navigation	67–89	Steam-navigation	249–279
The Railway	90–106	The Railway and the Locomotive Steam-engine	280–314
Gas-light	107–117	Iron Ships of War, Guns, and Armour	315–340
The Electric Telegraph	118–126	The Electric Telegraph	341–360
		Ocean Electro-Telegraph-The Electric Cables	361–389

廷布斯这本《令人惊奇的发明史》值得关注的原因之一在于它是内容丰富的最早的技术发明史著述之一；原因之二是这本书里面有关于中国古代技术发明的一些宝贵内容。这其中涉及古代中国在磁性指南针、火药、印刷以及利用天然气等方面的发明。笔者寡闻，没有见到中国科技史界此前对于这本书的关注。一些重要学术著述，如潘吉星先生的力作《中国古代四大发明》[1]一书，所涉中外文献甚广，但是没有提到廷布斯这本技术发明史著作。

在1867年撰写的《令人惊奇的发明史》一书的前言中，廷布斯引用了他没有给出姓名的一位“著名教授”的一句话，来表述自己对于科学的认识：“科学不是别的，就是提炼常识，并基于已知探索未知新事实（的活

1　潘吉星：《中国古代四大发明：源流、外传及世界影响》，合肥：中国科学技术大学出版社，2002年版。

动）。”[1] 在表达了对于科学这样的认识之后廷布斯说，撰写《令人惊奇的发明史》这本书的目的，就是通过编排由指南针到海下电缆的发明、发现和应用的故事，给读者奉献科学探索的重要成果[2]。

5.1.3 约翰·廷布斯论中国古代发明

在该书所介绍的第一项发明“航海指南针”中，廷布斯用较长篇幅叙述了与之相关的中国古代文献与传说。在廷布斯看来，古代中国人在指南针发明和应用上领先其他民族是有其客观原因的。在他看来这与中国蕴藏丰富的优质磁矿有直接关系（传说磁矿在珠江口的虎岛上）。这里的磁石磁性强劲，能够吸出木船上的铁钉等等，导致船体散掉。廷布斯发现古希腊的托勒密在著述中曾提及中国海有一座磁矿山[3]。

指南针与指南车发明的历史年代、指南车与磁性指南针的关系等问题，在中国科学技术史界八十余年来（1924 年章炳麟发表《指南针考》，1927 年张荫麟发表《中国历史上之“奇器”及其作者》、1937 年以后王振铎发表系列文章，50 年代后期刘秉政先生开始对王振铎文章的质疑等等）一直存在着分歧较大的不同观点。但是廷布斯对于中国古代磁性指南针发明和运用的认识却是很单纯的。他承认，不知道人类是何时才认识到磁性物质的特定指向性的，但是他明确指出希腊人和罗马人肯定没有做出这一发现。他认为中国人具有悠久的使用指南针的历史。廷布斯采信了黄帝与蚩尤大战的传说。在黄帝与蚩尤之战中，蚩尤曾以巫术驱动浓雾来迷惑黄帝军队的方向，黄帝制造指南车来辨别方向，从而击败蚩尤。廷布斯认为传说中黄帝制造和使用的指南车就是磁性指南装置。他据此认为中国人很早就已经发明指

1 英文原文为：“Science is nothing more than the refinement of common sense, making use of facts already known to acquire new facts.”

2 John Timbs. *A history of wonderful inventions: from the mariner's compass to the electric telegraph cable*. London: George Routledge and Sons, 1868, preface.

3 John Timbs. *A history of wonderful inventions: from the mariner's compass to the electric telegraph cable*. London: George Routledge and Sons, 1868, 4–5.

图 5.3 廷布斯著作中指南车插图

南针。廷布斯也因此认为指南针最早是用于陆地指向，而不是最早用于海上航行[1]。这些故事传说廷布斯主要得之于一位叫做 M. Klaproth 的作者的著作。这个人收集了很多关于中国古人制造和使用指南战车等等的奇闻轶事。在中国史书上常见的皇帝出行时指南车作为先导辨别方向的描述给廷布斯留下深刻印象[2]。图 5.3 为廷布斯原著中指南车插图。原著插图标记为引自 Klaproth 的著作。M. Klaproth（1783-1835），是一位德国历史学家，曾专攻东亚历史。由于语言限制，笔者未找到廷布斯所引用的 M. Klaproth 的相关原始著述。

在中国历史上的不同朝代，同为指南车，但其所指也很可能有较大不同。如果廷布斯只是基于古代黄帝与蚩尤之战这类的传说得到中国古人较早发现磁极性以及发明并使用指南针的结论，那么这样的结论在今天的科学技术史专家看来就几乎没什么意义。但关于中国古代发明和使用指南针的史实，廷布斯尽其所能阅读了能找到的文献。他还从 M. Klaproth 的著述里了解到了其他历史证据，如中国的史书曾载有后赵（公元 319 年—公元 351 年）等时期一些制造磁性指南车的细节描写[3]。

廷布斯著作中关于指南针的叙述，还给了今天中国读者另外一个惊喜。他提到了大名鼎鼎的撰写名著《论磁》（1600 年）的吉尔伯特（William Gilbert，1544-1603）。廷布斯在书中说来自中国的 1260 年前制造的指南针，引起过吉尔伯特的关注。过去学者们主要从促进了航海的实用角度阐述指南针对于西方的积极影响。廷布斯提到的这一细节则有可能进一步揭示，中国

1 John Timbs. *A history of wonderful inventions: from the mariner's compass to the electric telegraph cable*. London: George Routledge and Sons, 1868, 5.

2 John Timbs. *A history of wonderful inventions: from the mariner's compass to the electric telegraph cable*. London: George Routledge and Sons, 1868, 7.

3 John Timbs. *A history of wonderful inventions: from the mariner's compass to the electric telegraph cable*. London: George Routledge and Sons, 1868, 7-11.

人发明的指南针，通过影响吉尔伯特从而对于西方磁学理论的形成也有过一定的直接影响[1]。这一点无疑在科学史上十分重要，值得我们进一步探索与关注。来自13世纪中国的指南针给了吉尔伯特怎样的启发和影响？对此廷布斯没有细节描述，因此为我们留下了宽阔的想象空间。更令我们兴奋和产生联想的是廷布斯还明确指出吉尔伯特还曾由磁体相互吸引的观念联想到了重力，而这进一步直接影响到了牛顿，使其萌发万有引力思想[2]。

在磁学领域，廷布斯还关注到了中国人对于磁偏角现象的发现和认识。在中国的科技史上，一般认为在北宋时期，杨维德、沈括等人测量了磁偏角或注意到了磁致偏转现象。[3]潘吉星先生认为，在更早的唐代，人们就已经发现了磁偏角[4]。中国学者对于古代人认识磁偏角的年代也有着逐渐清晰的认识过程。廷布斯那个时代的西方学者对于中国古代人发现磁偏角过程的认识更为艰难是可以理解的。廷布斯承认西方在16世纪中叶才发现磁偏角，而这比中国古人晚了不下四百年[5]。可见廷布斯将中国人认识磁偏角的时间大致界定在12世纪，现在看来有点稍晚，但是在他那个时代已属难得。廷布斯的这一认识是有据而言。他在书中提到了一位中国哲学家Keontsoung-chy，这很可能是北宋本草学家寇宗奭。寇宗奭在1116年刊行的他的著述《本草衍义》中，提到了指南针的制法以及磁偏现象。因此廷布斯的说法在那时而言，已经做到了公正客观，也比较准确。

廷布斯在书中对于中国古人制造的指南针的结构、样式以及其便于携带性等都做了细节的描绘，其描述之细致让人觉得他自己似乎曾目睹过中国人

1 John Timbs. *A history of wonderful inventions: from the mariner's compass to the electric telegraph cable*. London: George Routledge and Sons, 1868, 12–13.

2 廷布斯书中原文为："Dr. Gilbert...states that P. Venutus brought a Compass from China in 1260. Gilbert bestowed much attention upon magnetism, and to some extent inculcated the doctrine of gravitation, by comparing the earth to a great magnet. Newton's 'pole of a magnet' arose from his theory, which is remarkably consonant with the notions of the present day."

3 戴念祖：《中国物理学史大系·电和磁的历史》，长沙：湖南教育出版社，2002年，第189—190页。

5 潘吉星：《中国古代四大发明：源流、外传及世界影响》，合肥：中国科学技术大学出版社，2002年，第338页。

5 John Timbs. *A history of wonderful inventions: from the mariner's compass to the electric telegraph cable*. London: George Routledge and Sons, 1868, 16–17.

制造的指南针一般[1]。廷布斯提到的中国第二项发明是印刷术。在关于印刷术的介绍中，廷布斯说："中国人说他们早于欧洲几百年，就是说在基督纪元之前半个世纪就已经应用雕版印刷了。"[2]关于中国古代印刷术，廷布斯虽然只有言简意赅的这样一句话，但是可以肯定的是他没有忽视中国学者在这方面的学术观点。

在探讨关于火药的发明和利用时，廷布斯也充分承认中国的领先地位："据说中国早在公元 85 年就已经利用火药。其后关于火药的知识通过阿拉伯人传播到我们这里。"[3]廷布斯提到，有些西方学者发现在中国历史上很早就有关于火药的记载，记载表明，在古代中国火药具有实用的目的，如用于炸裂岩石。因此，廷布斯认为公元 85 年中国人就已发明和使用火药，应该是他采信了目前已经不再作为史实看待的古代传说。对于火药的发明，现在的共识是中国唐代的炼丹家在炼丹过程中意外发现了原始火药。[4]但是廷布斯关于火药西传路径的大体描述还是比较客观的。关于火药的发明，在西方 19 世纪仍有学者认为优先权属于印度[5]。廷布斯虽然所用史料今天看来不够严谨，但是他认为中国人发明火药早于西方和印度，这一结论是符合学术界当今的多数共识的。

在廷布斯的这一著作中，没有涉及古代造纸技术的发明。因此通常所说的中国古代的"四大发明"，他提到了如上所述的三项。但是他在书中明确提到了中国古人的另外一项伟大的发明创造。那就是古代四川开采和使用天然气[6]。因此，也可以说廷布斯的著作提出了对于中国古代"四大发明"的另外一种界定。此说并非牵强附会。在廷布斯的时代，西方人所了解的中国人

1 John Timbs. *A history of wonderful inventions: from the mariner's compass to the electric telegraph cable*. London: George Routledge and Sons, 1868, 18–19.

2 John Timbs. *A history of wonderful inventions: from the mariner's compass to the electric telegraph cable*. London: George Routledge and Sons, 1868, 55.

3 John Timbs. *A history of wonderful inventions: from the mariner's compass to the electric telegraph cable*. London: George Routledge and Sons, 1868, 151.

4 潘吉星：《中国古代四大发明：源流、外传及世界影响》，合肥：中国科学技术大学出版社，2002 年，第 246 页。

5 潘吉星：《中国古代四大发明：源流、外传及世界影响》，合肥：中国科学技术大学出版社，2002 年，第 255—259 页。

6 John Timbs. *A history of wonderful inventions: from the mariner's compass to the electric telegraph cable*. London: George Routledge and Sons, 1868, 169.

的重要发明不仅仅只有这几项，如恩格斯曾明确提到的中国古人发明的养蚕业等等。在这其中，廷布斯只遴选出指南针、火药、印刷术以及开采和使用天然气四个发明，应该是细心斟酌的结果。在四川的邛州（今邛崃、雅安一带）、富顺、蓬州（今蓬溪）、泸州等地都有古代人通过挖掘火井采集和使用天然气的历史记载。[1] 廷布斯认为这一发明是了不起的，因此将其收入书中。如果从 20 世纪到 21 世纪天然气成为了人类所用主要能源之一的角度以及人类能源渐进危机状态的现实来看，廷布斯的认识确有一定先见性。

对于指南针、火药以及印刷术等人类发明的重要性，很早就有历史上的大人物做了充分的肯定。培根在 1620 年出版的《新工具》中提到："这几点是再明显不过地表现在古人所不知、较近才发现而起源却还暧昧不彰的三种发明上，那就是印刷、火药和磁石。这三种发明已经在世界范围内把事物的全部面貌和情况都改变了：第一种是在学术方面，第二种是在战事方面，第三种是在航行方面；并由此又引起难以数计的变化来；竟至任何帝国、任何教派、任何星辰对人类事务的力量和影响都仿佛无过于这些机械性的发现了。"[2] 培根高度评价印刷、火药以及磁石（用于指南）发明带来的伟大历史作用，从而具有重要意义。但是他没有指出这几项发明与中国有关。1863 年马克思在著述中也充分肯定了这三大发明的历史社会作用："火药、指南针、印刷术——这是预告资产阶级社会到来的三大发明。火药把骑士阶层炸得粉碎，指南针打开了世界市场并建立了殖民地，而印刷术则变成新教的工具，总的来说变成科学复兴的手段，变成对精神发展创造必要前提的最强大的杠杆。"[3] 马克思也没有说明"三大发明"的来源。

恩格斯的《自然辩证法》一书，"基本上写于 1873—1883 年，1885—1886 年做了个别补充"。[4] 显然《自然辩证法》要晚于廷布斯这本《令人惊奇的发明史》。在恩格斯的《自然辩证法》中，有这样一段文字："……大量的发明以及东方发明的输入，它们不仅使希腊文学的输入和传播、海上探险以

1 王仰之：《古代四川天然气开发利用的几个问题》，载《石油大学学报（社会科学版）》，1989 年第 3 期，第 36—40 页。

2 培根著，许宝骙译：《新工具》，北京：商务印书馆，1986 年，第 103 页。

3 马克思：《机器。自然力和科学的应用》，北京：人民出版社，1978 年，第 67 页。

4 恩格斯：《自然辩证法》，北京：人民出版社，1971 年，第 1 页。

及资产阶级宗教改革真正成为可能，……它们提供了古人从来未想到过的、虽然现还未系统化的许多科学事实：磁针、印刷、活字、亚麻纸（十二世纪以来阿拉伯人和西班牙犹太人所使用的……）、火药、眼镜、在计时上和力学上是以巨大进步的机械时计。”[1] 这段话虽始于“大量的发明以及东方发明的输入”，但是恩格斯也没有指明磁针、印刷、火药等发明是否来自东方，更没有明确说来自于中国。并非恩格斯认为没有指出具体发明地的必要。因为接下来恩格斯曾明确指出：“蚕在 550 年左右从中国输入希腊。”还有“棉纸在七世纪从中国传到阿拉伯人那里，在九世纪输入意大利。”[2] 可见对于在发明权上没有争议的发明，恩格斯都明确指出了发明地。我们绝对不能怀疑这几位伟大的历史人物对于历史问题上应持有的客观公正态度。几乎比廷布斯小 20 岁的马克思、恩格斯都在我们提到的他们的著述中没有明确指出中国对这几项发明具有优先权。这一事实告诉我们，在当时的西方，对于这些发明的源头的认识是模糊的，至少是有争议而还没有达成共识的。在这样的条件下，廷布斯肯定中国对于这几项发明具有优先权，或者至少客观介绍了来自中国的声音，这种学术远见，是值得敬佩的。而事实证明，虽然廷布斯所依据的文献今天看来部分存在瑕疵，但他的结论却是经受住了历史的考验。

5.1.4　结语

从职业上看，廷布斯不是专业科技史家，他的《令人惊奇的发明史》里面关于中国古代发明的认识所依据的文献，今天看来有的可能不够严谨，但是他在书中对于每一项西方古代与近代发明的描述，都是十分严谨而专业的。对于每一项发明从原型到成为成熟技术的演化过程，有清晰的考证和描述。作为一位出版界著名人士和作家，他的著述除了语言叙述上的可读性适合更多的读者外，书中还多有完整的发明创造的故事情节。因此，这本著作并非是一本枯燥的技术发明编年史，而且具有主体上的学术严谨性。也许与

1　恩格斯:《自然辩证法》，北京：人民出版社，1971 年，第 169 页。
2　恩格斯:《自然辩证法》，北京：人民出版社，1971 年，第 170 页。

廷布斯是一位从多个角度关注社会的学者有关，他以独特的视角，遴选收入这本书的发明，都是对于西方世界甚至整个人类各个历史阶段产生过重要和深远影响的创造，很具有科学社会学的前瞻眼光。因此，这本书也是研究和了解西方技术史的一部佳作。此书至今在欧美仍有再版，说明虽然过去了一个半世纪，其生命力还在。

致谢：感谢剑桥李约瑟研究所图书馆馆长约翰·墨菲特（John Moffett）先生、北京科技大学李建西博士在解读与本节相关文献时提供的热心帮助。

5.2 中国历史上的重要奇器——被中香炉[1]

被中香炉是中国古代较早出现的一个巧夺天工的发明。被中香炉在整体运转时置于其中的香火或液体等不会倾覆于外，这表面上有悖于人们的常识。正因为被中香炉设计高超、奇特而被学界誉为“开创了人类运用机械的奇迹”。[2]

5.2.1 对被中香炉研究文献的钩沉与新诠释

1917 年，上海的《科学》杂志“杂俎”栏目刊登了署名为“人”的作者的一段文字，题目为《颠斜不覆之中国被炉》，原版共 9 行余 5 字。全文如下：

> 西国巧构有所谓“卡谭悬摇”者（Cardan Surpennon，原文如此，本文作者注），源自希腊。其构造用三圈，次第相系，各能依一轴自由旋转结果（读似不顺，原文如此——本文作者注），则最里一圈可依三互成正交之轴中任一轴而转。如附器此圈，无论若何颠斜，此器之中

1 本节内容曾发表于《广西民族大学学报（自然科学版）》，2014 年第 2 期，第 21—27 页，作者：厚宇德、马国芳。

2 黄祯翔：《薰香球开创了人类运用机械的奇迹》，载《发明与革新》，2000 年第 11 期，第 25 页。

心终向下。希腊之菲庐（Philo，原文如此）墨汁盂，即本此理。美人劳弗（Berthold Laufer）在中国陕西西安府发现一旧式被炉。置檀香或炭屑其中，可颠斜不覆其构造一如上述。洛氏（指前文之劳弗，应为劳氏之误——本文作者注）微考吾国古籍，知为汉时丁缓所制。匠心独造，东西暗合。此实邦国之光，不仅古物已也。今此器存希加戈博物院。国之珍物，他人藏之考之，亦足愧矣。[1]

这位化名为“人”的作者学贯中西，对于当时国学状况也可谓忧心忡忡。这几行字对被炉构造与功能的扼要叙述是值得称道的。但作者把被炉的发明归于古希腊人，下文将根据李约瑟等人的研究结果说明这是值得商榷的。该文中提到的被炉发现者劳弗（Berthold Laufer，1874—1934）曾在德国莱比锡大学获得博士学位，著述颇丰，是一位人类学家、历史地理学家，东亚语言专家。被炉在其他场合也被称为卧褥香炉、卧被炉、被中香炉、暖手炉、木火通、香球（或香毬）、香囊、熏香等等，现多形象地称之为“被中香炉”。

《科学》里的这段文献是本文作者目前找到的近代学界最早关注被中香炉的文字，也尚未见到比这更早的指出被中香炉出自《西京杂记》者。因此将《西京杂记》中关于被中香炉的记载与实物相联系，劳弗很可能是第一人。从李约瑟的著述中可以知道，劳弗曾向李约瑟介绍过自己发现被中香炉一事，因此劳弗在西安发现被中香炉一事必真无疑。但劳弗说此炉出自丁缓之手，却不能轻易认同。20 世纪 60 年代后，在西安考古陆续发现多个被中香炉，制造年代目前以唐代为最早。从当年文中照片上看，劳弗发现的被中香炉的形制与材料似乎都与唐时之物相近。如果得见实物，通过进一步比较，甚至借助现代科技手段做深入的研究，才有望解开其制造年代之谜。劳弗不是这方面的专家，他的结论只具有一定的参考价值。

劳弗提到的《西京杂记》中关于丁缓和被中香炉的记载全文如下：

长安巧工丁缓者，为常满灯，七龙五凤，杂以芙蓉莲藕之奇。又

1　人:《颠斜不覆之中国被炉》，载《科学》，1917 年第 8 期，第 909 页。

作卧褥香炉，一名被中香炉。本出房风，其法后绝，至缓始更为之。为机环转运四周，而炉体常平，可置之被褥，故以为名。又作九层博山香炉，镂为奇禽怪兽，穷诸灵异，皆自然运动。又作七轮扇，连七轮，大皆径丈，相连续，一人运之，满堂寒栗。[1]

依这段文字所载，丁缓并非发明被中香炉的始祖，这一点为李约瑟等学者所采信。丁缓据说生于西汉中后期，居长安，很可能是一名宫中工匠。至少20世纪30年代前我国学者对于被中香炉关注甚少。目前发现最早注意到被中香炉的中国学者是著名历史学家张荫麟（1905—1942）。他于1927年发表的关于中国古代“奇器”的文章中，提到了《西京杂记》所载的几件器物：小铜人乐队、被中香炉、博山香炉和七轮扇。但这些都不是张先生文章中关注的重点，对于这四件器物他只说了两句话：“以上杂记所记四器具，或属可能，而后一器尤为明显。然以杂记为伪托之书，所记又皆属孤证，吾人不敢深信也。”[2]从张荫麟先生对于《西京杂记》以及被中香炉的态度明显感觉得到，中国学者在那一时期对被中香炉的了解还很有限，尚未予以足够的学术重视。

基于今天的学术视野，将《西京杂记》里面关于被中香炉的记录简单归于孤证之列还有值得商榷的空间。西汉司马相如的《美人赋》有以下语句：“寝具既陈，服玩珍奇，金鉔薰香，黼帐低垂，裀褥重陈，角枕横施。”南宋章樵对其中的“鉔”曾做如下注：“鉔音匝，香毬，衽席间可旋转者。”[3]如果章注符合自西汉以来的史实，那么关于被中香炉的记载，除《西京杂记》外就多了一条文献凭据。但也有学者认为：“《美人赋》很可能著于齐、梁之际。”[4]因此，《美人赋》是不是出于司马相如之手还值得商榷。即便《美人赋》不是出自司马相如之手，即便《西京杂记》为葛洪所撰，也说明至迟至晋代，人们已经能造被中香炉。而自唐以降，几乎历代文献中都清晰可见被中香炉的影子。

1 〔汉〕刘歆撰，葛洪集，王根林校点：《西京杂记》，上海：上海古籍出版社，2012年，第84页。
2 张荫麟：《中国历史上之“奇器”及其作者》，载《燕京学报》，1927年第3期，第364页。
3 章樵注：《古文苑（卷三）》，光绪丙申长沙重刻本，第911页。
4 毕庶春：《“金鉔”考论》，载《辽东学院学报（社会科学版）》，2008年第2期，第74页。

唐代张鷟（约660—740）在《朝野佥载》中有这样的描述：“则天如意中，海州进一匠，造十二辰车。回辕正南则午门开，马头人出。四方回转，不爽毫厘。又作木火通，铁盏盛火，辗转不翻。”[1]这里所述“木火通”的功能显然与被中香炉完全一致，它也就是所谓的暖手香囊或香炉之类。成书于738年的《唐六典》记载：“及岁时乘舆器玩，中宫服饰，雕文错彩，真丽之制，皆供焉”，内注“腊日，进口脂，衣香囊。”[2]由下一条文献可知，香囊即被中香炉。《一切经音义》为唐代僧人慧琳于公元788年始撰，公元810年完成。该书第七卷对香囊有如下释语：“烧香器物也，以铜铁金银玲珑圆作，内有香囊，机关巧智，虽外纵横圆转而内常平，能使不倾。妃后贵人之所用之也。”[3]慧琳的这一段话表明，唐代的被中香炉不仅仅限于银质，还有为铜铁金所制造者。另外也明确说明了在唐代被中香炉为宫中女眷所用之物。唐代大诗人白居易（772—846）在《江南喜逢萧九彻因话长安旧游戏赠五十韵》中，有如下诗句：“拂胸青粉絮，暖手小香囊。”[4]研究表明，暖手香囊是与被中香炉原理相同的内放炭火的古代暖手器具，曾为西方的主教所用（下文可见）。与白居易同科及第的元稹（779—831）在一首诗（《友封体》）中有这样的诗句：“微风暗度香囊转，胧月斜穿隔子明。”他还有专门的《香球》诗：“顺俗唯团转，居中莫动摇，爱君心不恻，犹讶火长烧。”[5]宋代高承在《事物纪原》卷八云：“[博山]汉晋以来，盛用于此。”又，[香毬]条，引用《西京杂记》相关条，并云：“今香毬是也。”[6]戴念祖先生注意到，宋代四水潜夫（即周密）的《武林旧事》第二卷第九卷、南宋吴自牧的《梦粱录》第一卷第十三卷第十九卷里所述的“灯球”等亦属被中香炉一类。[7]与史书里的记载相似，在文人的著述中也有关于被中香炉的类似文字。如陆游《老学庵笔记》载：“京师承平时，宗室戚里岁时入禁中，妇女上犊车，皆用二小

1 〔唐〕张鷟:《朝野佥载》，北京：中华书局，1997年，第142页。
2 〔唐〕李林甫等撰，陈仲夫点校:《唐六典》，北京：中华书局，1992年，第573页。
3 见网络文献中国国家数字图书馆慧琳《一切经音义》，https：//www.docin.com/p-902635388.html
4 上海古籍出版社编辑:《全唐诗》，上海：上海古籍出版社，1986年，第1173页。
5 上海古籍出版社编辑:《全唐诗》，上海：上海古籍出版社，1986年，第1010页。
6 〔宋〕高承撰，李果订:《事物纪原（三）》，上海：商务印书馆，1937年，第289页。
7 戴念祖:《中国科学技术史·物理学卷》，北京：科学出版社，2001年，第70页。

鬟持香毬在旁，而袖中又自持两小香毬。车驰过，香烟如云，数里不绝，尘土皆香。”[1]但是均看不出被中香炉是民间普通百姓所用之物件。

有学者认为《美人赋》里的“‘金鉔’或曰‘香毬’，唐、宋之际始兴盛于民间。”[2]被中香炉在唐宋之际存世明显增加是事实，现在存世的被中香炉多为唐代所制。但说被中香炉于唐宋之时“始兴盛于民间”却不符合史实。金银香毬在唐代并非普通民间百姓所能拥有，正如有的学者指出被中香炉“被当时的皇家贵族广泛佩戴”。[3]前文提到唐代慧琳的文字也说明，被中香炉之使用限于宫中。西安法门寺虽然出土了被中香炉，但是这不标志着被中香炉是当时寺庙里的常用之物。该寺的佛在唐时多为皇家甚至皇帝本人所供奉，因此这些被中香炉仍然是来自于宫中。纵观文献，笔者认为，被中香炉至少在明代之前一直都属于“高端奢侈品”。从宋代的史料里可以看出，那时香囊也是宫廷里的必备之物，如《宋史·嘉礼四》载：宫中凡大宴，“殿上陈锦绣帷帟，垂香囊”。[4]《宋史·仪卫五》亦云：皇太子“妃出入，惟乘襜子，三接青罗繖一，黄红罗障扇，四人从，以皇太子府亲事官充輂官，前执从物。襜子前，小殿侍，一人抱涂金香毬，先驱则教骏兵士呵止”。[5]明代的屠隆是嘉靖二十二年（1543）人，他在《考槃馀事》中提到“卧被炉”：“以铜为之，花纹透漏，机环转运四周，而炉体常平，可置之被褥。”[6]稍后于屠隆，明代的田艺蘅曾详说当时的香球：“今镀金香球，如浑天仪然，其中三层关捩，轻重适均，圆转不已，置之被中，而火不复无，其外花卉玲珑，而篆烟四出。真闺房之雅器也。”[7]这是对于被中香炉功能和构造原理又一次可以与《西京杂记》相媲美的描写。这段描写揭示了关于被中香炉的以下信息：其一，它可能揭示了或解释了被中香炉制造技术的源起。被中香炉的功能和设计思想，对于技术外行的人而言，其机巧可谓鬼斧神工，在内行看来也可谓奇绝。古人究竟因何而有此巧思？田艺蘅的描述一语中的，即被中香

1〔宋〕陆游：《老学庵笔记》，北京：中华书局，1997 年，第 4 页。
2 毕庶春：《“金鉔”考论》，载《辽东学院学报（社会科学版）》，2008 年第 2 期，第 72 页。
3 段丙文：《浅析唐代的金银香囊》，载《大家》，2012 年第 8 期，第 31 页。
4〔元〕脱脱等撰：《宋史》，北京：中华书局，1977 年，第 2683 页。
5〔元〕脱脱等撰：《宋史》，北京：中华书局，1977 年，第 3456 页。
6〔明〕屠隆：《考槃馀事》，杭州：浙江人民美术出版社，2011 年，第 311 页。
7〔明〕田艺蘅：《留青日札》，上海：上海古籍出版社，1985 年，第 740 页。

炉或香球“如浑天仪然”。这就意味着古人可能是在制造天文仪器浑天仪时，发现了轴向垂直多轴协作的常平原理，因而才能够制造被中香炉。田艺蘅是目前所知最早道破香炉发明天机的人。这一点后文亦有所议。其二，田艺蘅明确了至少在明代，被中香炉的主要功用：“闺房之雅器也”。如果被中香炉只是“闺房之雅器”，而“闺房”并非限于达官贵族，那么，到明代，被中香炉的适用范围可能已经明显扩大到了民间。从田艺蘅的文字中，看不出香球为宫廷专用之物。其三，明代被中香炉应为铜制或至少铜制为多。国家博物馆中所藏明代的被中香炉即为铜料所制；屠隆所述也证实明代卧被炉即被中香炉也是铜质。铜远不及金银贵重。这就成为了明代被中香炉的使用范围向民间有较大的拓展的可能性。

5.2.2　被中香炉的出土与存世情况

《科学》杂志 1917 年的文章说劳弗在西安发现了一个被中香炉，但没有进一步介绍发现的细节。据载，这一香炉现存于芝加哥博物馆。1963 年西安东南郊沙坡村出土文物中有 4 件被中香炉，腹径均为 4.8 厘米，通高为 5 和 5.1 厘米。现收藏于中国国家博物馆。根据出土的被中香炉的尺寸，当时的考古人员对其用途有过这样的猜测：“关于器物的名称及用途，有各种说法，有叫‘熏炉’、‘被中香炉’等；至于它的用途我们从现有形式和大小估计，似不一定就是熏被或熏帐（有链钩可以在帐中悬挂）的，随身系带也未尝不可。”[1]1965 年西安郊区三兆村唐墓出土一件被中香炉，其直径 5.4 厘米，腹围 17 厘米，重 60 克。曾收藏于西安市文物管理委员会。1970 年在西安南郊何家村出土一件被中香炉，腹径 4.7 厘米。现存陕西历史博物馆。[2]

1987 年在陕西扶风法门寺出土两件被中香炉，腹径分别为：5.85 厘米和 12.8 厘米。这些均为银制。[3] 其中较大的香炉“为镂空球体，上下半球以合

1　西安市文物管理委员会：《西安市东南郊沙坡村出土一批唐代银器》，载《文物》，1964 年第 6 期，第 30—32 页。

2　陕西省博物馆、文管会革委会写作小组：《西安南郊何家村发现唐代窖藏》，载《文物》，1972 年第 1 期，第 30—42 页。

3　法门寺考古队：《法门寺地宫珍宝》，西安：陕西人民美术出版社，1989 年，第 33—35 页。

页铰链相连，钩状司前控制香囊之开合。下半球体内有两个同心圆组成的持平环，铆接香盂于其中并于球体相连。球冠有圆钮，上接U型银链，链端套有环勾，链下端有莲蕾饰物。上下球体均饰五朵双峰纹团花，冠饰四峰纹团花。球底饰折枝团花。通体为镂孔的阔叶纹样。径128毫米，链长245毫米，重547克”。较小者“钣金成型，纹饰部分涂金。通体呈圆球状，上半球体为盖，下半球体为身，以铰链相连，子母门扣合。通体镂孔，纹饰上下对称。半球面上散点分布三个圆形规范，錾有四只鸿雁，球冠有弧形等边三角形，有内切圆于其中，圆内镂空成阔叶纹。盖顶铆接环钮，上套莲蕾形环节，其上再套置U形长链。勾状司前控制上下球体之开合，香囊内之香盂铆接于双层持平环上，环又与下半球铆接，使香盂盂面始终保持平衡状态。香囊直径58.5毫米，持平环径分别为38毫米、48毫米，香盂径28毫米，腹深10毫米。链长177毫米，总重87克”。[1]

图 5.4　陕西法门寺出土被中香炉细部照片

日本奈良正仓院北仓收藏有唐代被中香炉，被视为国宝。其高18.8厘米，重1550克。[2]瑞典收藏家卡尔·肯普个人收藏两件被中香炉，腹径分别为4.3厘米和5厘米。大英博物馆、神户白鹤美术馆、堪萨斯城纳尔逊艺术馆和阿特金斯博物馆均有被中香炉藏品。中国国家博物馆收藏有一件银质镂空高12.8厘米的被中香炉，被专家鉴定为明代所制。另外，上海中医药博物馆藏有一只明代铜制的被中香炉。

2012年北京秋拍有一只标为明之前的被中香炉，直径4.6厘米（见图5.5），以276,000元人民币成交。至今几乎不见宋元时期被中香炉传于世。关于这件拍品，信息不多，其来源与流传线索均不为外界明了。如确为明代

1　法门寺考古队：《法门寺地宫珍宝》，西安：陕西人民美术出版社，1989年，第99页。

2　魏勇娥：《日本奈良正仓院珍藏的唐代银熏球和螺钿花鸟纹铜镜》，载《文博》，1991年第5期，第77页。

图 5.5　2012 北京秋拍被中香炉

之前所制，很有代表性意义。

现在被中香炉另外一种存世品为现代制品。笔者近几年曾在北京潘家园多次见到不同形制的被中香炉现代制品或称仿品，基本上都具备文献中描述的被中香炉的基本功能。从鉴别的角度看，仿品不难识别，主要特征是仿品多坠以红蓝色的珠子，在出土真品中尚未见这一配置。另外仿品上的焊接点，现代焊接特征明显（见图 5.6 与图 5.7）。两件仿品中，图 5.6 所示因为金属片较薄而整体稍轻但体积较大，似乎是仿照唐代制品。图 5.7 所示与 2012 年北京秋拍那件十分相类，香炉上面的花蔓等较粗，因而香炉整体偏重。民间仿制者还是能够迅速地随市场而动的。

图 5.6　笔者收藏的被炉现代仿品

图 5.7 笔者收藏的被炉现代仿品

5.2.3　李约瑟对被中香炉最早发明于中国的论证

对于第 5.2 节开始处的引文中所述那种相信卡丹环原理源自古希腊的说法，李约瑟有过更为详尽的说明和明确的判断：“这个发明是来自亚历山大里亚吗？拜占庭的菲隆（约公元前220年）著的《气体力学》第56章里讲到一个墨水瓶装在一个棱柱形盒子里，每个面上都有一个孔，任凭哪个孔都可以用，因为里面的吊环使墨水瓶始终保持瓶口朝上。讲述的结尾说，这个设计是仿照一个古老的犹太香炉的样式。这句话本身就是可疑的，因为它不像一个早期亚历山大里亚人会说出来的话；况且整个这一段只在卡拉·德沃翻译的阿拉伯手稿里找得到，而不在斯密特和德罗沙·戴格兰翻译的拉丁文手稿里。此外，这段描述放在那样纯属气力装置中似乎也不相称。所以，萨顿提醒说，这可能是阿拉伯编辑们后来（也许直到13世纪）才安插进去的。"[1]

李约瑟的分析可谓有理有据，想推翻它再立新说并不容易。李约瑟和萨顿否定了被中香炉类装置起源于希腊的认识，从而为被中香炉起源于中国扫清了道路。李约瑟也充分肯定在西方历史上与被中香炉有关的可靠证据。他在一本9世纪的西方画法手册中找到了多层圆环包围着的花瓶，与被中香炉的原理如出一辙，机械效果也颇为相似。李约瑟还见到过13世纪的暖手炉，用于为在寒冷中主持宗教仪式的主教暖手，现在实物"保存在罗马的圣彼得宝库里"。[2]

李约瑟自己收藏过被中香炉。1950年李约瑟在巴黎市场购买了一个来自西藏的黄铜球灯，结构与被中香炉相似，外壳镂空刻花，内有四个环五个枢轴，直径10英寸，上面刻有菩萨、神仙等等。这个球灯现在挂于李约瑟研究所小报告厅的天花板中央。李约瑟1956年发现英国的维多利亚和艾尔伯特博物馆收藏有唐代的银制熏香炉。[3] 虽然承认西方历史上较早就存在被中香炉，但李约瑟认为被中香炉应该最早发明于中国："当我们体会到我们掌握了2世纪关于这种装置的一个中国记述，知道除了菲隆的一段可疑的文字外，这段记载要比任何欧洲或伊斯兰的都早很多时，再说中国西藏的常平架传统是来源于卡丹和意大利文艺复兴，那就很不可能了。"李约瑟这里所说

1　李约瑟著，鲍国宝译：《中国科学技术史 · 物理学及相关技术（第二分册）· 机械工程》，北京：科学出版社，1999年，第249页。

2　李约瑟著，鲍国宝译：《中国科学技术史 · 物理学及相关技术（第二分册）· 机械工程》，北京：科学出版社，1999年，第243页。

3　李约瑟著，鲍国宝译：《中国科学技术史 · 物理学及相关技术（第二分册）· 机械工程》，北京：科学出版社，1999年，第249页。

的“中国记述”，指的就是《西京杂记》里面关于被中香炉的描述。[1]

李约瑟倾向于认为丁缓只是复活了被中香炉，而不是最早发明了它。理由是司马相如的《美人赋》关于描写的“金鉔熏香”，就是被中香炉。而司马相如卒于公元前117年，《美人赋》约完成于公元前140年，而丁缓发明的鼎盛期在公元180年。因此李约瑟认为：“这个发明可能属于公元前2世纪而不是公元2世纪。”[2]对于这一技术的西传时间，李约瑟认为，可以肯定到9世纪常平架已经到了欧洲；对于传播者，他也做出了判断：“菲隆的那段话里讲到犹太人，实际上可能意味着，这个仪器的向西传播是通过犹太人而不是阿拉伯人。”[3]当然，前文我们说过，这两条文献都曾有人质疑。但是即使这两条文献的年代确实有问题，而西方古希腊时期曾发现被中香炉的说法，根据李约瑟的介绍也存在重大问题。而在中国最迟在晋唐时期已经发明被中香炉并有实物传于后世这是事实。因此，《美人赋》与《西京杂记》的真伪不足以改变李约瑟9世纪中国人发明了被中香炉制造技术甚至实物传到西方的结论。

作为自然科学家的李约瑟与其他科技史家不同，他思考到了中国古人为何想到以及如何设计被中香炉的问题：“如果要问常平架的发明是受什么启发的，不可避免地会想到从制造天文学家用的浑仪而来的，因为这个仪器上的环也必须一个套一个地用枢轴连接起来。”[4]可能李约瑟没注意，事实上这一设想中国明代人已经明确表述过，李约瑟在著作中也提到了这本明代书，即前文提过的明代田艺蘅的《留青日札》，但只是出现在李约瑟著作的脚注中，以说明明代人也认为这一发明源自丁缓，但李约瑟引用时并未涉及明代这本书中将香炉与浑天仪的类比。这一类比的重要性前文已做过强调。[5]

1 李约瑟著，鲍国宝译：《中国科学技术史 · 物理学及相关技术（第二分册）· 机械工程》，北京：科学出版社，1999年，第249页。

2 李约瑟著，鲍国宝译：《中国科学技术史 · 物理学及相关技术（第二分册）· 机械工程》，北京：科学出版社，1999年，第252页。

3 李约瑟著，鲍国宝译：《中国科学技术史 · 物理学及相关技术（第二分册）· 机械工程》，北京：科学出版社，1999年，第254页。

4 李约瑟著，鲍国宝译：《中国科学技术史 · 物理学及相关技术（第二分册）· 机械工程》，北京：科学出版社，1999年，第249页。

5 李约瑟著，鲍国宝译：《中国科学技术史 · 物理学及相关技术（第二分册）· 机械工程》，北京：科学出版社，1999年，第253页。

即使被中香炉是中国人发明的，也不能否定西方人在这方面的突出贡献。在西方，意大利人卡丹（Jerome Cardano，1501—1576）最早设计了常平支架。因此西方人才称常平支架为卡丹平衡环或卡丹悬挂（Cardano's Suspension）。西方人努力把这一发明开发成为其他领域的实用器和科学仪器。达·芬奇约于1500年画出了草图，计划把卡丹平衡环和罗盘用在一起。贝松在1567年写的书中建议航海家应当在大的常平架里进行观察。如焦瓦尼将万向支架或被中香炉原理引进到车辆中，以便于在颠簸的道路上运送病人。[1] 法国物理学家傅科根据这一原理设计了可以显示地球自转的陀螺支架，陀螺仪后来取代了磁性定向器。

北京大学武际可教授针对被中香炉原理在中国古代的应用做如下反思：我们很早就知道了被中香炉的原理，并制造出了被中香炉，但是“从汉代，一直到清代，却一直是用在熏被窝上。西方人虽然到16世纪才发明，比我们落后了1600年，但后来的许多使用的新花样却是他们首先开发出来的。这也许很值得我们向西方学习，重振我们民族的创造力。”[2] 武际可的这种说法如果针对中国古代某若干发明，如火药等的发明而言大体是有道理的。但是就被中香炉这一个案似乎并不十分恰当。李约瑟在著作中[3]引用了清乾隆年间（1759年）出版的《皇朝礼器图式》一书中的一张图（见图5.8）。李约瑟在书中对于此图的注解是：“中国的一架常平支托的方位罗盘；采自《皇朝礼器图式》卷三，第四十页（1759）。这种仪器

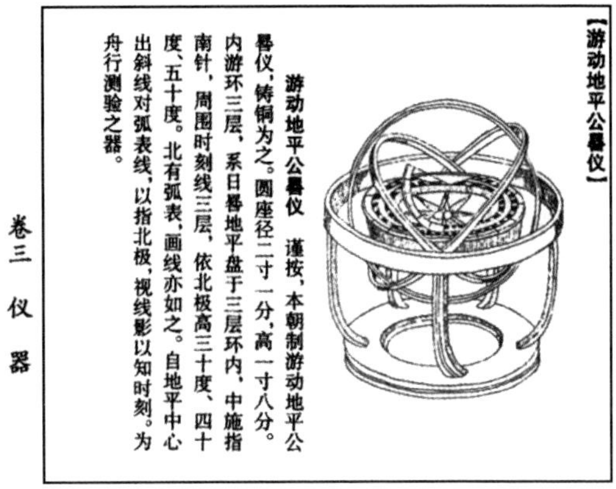

图5.8 《皇朝礼器图式》中的插图

1 李约瑟著，鲍国宝译：《中国科学技术史·物理学及相关技术（第二分册）·机械工程》，北京：科学出版社，1999年，第244页。

2 武际可：《被中香炉与万向支架》，载《力学与实践》，2007年第4期，第93页。

3 李约瑟著，鲍国宝译：《中国科学技术史·物理学及相关技术（第二分册）·机械工程》，北京：科学出版社，1999年，第250页。

把磁罗盘同一个可调节的圭表和一个刻度环结合起来，能使航海员精确地测定海上磁偏角”。[1]李约瑟在书注中还列出了西文参考文献。因此现在无法断定李约瑟是自己阅读了《皇朝礼器图式》，还是从其他西文文献中间接得之。《皇朝礼器图式》中对“游动地平公晷仪”的全部文字说明具体如下：“谨按，本朝制游动地平公晷仪，铸铜为之。圆座径二寸一分，高一寸八分。内游环三层，系日晷地平盘于三层环内，中施指南针，周围时刻线三层，依北极高三十度、四十度、五十度。北有弧表，画线亦如之。自地平中心出斜线对弧表线，以指北极，视线影以知时刻。为舟行测验之器。”[2]可见至少在乾隆时期，中国人已经运用被中香炉的原理于航行指向、定时之用。中国历史上的被中香炉并未完全“一直是用在熏被窝上”。

5.2.4　至今不见汉与宋代被中香炉的原因

对于历史上被中香炉的有些方面，我们的认识还很有限，还有难以解决的问题。很多学者相信至少汉代即存在被中香炉。但是为什么没有发现唐以前的被中香炉？毕庶春注意到，《西京杂记》卷一之最后一则记载，赵飞燕为皇后之际，在其女弟的贺礼中，只有五层金博山香炉，而不见丁缓制作的九层博山香炉，也不见有被中香炉。他由此做出推论：“即便在皇宫中，也仍普遍应用博山香炉，而‘金鉔’，似乎还是当时的珍稀之物。”[3]这也许有一定道理。但我们还可以给出一种假设性的解释，即汉代的被中香炉制造材料因为主体为木料或竹条，因此虽然机巧却不能登大雅之堂，也无法流传到久远的后世。这也不是没有可能的。

汉代或更早期的被中香炉与唐代之后的制造材质可能存在较大不同，比如全部用木、竹等材料或部分佐以金属零件完全可以做成被中香炉。这样就要回答为什么要这样做的问题。被中香炉体积小、有多个枢轴，结构较复

1　李约瑟著，鲍国宝译：《中国科学技术史 · 物理学及相关技术（第二分册）· 机械工程》，北京：科学出版社，1999 年，第 249 页。

2　商务印书馆发行：《影印文渊阁四库全书 · 史部四一四 · 第六五六册》，台北：商务印书馆，1983 年，第 173 页。

3　毕庶春：《“金鉔”考论》，载《辽东学院学报（社会科学版）》，2008 年第 2 期，第 72 页。

杂，而且都有镂空刻花等等纹饰。因此在一定历史时期制造金属被中香炉比制造天文浑仪难度还要更大。因此其早期制作技术不是很健全时，有以非金属材料简单制作的可能性。以木质或竹质（或部分以木质或竹质）制造被中香炉，不仅制作更加容易，还会大大降低成本而又达到预期的机械运动与功能效果。但这样的被中香炉，难以有实物遗留至近现代，即使其中的部分金属零件得以留存，也难以让人看出它曾是被中香炉上面的部件。这一设想并非不着边际。劳弗曾告诉李约瑟一件事："劳弗告诉我的五十年前他在西安找到的暖床炉。好像还有某些省份用竹片做的带平衡环的灯笼，特别是那些代表月明珠在舞龙队伍的龙头前面欢乐挥舞的灯笼。"[1]可见用竹片类组成被中香炉类装置是完全可能的。

对于被中香炉，还有一个问题或一个怪现象，即唐代人能够制作被中香炉已经确实无疑；而宋代的大量文献表明被中香炉是宋代宫廷里的必备之物。但是为什么考古界未曾发现宋代的被中香炉呢？这一问题似乎并未引起文物界以及科学技术史界学者的注意。宋代历史文化的研究者的研究结论有助于我们解决这一问题。这一现象的产生不是因为技术问题，而是因为宋代丧葬制度导致的必然结果。宋史研究者发现："到宋代，社会上主张薄葬者增多，官府也明文禁止厚葬，所以薄葬逐渐成为一种风气。"[2]在宋代，一些士大夫薄葬之程度似乎到了难以理解的地步。如在筑墓时只用石灰和筛土夯实，连砖头都不肯用，以避免村民将来发掘砖头而破坏坟墓。宋朝官府也制定丧葬令等法律，"规定棺椁内不得安放金宝珠玉，不准用石板作为棺椁和建筑墓室"。[3]这样的丧葬风俗和制度导致了一个必然结果："近几十年来，考古工作者从宋墓中所得器物，远远少于汉墓和唐墓。如四川地区宋墓中很少有金属器，而几乎全是陶制冥器，瓷器偶有发现。虽然也常有铜钱或铁钱殉葬，但一般不过数枚。"[4]在宋代薄葬风气与制度下，被中香炉作为精巧的银或铜类金属制品，不会作为随葬品埋入墓中就不难理解了。而至今发现的唐

1 李约瑟著，鲍国宝译：《中国科学技术史 · 物理学及相关技术（第二分册）· 机械工程》，北京：科学出版社，1999 年，第 249 页。

2 朱瑞熙：《宋代的丧葬习俗》，载《学术月刊》，1997 年第 2 期，第 69 页。

3 朱瑞熙：《宋代的丧葬习俗》，载《学术月刊》，1997 年第 2 期，第 70 页。

4 武际可：《被中香炉与万向支架》，载《力学与实践》，2007 年第 4 期，第 70 页。

代被中香炉几乎全部是出土文物。这样一来，今天尚未见到宋代的被中香炉，就在情理之中了。

5.2.5　余论

对于历史上的被中香炉，从科技发明史与传播史角度而言，都还有很多问题值得深入探究。如，汉代人是不是真的发明了被中香炉？如果发明了，为什么不见汉代的被中香炉？被中香炉如果是中国制造的，其西传的时间与空间轨迹如何？李约瑟认为因为中国人最早发明了被中香炉，因此西藏制造的被中香炉不会是受西方影响的结果。这是一定的吗？即使中国人最早发明了，但是被中香炉毕竟不是一种人人皆知、家家必备的用具。因此有没有可能西传后，再由印度传到西藏的曲线交流的可能？一种器物或一种技术的发展轨迹中的历史沉浮，往往与一个国家或一个民族的兴衰以及其价值观变化的轨迹之间存在一定的同构关系。被中香炉是古代一种特殊先进技术载体，但是这一技术的应用领域以及社会应用范围，一定意义上可以反映中国古代的文化与技术的价值观。对于中国历史上被中香炉的深入认识，应该也有助于加深对于中国古代社会与文化的理解。

5.3　杨振宁论中国传统文化及其对他的影响[1]

5.3.1　引言

杨振宁是跨 20 世纪和 21 世纪的伟大华人科学家，他虽然批评过中国传统文化的某些方面，但总体而言他承认中国传统文化给他的积极影响，并接受中国传统道德理念中的多数内容，对中国的文学与艺术作品（小说、唐诗，书法、绘画、青铜器文物，等等）极为欣赏和酷爱。正因为如此，中国传统文化对他的重要科学工作究竟有无直接影响，或者有多大影响等问题，

1　本节的主要内容曾发表于《自然辩证法通讯》，第 107—113 页，2020 年第 8 期，作者为厚宇德、王鑫。

就有必要仔细研究，否则笼统的一些说法，容易产生误解甚至误导。本节的目标就是希望在这类问题上对读者有所帮助。

5.3.2 杨振宁：中西文化的“结晶”

1957年在诺贝尔奖获奖庆贺宴上，杨振宁说：“从不只一层意义上说，我是中国和西方两种文化共同的产物，二者既有冲突，也有协调。我想说，我既为我的中国根源和背景感到骄傲，也为我献身于现代科学而感到满意，现代科学是人类文明起源于西方的一部分——对于它，我将继续奉献我的努力。”[1] 面对有冲突、有互补的两种文化，杨振宁的做法是智慧的。1979年在谈到日本人善于吸收包括中国文化在内的异国文化时，杨振宁做过这样的陈词：“吸收别人的东西并不坏，但必须排除对你可能有坏影响或无用的部分，同时转变及模铸好的部分，变成自己的。”[2] 杨振宁自己对待中西两种文化，采取的是相似的态度与策略。他常对比中西文化，对比的目的是做出合理的取舍。他从以儒家为主流的中国传统文化中汲取的主要是为人做事的行为准则和道德规范；他从西方文化中吸收的核心内容是西方的科学精神与科学方法。他自觉地选择中西文化中积极的、有价值的部分，并把它们聚合为一个有机整体，使之成为自己为人做事的精神支柱，从而铸造了别样的人生辉煌。在这个意义上，杨振宁对于中西文化所做的取舍、扬弃，对他的人生至关重要。

即使局限于物理学领域，中、美物理教育对杨振宁也各自发挥了不同的作用——中国的物理教育引领他打下扎实的专业基础，而在美国的物理氛围中则学到了前沿的研究理念：“联大的生活为我提供了学习和成长的机会。我在物理学里的爱憎主要是在该大学度过的6年时间（1938—1944）培养起来的。……后来我在芝加哥接触了前沿的研究课题，并特别受到费米（E. Fermi）教授风格的影响。”[3] 杨振宁认为，在研究方法上，中美物理教育具有互补性：“中国物理的方法是演绎法，先有许多定理，然后进行推演；美国

1 杨振宁：《杨振宁文集（上）》，上海：华东师范大学出版社，2000年，第77页。
2 杨振宁：《杨振宁文集（上）》，上海：华东师范大学出版社，2000年，第296页。
3 杨振宁：《杨振宁文集（上）》，上海：华东师范大学出版社，2000年，第3页。

对物理的了解是从现象出发，倒过来的，物理定理是从现象归纳出来的，是归纳法。”[1]令中美物理教育合璧，杨振宁才得以搭建研究理论物理所需要的方法论基本框架。杨振宁的人生，从其缔造的不朽成就来看，是科学的人生；从文化自我塑形角度来看，是智慧的人生。他兼容中西文化精华的正确做法，狭义地说为我国培养高端科学人才树立了典范；广义地说，对如何加强中国传统文化教育、如何对待西方文化等等问题，都富有极其重要的启迪意义。杨振宁吸取中西文化之长的具体做法，仍值得做细致深入的分析研究。

5.3.3 杨振宁接受中国传统文化之途径

杨振宁的中国传统文化素养，是今天多数中国物理学子不具备的。杨振宁是通过什么途径了解中国传统文化的？在学龄前阶段，杨振宁在家庭影响下就开始接受规范的中国传统文化的启蒙教育，他回忆说：“我的家庭是一个大家庭，有好多堂兄姊妹。从我五岁那年起，请了一位老先生到家里来教我们‘读书’。我记得很清楚，念的头一本书是《龙文鞭影》，我背得非常之熟。”[2]既然杨振宁说他学龄前念的头一本书是《龙文鞭影》，那么这一期间他所接受的传统文化教育，就不限于一本《龙文鞭影》。杨振宁的好友熊秉明说，这一时期杨振宁还接受来自母亲的教导：“振宁的父亲离家 5 年。振宁的学语、学步、学识字、学背诵，都是母亲启蒙的。在父亲从美国回来的时候，他已经是一个懂事而神气十足的学童，识得三千字，能背‘龙文鞭影’了。”[3]

1928 年杨武之博士学成归来，任厦门大学数学系教授，杨家随迁厦门。在厦门，杨振宁进入小学，他回忆说：当时“我的数学和国文都念得还不坏。”[4]而此时他修习传统文化的重要渠道仍在家庭内部。杨武之教授除了辅导杨振宁学习数学和科学知识外，还亲自指导杨振宁学习传统文化知识。对

1 杨振宁：《杨振宁文集（上）》，上海：华东师范大学出版社，2000 年，第 467 页。
2 杨振宁：《读书教学四十年》，香港：三联书店，1985 年，第 111 页。
3 熊秉明：《杨振宁和他的母亲》，载《中华儿女》，1997 年第 1 期。
4 杨振宁：《读书教学四十年》，香港：三联书店，1985 年，第 112 页。

于当年所学的传统文化知识，杨振宁一直牢记于心："（父亲）并没有忽略中国文化知识，也教我读了不少首唐诗，恐怕有三四十首；教我中国历史朝代的顺序：'唐虞夏商周……'；干支顺序：'甲乙丙丁……'，'子鼠丑牛寅虎……'；八卦：'乾三联，坤六段，震仰盂，艮覆碗，离中虚，坎中满，兑上缺，巽下断'等等。"[1]

杨振宁升入初中后，他的传统文化学习随之更上一层楼。1991年，他回忆说：这时父亲曾专门"聘请清华雷海宗教授的研究生来教我读《孟子》。我学了一个夏天的《孟子》，受益良多。"[2] 1995年杨振宁谈到当年学习《孟子》时，再次肯定学这一经历对他有重要影响："使我学到了许多历史知识，是教科书上没有的。这对我有很大意义"。[3] 1997年，杨振宁对于自己读初中时学习《孟子》的经历有更详尽的回忆，指出在这一过程中的所学并不限于《孟子》，而学习《孟子》的时间也不限于一个暑假："在我初一与初二年级之间的暑假，父亲请雷海宗教授介绍一位历史系的学生教我《孟子》。雷先生介绍他的得意学生丁则良来。丁先生学识丰富，不只教我《孟子》，还给我讲了许多上古历史知识，是我在学校的教科书上从来没有学到的。下一年暑假，他又教我另一半《孟子》，所以在中学的年代我可以背诵《孟子》全文。"[4] 指导杨振宁学习《孟子》等传统文化的丁则良，后来成为一位著名的历史学家，曾任吉林大学历史系主任。

民国期间的一些著名教育家，如蔡元培、梅贻琦、张伯苓、竺可桢等都践行通识教育理念，这一风尚在西南联大得以继续发扬。杨振宁回忆在联大学习的经历时，曾说："我记得很清楚，联大的大一国文是必修科，当时采用了轮流教学法。每一位教授只讲一个到两个礼拜。……轮流教学法给了我们多方面的文史知识。记得教过我大一国文的老师有朱自清、闻一多先生、罗常培先生、王力先生等很多人。"[5] 正如其他学者所指出的，当年联大传统文化类必修课不仅限于国文课："当时联大各学院共同的必修课还有《中国

1 杨振宁：《杨振宁文集（下）》，上海：华东师范大学出版社，2000年，第858页。
2 杨振宁：《杨振宁文集（下）》，上海：华东师范大学出版社，2000年，第753页。
3 杨振宁：《杨振宁文集（下）》，上海：华东师范大学出版社，2000年，第837页。
4 杨振宁：《杨振宁文集（下）》，上海：华东师范大学出版社，2000年，第860页。
5 杨振宁：《读书教学四十年》，香港：三联书店，1985年版，第113—114页。

通史》，任课老师有吴晗、钱穆、雷海宗等著名教授。因而杨振宁在联大学的是物理专业，但是，在这些国学大师的熏陶下，也打下了深厚的人文知识的功底。”[1]

综上所述，在国内学习期间，从童年启蒙到迈入高等学府之后，杨振宁都没有中断学习中国传统文化。因此赴美深造前的杨振宁，不是仅仅具有扎实的数学与物理知识，而是文理兼修的通才，他的精神世界有中国传统文化的深刻烙印。杨振宁所接受的教育是成功的，杨振宁充分肯定他在各个成长时期所接受教育的积极意义。杨振宁家族、杨振宁父母，以及民国时期所提倡的教育理念，无疑都值得今天的家长和教育工作者关注和借鉴。

5.3.4　杨振宁："我的世界观、人生观基本是儒家的。"

几乎每一位伟大的科学家都会思索科学与宗教的关系，杨振宁也不例外。2006 年他在香港浸会大学作报告时指出："我年纪逐渐大了，对宗教的看法也有了一些转变。"[2] 深入关注发现，杨振宁的这种转变不仅与其年纪变化有关，还与他对科学以及科学发现的深入理解及感悟相关，如他所说："科学工作者发现自然界有美丽、高雅而庄严的结构。初次了解这种结构是产生敬畏感的经验。而今天在我年纪大的时候，我更加明白了，这种敬畏感，这种看到似乎不应该被凡人看到的秘密时的畏惧，事实上是极深的宗教体验。"[3] 深入思考使杨振宁认识到："科学和宗教急需进行对话。"[4] 基于他的这类表述及由此展开的联想，笔者曾向杨振宁本人求证：您是否有具体的宗教信仰或宗教认同？2018 年 9 月 6 日杨振宁在回函中明确指出："我不信基督教、佛教以及道教。我的世界观、人生观基本是儒家的。"

然而，从价值取向以及具体知识内容与方法特征与功用等多角度去看，儒家文化不足以决定性地使杨振宁成为伟大的物理学家。因此，包含科学知识与方法在内的西方文化对杨振宁科学生涯的影响更直接也更重要。那么，

1　高策：《走在时代前面的科学家——杨振宁》，太原：山西科学技术出版社，1999 年，第 70 页。
2　杨振宁著，翁帆编译：《曙光集》，北京：生活 · 读书 · 新知三联书店，2008 年，第 403 页。
3　杨振宁著，翁帆编译：《曙光集》，北京：生活 · 读书 · 新知三联书店，2008 年，第 405 页。
4　杨振宁著，翁帆编译：《曙光集》，北京：生活 · 读书 · 新知三联书店，2008 年，第 406 页。

以儒家文化为主导的中国传统文化对杨振宁的影响究竟体现在哪里？杨振宁说他的世界观与人生观基本上是儒家的，但是作为一位跨世纪的杰出物理学家，杨振宁的自然观、宇宙观与方法论等等，毫无疑问与传统的儒家思想框架下的对应物之间存在本质的差异。在笔者看来，儒家文化对杨振宁的影响主要体现在以如何做人为核心的人生观、道德观方面。杨振宁晚年说他自己的世界观、人生观基本上是属于儒家的，其含义也仅在于此。如果不做此理解，就会导致这一说法与他早年的说法——他对待中西文化采取的策略是择优继承、兼容并蓄——直接矛盾起来。这一认识在杨振宁自己的表述中有所体现："我个人的道德观念和作风，是受到东方传统的影响，因为我是在中国社会长大的，我觉得一个人在成长过程中所受的熏陶，对他的一生的影响是至为深远的，而且也是不知不觉的。我在美国已住了 40 多年，对西方的做人方法也有了解并受到影响，但是我处事做人，仍旧是从我成长中所获得的价值观念出发。"[1]

儒家的做人标准与道德观念，既是指导杨振宁的做人原则，也是他评判他人与择友的标准。他很少主观、无谓树敌[2]，但他与同行之间的亲疏远近关系实则明显不同。他按照儒家的做人标准结交心仪的师友和同行，形成了其在学术界"朋友圈"中较为稳固的中坚力量，这其中包括费米、施温格（J. Schwinger）、维格纳（E. Wigner）等等。

在杨振宁的"朋友圈"中，费米具有最为特殊的地位。在杨振宁看来，费米无可挑剔："我钦佩他的贡献，也钦佩他的人格。"[3] 杨振宁高度评价费米的人格，是因为他认为费米具有儒家先贤的风范："他永远可靠和可信任；他永远脚踏实地。他的能力极强，却不滥用影响，也不哗众取宠，或巧语贬

---

1 杨振宁：《杨振宁文集（下）》，上海：华东师范大学出版社，2000 年，第 620 页。

2 说明：著名美籍华裔物理学家、诗人黄克孙的回忆能很好地说明杨振宁在美国奉行和为贵的处事原则，积极融入周围环境、尽力不让外国同仁觉察并意识到他是一个外来者的心态。黄克孙说：在普林斯顿，"杨振宁和我讨论物理学问题时，通常用中文。当远处有个外国人出现，出于考虑，他开始用些英语词语做点缀，等那人走近，杨振宁已经全部转换用英语了，做得天衣无缝"。详见丘成桐、刘兆玄编，甘幼玶译：《杨振宁：20 世纪一位伟大的物理学家》，桂林：广西师范大学出版社，1996 年，第 73 页。有过在多种语言交流环境下生活与工作经历的人都能理解，某些情景下针对特定的谈话对象或周围的人，刻意转换交谈语种，讲话者一定出于特殊的目的或用意。

3 杨振宁：《六十八年心路：1945—2012》，北京：生活 · 读书 · 新知三联书店，2014 年，第 232 页。

人。我一直认为他是一个标准的儒家君子。"[1] 在西方物理学家中，除费米外，在杨振宁心目中还有一位"文化完美主义者"，那就是施温格。杨振宁曾这样评价施温格："腼腆、博学、讲精致而流畅的英语，施温格是文化完美主义者的象征，一位十分内向的高人。"[2] 杨振宁对维格纳也印象颇佳："维格纳为人诚谨，不苟言笑。从他身上我们可以看到第二次世界大战前欧洲学人的风度，与今天许多美国科学家的盛气逼人的态度成鲜明对照。"[3] 显然，杨振宁欣赏持重、可信、诚恳的谦谦君子，而这些完全符合儒家传统观念中"文质彬彬然后君子"的评价标准。与此相反，对于盛气凌人、咄咄逼人、锋芒毕露、巧言令色、哗众取宠之辈，杨振宁不掩饰自己的反感。除了在评价维格纳时杨振宁对美国科学家群体形象表达了自己的厌恶之情外，在比较费曼与施温格时，他还说过这样的话："费曼和施温格是我们时代的两位伟大的物理学家。他们各自都作出了许多深刻的贡献。他们都出生于 1918 年。但就个人的智慧而言，他们之间的差异比任何两个人之间的差异都要大。"[4] 杨振宁曾设想，可以写一本书，书名即为《一项比较研究：施温格和费曼》。他自己认为：费曼是"百分之二十的玩笑家，百分之二十专门的违规者，百分之六十伟大的物理学家，费曼为了成为伟大表演家和成为伟大的物理学家做出了同样的努力"。[5] 事实上对费曼的这一"量化"描述原文[6] 如下：

> Twenty percent impulsive clown, twenty percent professional nonconformist, sixty percent brilliant physicist, Feynman strived to be a great performer almost as much as to be a great physicist.

因此按照笔者的理解这句话的汉译显然强烈地弱化了英文原著中所具有的感情色彩，未能充分表达杨振宁对费曼的反感。笔者宁愿将其译成这样：

1　杨振宁著，翁帆编译：《曙光集》，北京：生活 · 读书 · 新知三联书店，2008 年，第 312 页。
2　杨振宁：《杨振宁文集（下）》，上海：华东师范大学出版社，2000 年，第 823 页。
3　杨振宁著，翁帆编译：《曙光集》，北京：生活 · 读书 · 新知三联书店，2008 年，第 53 页。
4　杨振宁：《杨振宁文集（下）》，上海：华东师范大学出版社，2000 年，第 823 页。
5　杨振宁：《杨振宁文集（下）》，上海：华东师范大学出版社，2000 年，第 823 页。
6　C. N. Yang, *Selected Papers II With Commentaries*, New Jersey: World Scientific Publishing Co. Pte.Ltd., 2013, 208.

百分之二十是冲动的小丑，百分之二十是专业信念的破坏者，百分之六十是一位杰出的物理学家，费曼为成为伟大的演员而付出的努力，几乎与他为成为一位伟大的物理学家所付出的努力一样多。

杨振宁在赞扬费米的同时，曾指出美国科学家中存在的一个普遍性的人格问题："我认为（费米）这样的人品在今天的美国是不多见的。美国社会似乎将她的杰出人士推向相反的方向。奥本海默（J. Oppenheimer）、特勒（E. Teller）、费曼（R. Feynman）、托马斯·库恩（T. Kuhn）等人，各有自己的一套取悦观众、标榜自己的方法。"[1] 上句说费曼为成为伟大的演员付出了巨大的努力，这里将他归入善于"取悦观众、标榜自己"的人群，可见杨振宁说费曼是伟大的演员的评价无疑是深含讽刺意味的。杨振宁的这句话，揭示了他内心世界的一个秘密：他将是否符合儒家行为规范视为一根重要的标尺。对别人的"测量"结果可以秘而不宣，但是"测量"过程却"铁面无私"，不会因为被"测量"者与他的亲疏关系而有所改变。特勒是杨振宁从其身上受益颇多的博导，而奥本海默对杨振宁也有知遇之恩，但是杨振宁仍客观地将他们归入自己不喜欢甚至厌恶的那类科学家之中。

美国多数科学家具有锋芒毕露、哗众取宠等人格特征。这一事实让杨振宁困惑，促使他思索这是不是科学时代人格发展不可避免的大趋势？当他看到中国科学家中不乏能力出众的儒家风范者时，一种欣慰感油然而生："美国的科学在突飞猛进，而成功的美国科学家们常常是极端进取而锋芒毕露的。难道这两件事是相关的吗？我不能回答。但我知道中国儒家的楷模，即使在今天，也非常具有活力。"[2] 他曾以周光召为例对此作出解释说明："周光召是一位顶尖的物理学家。他视野开阔，影响力深远，并且能够快速地洞察新思想。他做物理研究的风格让我想起了朗道（L. Landau）、萨拉姆（A. Salam）和特勒。但是从我个人角度看，周光召是一个完美的儒家思想践行者，而不像美国、欧洲和俄罗斯的许多物理学家那样咄咄逼人。"[3] 不难设想，

1 杨振宁：《六十八年心路：1945—2012》，北京：生活 · 读书 · 新知三联书店，2014 年，第 233 页。
2 杨振宁：《六十八年心路：1945—2012》，北京：生活 · 读书 · 新知三联书店，2014 年，第 233 页。
3 杨振宁：《六十八年心路：1945—2012》，北京：生活 · 读书 · 新知三联书店，2014 年，第 234 页。

这是他充分认可与高度评价儒家文化的重要理由——现代科学的进取精神，需要彬彬有礼的儒家文化去“中和”。如此，才能孕育更加完美的人格。杨振宁本人的成长经历——在学习科学知识的同时不懈研修中国传统文化，就是培养他心目中这种完美人格的可行之路。

5.3.5　杨振宁对中国传统文化的反思

杨振宁高度肯定以儒家文化为主流的中国传统文化在人生观等方面具有不可或缺的积极意义，其优秀部分值得继续传承。但是经过长期多视角的辩证分析，他也发现了中国传统文化的一些弱点与弊端。1988 年他在南开大学作报告时讲述的一段话，集中体现了他对待中国传统文化的辩证态度——珍惜但不偏爱：“中国的文化传统是世界最悠久的文化传统之一，中国的文化传统是世界唯一的，在同一地区，从古时候一直延续到今天的传统。中国的文化传统西方人非常羡慕，为什么呢？因为它里面有非常良好的部分，教育传统就是其中之一。当然任何一个复杂的事情，任何一个几千年的传统，任何一个几亿人的历史背景，不可能纯粹是好的，其中有许多复杂的成分，对此是要讨论的。”[1] 杨振宁自己对中国传统文化不足之处的反思，较为集中体现在分析和检查中国传统文化与近现代科学的关系，他得出的重要结论可归纳为二点：第一，中国传统文化总体而言不利于孕育近现代科学；第二，中国传统文化不利于培养和激发创新意识。

5.3.5.1　中国传统文化不利于科学的孕育与诞生

对比方法是杨振宁开展文化研究的重要手段，他常借助这一方法阐释中西文化各自的特性及主要的区别。在他看来，中西文化之间的差异远在四五千年以前人类开始聚族而居的时代就已经出现：“从那时代起中国文化就走了人本的道路，而西方文化就走了神本的道路。”[2] 杨振宁认为这一分道扬镳铸就了中西文化各自的基本特质，二者之间的根本区别也随之呈现；而中西文化的其他诸多不同则属于次生现象，它们“都根源于人本与神本的基

1　杨振宁:《杨振宁文集（下）》, 上海：华东师范大学出版社，2000 年，第 677 页。
2　杨振宁著，翁帆编译:《曙光集》, 北京：生活 · 读书 · 新知三联书店，2008 年，第 339 页。

本差异”。[1] 杨振宁曾设计一个表格，从多个具体维度充分展示他的这一观点。

人本文化	神本文化
基于人与人的关系	基于个人与他的神的关系
社群为主	个人为重
“忠”“孝”“恕”“仁”	“原罪”
礼	祈祷与忏悔
家族关系：亲、紧、近	家属关系：疏、松、远
朋友关系：义	极少“义”的观念
融合凝聚的文化	分割竞争的文化
兼容并蓄	宗教战争
有教无类	种姓制度
“天人合一”	神→自然
人治	法治
以德治国	以利治国

为什么近现代科学没有在中国诞生？这是涉及范围极广因而多学科都热衷于讨论的一个重要问题。杨振宁认为东西方人本与神本传统文化的区别，是近现代科学出现在西方而没有在中国诞生的重要原因。在他看来，中国传统人本文化中包含一个影响深远的重要观念——“天人合一”；这一观念无法绕开的历史归宿是“理在心中”；而“理在心中”的哲学是直接与近现代科学的基本方法与理念背道而驰的。因此信奉这种哲学的国度不可能孕育出近现代自然科学。另一方面，神本文化在演化过程中，必然地出现了将自然视为人类认识对象这一阶段，从而直接导致近现代科学的诞生：“许多书籍和文章讨论为什么近代科学没有在中国萌生。这是非常复杂的问题，没有简单的答案。可是我觉得其中一个要素是：‘天人合一’是传统中国人本精神中的一个重要观念。后来发展成‘理在心中’，要用人文规律来‘格’自然现象，当然‘格’不出近代科学。而在神本文化中，神与自然本是一体。所以神本文化发展出客观分析自然的活动。这些活动最后引导出了现代科学的萌芽。”[2] 基于杨振宁的思考，“天人合一”观念堪称阻碍中国科技发展的罪魁祸首：“近代科学的一个特点就是要摆脱掉‘天人合一’这个观念，承认人

1 杨振宁著，翁帆编译：《曙光集》，北京：生活 · 读书 · 新知三联书店，2008 年，第 340 页。
2 杨振宁著，翁帆编译：《曙光集》，北京：生活 · 读书 · 新知三联书店，2008 年，第 340 页。

世间有人世间的规律，有人世间的复杂的现象，自然界有自然界的规律与自然界的复杂现象，这两者是两回事，不能把它们合在一起。”[1]

杨振宁对西方科学诞生的过程还曾做过更加细化的分析，他认为西方近现代科学，是由西方文化传统孕育出的自然哲学直接演变而来的。因此近现代自然科学能否出现，进一步转变为特定的文化能否孕育出自然哲学这一问题。以人本文化为特征的中国传统文化事实上没能演化出成熟的自然哲学，而西方的神本文化却自然而成功地孕育并诞生了自然哲学，并使其得以逐步成长。这一分野大致发生在西方中世纪终结时期，直接对东西方世界产生截然不同的重要影响：西方世界由此进入近代现代科学时代，中国则陷入原地踏步、退步与些许进步并存，而总体踟蹰不前的状态。基于这样的认识，1993 年杨振宁指出：文艺复兴之后西方得以长足发展，“如果就影响来看，‘自然哲学’的进展恐怕是最重要的，因为它为近代科学的萌芽准备了肥沃的土壤”。[2]

杨振宁意识到并多次强调，阻碍中国诞生近现代科学的原因不止一个，但是缺乏自然哲学仍然是中国传统文化致命的短板，是导致中国未诞生近现代科学的主要原因之一：“阻碍中国萌生近代科学的多种原因仍然存在：缺乏独立的中产阶级，学问就只是人文哲学的观念，教育制度里缺匮‘自然哲学’这一项。”[3] 自然哲学的出现，是告别文理部分初级文化阶段，进入人文与自然两大领域的重要标志。

5.3.5.2　中国传统文化不利于培养和激发创新意识

杨振宁认为，重视个体还是重视社会是中西传统文化理念的明显区别之一：“在中国传统下，当然社会是绝对重要的，而个人不重要”；但西方传统则以个人为中心。[4] 强调个人隶属并服务于集体和社会，难以避免地会造成对个体特殊才能与作用的忽视与压制。早在 1970 年，杨振宁就曾指出，中国传统文化自身体系强大，它极大地压抑卑微个体的进取心与创新力：“中

1　杨振宁著，翁帆编译:《曙光集》，北京：生活 · 读书 · 新知三联书店，2008 年，第 349 页。
2　杨振宁著，翁帆编译:《曙光集》，北京：生活 · 读书 · 新知三联书店，2008 年，第 202 页。
3　杨振宁著，翁帆编译:《曙光集》，北京：生活 · 读书 · 新知三联书店，2008 年，第 207 页。
4　杨振宁:《杨振宁文集（下）》，上海：华东师范大学出版社，2000 年，第 625 页。

国传统的制度对个人的约束使得中国人缺少大胆进取的精神，缺少反抗的动力。……中国人受了传统的影响，有一个观念就算了，又何必要找事情呢！这是一个万分错误的观念。”[1] 可见强大的社会制度以及与之相应的传统文化，能够直接扼杀怀疑态度与创新意识，而它们是科学产生和发展所不可或缺的精神品质。

观察、对比来自中国以及其他国家的学生，杨振宁发现由于受中国传统文化的影响，中国学生与其他国家的学生之间存在明显的不同：“我觉得中国传统的社会制度、礼教观念、人生观，都对我们有极大的束缚的力量。……有一个普遍现象，就是中国学生比一般非中国学生来得守规矩，……中国的传统方法要大家都守规矩……不过这种传统的方法也有很大的一个缺点。这很大的缺点就是中国学生一般比较胆小。我所谓胆小的意思是指不敢走向新的方向。假如有专家说事情是这样子的，那么通常一个中国学生比较不敢说：‘我不相信你们所讲的这些，我要自己提出一个新的建议。’”[2] 教育是文化的子系统。在杨振宁看来，中国传统文化下的教育目标，是通过教育使新一代顺利“进入”既有的社会文化系统；在这样的教育理念之下，怀疑态度、批判与开拓精神等等基本上都是多余的、不必要的，甚至是离经叛道而必须遏止的。这使得学生潜移默化地丧失了新生力量应有的棱角，接受前人的观念就成为他们主要的学习目的。这正如杨振宁所说：中国传统教育“使学生容易产生相信‘先贤’的看法，对先贤不敢持怀疑态度，或者觉得反正别人都已经做过了，我的目的只是去学习”。[3] 对于前人遗留下来的文化传统，中国古人更多的是高度认可与顶礼膜拜，这是中国传统教育只有学习和继承而不提倡怀疑和批判的主要原因。这无可避免地导致的一个逻辑结局，正如杨振宁所说：“中国的（传统）教育哲学确实不注重创新”。[4] 这样的教育在封建社会有它存在的必要，但对于孕育、诞生和发展科学技术而言，副作用是不言而喻的。因此杨振宁认为，中国没有像西方文艺复兴时期那样出现新的科学，这笔账与儒家文化脱不了干系。因为它不仅不鼓励

1　杨振宁：《杨振宁文集（上）》，上海：华东师范大学出版社，2000 年，第 188—189 页。
2　杨振宁：《杨振宁文集（上）》，上海：华东师范大学出版社，2000 年，第 186—187 页。
3　杨振宁：《杨振宁文集（上）》，上海：华东师范大学出版社，2000 年，第 409 页。
4　杨振宁著，翁帆编译：《曙光集》，北京：生活 · 读书 · 新知三联书店，2008 年，第 390 页。

怀疑和创新，当外来科学传播过来时，它因为根深蒂固的影响而成为最大的阻挠者：“概括说来，我们可以这样总结：公元 1600—1900 年的三个世纪里，儒家保守思想所产生的文化和知识方面的惯性抗拒了西方近代科学的引进。”[1] 杨振宁曾肯定地说：“儒家文化的保守性是中国三个世纪中抗拒吸取西方科学思想的最大原因。”[2]

中国文化轻视个体重视社会的传统，对于 20 世纪甚至 21 世纪的中国科技发展有无副作用？这一具有现实意义的话题也值得思考。重视集体还是尊重个体，在科学上各对应一种科研策略，杨振宁分别称之为攻关战术与散兵战术。所谓攻关战术，“就是有一个总的、大的目标，结合了很多人，向这总的大目标去进攻”。[3] 中国的原子弹、氢气弹和飞弹等国家主导的成功研制，都是采用攻战术取得的成绩。而散兵科研，“就是不要有一个预先固定的目标，不需要结合很多的人、结合很多的资源去攻打、去做科学研究，而只需把一个不清楚的目标，用很少的几个人，让他们放手去通过自己的努力、自己的了解、自己的决定来做科学研究”。[4] 为说明散兵战术的重要性，1983 年杨振宁以费根鲍姆（M. Feigenbaum）、陈景润、费曼等人的研究为范例，说明一个道理：“这几十年最妙最尖端的科研成果，绝大多数都不是用攻关的方法所发现的”，而“大多出自散兵式”研究。[5] 杨振宁指出当时中国科技界存在不足之处：“我个人觉得，中国目前对这个‘散兵战术’方法的科学研究，注意得不够，我提出来跟大家谈，希望中国对这方面多注意。”[6] 散兵战术发挥不够，其本质就是对科学家个体作用重视不够，从而导致无法充分发挥科学家个人的科学天赋。1987 年当有记者询问：“你曾经批评中国的科技研究方面采用的攻关战术，现在的情况是否有变呢？”杨振宁回答：“有一点点的改善，但还不够。”[7] 这一现象出现在中国科学界，其原因是多方面的，难以断定这完全是由传统文化决定的；但是同时也难以论证这一现象的出现

1 杨振宁著，翁帆编译：《曙光集》，北京：生活 · 读书 · 新知三联书店，2008 年，第 213 页。
2 杨振宁著，翁帆编译：《曙光集》，北京：生活 · 读书 · 新知三联书店，2008 年，第 214 页。
3 杨振宁：《杨振宁文集（上）》，上海：华东师范大学出版社，2000 年，第 459 页。
4 杨振宁：《杨振宁文集（上）》，上海：华东师范大学出版社，2000 年，第 459 页。
5 杨振宁：《杨振宁文集（上）》，上海：华东师范大学出版社，2000 年，第 460 页。
6 杨振宁：《杨振宁文集（上）》，上海：华东师范大学出版社，2000 年，第 459 页。
7 杨振宁：《杨振宁文集（下）》，上海：华东师范大学出版社，2000 年，第 633 页。

与文化传统毫无关系。不将科学家个人的创造能力视为科学技术发展的最直接动力，这一思想倾向出现在束缚与压抑个体文化氛围的中国，不应该只是偶然的巧合。

5.3.5.3 缺少演绎法的中国传统无法步入近代科学之路

杨振宁在时间跨度较大的著述中揭示了令人费解但他本人没有将其彼此联系起来的一个矛盾：当古希腊人建立了公理化几何学演绎体系时，中国古人却沿用单一的归纳法；而在20世纪以物理学为核心的现代科学理论体系已经奠定，需要在其基础之上靠归纳法在各个领域展开具体而深入的“应用性质的研究”[1]时，中国物理界却盛行演绎法（杨振宁有时称其为推演法）而抛弃了归纳法。演绎法该出现时没有出现，不该盛行时却反叛传统地坚挺，从而导致与世界科技思维背道而驰，这一切究竟是如何发生的？基于杨振宁的若干相关观点，我们试做出符合逻辑和历史事实的解读。

基于中国古代文献，杨振宁认为中国古代有归纳法：“‘易者象也’、‘圣人立象以尽意’、‘取象比类’、‘观物取象’都是贯穿《易经》的精神，都是归纳法，是向上求整体‘象’的方法。”[2]他还认为中国传统思维方法有缺陷：“中华传统文化的一大特色是有归纳法，可是没有推演法。”[3]《几何原本》曾令徐光启惊讶不已，在杨振宁看来，徐光启的这种反应，刚好说明中国传统文化根本不曾具有推演法：“中华文化没有发展出推演法。……中国传统对于逻辑不注意，说理次序不注意，要读者自己体会出来最后的结论。”[4]缺乏演绎推理方法的传统，进一步导致中国传统文化不注重理论层面的研究：

> 中国古时候的发展对于实用比较注意，比如你说需要一个东西可以爆炸，所以中国就发明了火药；你需要一个东西可以告诉你往哪个方向走，所以中国就发明了指南针。可是对于理论的结构，中国以前

1 说明：此处“应用性质的研究”并非仅限于应用物理学研究，而是指这一时期所有应用量子力学与相对论这两大基础理论的物理学理论与实验研究。

2 杨振宁著，翁帆编译：《曙光集》，北京：生活·读书·新知三联书店，2008年，第347页。

3 杨振宁著，翁帆编译：《曙光集》，北京：生活·读书·新知三联书店，2008年，第347页。

4 杨振宁著，翁帆编译：《曙光集》，北京：生活·读书·新知三联书店，2008年，第348页。

不够注意，西方则承继了希腊人的传统，对于理论的结构非常注重，例如欧几里得几何学，就钻研到非常深入的逻辑体系里去，这方面中国从前没有发展。[1]

归纳法能积累更多的经验，演绎法建立的理论体系则直接决定人的认识高度。一个缺乏理论高度的民族只能在低级水准徘徊。然而十分令人费解的是，根据杨振宁的回忆，当他在西南联大学习物理时（1938—1944 年），他从教授们那里学来的却是演绎法，而不是中国传统中的归纳法：

我跟吴大猷先生学了分子光谱学跟群论之间的关系。学的方法，主体是推演法：是从数学推演到物理的方法。特勒所注意的是倒过来的方法。他要从物理的现象引导出数学的表示，换句话说，他着重的是归纳法。我跟他接触多了后，逐渐了解到他的思考方法的好处。因为归纳法的起点是物理现象。从这个方向出发，不易陷入形式化的泥坑。[2]

不仅仅限于杨振宁在国内学习时，从 20 世纪 70 年代开始他在多次回国考察时，发现很长一段时间里中国物理界的教学与研究，还是演绎法占主导地位。1984 年杨振宁再次指出：

中国物理的方法是演绎法，先有许多定理，然后进行推演；美国对物理的了解从现象出发，倒过来的，物理定理是从现象归纳出来的，是归纳法。演绎法是学考试的人用的办法；归纳法是做学问的办法。做学问的人从自己的具体工作分析中抽象出定理来，这样所注意的就是那些与现象接近的东西。[3]

杨振宁说演绎法的优势有利于考试获得好成绩，这一说法是有一定依据

1　杨振宁:《杨振宁文集（下）》，上海：华东师范大学出版社，2000 年，第 812 页。
2　杨振宁:《杨振宁文集（上）》，上海：华东师范大学出版社，2000 年，第 446 页。
3　杨振宁:《杨振宁文集（上）》，上海：华东师范大学出版社，2000 年，第 467 页。

的。一些中国赴美留学生，到美国后“考试成绩不敢讲是绝后，至少是空前的好”。但是在积累够学分，去做研究工作后却往往表现不佳：“甚至有人觉得也许中国人的脑筋不能做研究工作，就只会参加考试。”[1]

杨振宁当年的老师如吴大猷、王竹溪等，都是自欧美学成归来的著名物理学家。按理他们对 20 世纪欧美物理学的研究方法非常熟知。他们在教研中为什么反其道而行之呢？唯一的原因和解释，只能是 20 世纪 30—40 年代以及其后中国实验硬件条件欠缺的国情，决定了这一现象的出现在所难免。当年为战事所迫，北大、清华与南开大学，从京津两地辗转来到长沙；为躲日寇战机轰炸，其后又迁至昆明。在国难当头的特殊时期，不难想象受经济条件制约的西南联大的物理实验设备与实验研究都极为有限。在这样的情况下的物理教育也就难免具有理论脱离实际的倾向，依靠演绎法也成为教授们不得已而为之的选择。事实上这个道理杨振宁是非常清楚的。1992 年在台湾的一次座谈上，他提到：“我的研究工作若不在美国的环境中是否做得出来？我曾经思考过，有一大部分工作，若我在 50 年代初回到大陆，是不可能做的，而这些都是和物理现象比较发生关系的，因为这些现象发生的地方，主要是在美国，美国有很多人才、财富、大型加速器、新资讯，若当时回大陆，恐怕就不会朝这些方向发展了。”[2] 在 20 世纪 50 年代以及其后的很长时间内，我国的物理学研究尚且严重受“硬件”条件的直接限制，三四十年代岂不更是如此？在实验研究硬件条件严重欠缺的情况下依靠演绎法的权宜之计，久而久之却使中国物理界一些人习惯成自然，从而出现“演绎物理”盛行的局面。

5.3.5.4 汉语的特征不适于科学表述

特定的文字是特定文化的产物之一；而文字系统一旦形成，又会对文化的发展有一定的限制作用。杨振宁认为，中国传统文化孕育的汉语，与其他语言（比如英语）相比，做科学陈述时有一定劣势。1979 年他说：

1 杨振宁：《杨振宁文集（上）》，上海：华东师范大学出版社，2000 年，第 379 页。

2 杨振宁：《杨振宁文集（下）》，上海：华东师范大学出版社，2000 年，第 765 页。

中国语言比之英文有优点，……但我认为中文亦有缺点，便是缺乏严格定义的子句结构。比如在科学或法律方面碰到需要在子句中再有另一子句时，你会发现很难译成中文。因为中文没有关系代名词，如 that、which 之类，使子句精确，所以一般只好写成两个句子。但法律上长句是可以更精确地做出定义，否则逻辑上便很可能被分裂了。所以在科学及法律上句子要有精确结构及句法，在这方面中文有很大的缺点。但中文用来写诗则极好，原因也如上。因为写诗不需要精确，太精确的诗是不好的。[1]

1988 年在新加坡接受采访时，杨振宁再次指出："西方语言文法的结构比较准确"，与此相反，汉语就缺乏这种表述的准确性，这直接造成"中国的古代哲学中有许多话到现在人们还辩论不清"。[2] 杨振宁认为汉语与西方语言之间的这种不同，从根源上是由文化差异决定的："西方的文化传统很早就特别着重准确，像希腊的几何学是非常准确的"，是"西方思想方向的结晶"。[3] 而中国文化却走向了另一个维度："相反的，中国文化是比较向诗意及宏观的哲理方面去发展，如中国的古文，你可以辩论了几千年还是没有完全弄懂。中国的医学也是从宏观的方向发展。西方的医学是脚痛医脚，头痛医头，而中国的医学则讲气，气存在于全身。总的来说，中国的文化是向模糊、朦胧及总体的方向走，而西方的文化则是向准确与具体的方向走。"[4]

因此从是否利于诞生科学这一视角看，汉语具有一定的副作用；但是往深层挖掘，杨振宁认为，致使汉语具有这种副作用的背后因素仍然是中国的传统文化："总体来说，西方的文化是具体的文化，比较倾向于准确、细致的研究；而中国的文化则倾向于宏观、整体的研究。这是一个相当明显的分别。这个分别，与中国虽然具有五千年的高水准文化而没有发展出近代科学来是有密切的关系。"[5]

1　杨振宁：《杨振宁文集（上）》，上海：华东师范大学出版社，2000 年，第 298 页。
2　杨振宁：《杨振宁文集（下）》，上海：华东师范大学出版社，2000 年，第 668 页。
3　杨振宁：《杨振宁文集（下）》，上海：华东师范大学出版社，2000 年，第 668 页。
4　杨振宁：《杨振宁文集（下）》，上海：华东师范大学出版社，2000 年，第 668—669 页。
5　杨振宁：《杨振宁文集（下）》，上海：华东师范大学出版社，2000 年，第 669 页。

综上所述，在阻碍中国孕育、诞生和引进近现代科学技术的诸多因素中，来自传统文化的副作用是最基本的、最关键的，而其阻碍分直接的阻碍效应与次生的阻碍效应两种。

5.3.6 传统文化教育与传承之危机

一个人如何才能算作中华民族之一员？有一种说法认为儒家文化是中华民族认同感的基础。[1]这一说法未必全面，但是以文化认同感来圈定民族归属的做法却是较为可靠的。文化是民族的基本特征，特定的文化传统是一个民族最强劲的凝聚力。

在西方世界生活工作 40 多年的杨振宁以自身拥有中国传统文化而骄傲。对于杨振宁来说，曾长期生活在西方世界的阅历，使他更深刻地认识到中西文化之间存在深层次的诸多不同："任何一位在中国和在西方都长久住过的人都会感到二者有极大的本质的不同。住得愈长久，对此不同的深度就愈多了解。"[2]但西方文化影响的增加，并没有弱化杨振宁身上的"儒者风范"，反而使其对中国传统文化的价值有更加深刻的认识："对我来说因为通过对另一个传统（即西方传统）的了解，使我对自己的传统又增加更深一层的认识。有了比较，才能使人对自己原来的优点有更多的认识。"[3]杨振宁晚年仍坦诚自己的世界观与人生观基本上是儒家的，他对以儒家文化为主流的中国传统文化的强烈认同感、归属感，使他在任何时候、任何地方都没有忘记自己的"中国根源"。

20 世纪的 80 后、90 后，以及 21 世纪中国的新人类，无论生活工作于国内还是国外，他们还会不会如同杨振宁那样对中国传统文化具有如此程度的高度认同？未来难以预测，但总体趋势似乎不容乐观。杨振宁的老朋友、艺术家熊秉明先生说过："在我们的父亲一代，这样的科学家相当多。在我们一代数目已减少了，下一代呢？恐怕是更少了。他所标明的'儒家文化'，决不是一些陈旧的教条所能代表的。他（指杨振宁）的领会要深刻得多。根

1 郭齐勇、秦平：《儒家文化：民族认同与伦理共识的基础》，载《求是学刊》，2006 年第 6 期。

2 杨振宁著，翁帆编译：《曙光集》，北京：生活 · 读书 · 新知三联书店，2008 年，第 339 页。

3 杨振宁：《杨振宁文集（下）》，上海：华东师范大学出版社，2000 年，第 620 页。

植于集体潜意识的基层和个人的经验记忆，而弥散到生活的各方面。”[1]什么导致了这种变化的发生？毫无疑问是传统文化教育的不断弱化。如果未来的中国人不再对中国传统文化具有充分的继承、深刻的理解和高度的认同感，那将意味着什么？在这种假设情况下如果有一个与杨振宁经历相似的人，他还会如同杨振宁一样高度认可自己的“中国根”吗？难以简单地做出肯定的回答。

随着时代的变迁、社会的演进，文化时刻在悄然地发生着变化。杨振宁以其自身的阅历与情感向背，令人信服地诠释了传统文化教育对于加强文化认同感、提升民族凝聚力的重要作用。而这直接将矛盾指向当下教育中传统文化教育严重不足的缺陷。笔者不是无原则地呼吁和强调传统文化教育的人，传统文化教育的内容要精心过滤、筛选，不能将加强传统文化教育变成传播封建迷信的课堂。

5.3.7　结语

本节旨在分析杨振宁如何看待以儒家文化为主流的中国传统文化，以及中国传统文化对他有什么影响。基于这一宗旨，对于他的观点中肯、全面与否，基本不做评判。但无需讳言，笔者并不完全认同杨振宁先生的个别观点。比如他认为：“浓缩化、分类化、抽象化、精简化、符号化是《易经》的精神。这种精神我认为贯穿到了几千年以来中国文化里面每一个角落。”[2]杨先生据此断定“《易经》影响了中华文化的思维方式，而这个影响是近代科学没有在中国萌芽的重要原因之一”。[3]这些表述很可能没有揭示问题的关键，或者说这可能不是恰当的表述。细化分类是博物学走向科学的重要一步，追求简洁、趋向抽象直至符号化也是包括物理学、化学等在内的基础科学的形式特征。因此以这些特征概括和检讨《易经》的不足，可能不是合适的做法。问题的关键在于，《易经》是中华先民在极其原始的唯物感知的基础上分类、抽象与符号化的结果，但几千年来中国古人却将它奉为不可置疑

1　熊秉明：《杨振宁和他的母亲》，载《中华儿女》，1997 年第 1 期。
2　杨振宁著，翁帆编译：《曙光集》，北京：生活 · 读书 · 新知三联书店，2008 年，第 345—346 页。
3　杨振宁著，翁帆编译：《曙光集》，北京：生活 · 读书 · 新知三联书店，2008 年，第 344 页。

的至高经典。与此相反，近现代科学所分类和抽象并符号化的对象即自然现象，是不断累加的；近现代科学则是一个不断发展、不断纠错的动态系统。这才是中国古人对待《易经》的态度与近现代科学基本精神相违背之处，也是中国主流传统文化与西方科学文化渐行渐远之关键所在。

再比如，杨振宁认为中国古代有归纳法；但 20 世纪初，美国哈佛大学校长艾略特（C. W. Eliot）却指出，中国古人没有掌握归纳法："东方学者驰于空想，渊然而思，冥然而悟，其所习为哲理。奉为教义者，纯出于先民之传授，而未尝以归纳的方法实验之以求其真也。西方近百年之进步，即受赐于归纳的方法矣。"[1] 艾略特与杨振宁先生之分别所述，有一致之处，如都指出中国古人迷信先民之传授；但也有明显不同，即杨先生认为中国古代甚至史前有过归纳法，就长期贯彻归纳法；爱里亦脱则认为，中国古人没有掌握科学的归纳法的。孰是孰非值得辨析。杨振宁认为中国古代没有演绎法的论断，也似乎值得再斟酌。研究表明约成书于公元前 100 年的《周髀算经》的撰写体例符合古希腊几何学那种公理化体系。[2] 虽然《周髀算经》是国粹还是思想舶来品仍有争议，但它的存在则使简单地说中国古代没有演绎法成为一个问题。在笔者看来，在中国古代社会，西方科学意义上的成熟演绎法未曾占主导地位，有过归纳法的朴素思维模式，但科学的归纳法并未出现。关于科学的演绎法在中国古代未占据主导地位不再赘述，说中国古代缺乏科学的归纳法的理由是：靠归纳法无法创立相对论与量子力学，但是培根倡议的科学归纳法却是牛顿等人建立经典力学的重要思想方法。[3] 但是中国古人未曾关注伽利略、牛顿等人研究的核心问题，因此也未曾运用并展示科学归纳法的威力。因此，杨振宁对中国古代传统思维方法缺陷的概括是否准确，仍值得商榷。出现这类值得商榷的观点是自然的、不难理解的。杨振宁虽然自幼学习中国传统文化，但作为杰出的物理学家他和很多人一样，并未遍读儒家经典也不可能遍览西方文化典籍，更不是皓首穷经的专门文化研究者。他对于中西文化的看法和态度，不可避免带有个人的色彩。所以更准确地说，我们领略的只是杨振宁对他思想中所具有的中国传统文化以及西方文化的看法，

1　任鸿隽：《说中国无科学之原因》，载《科学》，1915 年第 1 期。
2　江晓原：《〈周髀算经〉与域外天文学》，载《自然科学史研究》，1997 年第 3 期。
3　陈益升：《培根与归纳法》，载《东岳论丛》，1982 年第 1 期。

而不是对于全部中国传统文化以及西方文化的看法；我们谈论的是他头脑中所存有的儒家文化对他的影响，而不是全部儒家文化对他的影响。纵然如此，中国传统文化对于杨振宁而言十分重要；杨振宁肯定中国传统文化有宝贵的地方，但也存在不足。这一结论不会由于有些看法还值得商榷而有所更改。

鸣谢　文稿草成，曾私呈多位专家阅正。清华大学戴吾三教授、中科院大学刘晓教授、旅居加拿大科学史专家熊伟教授都提出了宝贵意见。这些意见笔者都予以充分重视。在此向各位致以谢忱。笔者也曾将文稿函呈杨振宁先生本人，2018 年 12 月 18 日杨先生回函说："这是一篇好文章。"并提出建议："在这篇文章的最后部分你表达了与我不同的观点。我建议你把它们总结一下，汇聚成一个部分，并设置一个副标题，比如与杨不同的观点。"考虑到此部分不是本文之重点所在，故未采纳杨先生的这一建议。感谢杨先生的肯定，向先生的风范致敬。

5.4　杨振宁思想的道家倾向[1]

5.4.1　引子：科学家的思想源于何处？

与政治家、商人、哲学家等等相比，很多人会认为科学家的思想更加单纯。总体而言这种印象或感觉应该是有些道理的，但是也不排除特殊的个案，比如爱因斯坦。我们既可以说他是一个思想纯正的人，但同时也可以说他是个思想复杂的人，有人尝试把他的思想归入某个哲学流派，结果不同的学者有不同的意见，因为很难在任何一个哲学流派下兼容他的各种思想观点。爱因斯坦的思想博大且深刻，除了他惯于深思，还和他乐于关注各种事

1　本节内容曾发表于《广西民族大学学报（自然科学版）》，2020 年第 1 期，第 30—35 页，作者：厚宇德。

务有关，阅读他的文集，不难发现：科学、技术、艺术、文明、宗教、社会制度、经济、教育等等，他几乎对人类每个重要领域都做过深入思考，因而有他自己的观点与看法，自然也就使其思想呈现包罗万象的气象。

一般而言，科学家的思想主要源于三个方面，第一方面，科学家自幼即受到其家庭的宗教信仰、生活地区的独特文化熏陶等等，这种熏陶潜移默化会在科学家的精神世界打下深刻的烙印，并对科学家未来的思想产生影响，甚至成为其思想的一部分；第二方面，科学家在思考科学、技术，以及与科技相关事务的过程中产生的一些思想认识；第三方面，在长期的科学生涯中，科学研究工作本身的一些特征，如追求精确与准确、追求简洁，以及科研结论要经过科学界的实验验证及应用效果的检验等职业规范，会逐渐地影响科学家的是非观、价值观及审美标准，因而体现为一定的思想认识。值得注意的是，第三种类型本来直接源自于科研工作本身，但是它存在着与某些学派甚至宗教的理念具有一定相似性的可能。在这种情况下，需要仔细辨析，究竟是学派或宗教对科学家影响使其具有相似思想，还是科学研究工作本身使科学家产生了这类与某学派或宗教相似的思想。笔者认为杨振宁的思想中具有明显的道家倾向，但是这一倾向不是源自道家或道教的影响，而是他在科研中产生的与道家思想具有某些相似性的思想。

5.4.2“皈依”儒家的杨振宁

1957年杨振宁在诺贝尔奖获奖庆贺宴上说：“从不只一层意义上说，我是中国和西方两种文化共同的产物，二者既有冲突，也有协调。我想说，我既为我的中国根源和背景感到骄傲，也为我献身于现代科学而感到满意……”[1] 中国传统文化历史悠远、内容庞杂，其中哪些成分对杨振宁有重要影响呢？

2006年杨振宁在香港浸会大学作报告时指出：“我年纪逐渐大了，对宗教的看法也有了一些转变。”[2] 深入思考使杨振宁认识到：“科学和宗教急需进

1 杨振宁：《杨振宁文集（上）》，上海：华东师范大学出版社，2000年，第77页。

2 杨振宁著，翁帆编译：《曙光集》，北京：生活·读书·新知三联书店，2008年，第403页。

行对话。”[1] 杨振宁的这些话语促使本文作者产生联想，并曾向他求证：您是否有具体的宗教信仰或宗教认同？2018 年 9 月 6 日杨振宁在回函中明确指出：“我不信基督教、佛教以及道教。我的世界观、人生观基本是儒家的。”由此可知，在杨振宁自己看来，儒家文化对他影响最大。这一回答符合他的一贯表述。1993 年在香港大学演讲时，对儒家文化积极可取方面，杨振宁就曾作过如下肯定：“儒家文化注重忠诚，注重家庭人伦关系，注重个人勤奋和忍耐，重视子女教育。这些文化特征曾经而且将继续培养出一代又一代勤奋而有纪律的青年。”[2] 在熟悉杨振宁的人看来，他的言谈举止充满儒者风范。他的朋友熊秉明曾这样描述杨振宁：“他在儒家思想中看到了非常积极的东西。如果想简单地说明振宁的为学为人，也许可以说他是一个有‘儒者风的科学家’，正像我们说‘儒贤’、‘儒将’一样。这里的用法，‘儒’的意义是很积极的、宽广的，是一种中国文化所酝酿出来的、而有普遍价值的‘人文主义’。”[3] 儒家文化的精髓已经凝练为杨振宁的内在品质，“儒者风”是这种特质的外在显化。杨振宁的回忆[4] 告诉我们，他从学前启蒙直到在西南联大读书期间，一直没有间断学习以儒家文化为主流的中国传统文化。他的“儒者风”是在长期修习过程中潜移默化塑造的。然而深入了解杨振宁会发现，他展示的中国传统文化气质，并不仅仅限于儒家文化。

5.4.3 杨振宁的道家风范

在杨振宁的著述中，几乎见不到描写儒家传统文化之外的，比如关于道家以及道教或佛教的文字。但是笔者发现，杨振宁的性情之中有较为明显的道家气质；杨振宁的思想有一定的道家倾向。杨振宁对自己的天赋与性情洞察至深，但是他似乎没有意识到自己身上存在着道家色彩。

1 杨振宁著，翁帆编译:《曙光集》，北京：生活 · 读书 · 新知三联书店，2008 年，第 406 页。

2 杨振宁著，翁帆编译:《曙光集》，北京：生活 · 读书 · 新知三联书店，2008 年，第 214 页。

3 熊秉明:《杨振宁和他的母亲》，载《中华儿女》，1997 年第 1 期，第 12 页。

4 杨振宁:《读书教学四十年》，香港：三联书店，1985 年，第 111 页。

5.4.3.1 杨振宁与道家交集之一：尚真、尚纯、尚朴

在某种特殊场合，杨振宁会自然流露出自己性情与思想中的道家倾向。杨振宁兴趣广泛，他曾深为雕塑家吴为山饱含诗意与淳朴情感的作品所感染。他在称赞这位雕塑家名为《无题》的陶塑时说：作品“浑然一体，极好，极美，是真、纯、朴的升华。我一直喜欢这几个字，很高兴吴为山把它们塑了出来”。[1] 杨振宁这段表述中最后一句话，明确指出“真、纯、朴”三个字对他而言，其意义不仅仅用来形容一件艺术作品；他一直喜欢这三个字，对杨振宁的学术风格有深入了解的人知道，“真、纯、朴”能够很好地揭示其文风、审美情趣以及精神境界的基本特征。而“真、纯、朴”这三个字在道家的思想体系中也具有十分重要的特殊意义。端倪即由此显露：杨振宁与道家在审美取向或审美品位方面存在交集。因为杨振宁明确表示他与道家没有什么关联，因此，这一交集的存在是出乎其主观意愿的一种暗合，或不谋而合。

在道家文献中，有大量阐释尚真、尚纯、尚朴的文字。道家经典著作《道德经》第四十一章说古代立言者留下来的、修道者必须追求和遵循的目标之一是要做到“质真若渝”；而道家另一部重要经典著作《庄子》的大宗师篇，则把得道之人称为“真人”。道家还尚纯。纯与真有密切关联，所以有纯真等词语。《道德经》第二十八章说：“常德不离，复归于婴儿。”要求修道者不偏离永恒的德性，回复到婴儿般单纯的状态。第五十五章说：“含德之厚，比之赤子。”此句与上句具有相近的寓意，还是肯定单纯或纯真状态的重要与可贵性。而《庄子·天地篇》在阐释人不能有机巧之心时说：“机心存于胸中则纯白不备。”对于道家而言，要摒弃机巧之心，致力于保守的就是“纯白”的心境。

再说道家尚朴。《道德经》第十五章说古之得道者“敦兮其若朴”。第十九章说：“见素抱朴，少私寡欲，绝学无忧。”第三十二章说：“道常无名，朴虽小，……”——道常是无名的、质朴的。而第五十七章说：“我无欲而民自朴。”其意为：“我没有夺取和占有的欲望，百姓自然是纯朴的。”这些语句共同揭示一个道理：在道家的意念中，修炼的基础目标就是要返还生命

1 杨振宁著，翁帆编译：《曙光集》，北京：生活·读书·新知三联书店，2008 年，第 309—310 页。

初始的状态，此即“返朴归真”。

对道家而言，真、纯、朴是修道者达到理想境界时的心境或精神状态，同时也是未达到理想境界者致力于接近的精神境界；对杨振宁而言，真、纯、朴揭示了他个人情趣的基本特征，与此相应也是他在科研与写作风格方面努力追求的目标。

5.4.3.2　杨振宁与道家交集之二：宁拙毋巧与大巧若拙

1988 年杨振宁在新加坡接受采访后，发表的受访文章命名为《宁拙毋巧》。[1] 杨振宁的合作者李炳安、邓越凡也证实杨振宁对“宁拙毋巧”有自觉的追求：“认识杨振宁的人都知道他待人以诚，从不投机取巧、仗势欺人或哗众取宠。看他的文章也有同样的感受。他的文章里没有花言巧语……杨振宁喜欢陈师道《后山诗话》中讲的‘宁拙毋巧，宁朴毋华’，他说这也是他做学问的态度。”[2] 2017 年 9 月杨振宁访问山西大学，6 日上午他应邀欣然题词，所书仍是“宁拙毋巧，宁朴毋华”（见图 5.9）。再次表达了他的这一态度，及对这一风格的欣赏与认可。

图 5.9　杨振宁题词

另一方面，在道家看来，祛除机巧之心是对修道者的基本要求。《庄子》曾用一个故事揭示道家对投机取巧之心需要防微杜渐的道理：

1　杨振宁：《杨振宁文集（下）》，上海：华东师范大学出版社，2000 年，第 667 页。

2　丘成桐、刘兆玄编，甘幼玶译：《杨振宁：20 世纪一位伟大的物理学家》，桂林：广西师范大学出版社，1996 年，第 138 页。

> 子贡南游于楚，反于晋，过汉阴，见一丈人方将为圃畦，凿隧而入井，抱瓮而出灌，搰搰然用力甚多而见功寡。子贡曰："有械于此，一日浸百畦，用力甚寡而见功多，夫子不欲乎？"为圃者仰而视之曰："奈何？"曰："凿木为机，后重前轻，挈水若抽，数如泆汤，其名为槔。"为圃者忿然作色而笑曰："吾闻之吾师，有机械者必有机事，有机事者必有机心。机心存于胸中则纯白不备。纯白不备，则神生不定；神生不定者，道之所不载也。吾非不知，羞而不为也。"[1]

在道家看来，只有摒弃投机取巧之意图，才能回归并保持纯朴、本真之初心。胡化凯教授对《庄子》中的这则故事，以及道家的思想观念有过深刻的剖析。他指出："浇田老人的话，代表了道家对于机械技术的态度。机械可以使人'用力甚寡而见功多'但道家反对运用它，因为他们认为，'功利机巧必忘夫人之心'，'有机事必有机心'，使用机械技术会使人产生投机取巧的心理。"[2] 在道家看来，处理好机巧之心的问题，很多社会层面的麻烦会随之冰消瓦解。《道德经》第十九章说："绝巧弃利，盗贼无有。"可见老子将机巧之心与自私趋利之心的危害做并列看待，二者合在一起、互相激发则能使人沦为盗贼。

老子认为机巧之心其害莫大而断不可有，但是"大巧"却值得追求。什么是大巧？在老子看来大巧就是巧至极境的反动——达到了其对立面。《道德经》第四十五章辩证而肯定地说："大巧若拙。"无论在老子还是杨振宁看来，拙都是巧的反面。杨振宁"宁拙毋巧"的态度与老子"大巧若拙"的思想，打破两千多年的时间区隔，从不同的视角穿越性地完成了一次精彩的不谋而合。杨振宁"宁拙毋巧"的理念能充分反映道家摒弃机巧之心的决绝态度，而老子"大巧若拙"的认识则揭示出巧与拙，在特殊的极限条件下可以彼此转变的道理，这与"大俗"往往"大雅"的道理并无二致。

1 陆钦：《庄子通义》，长春：吉林人民出版社，1994 年，第 273—274 页。

2 胡化凯：《中国古代科学思想史二十讲》，合肥：中国科学技术大学出版社，2013 年，第 229 页。

5.4.3.3　杨振宁与道家交集之三：与庄子的两次不期而遇

杨振宁在思想上与老子有过不谋而合，还曾与庄子殊途同归。做物理学研究，是该首先从细微处入手，还是应该有大局观、先立足整体展开分析研究？1986 年在阐释这个问题时，杨振宁把自然界比喻成一幅很大的画作，而把物理学研究比作研究这幅画的结构，然后做了以下说明："首先要有近距离的了解，因为它画得非常精细。……但是，如果一个人只做近距离的了解，他便不能得到最大的成就。……还需要有宏观的了解，为此需要有能力走远了去看。……既要对大的结构有了解，又要对细致的结构有了解。只有把两者结合起来，才能够真正吸取自然界物理现象基本规律的精髓，也才能真正有贡献。"[1] 而在两千多年前，庄子就曾指出：认识事物，只关注细节不行；而只重视大局观却忽视细节也不行——"夫自细视大者不尽，自大视细者不明。"[2] 杨振宁和庄子，在相隔久远的不同历史时代，从不同的视角出发，为了不同的目标，却途同归，感悟到了相同的道理。

无独有偶，2017 年在思考人类的智力能否认识和掌握宇宙万物及其规律这个问题时，杨振宁说他的看法比较悲观："为什么我比较悲观呢？因为我觉得人的脑子有很多神经元，(但) 这些神经元的数目是有限的，拿来跟宇宙的这些现象比呢，那又是渺小和不足道的。从这个立场讲起来，我现在的看法是，我们是做了许多了解，对宇宙的结构有很多非常深入的了解，可是我认为我们永远不会把所有的宇宙的复杂的结构都完全了解，因为我们是有限的。……因为人是有限的，而宇宙是无限的，所以没法能够完全了解。"[3]

还是两千多年前的庄子，当他将人生命的有限性与知识总量的无限增加性联系起来时，说过一句千古名言："吾生也有涯，而知也无涯。以有涯随无涯，殆已"。[4] 与两千年前的庄子不同，生活在 21 世纪的杨振宁知道，人发现、学习与储存知识的能力，取决于人大脑中的神经元。因此当年庄子面对有限生命如何应对无限知识的难题，在杨振宁这里自然地变成了人以有限的

1　杨振宁:《杨振宁文集（下）》，上海：华东师范大学出版社，2000 年，第 532—533 页。
2　陆钦:《庄子通义》，长春：吉林人民出版社，1994 年，第 355 页。
3　杨振宁著，翁帆编译:《曙光集》，北京：生活 · 读书 · 新知三联书店，2008 年，第 102—103 页。
4　陆钦:《庄子通义》，长春：吉林人民出版社，1994 年，第 74 页。

大脑神经元，能否彻底认识宇宙内的无限现象以及与其相应的无限规律的问题。得出相似的结论并不让人意外，这是二人思想的第二次不期而遇。

5.4.3.4 杨振宁与道家交集之四：大隐隐于市

虽然杨振宁在文化上有“皈依”儒家的思想自觉，但是他在一些方面却展示出了一定的道家思想倾向，而与儒家理念并不十分相容。比如他有限度地具有“出世”的心态，而儒家主流人生哲学则是入世的。“修身齐家治国平天下”是儒家共识性人生理想；“学而优则仕”“不为良相便为良医”是很多学有所成的儒家门徒的重要人生归宿与目标。儒家入世哲学的一个重要体现是很多重要儒家人物，包括其创始人孔子在内，都具有强烈的权力欲。这不难理解，也无法避免，因为权力是儒家人士实现其社会理想的最有力的保障。与儒家相反，道家对社会管理事务更多持无为与回避的超然态度。在这个方面杨振宁居于儒道两家之间、距离儒家较远而距离道家更近。他曾明确表示：“我天生不是一个有领导欲的人”。[1] 他是这么想的、这么说的，事实上也是这么做的。1965 年当奥本海默考虑卸任普林斯顿高等研究院院长时，曾建议杨振宁成为其继任者。杨振宁回忆此事时说：“我本能的反应是不愿意接任普林斯顿高等研究院院长的职务。”[2] 他的确没有接任此职。

杨振宁是伟大的物理学家，在世界范围内，他曾是很多优秀物理学子争相投奔的名师之一，可是他的合作者却说：“杨振宁的研究生数目不多。他在普林斯顿高等学术研究院时没有学生。后来他到了石溪，许多人以为他会收很多研究生，可是他没有这样做。他说他不是‘帝国的建造者’（Empire Builder）”。[3] 杨振宁不培养自己的势力、不建设属于自己的学术帝国，而更专注于个人思想与学术的修炼与提高。这种心态与道家超然务道的风范极为相似。在《封神演义》第五回，元始天尊门下云中子曾这样描写修道者：“但观三教，惟道至尊。上不朝于天子，下不谒于公卿。避藩篱而隐迹，脱俗网

1 杨振宁著，杨建邺、杨建军译：《六十八年心路（1945—2012）》，北京：生活·读书·新知三联书店，2014 年，第 126 页。

2 杨振宁著，杨建邺、杨建军译：《六十八年心路（1945—2012）》，北京：生活·读书·新知三联书店，2014 年，第 124 页。

3 丘成桐、刘兆玄编，甘幼玶译：《杨振宁：20 世纪一位伟大的物理学家》，桂林：广西师范大学出版社，1996 年，第 139 页。

以修真。”[1]这很好地揭示了道家以及其后的道教人士出世隐修的姿态，是道家的主流风尚。不过笔者认为，杨振宁只是一位有限度的出世者，他自觉地让自己与他人、与社会保持一定的距离，但他绝对不是彻底的与世隔绝者。他与很多社会名流，从政府元首到艺术家以及媒体界人士等都有接触。这种接触不频繁更没泛滥，总体而言是有节制的、完全处于他本人的有效掌控之中。杨振宁不追求小隐隐于野，但在他自己有意识地控制下，近乎达到了大隐隐于市的境界。

5.4.4　杨振宁与道家不自觉契合的原因何在？

杨振宁没有专门研读过道家经典文献，他身上与道家相似的特征一部分源自其独特的秉性，更大一部分是由于他所从事的科学研究工作与道家学派的精神诉求之间具有较大的相似性所决定的。要深刻理解这其中的道理，首先需要对道家有些基本的认识。

5.4.4.1　道家学派的核心宗旨

与杨振宁有自觉的儒家情结相似，李约瑟（J. Needham）对道家可谓情有独钟。李约瑟对道家的思想与实践有深入的研究以及深刻的个人感悟。他认为，从源头上看，中国早期道家由两部分人合流而成。一部分人是战国时期的某些哲学家：“他们探索的是大自然之道，而非人类社会之道。因此，他们不求见用于封建诸侯国的朝廷，而是隐退于山林之中，在那里沉思冥想自然界的秩序，并观察它的无穷的表现。”[2]显然李约瑟将这批人归入了小隐隐于野的那一类别。这些道家哲人思考和关注的主要是自然界的秩序，而这与科学家追求的对象或要达到的目标是高度一致的，区别只在于知识结构的不同以及所用技术手段方面存在的悬殊差距。

另一部分人则是被称为“巫”或“方士”的萨满和术士们，道家所具有的神秘主义以及今天看来属于封建迷信的很多内容主要来自这第二类人。但

1 〔明〕许仲琳：《封神演义》，长春：时代文艺出版社，2002 年，第 30 页。

2 李约瑟：《中国科学技术史 · 第二卷 · 科学思想史》，北京：科学出版社；上海：上海古籍出版社，1990 年，第 35 页。

李约瑟意识到这类人的介入，没有减少而是增加了道家学派的科技品质。这是因为："科学与方术在早期是不分的。道家哲学家由于强调自然界（李约瑟著作原文为'emphasis on Nature'，笔者认为译为"重视自然界"或"以自然界为重点"更合适、更顺畅），在适当的时候就必然要从单纯的观察转移到实验上来。"[1]而这一转化很大程度上是道家中的第二类人促成的。理由在于相比那些以思想性见长的第一类道家哲学家来说，这第二类人更重视实践。如果说道家哲学家重在于"知"，那么这第二类人更重于"行"。从这一角度去看，道家中的第二类人与早期的科学家大同小异、难以区分："方士和早期的科学家一样，都相信可能通过手工操作来掌握大自然……区分方术和科学，只有到了人类社会历史的较晚时期才有可能，在（西方）16 世纪，科学一般被称为'自然魔术'。开普勒就是作为一个星占家而活动的，甚至牛顿也不无道理地被称为'最后的一位魔法师'。的确，科学和魔术的划分，是 17 世纪早期现代科学技术诞生以后的事——而事实上这一点却是中国文化所从未独立达到过的。"[2]这里所说的"魔术"一词，与今天魔术师表演的节目不同，而更具有巫术的含义。在英语中"魔术"与"巫术"本为同源词汇（magic），其异义是后来才逐渐区分的。根据以上以及更多类似思考，李约瑟曾下过这样的断言："道家思想乃是中国的科学和技术的根本"。[3]在他看来这是立足于中国文化史、学术史与科技史，对道家属性的一个准确界定。

5.4.4.2　道家视野不局限于人类社会的若干例证

李约瑟认为道家是中国古代科学技术主力军这一观点，早有学者提出过质疑。[4]然而实事求是地讲，虽然道家也有反技术、反科学、反进步的言论，但是与儒家相比，尤其在只聚焦早期的儒道两家的情况下，道家对世界的本

1　李约瑟：《中国科学技术史 · 第二卷 · 科学思想史》，北京：科学出版社；上海：上海古籍出版社，1990 年，第 36 页。

2　李约瑟：《中国科学技术史 · 第二卷 · 科学思想史》，北京：科学出版社；上海：上海古籍出版社，1990 年，第 35 页。

3　李约瑟：《中国科学技术史 · 第二卷 · 科学思想史》，北京：科学出版社；上海：上海古籍出版社，1990 年，第 145 页。

4　江晓原：《被中国人误读的李约瑟——纪念李约瑟诞辰 100 周年》，载《自然辩证法通讯》，2001 年，第 1 期，第 60 页。

质、生命的真谛、宇宙万物和人类社会的来源等诸多问题，更为关注。而早期道家关心的这些问题在今天看来多隶属于科技范畴。在中国古代文献中不难找到支持这一观点的大量证据，在此仅举数例。在《封神演义》第五回云中子说修道者："或三三而参玄论道，或两两而究古论今。究古论今兮叹前朝之兴废，参玄论道兮究性命之根由。"[1]事实上道家以及其后的道教不仅限于"究性命之根由"，他们要洞察的是世界上最为根本的一切。《庄子·天地篇》就说："泰初有无，无有无名；一之所起，有一而未形。物得以生，谓之德；未形者有分，且然无间，谓之命；留动而生物，物成生理，谓之形；形体保神，各有仪则，谓之性。"[2]且不评价《庄子》所言之是非对错，道家著作中类似的叙述，所要诠释的对象极为根本且包罗万象是一目了然的；而在这包罗万象之中，就包括自然或物质现象。完全不像早期儒家那般只关心人类教化与社会秩序范畴内的议题。

邹衍是战国末年阴阳家的代表人物，但有人指出："邹衍的思想兼采儒、道等家"。[3]而顾颉刚的《古史辨·五》一书中曾专考邹衍是道家而非儒家。[4]更早则有明代的《永乐大典》将邹衍的著作列入道家部。可见将邹衍列入道家，有一定的共识。《史记》是这样描述他的：邹衍"乃深观阴阳消息而作怪迂之变……其语……必先验小物，推而广之，至于无垠。先序今以上至黄帝，学者所共术……推而远之，至天地未生，窈冥不可考而原也"。[5]而且，无论邹衍理论具体内容的对与错，他先提出理论，然后"先验小物，推而广之，至于无垠"；而当他作追本溯源之研究时，能达到"推而远之，至天地未生，窈冥不可考而原也"的程度，这些描述邹衍的研究方法与理论应用的文字，很容易让今天的人们联想到现代科学方法与科学精神，因为二者之间有太多的神似。也不难感受到，邹衍的理论及其应用给古人留下的印象，与20世纪至21世纪的人们对物理学、宇宙学、生命科学等理论的认知，是高度趋同的。

1 〔明〕许仲琳：《封神演义》，长春：时代文艺出版社，2002年，第30页。

2 陆钦：《庄子通义》，长春：吉林人民出版社，1994年，第268页。

3 藏明：《论邹忌思想中的儒、道成分》，载《西北大学学报》，（哲学社会科学版），2011年第2期，第50页。

4 顾颉刚：《古史辨·五》，上海：上海古籍出版社，1982年，第745页。

5 中国道教协会研究室编：《道教史资料》，上海：上海古籍出版社，1991年，第9页。

太史公司马迁对道家做过的一段解说，也很好地揭示出了道家有别于儒家的基本精神："道家……其实易行，其辞难知。其术以虚无为本，以因循为用。无成执，无常形，故能究万物之情。不为物先，不为物后，故能为万物主。"[1] 其中"究万物之情""为万物之主"这两条，既包含了今天科学技术的研究对象，也囊括了科学技术曾经致力于达到的目标。（相信至今仍有人深怀此念。）

5.4.4.3 道家与科学家本质一致的心理需求

早期道家观察自然的动机是什么？李约瑟对此有这样的认识："几乎可以肯定，那是为了要对围绕和渗透人类社会的脆弱结构的各种可怕的自然现象，找出一种哪怕是暂时的理论或假说，从而得到心情上的安静。"[2] 李约瑟所揭示的道家关注自然现象的这种心理动机，与 20 世纪科学家探索自然规律的动机之间不存在本质区别。这一结论可以通过将李约瑟这段话，与著名理论物理学家、诺贝尔奖获得者马克斯·玻恩（Max Born）说过的一段话相互比较而得出："一切都在疯狂的舞蹈中乱撞和摇摆。……科学家在科学研究上的冲动，表示人类在这万物的急旋中渴望找到某些固定的东西，安静的东西……在各种现象的飞驰中，矗立着不变的规律之杆。"[3] 李约瑟所揭示的道家关注自然的动机，不会是那一时期道家关注自然的全部动机；同理，玻恩所阐释的 20 世纪科学家致力于科学研究的心理需求，也不会是 20 世纪科学家的唯一心理诉求。但是它们在不同的时期，都曾经合理地存在，并且极具代表意义。

如果庄子不是道家人士，那个时代的他很可能就不会思考生命有限如何应对知识无限的问题；如果 21 世纪的杨振宁不是一位科学家，他很可能也不会思考人类有限的大脑容量能否无限制地认识宇宙的问题。杨振宁非主观自觉地与道家诸多思想与认识相通，从本质上都可以做类似的解读，即科学家研究自然界，中国古代道家也对自然界有足够的关注和思考；研究和关

---

1 中国道教协会研究室编：《道教史资料》，上海：上海古籍出版社，1991 年，第 21 页。

2 李约瑟：《中国科学技术史 · 第二卷 · 科学思想史》，北京：科学出版社；上海：上海古籍出版社，1990 年，第 70 页。

3 M. 玻恩著，侯德彭、蒋贻安译：《我这一代的物理学》，北京：商务印书馆，1964 年，第 268 页。

注对象的一致性是杨振宁以及其他一些科学家，自觉或不自觉具有一定道家气质、在很多方面与道家具有思想相似性的根本原因。在李约瑟的历史语境下，这无疑就是古代早期科学家与20世纪至21世纪科学家之间，由共同的职业决定的思想交融。物理学家厚美瑛曾说：对基督教等宗教有了一定了解之后，“我发现物理的训练已使我很难接受任何拟人化的神，反而是中国的道家学说似乎更能为我所接受”。[1] 这位物理学家的个人感觉反映出来的，正是李约瑟所揭示的道理；也是杨振宁不自觉地与道家思想殊途同归的根本原因。

5.4.5　结语：不觉身为道中人

如果我们放下一切情绪性的武断，如果我们抛开来自俗界道士画符念咒等一些低端行为给人的印象，从本性上讲、从终极关怀的目标上看，有一定理由将道家与今天的科学家群体归于一类。因此，本节揭示杨振宁思想与秉性中的道家倾向性，毫无抹黑这位跨世纪著名科学家的主观意愿；与此相反，这是对他的一种高度认可与极高赞誉。说这是极高的赞誉，是因为所论超越了科学贡献本身，而直抵其个人品位与灵魂深处。

爱因斯坦说过一句这样的话：当人们研究理论物理学家的研究方法时，“不要听他们的言论，而要注意他们的行为”。[2] 爱因斯坦提醒人们注意的理论物理学家的行动，当然是指他们蕴含于其研究著述中的具体思想方法；而他提示大家不要听信的理论物理学家的言论，指的是他们后来对自己研究工作或当初观点的相关解释与说明。在爱因斯坦看来，这两者之间可以存在高度的不一致。杨振宁从未说过，或者说从来没有意识到他本人与道家有什么渊源或关联。但笔者相信，只要读者冷静阅读本节文字，一定会与作者的观点达成某种共识。基于爱因斯坦关于理论物理学言行的阐释，杨振宁本人对此结论认可与否，一定意义上不再那么重要。杨振宁这个突出案例说明，一位科学家的文化底蕴可以是具有多种传统特征的因素合流而成的。这其中包括科

1　厚美瑛:《我与物理》，载《物理》，2005年第3期，第160页。
2　许良英、范岱年编译:《爱因斯坦文集 · 第一卷》，北京：商务印书馆，1976年，第312页。

学家本人清醒而自觉认可的，在杨振宁身上中国传统儒家文化、西方科技文化都属于此类；也有他们本人可能没意识到的，对杨振宁而言中国古代的道家文化属于此类。每位科学家都会自觉或潜移默化地受到他个人独特的文化素养所制约或影响，因而科学家文化底蕴中的任何成分对于他的成功抑或失败都有或直接明显的或间接潜在的作用。对科学家这些微妙文化底蕴的分析与洞察，对深入理解和认识科学家的精神世界大有帮助；年轻的正在成长的科学家也可以从中受到启迪，有助于他们更自觉地规划自己未来的科学生涯。

5.5 著名科学家论中国传统文化与科技发展

5.5.1 引言

多年来，重视传统文化已经成为一项火热的社会事业。从清代“西学中源说”思潮，到“五四运动”时期主流对传统文化几乎彻底的否定、摒弃与深恶痛绝，再到当代“国学”日显、“大师”辈出，这是民族情感、国家实力、社会心理等等诸多因素交互作用的结果，远非单纯的学术自身发展逻辑所左右的变轨。

任何事物都不可能白璧无瑕，中国传统文化也不例外。不能放弃对传统文化中精华的继承，但也要善于识别其中的糟粕，并理性对待、果断摒弃。令人遗憾的是在继承发扬传统文化的大旗下，有人恰恰将传统文化中愚昧的、迷信的、唯心的糟粕翻将出来，经过各种“打扮”，如借助“高维”优势、“高维”能量等令一般人晕乎、看不见摸不着、不知所以然的科学词汇，包装封建迷信言论，大肆将其鼓吹为超乎实证精神、超乎科学、超乎近现代人类成就的无上存在；20 世纪 80 年代到 90 年代盛行的特异功能等伪科学，借助中医、传统养生等等，也偶有卷土重来之迹象。风水、算命、佛道神迹、崇古邪说等等方面的“研究”著述登堂入室、随处可见；网络上处处可见骗子们用演讲家的煽动力、用牧师般的装腔作势，在宣传着所谓至高无上的最正确的思想与学说。封建迷信已经再次占领了很多人的精神世界。2013 年 5 月 13 日《参考消息》报道：外媒就注意到，“中国一些官员为仕途迷恋风水”。2014 年 1 月 17 日《参考消息》再次报道：“境外媒体称封建迷信在中国官员中大有市场。”在这样的社会背景下，近年来关于传统文化中糟粕的定论，被突破的案例一再出现，甚至成为有些学者“学术创新”、学术研究取得“突破”的捷径。如，过去认为儒家文化是阻碍中国古代科学技术发展的因素之一，现在有人认为儒家是促进中国古代科技进步的重要力量。不可否认，有的儒学巨子曾在中国古代科技领域做出过一定的贡献，也不否认儒家在传统农业社会出于为统治阶层服务而倡导的有教无类等理念，对人才培养等等有所贡献。但在中国历史上，在科学技术方面有所作为的大儒们的身上，都或多或少具有其他诸家（如道家、法家、佛家等）的色彩，很难说他们中的哪一位是纯正的儒家，更难以证明他们在科学技术方面的贡献是纯粹儒学精神使然。他们做出的科学贡献是否或多大程度上决定于儒家思想是个值得探讨的问题。另一方面，如果我们从一些儒家代表人物，比如宋代朱熹的著述里教条地寻章摘句，可以找到关于物质世界形成等有一定想象力的、在当时具有一定进步意义的、隶属于今天自然科学范畴的思想，但问题是也不要忘记这一事实：这类思想对于后世产生过重大的影响吗？没有。朱熹事实上对于后世具有重大影响的似乎还是强化封建礼教、竭力维护宗法的理学观念——存天理、灭人欲。由此也决定了他对于后世的影响是不利于科学文化发展的。因为他所强调的、所传播的，恰与西方文艺复兴时期所倡导的社会与人文理念——放弃对天堂的期待，创造和享有人间的幸福——截然相反。而欧洲文艺复兴对于文化艺术以及科学技术的巨大积极影响，是明显的、巨大的。

从对科技领域的贡献大小而言，朱熹不足以与达·芬奇相提并论，但达·芬奇与朱熹有一点是相似的：他们的科学思想都没能发挥其应有的正面影响。作为一位全才，达·芬奇在科学技术领域的贡献未对人类的科学事业起到应有的推动作用，主要在于他将自己对科学技术的追求完全当作个人爱好，因而不刻意寻求对它们的广泛传播。达·芬奇个人行为导致的结果，正如丹皮尔所说，对于人类是个巨大的损失：“假如他（指达·芬奇）出版发表了他在科学研究方面的著述的话，科学一定会一步跨到几乎它需要一百年之后才达到的位置。”[1] 达·芬奇没有整理出版他在科技方面的研究成果很大程度上是他个人的原因；但是朱熹的一些可取思想远远不及他的理学思想对于后世的影响深远，这主要并非他个人的原因，而是中国古代社会文化遴选系统发挥作用的结果。不能让朱熹个人背负长期阻碍中华民族科学技术发展的罪名与责任。

更深入的相关分析可留待以后；可以肯定的是：中国的现代科技是舶来品。没有任何一个今天的物理学分支是从中国古代科技文化直接发展而来。截至目前，笔者也未曾见到在近现代物理学发展过程中做出重要贡献的国内外物理学家曾说，他之所以喜爱物理、能学好物理并在物理学领域做出重要贡献，主要取决于他具有良好的中国国学基础，是中国古代思想的启发和直接指引的结果。

思想文化的讨论应该是多维度、广视角的。我们的传统文化中有其光彩照人因而值得继承之处，如古韵端庄的青铜器；如妙手天成的玉器；如充满神韵的唐诗、宋词和元曲；如出神入化的国画和书法；如巧夺天工的瓷器等等。但同时应该指出，中国传统文化中也有遗留下来的具有较为原始社会特征的浅陋“道理”，这种浅陋的、低级的、片面的道理，在它诞生的时期，曾经是人类社会进步的标志；但可怕的是，它们往往装扮着人间至理的外衣，天然具有拒绝和摒弃再进化、再发展的顽固性，并进而直接导致了中国文化亘古绵延的崇古心理——这种心理很自然地认为，最完美的世界在远古，最完美的人类（圣人）在远古，最完美的社会制度也在远古。因而，在如水流逝中，世界在退化（比如中药材的性能在退化），人在退化（人心不古，人也失去了古人的超能力），社会世风也在向坏的方面堕落。这种观念充斥于历朝历代、各家各派的典籍之中。这种文化格调的存在，很可能是近现代中国有识之士热烈拥抱进化论的原因之一。对于与此相类的、中国古代文化中存在的有违事实、有违近现代科学基本精神的错误认识与言论，如果还恋恋不舍、敝帚自珍，理性地看，其结果谁都不难推断；然而在现实生活中，这样做的却大有人在，且不缺乏群众基础。

5.4 节介绍了杨振宁对于中国传统文化的若干看法，以及他认为中国传

1 W. C. Dampier. *A History of Science*. Cambridge：Cambridge University Press，1930，118.

统文化对他有哪些有益影响。还有一些其他中国或华裔科学家在这方面表述过自己的看法，笔者认为，同样值得我们关注和了解。只有正确、辩证地看待中国传统文化，它才能得以健康地延续，它也才会有助于民族的发展。

5.5.2　中国传统文化偏离科学文化

吴大猷教授 1907 年出生，是中国历史上第三位获得博士学位的理论物理学家，曾在北京大学、西南联合大学任教，杨振宁、李政道、黄昆、朱光亚等一大批优秀中国物理学家，都深受其影响。他后期曾在西方任教，1983—1994 年任中国台湾“中央研究院”院长。1992 年，在李政道陪同下，吴大猷回大陆到北京参加学术活动；1998 年他再次回大陆访问。2000 年吴大猷逝世于台北。中国物理学会光散射委员会主任张树霖撰文纪念[1]吴大猷先生对中国物理界有重要贡献。中科院原院长周光召院士 1998 年对吴大猷先生有这样的评价：“从 1929 年算起，至今凡 69 年，在物理科学领域涉猎范围之广，科研成就之多，著述之宏，贡献之大，培养人才之杰出，在国内外都是不多见的。”[2]另外一位曾任中科院院长的路甬祥院士对吴大猷也有高度评价：“吴大猷先生治学严谨，为人正直、诚恳，他将自己的一生都奉献给了中国的科学和教育事业。”[3]周光召院士在描写吴大猷先生的几次大陆行的文章中，高度赞扬吴大猷先生的高尚品质：“吴大猷先生是不搞政治的，他既不是国民党，更不是民进党，他只是一位敢于直言的正直学者。”[4]由这几位中国物理学家的评价可以看出，吴大猷属于中国物理界德高望重的前辈物理学家之一。吴大猷先生对于中国传统文化，有过研究和思考，并有较多表达其看法的著述。

科技史家李约瑟认为历史上中国的科学技术曾长期领先于世界；吴大猷对此有截然不同的认识。在吴大猷看来，中国的科学从来不曾领先于世界，

1　张树霖：《沉痛悼念我国拉满光谱研究的先驱者——吴大猷先生》，载《光散射学报》，2000 年第 1 期，第 1—2 页。

2　周光召：《物理大师吴大猷》，载《教学与教材研究》，1998 年第 3 期，第 28—29 页。

3　路甬祥：《吴大猷先生百年诞辰贺信》，载《物理》，2008 年第 5 期，第 317 页。

4　周光召：《吴大猷先生大陆行》，载《物理》，2008 年第 5 期，第 321—322 页。

甚至可以说中国古代从来就不曾有过科学："我国的发明，多系技术性、观察性、记录性、个别性……而弱于抽象的、逻辑的、分析的、演绎的科学系统。举例言之，我们有机械的发明，而从来未能建立抽象的动力学原则；我们的光学有凹凸镜影之观察而未有物理光学（光波之观念）；我们的数学有应用性的代数而无逻辑演绎的几何学；我们有磁石的应用而从未达到定量性的磁作用定律；我们的哲学的中心是伦理，是人与人、人与社会的关系，而无如西欧的哲学。一般言之，我们民族的传统，是偏重实用的。我们有发明、有技术，而没有科学。"[1]

要想深入体会吴大猷的观点，需要先了解他的科学观，即在他看来，科学为何物。吴大猷认为科学研究在最初意义上是结果不可预测的、与人们生存方面毫无直接功利关系的求知行为：科学探索的"原动力、目标完全是求知，就好像在一个没有边界的空间里面探索，可能什么也看不见，但是，你还是继续在那个地方探索。这种探索代表一种求知的欲望，我们又叫这个为纯粹科学"。[2]他以法拉第研究电磁感应定律为例，说明科学研究结果具有事先的不确定性："当初他在做这个实验的时候，预先并不知道会有什么结果。"因此，这种模式的科学研究并不事先负载人类主观上的其他功利性期待，而只有这样的探索行为才可以称之为"科学的研究"[3]。在这样的认识下，科学研究的原初动力就是求知欲："科学代表着一种探索，它的动机是求知、求真，应该说是追求真理。"[4]笔者认为，求知欲或追求真理的驱动力，不能说是建立近现代物理学等科学理论的唯一动力，但依然是合动力中的重要分力之一。

与杨振宁的说法完全一致，吴大猷认为西方科技文明与其历史上的"神

1 《吴大猷科学哲学文集》编辑组编：《吴大猷科学哲学文集》，北京：社会科学文献出版社，1996 年第 282—283 页。

2 吴大猷述，黄伟彦、叶铭汉、戴念祖整理：《早期中国物理发展之回忆》，上海：上海科学技术出版社，2006 年第 34 页。

3 吴大猷述，黄伟彦、叶铭汉、戴念祖整理：《早期中国物理发展之回忆》，上海：上海科学技术出版社，2006 年第 33 页。

4 吴大猷述，黄伟彦、叶铭汉、戴念祖整理：《早期中国物理发展之回忆》，上海：上海科学技术出版社，2006 年第 39 页。

本主义”关系密切，而中华文明则是“人本主义”[1]。初步核实，吴大猷的这一认识出于其《早期中国物理学发展之回忆》一书中的第一章，而这一章内容则源于他 1997 年在台湾大学的系列演讲。[2] 杨振宁表述类似观点的时间最早见于其 2004 年名为《归根反思》的演讲。[3] 因此，杨振宁的认识应该源自其导师吴大猷观点的影响。

吴大猷对中国的人本主义文化做过深入的考察和思索，他的认识是：“我们民族的人本思想偏向应用性。人本主义的一切出发点都是跟人有关系。若是跟人没有直接关系的，我们就没有多少兴趣。这些原因跟我们科技发展的方向有密切的关系。”[4] 这就是说，吴大猷思考的结论是，我国以人本主义为核心的文化，与他人文以求知为目的科学文化或科学精神恰恰是背道而驰的。他对此有直白的表述：“我们的研究都是着重在所谓有用的东西上，缺少科学的思维，缺少一种完完全全求知的精神，即没有最初的动机。科学的原动力是在求知。说来说去，几千年以来，我们整个民族没有在纯粹求知的领域里有兴趣，科学探讨的精神是我们所欠缺的。”[5] 总之，在吴大猷看来，中国的传统文化是导致中国在科学领域落后的直接原因，他是这一观点的典型代表人物。

美籍华裔理论物理学家黄克孙对于中国古代文化的观点也值得关注。他更加深入一步指出，中国传统文化的土壤不仅无法孕育并产生科学，而且这一文化也限制中国古代技术的发展高度：“中国古代的技术，很多方面都超过了其他国家。我们有对自然现象的兴趣。从墨子的光学观察，到沈括对磁偏角的研究，都是实验物理学的先河。宇宙观更是中国古代哲学家重视的题目。但是，由于实验和理论没有结合起来，技术的发展怎么也跳不出耳闻目见的范围；对自然的观察只被人当作一种消遣；诸子百家的宇宙观不是幻想

1　吴大猷述，黄伟彦、叶铭汉、戴念祖整理：《早期中国物理发展之回忆》，上海：上海科学技术出版社，2006 年第 29 页。

2　吴大猷：《早期中国物理发展的回忆》，载《物理》，2005 年第 3 期，第 165 页。

3　杨振宁著，翁帆编译：《曙光集》，北京：生活 · 读书 · 新知三联书店，2008 年，第 332 页。

4　吴大猷述，黄伟彦、叶铭汉、戴念祖整理：《早期中国物理发展之回忆》，上海：上海科学技术出版社，2006 年，第 32 页。

5　吴大猷述，黄伟彦、叶铭汉、戴念祖整理：《早期中国物理发展之回忆》，上海：上海科学技术出版社，2006 年，第 38—39 页。

就是作为伦理政治思想的箭垛。在古代的中国，经验和思维似乎是毫不相干的两回事。”[1] 虽然黄克孙没有直言，但如果诚如他所说“在古代的中国，经验和思维似乎是毫不相干的两回事”，那么，原则上其观点与吴大猷的观点就可以成为彼此衔接的逻辑链条：吴大猷认为，中国古代有发明、有技术，而没有科学；而这种没有科学的事实，按照黄先生的看法进一步必然地会成为技术发展障碍，技术只能达到极为有限的高度，即所谓技术的发展跳不出耳闻目见的较低级的范围。

西方学者也有持相似认识者，如数学家、哲学家怀特海曾说：“我们对中国的艺术、文学和人生哲学知道得越多，就会更加羡慕这个文明发展所达到的高度。几千年来，中国不断出现聪明好学之士，毕生学习与研究不辍。从持续影响时间之长以及影响范围之广来看，世所周知，中国缔造了世界上最伟大的文明。就个人的天生禀赋而言，没有理由认为中国人不具备从事科学探索与追求的能力。然而中国的科学事实上是微不足道的。如果不受外界影响，我们没有理由相信中国能在科学领域取得任何进步。”[2] 怀特海不否认中华文明的伟大与辉煌，不否认中国人的高超的人文造诣，他也不认为中国人不具备科学技术研究的天赋，但是他认为中国对于世界科技的贡献却是“微不足道的”。怀特海对“中国科学”的论断有待商榷，但理智而冷静地看，他要揭示的依然是同一个事实：中国传统文化不利于产生和发展科学；如果没有外来影响，生活在中国传统文化中的中国人不会取得任何科学进步。

笔者认为，任何人都要尊重历史、尊重事实，彻底否认中国传统文化的做法不可取，刻意地去“洗白”它也不理性。无论人或文化，存在或多或少的弱点，也没什么，知不足能自强。这才是应有的理智与大自信。反之，过分粉饰与遮掩传统文化的不足，只能掩盖而不能祛除影响健康的病灶，不利于中华民族文化的复兴与再造辉煌。

1 黄克孙：《物理学的教训》，载《自然杂志》，1979 年第 12 期，第 733 页。

2 Alfred North Whitehead. *Science and the Modern World*. New York: The New American Library, 1962, 13.

5.5.3　中国传统文化的价值观抑制科技发展

中国古人在特殊领域存在善于创新与追求极致的大量证据；但在很多时期的某些科技领域发展不尽如人意也是事实。研究表明，只要在某一领域创新与追求极致能给古人带来生存空间，甚至有收获名与利的机会，并辅之以相对公平的竞争环境，那么中国古人就会不断创新从而在这一领域缔造难以逾越的巅峰。那么反过来，诸多不尽如人意事实的存在，则证明中国古代的传统社会文化价值观，不鼓励、不重视，因而不利于科技发展。

第四章曾说，皇帝与王公贵族的一项嗜好，无论是歌舞、蹴鞠还是书法、诗歌或是其他等等，都能为一个领域内的出类拔萃者开辟出一片人生舞台，于是就在全社会逐渐成为一种风尚，令世人趋之若鹜。从而造成一个文化领域或一项技艺的繁荣，造就一批专业人才。造就这种现象的原因，就是皇帝与王公贵族们掌握着社会的主要资源，以及绝对的话语权，因而对社会、对世人的影响巨大，社会的是非观、道德观、价值观主要是他们主观意志的表达。在这样的社会背景下，社会何业兴旺，何业凋零，何业世人仰慕而趋之若鹜，何业低贱人们为了生存才不得不为，完全不是底层民众所能决定的。清代的钱泳对此看得十分清楚，他以文人的境遇为例，做过这样的表述："诗人之出，总要名公卿提倡，不提倡则不出也。如王文简之与朱检讨，国初之提倡也；沈文悫之与袁太史，乾隆中叶之提倡也；曾中丞之与阮宫保，又近时之提倡也。"[1] 在中国古代社会，皇帝是至高无上的，皇权的影响力超乎世间一切之上。皇帝与皇家的嗜好往往成为臣子们向往和学习的风向标，进而影响整个社会。

中国封建社会价值观在教育领域的直接投影，即体现为学而优则仕的教育观念。对此，吴大猷教授有过这样的评价："你若想真正发达、出头的话，唯一的方法就是靠当官。科举取士就是用考试的方法，把你念书的范围定义好了。这也就是影响中国科学发展的直接原因，这个影响当然是很强烈

1〔清〕钱泳：《清代笔记小说大观·卷四·履园丛话》，上海：上海古籍出版社，2007 年版，第 3389 页。

的。”[1] 这样的应试教育，正如丁肇中所说，不鼓励怀疑与创新，而重在接收和适应：“传统的中国教育并不重视真正的格物和致知。这可能是因为传统教育的目的并不是寻求新知识，而是适应一个固定的社会制度。……因为这样，格物致知的真正意义被埋没了。”[2]

在中国古代文化体系中，有些技术或技艺，比如青铜器制造、玉器加工、金银器制造、精致瓷器制造，以及书法绘画等，具有推陈出新的气象，不断发展甚至追求极致。而在封建社会，这些无一不是上至帝王下至士绅，普遍酷爱、热衷或附庸风雅的领域；有些绝非底层民众所能涉足、享受或消费。

5.5.4 中国主流传统思想、教育理念与科学理念背道而驰

彭桓武院士是新中国物理界一代宗师，对于中国科学技术有杰出贡献。周光召院士说：“彭桓武教授……无论是基础研究还是应用研究，在当时的历史背景下，他的著作都是走在最前列的创造性的工作，并解决了实践中提出的大量实际问题。”[3] 彭桓武的工作在我国影响深远：“我国理论物理工作者为国民经济和国防建设作出的贡献，在科学发展上的成就无不与彭桓武教授的努力密切相关。”[4] 因而他被称为：“新中国理论物理发展的第一人，是这个方面没有争议的创始人或领导者。”[5] 彭桓武对于新中国科技人才培养也贡献卓著，对此，钱三强院士予以充分肯定：“彭桓武默默地做了很多重要的工作，但很少有人知道。他带起了反应堆的理论研究，他是‘两弹’理论学术领导，同时还培养出一批人，带出了一个学派。写起历史来，归功于他，不是夸大。”[6] 熟悉彭桓武的邹承鲁院士曾由衷赞叹：“彭桓武先生才是真正的

1 吴大猷述，黄伟彦、叶铭汉、戴念祖整理：《早期中国物理发展之回忆》，上海：上海科学技术出版社，2006 年，第 26 页。

2 戴友夫主编：《著名科学家演讲鉴赏》，济南：山东人民出版社，1995 年，第 298 页。

3 彭桓武：《彭桓武选集》，北京：中国学术出版社，1985 年，序。

4 彭桓武：《彭桓武选集》，北京：中国学术出版社，1985 年，序。

5 中国科学院理论物理研究所、北京应用物理与计算数学研究所：《百年彭桓武：“默默无闻”的大师》，载《军工文化》，2015 年第 11 期，第 52—57 页。

6 郑绍唐：《回忆彭桓武院士对核物理事业和物理科学的贡献》，载《现代物理知识》，2014 年第 4 期，第 13 页。

大家。”[1]

彭桓武对中国传统文化的态度的变化值得回味。他自幼即接触中国传统文化，并天赋异禀，曾得到私塾先生的夸奖：“此童未学赋却已能作赋。”[2]青少年时期的彭桓武对传统文化仍兴趣盎然：“我是从小在家里自学《史记》，后来在清华二年级暑假看先秦诸子也是自学。”[3]他还回忆说：“在上初中之前我读了大量文史方面的古书，实际上走的是旧文人史学研究的道路。”[4]然而接触现代自然科学知识后，他的兴趣立即发生了变化：“初三起才接触物理，一下子就被吸引住了，以至‘弃文就理’，对自然科学产生了浓厚兴趣，并转化为强大的动力，而且形成了专攻难题的爱好。”[5]这一变化不是头脑一热，而是在内心里认真比较、思考的结果：“我念《史记》、念中国文学都是在没上初中以前，中学一下子讲几何，讲物理，觉得比中国古代的那一套吸引人，于是我的兴趣马上就变了。”[6]

彭桓武先生不仅在传统文化与现代科学之间做选择时，基于兴趣选择了后者，在逐渐成长的过程中（直到读大学期间），他一直在审视中国传统文化，结果他形成了自己的评价标准，即以是否符合科学精神为标尺，对传统文化有接受、有拒绝：“朱熹我是不理的。我是文不读三代以下——秦汉三代以下的我就不念了，老的书只到《史记》,《汉书》我都没念，到此为止。”[7]为什么读传统著作到《史记》为止呢？因为他发现其后的著述中充满与科学不相容的文化观念：“从汉以后董仲舒提倡五行，搞天人感应说，大概就是因为这个，往后的书我就不念了。”[8]不喜欢董仲舒的彭桓武是喜欢荀子的，因为在他看来，荀子的思想符合科学精神：“喜欢荀子，是因为他说‘天行有常，不为尧存，不为桀亡’，那就是开普勒定律——行星绕太阳转，不是遇到好皇帝就转得快，遇到坏皇帝就不转了。那套唯心的、惟皇帝独尊的东

1　薛继军主编:《大家②·理论物理学家彭桓武》，北京：商务印书馆，2005 年，第 67 页。
2　薛继军主编:《大家②·理论物理学家彭桓武》，北京：商务印书馆，2005 年，第 77 页。
3　薛继军主编:《大家②·理论物理学家彭桓武》，北京：商务印书馆，2005 年，第 77 页。
4　彭桓武:《物理天工总是鲜》，北京：北京大学出版社，2001 年，第 92 页。
5　彭桓武:《物理天工总是鲜》，北京：北京大学出版社，2001 年，第 92 页。
6　薛继军主编:《大家②·理论物理学家彭桓武》，北京：商务印书馆，2005 年，第 77 页。
7　薛继军主编:《大家②·理论物理学家彭桓武》，北京：商务印书馆，2005 年，第 81 页。
8　薛继军主编:《大家②·理论物理学家彭桓武》，北京：商务印书馆，2005 年，第 81 页。

西我都不念。”[1]

彭桓武先生不屑一顾的中国传统思想文化的那个起始点，恰好指向汉代统治阶级倡导“独尊儒术”那个时期，这应该不是巧合。我们也许可以做个假设——“独尊儒术”的那些古代典籍不值得像彭先生这样学习科学并从事科学研究的人阅读；换言之，阅读这些书籍，对从事现代科学研究工作与事业，毫无裨益。儒家文化是官选文化，在中国历史上从来不存在孤立的主流儒家文化，而只有顺从并为统治阶级意志服务的儒家文化。在这样的文化氛围下，“修身齐家治国平天下”是读书人的伟大理想和人生追求的核心目标。在现代人看来，齐家治国平天下，都需要依赖科学与技术，然而在封建社会，却不存在这样的诉求，只要足以维系社会的温饱和稳定，在统治阶级看来就是太平盛世。追求社会生产的高效率与扩大再生产，让人民衣食住行更上一层楼，生活越来越好、幸福指数越来越高，这些从来不是封建帝王追求的核心目标。因而，呼吁、号召、鼓励人们学习和研究更高水准的科学技术，从来不是封建社会统治阶级的明确期盼和使命，他们也从来不曾积极、持续予以推动。在这样的人生观与价值观的文化氛围下，在中国古代难以见到以探索和认识自然界为目标的学生或学者，而即使从事天文历算等类似于今天从事天文学工作的专业人员，也都隶属于官僚体制内，为皇权服务是它们存在的价值与意义。他们所有工作的任务也在于满足皇家的需要范围，皇家也不鼓励他们不断研究、锐意进取、大胆创新。所以久而久之，他们多是处于当一天和尚撞一天钟的状态，甚至有时迎合皇帝的需要，欺上瞒下，而根本不在乎专业技能是否精湛、观察天象是否追求客观准确等等。这些说法有充分的古代文献依据。

有学者说：“古代最初只有一门学问，即做官的学问，长官就是老师，这叫官师之学。”[2]这种说法不仅仅适用于“古代最初”时期，用于描述整个中国古代社会，大体也不为过。学而优则仕，状元进士都是天子门生。为官僚体系源源不断输送人才的核心教育目标，对全社会认识观念影响之巨大是今人难以想象的。比如，其中之一是迷信以科考为目标的私塾教育，而导致

1 薛继军主编：《大家②·理论物理学家彭桓武》，北京：商务印书馆，2005 年，第 81 页。
2 李零：《丧家狗——我读〈论语〉》，太原：山西人民出版社，2007 年，第 51 页。

整个国家在很长时期轻视或放弃专业技术人员的培养体系。崔国因（1831—1909）1889 年出使美国，他是一位极其勤勉、爱国的使者，在遍览当时美国的科技给社会带来的新面貌后，对比当时晚清的国情，1890 年他发出了这样的感叹："外国之重新法也，犹中国之重时文也。"[1] 这里的"新法"特指新的技术，而"时文"即科举考试的八股文。外国人像国人埋头学做八股文那样积极发展和应用科技，国人像外国人醉心于科技之中那样沉醉于学做八股文。其结果之一是在人才与官员任用上，出现令人啼笑的现象，鲁迅先生在 1935 年撰写的《名人和名言》一文中，对此有过高度的概括："儒生在私塾里揣摩高头讲章，和天下国家何涉？但一登第，真是'一举成名天下知'，他可以修史，可以衡文，可以临民，可以治河；到清朝之末，更可以办学校，开煤矿，练新军，造战舰，条陈新政，出洋考察了。成绩如何呢，不待我多说。"[2] 有西方学者指出："中国在各门科学（非技术）上获得了成功和进步，但这并非得益于官方教育和考试制度。"[3] 可以找到一些证据来判定这种说法不全面甚至是错误的，但是事实上，在中国历史上的很多时期，这种说法总体上讲是客观的。鲁班、墨翟、孙思邈、毕昇、黄道婆、李时珍、徐霞客、宋应星……这些在中国科学技术史上耀眼的明星，诚然都不是官方教育培养并通过官方考试制度择优录取出来的。虽然有人从其他方面能找到八股取士的社会作用和合理性，但它不仅导致对科技（古代主要指天文历法、医及各类工匠等业）的轻视，对于传统文化本身的全面传承也存在不良影响。《儒林外史》第一回说，明代初期朝廷颁布取士之法："三年一科，用《五经》、《四书》八股文。"民间著名画家、饱学之士王冕（书中说王冕对天文、地理、经史上的大学问，无一不贯通[4]）听闻后说了一句话："这个法却定的不好！将来读书人既有此一条荣身之路，把那文行出处都看得轻了。"[5] 这与其说是元末明初王冕的观点，不如说是屡困科场的清初文学家吴敬梓对科举取士制度及其对文化传承不良影响的批判。而明代学者谢肇淛的说法，这刚

1 〔清〕崔国因：《出使美日秘日记》，合肥：黄山书社，1988 年，第 97 页。

2 鲁迅：《鲁迅杂文全集》，郑州：河南人民出版社，1994 年，第 816 页。

3 托比 · 胡弗：《近代科学为什么诞生在西方》，周程、于霞译，北京：北京大学出版社，2010 年，第 261 页。

4 〔清〕吴敬梓：《儒林外史》，北京：人民文学出版社，2002 年，第 4 页。

5 〔清〕吴敬梓：《儒林外史》，北京：人民文学出版社，2002 年，第 13 页。

巧与吴敬梓之言相呼应、互印证："今之号为好学者，取科第为第一义矣，立言以传后者百无一焉，至于修身行己则绝不为意矣……"[1]

彭桓武的人文知识虽说多源于自学，但造诣颇深，他曾撰写过大量格律诗词，还汉译过西方诗词。[2]他不是因为缺乏了解而简单地厌恶中国古代传统文化，相反他是在广泛了解和深刻思考后才作出的判断。他发现不仅中国古人的思想认识与科学不符，中国古人的思维方式也不利于孕育科学："在中国比较缺乏逻辑思维。你看《孟子》中什么人性是向善的，水是向下的。在前面没有个大前提，二者有何联系？人性不是物质；水向下流，一个球也可以向下滚；人性能说有多重啊？善也不能说它在底下就是善。"[3]吴大猷也有同感："我认为，我们民族的思想、思维有问题，跟西方是不一样的。"[4]

近现代科学的诞生于两个关键基础，即发达逻辑学推理系统以及占主导地位的实验方法。中国古代的思维方式使得公理化几何学体系一直未能出现，因而这是阻碍中国古代孕育科学的另一因素。吴大猷即持此观点："追溯起来，在我们的思想里面从来就一直缺乏一些思维的方式，也就是为什么西方可以建立起一个纯粹逻辑式的系统的几何学，而我们却没有。我们的发明主要是在解决若干具体的问题，不论是几何也好，代数也好，我们都还有许多、许多片段性的贡献。可惜的是，我们没能够建立起一些系统。譬如说，让思维再深广一点，根据逻辑而不直接从应用上出发。因此，这是我们民族思维上的一个缺失。"[5]

而另一方面，自然科学的实验研究法，与归纳逻辑密切相关。在这一方面，中国传统文化也无优势。任鸿隽先生曾引述美国哈佛大学校长爱里亦脱（C. W. Eliot）的观点，认为这是中国古代为什么没有诞生科学的关键原因："东方学者驰于空想，渊然而思，冥然而悟，其所习为哲理。奉为教义者，

1 〔明〕谢肇淛：《明代笔记小说大观·卷一·五杂俎》，上海：上海古籍出版社，2005 年，第 1767 页。

2 彭桓武：《物理天工总是鲜》，北京：北京大学出版社，2001 年版。

3 彭桓武、吴祖仁：《科学研究与创新——彭桓武院士访谈录》，载《物理通报》，2005 年第 2 期，第 2 页。

4 吴大猷述，黄伟彦、叶铭汉、戴念祖整理：《早期中国物理发展之回忆》，上海：上海科学技术出版社，2006 年，第 32 页。

5 吴大猷述，黄伟彦、叶铭汉、戴念祖整理：《早期中国物理发展之回忆》，上海：上海科学技术出版社，2006 年第 33 页。

纯出于先民之传授，而未尝以归纳的方法实验之以求其真也。西方近百年之进步，即受赐于归纳的方法矣。”[1] 当然，话说回来，也会有人否认这一观点，但是坐而论道、务“空”求“虚”的佛道思想以及弃外求内的心学，对中国传统文化的巨大影响，应该是难以否认的。这是需要专门写一本书论证的话题，此处不再赘述。

5.5.5　中国主流传统文化偏离科学方法

错误的观念孕育错误的方法，从而偏离有效的科学方法，并与之渐行渐远。丁肇中曾这样归纳和强调现代科学的实验方法：“科学进展的历史告诉我们，新的知识只能通过实地实验而得到，不是由自我检讨或哲理的清谈就可求到的。”[2] 丁肇中指出，明代的王阳明是中国古人在探索道路上因为观念错误而误入歧途的一个典型例子。王阳明要认识竹子进而体会格物致知的道理，其做法是搬着凳子坐在院子里，面对竹子冥思苦想了 7 日，最后以头疼难忍而失败告终。丁肇中认为王阳明以及很多中国古代学者的观念与方法性的错误即在于：“把探索外界误认为探讨自己。”[3] 丁肇中认为王阳明的错误一定意义上是中国人自古及今的通病：“在今天，王阳明的思想还在继续地支配着一些中国读书人的头脑。”这一思想在今天的表现形式是：“因为这个文化背景，中国学生大都偏向于理论而轻视实验，偏向于抽象思维而不愿动手。中国学生往往念功课成绩很好，考试都得近 100 分，但是面临着需要主意的研究工作时，就常常不知所措了。”[4]

1992 年 11 月 11 日，李政道在复旦大学演讲时指出：“中国从商朝到汉朝，科学文明一直是走在前列的，为什么到明末清初（17 世纪）中国的科学却落后了，文艺复兴完全在西方发展？道理之一是在物理上、在科学上。”[5] 然而，“从明末清初开始，中国科学下降了。”[6] 是什么原因导致中国的

1　任鸿隽：《说中国无科学之原因》，载《科学》，1915 年第 1 期，第 8—13 页。
2　戴友夫主编：《著名科学家演讲鉴赏》，济南：山东人民出版社，1995 年，第 299 页。
3　戴友夫主编：《著名科学家演讲鉴赏》，济南：山东人民出版社，1995 年，第 299 页。
4　戴友夫主编：《著名科学家演讲鉴赏》，济南：山东人民出版社，1995 年，第 299 页。
5　戴友夫主编：《著名科学家演讲鉴赏》，济南：山东人民出版社，1995 年，第 305 页。
6　戴友夫主编：《著名科学家演讲鉴赏》，济南：山东人民出版社，1995 年，第 304 页。

科学技术没能跟上世界的发展步伐呢？李政道认为，在这个特殊时期，西方发明了人类探索自然界的新工具，而中国没有做到认识自然工具的及时更新："在西方，望远镜是帮助文艺复兴的第一步，它是崭新的科学仪器。我们没有跟上这一步。第二步，西方抓住了基础物理和应用物理的关系。"[1] 不重视探索自然的实验方法，不能发明望远镜就是不难理解的自然事件。其实不仅望远镜、显微镜、精确测量的温度计、气压计与弹簧测力计等等现代科学发展所必需的基本仪器，在西方近代科学舶来前我们都不曾发明和拥有；而不能发明和拥有这些仪器设备的原因是我们不知道需要去发明和制造它们。这样我们就没有办法孕育并诞生近现代科学。丁肇中和李政道的思想合并起来，也可以给出一条解释中国古代文化不能孕育并诞生近现代科学的逻辑通道，并不无道理。

笔者没有"五四"时期思想先锋人物那般的魄力和决绝之精神，敢于彻底否定中国古代传统文化的积极作用。在特殊的历史时期出现这种认识以及这样一种不无情绪化的做法，是可以理解的，但是简单一刀切的态度无助于认识历史事实与历史事件的复杂性。笔者不是刻意拿几位著名物理学家的言辞，故意令对中国古代文化具有浓厚感情的人文学者不快。笔者所要强调的只是：将近现代专业科学技术带回中国并令其在中国生根、发展的科学家们，多认为中国传统文化与西方科学思想之间存在本质区别；在他们学习近现代科学技术，尤其物理学的过程中，中国传统思想文化既不是有所助益的精神支柱，也不是帮助他们消化和吸收西方物理文化的良药。分析这一认识的对与错是一项很值得尝试的工作，但是在此之前，我们必须承认一个客观的历史事实，即在学习近现代科学技术的过程中，他们的确曾将中国传统文化视为与科学文化不同的、不利于孕育和诞生科学的一种落后文化。也许有一天有人能论证出从中国传统文化进入现代科学文化的逻辑通道，但是这仍然不能否定在现代科技进入中国并生根壮大过程中，传统文化毫无作为并被早期完成这一工作的科学家视为与现代科学文化背道而驰的存在的史实。

中华民族是智慧的民族，在人类历史上创造过辉煌。每一次成功都是在多次尝试、学会辨别是非并果断放弃糟粕之后取得的。能够承认不足并改正

1　戴友夫主编：《著名科学家演讲鉴赏》，济南：山东人民出版社，1995 年，第 304 页。

错误、剔除糟粕是智慧的重要标志，反之则是不折不扣的愚蠢；而愚蠢的结果必然是失败。

5.6　战略科学家的学术道路及培养模式研究

5.6.1　引言

2022 年 4 月初，《科技导报》约我写篇关于战略科学家的文章。我愉快地答应了。因为对于国内外多位著名的战略科学家，我的确早已有过一些特殊关注。然而当我开始阐述这个话题时，一些问题立即涌现出来：这些杰出的战略科学家，选择以谁为主、围绕哪几个话题展开阐述？在具体阐述一个观点时，在众多同类论据中，究竟选择哪条、哪几条最合适？等等。因为笔者搜集的与此话题有关的文献资料较为丰富，因此相对而言撰写这篇文章，就感觉颇费思量。笔者几乎放弃了其他所有事情，用了一个月的时间，到 5 月初，终于完成了初稿。这个时候再回来修改本书稿，忽然觉得很有必要把关于这个话题的内容放在本书结尾处。想法是这样的：对中国传统科技文化有了基本了解、对新中国较早期科学家看待传统文化的态度有了基本认识之后，对包括战略科学家在内的杰出科学家的学术成长道路以及成功培养模式再做些探讨，会增加审视中国传统文化的一个新视角，有利于进一步看清传统文化为什么长期以来对科技发展推动乏力。

关于这个话题我的基本认识是：战略科学家，首先必须是杰出科学家，因此，战略科学家不能单独培养；战略科学家所必需的特殊素质，不是单纯靠教育能培养出来的，因此战略科学家重在发现而不是教育。即尤为重要的是在培养杰出科学家的过程中，发现具有战略科学家素质的年轻人，并给他们提供得到锻炼、适当发挥战略科学家作用的机会。这是培养战略科学家的基本途径。

5.6.2 战略科学家——大科学时代的科技主导者

科学家较为迅速地感受到了大科学的出现，苏联诺奖得主卡皮查曾说："国家对于科学事业的投入，随着科学研究的拓展而持续增长。包括建设加速器和反应堆以及外空间探索等在内的大型、复杂的科研项目，已经不是个人所能完成，而是必须由团队承担的集体事务。"[1]卡皮查所描述的科学毫无疑问即是大科学。大科学要运作，就必须有人制定计划，并合理组织、协调相关的复杂事务，因此大科学离不开管理。问题在于，科研管理工作，要由谁来承担和执行？卡皮查的态度很鲜明："科学需要组织和管理，但是这必须由科学家自己来做，而不是由不懂科技的专门管理者来执行。"[2]为解释他的观点，卡皮查把科研管理者比喻成导演："我们需要的是导演的什么能力？是他的创造性作用而不是组织管理作用。他必须懂剧本，必须理解将要和正在创造什么，必须能够准确评估表演者，而将好的角色给予合适的优秀演员，并运筹得当。"[3]在卡皮查看来，科研管理者不仅仅是一个管理者，他更是保证集体大项目研究顺利进行的创造性中央控制器。在另外一位诺奖得主塞格雷看来，大科学带来了传统科学家不得不接受的考验，新时期的科学家除了科研，不得不兼顾其他事务，要具有企业家和商业家的部分本领，而历史上像法拉第和伦琴那样孤立的研究者注定要消失。不难看出，塞格雷下意识地认为，科研管理工作不可能由非科学家担当，而且每个科学家都需要担负科研管理工作。[4]

在卡皮查和塞格雷的语境中，专业能力过硬又具备出色管理才能的科学家，就是具有战略科学家素质的科学家。科技后来的发展说明，正如卡皮查预言的那样，战略科学家在科技发展过程之发挥着决定性的作用。[5]但是也并非如塞格雷所预见的那样，每位科学家都要成为战略科学家。多数科学家还是像玻恩、狄拉克、巴丁等人那样，将主要精力用于具体的科学研究而

1 P.L. Kapitza：The Future of Science，*Bulletin of the Atomic Scientists*，1962（4）：3.

2 P.L. Kapitza：The Future of Science，*Bulletin of the Atomic Scientists*，1962（4）：3.

3 P.L. Kapitza：The Future of Science，*Bulletin of the Atomic Scientists*，1962（4）：3.

4 塞格雷著，夏孝勇、杨庆华、梁益庆译：《从 X 射线到夸克——近代物理学家和他们的发现》，上海：上海科学技术文献出版社，1984 年，第 327 页。

5 P. L. Kapitza：The Future of Science，*Bulletin of the Atomic Scientists*，1962（4）：3.

几乎不涉足管理事务；只有小部分（也只需要少部分）杰出科学家，如卡皮查、贝尔纳、奥本海默以及我国的钱三强、钱学森等那样，具有出色的组织与管理才能和战略眼光，而成为战略科学家。战略科学家与非战略科学家之间的这种关系，决定了不存在单独培养战略科学家的模式，而多是在科研过程中，涌现出组织与管理能力突出者，经过实践锻炼而成为战略科学家。在科研实践中对于已经体现出组织管理能力的年轻科学家，较早予以关注，并给予更多科研管理的机会，是“培养”战略科学家的基本模式。目前，正如《人民日报》文章所指出，我国科技界亟待大力培养并充分重用战略科学家。[1]

5.6.3　“出将入相”：战略科学家的基本素质与能力分析

此处的“出将入相”与其一般含义有别——“出将”指的是战略科学家个人在科技工作中，能过五关斩六将，具有攻克科研难题的出色能力；而“入相”意指战略科学家如同国家或重要科技机构的“宰相”，在关系国计民生的科技领域能够运筹帷幄、发挥关键作用，统领重要科研机构在科技前沿攻城拔寨，取得辉煌业绩。出色的个人素质和能力是战略科学家“出将入相”的保障性先决条件，对其做深入了解能为选择性培养战略科学家提供参考。

5.6.3.1　专业基础扎实、热爱科研，创新意识强、科研直觉敏锐

一流科学家对专业科学知识的掌握均有独到之处：有的学识渊博，如彭桓武通晓物理学的多个领域，并具有常人不具备的高深数学知识。[2] 有的更强调对知识的理解和运用，而不追求渊博，如黄昆所说：拓宽知识面是重要的，“但最重要的是提高驾驭和运用知识的能力。”[3] 高水平的科学研究必须基于坚实的专业基础，因此彭桓武曾说：“没有读过研究生是很难做研究的，

1　《人民日报》评论员：《加强建设国家战略人才力量——论学习贯彻习近平总书记中央人才工作会议重要讲话》，载《人民日报》，2021 年 /10 月 /2 日 / 第 001 版。

2　薛继军主编：《大家②：理论物理学家彭桓武》，北京：商务印书馆，2005 年，第 72 页。

3　黄昆：《黄昆文集》，北京：北京大学出版社，2004 年，第 571 页。

总是要在大学毕业之后做研究生或是助教开始。其他的都不太可能。”[1] 而优秀科学家的专业知识确实出类拔萃。黄昆留学时与周围学友比较后自我评价是：“这里虽然是现在英国最兴盛的理论学派，我相信我还算是年青人中优秀之一。”[2] 彭桓武评估回国前他的专业水准时说：“我回国的时候就已经看出来，无论留在哪儿，也不会从别人那儿再得到什么收获了，而主要得靠自己。就是已经到了那个阶段，不是老师的教学还能让你有什么收获，而是全靠自己本身了。”[3] 如此深厚的专业功力成为他在理论研究与工程技术研发等多领域屡有建树的根本保障。马大猷以自身经验，说明基础知识积累对于科研创新的必要性：“研究的前提，就是得先有充分的学习，得具备丰富的基础知识，又得比较全面地了解在某个领域里别人都做过了什么工作，有些什么结果……我到洛杉矶加利福尼亚大学去作研究生之前，就通读了 7 年来在美国声学杂志发表的文章，还做了笔记。”[4] 坚实的专业基础帮助马大猷留学期间在声学领域取得重要成果。

丘成桐说过，中国有很多在国际数学奥林匹克竞赛中取得优异成绩的学生，之后却鲜有成为一流数学家者，原因在于学生只是为了考出好成绩而努力，却并不热爱数学。彭桓武承认不是所有科学家皆视科学和科研为挚爱，但是他仍认为兴趣是他从事科学研究的重要动力之源：“个人前进的动力有大有小，也有各种各样的动力……而（我自己）在求学的时候，往往动力来自兴趣，来自对自然奥妙的追求探索。”[5] 如果一个人对科学研究兴趣浓厚，并热爱科学事业，那么他就更能全身心投入于科学研究，正如黄昆所说：“把物理研究看得比什么都重要。”[6] 没有人们热爱科学研究，科学技术就不能健康发展。

由于热爱并重视科学研究，大科学家往往很容易甚至很早就启动了创新意识。程开甲说他在初中学习物理和数学过程中就时有创新想法。[7] 随着成

1 彭桓武：《科学研究与创新——彭桓武院士访谈录》，载《物理通报》，2005 年第 2 期、第 2 页。
2 朱邦芬：《读 1947 年 4 月黄昆给杨振宁的一封信有感》，载《物理》，2009 年第 8 期，第 578 页。
3 薛继军主编：《大家②：理论物理学家彭桓武》，北京：商务印书馆，2005 年，第 72 页。
4 张家騄、刘克：《师生一席谈：马大猷教授的治学育人观》，载《群言》，1996 年第 4 期，第 20 页。
5 彭桓武：《物理天工总是鲜——彭桓武诗文集》，北京：北京大学出版社，2001 年，第 92 页。
6 芜茗：《学部委员黄昆教授答本刊记者问》，载《现代物理知识》，1992 年第 2 期，第 2 页。
7 程开甲：《创新是科学的生命之源》，载《神剑》，2004 年第 1 期，第 6 页。

长，他愈发认识到创新对于科学研究的重要性，晚年他说："创新是科学的生命之源。"[1]王淦昌也说："科学研究必须要创新，没有创新就没有科学研究。"[2]具有创新意识，坚定、自信地追求创新，这是科学家不断探索的内在驱动力："面对所遇到的每一个问题，首先要有科学的态度，决不能有束缚，不能跟着已有的跑，拿着现成的做些锦上添花的事。……只有创新，才能突破，才能发展，才能成功。"[3]我国科技事业取得的长足进步，都归因于科学家的创造性工作。程开甲就是这样总结成功研制核武器的诀窍的："在我国核武器的研制和实验过程中，我们遇到的新问题很多，但都很好地解决了，诀窍就是创新。"[4]

创新意识能否结出科研硕果则主要取决于研究者的科研天赋与能力。玻恩说彭桓武研究物理学的天赋和能力极为出色。[5]而黄昆用一年半的时间就解决了导师莫特交给他解决的两个科学问题，并完成了博士论文的撰写，也充分体现了他科研能力的出类拔萃。[6]"直觉"是科学家科研能力的重要内容。直觉好的科学家更能找到解决问题的方法，对自己研究领域的重要问题或前沿生长点有敏锐的感受和洞察。因此，杨振宁认为，一位物理学家对物理学发展问题的长、中甚至短距离的看法准确与否，决定着他科学贡献的大小。[7]

那么，如何培养敏锐的学术判断力或直觉呢？如前所述，马大猷给出的办法是多阅读前人的相关成果，王淦昌也持相似观点："搞科学研究应该紧紧跟踪国际前沿课题。"[8]他不仅自己这样做，还把经验传授给学生，程开甲就是一个受益者："王（淦昌）先生的教诲对我日后从事科研起着重要作用，使我特别注意科学研究的前沿……"[9]彭桓武总结出另一个方法——要多接触自然现象、多接触科学实验，从中获得的大量感性经验有助于科研直觉

1 程开甲：《创新是科学的生命之源》，载《神剑》，2004 年第 1 期，第 6 页。

2 王淦昌：《王淦昌全集（1）》，石家庄：河北教育出版社，2004 年，第 281 页。

3 程开甲：《创新是科学的生命之源》，载《神剑》，2004 年第 1 期，第 6 页。

4 程开甲口述，熊杏林、程漱玉、王莹莹整理：《创新 · 拼搏 · 奉献——程开甲口述自传》，长沙：湖南教育出版社，2016 年，第 170 页。

5 Max Born：*My Life*，London and New York：Taylor and Francis Group，2015，289.

6 黄昆：《黄昆文集》，北京：北京大学出版社，2004 年，第 578 页。

7 杨振宁：《杨振宁文集（下）》，上海：华东师范大学出版社，2000 年，第 513 页。

8 王淦昌：《王淦昌全集（5）》，石家庄：河北教育出版社，2004 年，第 100 页。

9 程开甲：《创新是科学的生命之源》，载《神剑》，2004 年第 1 期，第 7 页。

的涌现："物理直觉至为重要，需要从实验中培养，其关键在于与自然实际接触。"[1]

5.6.3.2 不折不挠，具有持久攻坚的品质和耐力

有些问题可以短期破解，有些特殊的难题需要长期探索、多方尝试后才能攻克。在科技史上，科学家为了一项研究开展数年甚至数十年持久战的事例并不少见。费根鲍姆潜心钻研 6 年才发现混沌理论；法拉第十年磨一剑终于发现电磁感应定律。这还都应该属于时间较短的科研持久战。马大猷说："我做声场起伏研究断断续续 50 年，这是始料所不及的。"[2] 彭桓武博士毕业后，自己觉得与预期相比只完成了一半研究任务。81 岁时他说："前些时候我终于找到了可以计算关联能的框架。从 1940 年交博士论文到现在 90 年代，这个问题在我脑子里待了半个多世纪。"[3] 而有的问题即使思考、研究几十年，结果还未必让人满意。爱因斯坦 1905 年为解释光电效应而提出了光量子假说，1951 年他在写给朋友的信中说："整整五十年的自觉思考没有使我接近于解答'光量子是什么'这个问题。"[4] 虽然不是每个人都认为不美满，但是他晚年仍认为光量子概念令他心里有不踏实感。

杨振宁将科研耐力看成科学家取得成功的三个要素之一："Persistence——坚持，看对了要坚持。"[5] 在高强度压力下长期攻坚，对研究者的身心都是巨大的考验和挑战。对一个问题做几年甚至几十年的持续研究，这是一般人做不到的，但是有些研究的特殊性却要求科学家必须具有这样的品质和耐力，因此年轻科学家需要有意识地培养自己抗挫折能力以及科研的耐力，这是科学家必须具备的品质："创新的路也是艰难的，创新的成功不仅需要有自信，还要有求真的执着。"[6]

1　彭桓武：《物理天工总是鲜——彭桓武诗文集》，北京：北京大学出版社，2001 年，第 172—173 页。
2　张家騄、刘克：《师生一席谈：马大猷教授的治学育人观》，载《群言》，1996 年第 4 期，第 20 页。
3　彭桓武：《物理天工总是鲜——彭桓武诗文集》，北京：北京大学出版社，2001 年，第 96 页。
4　许良英、赵中立、张宣三编译：《爱因斯坦文集 · 第三卷》，北京：商务印书馆，1979 年，第 485 页。
5　杨振宁：《杨振宁文集（下）》，上海：华东师范大学出版社，2000 年，第 559 页。
6　程开甲：《创新是科学的生命之源》，载《神剑》，2004 年第 1 期，第 8 页。

5.6.3.3 学术视野宽广，研究领域不囿于一隅

战略科学家一般多才多艺，而不是兴趣单一、视野狭窄的专家。在专业方面，他们对自己学科的各个研究方向，以及超越学科局限对科技的整体发展，都有较为全面的了解；不仅如此，有的战略科学家还具有哲学头脑，其思想与知识世界已经不存在科技与人文之间的区分和阻隔。这样的知识结构与学术视野既体现为他们的科研战术，更展示出他们高瞻远瞩的眼光，以及深邃的思想境界。

宽广的学术研究视野要在专业学习时即有意识培养。用彭桓武的话说："学习需要兼容并蓄。"[1] 他认为这是一个系统问题，需要做好多方面的辩证把握："要处理好学习的深度与广度、简单和繁杂、近期安排与原版其目标之间的关系，以便彼此间相互配合，相得益彰。"[2] 养成多个兴趣点以拓宽学术视野是杨振宁长期坚持的科研战术："听从费米的劝告，我尽力对物理学各个领域保持兴趣。"[3] 他解释过这样做的好处：有的问题，"想了一两天，不成功，就应当换一个问题去想想"。[4] 具有多个兴趣点是施展这种研究领域随机"调换"战术的基础；一旦在某个领域遇到困难，可以暂停而去开展另一领域的研究，于是就可以避免出现科研整体停滞的局面。高产的科学大师多是在对某个问题持之以恒与适时放弃某个问题，而灵活选择另一个更易推进问题，这两种貌似矛盾的做法之间，从容做出恰当选择的高手，而既不一味钻牛角尖或也不是到处蜻蜓点水。因此，科研需要战略战术，但也是一种微妙的艺术行为。

研究表明，只有专业视野宽广的科学家，才能成为以下两类战略科学家。第一类是突破学科局限的跨学科研究者，他们在交叉学科领域多有建树。彭桓武与王淦昌都属于这一类战略科学家。1993 年彭桓武将 21 世纪物理学的发展归结为两大趋势："一点是物理科学与生物科学相结合；另一点

1 彭桓武:《物理天工总是鲜——彭桓武诗文集》，北京：北京大学出版社，2001 年，第 89 页。

2 彭桓武:《物理天工总是鲜——彭桓武诗文集》，北京：北京大学出版社，2001 年，第 96 页。

3 杨振宁著，杨建邺、杨建军译:《六十八年心路》，北京：生活 · 读书 · 新知三联书店，2014 年，第 22 页。

4 杨振宁:《杨振宁文集（下）》，上海：华东师范大学出版社，2000 年，第 522 页。

是研究与开发相结合。”[1] 这完全突破了他理论物理研究的主领域。2001 年他进一步提出需要优先发展的三个交叉学科：“（1）生物凝聚态的凝聚态物理学；（2）生物化学的化学物理学；（3）生物信息的控制论。而将这三门新交叉学科联合运用，才能对某类生物个体的‘生命是什么’作出确切回答。”[2] 无独有偶，实验物理学家王淦昌 1993 年也曾建议一家物理期刊多刊登关于光合作用、关于 DNA 及 RNA 研究进展方面的文章，表示出对生命科学的浓厚兴趣。[3] 唐孝威曾发表一篇文章，回顾王淦昌对生命科学的关注和思考。[4]

第二类，是在学术视野宽广、开展跨学科研究的基础上，纵观国际科技发展态势，为国家的科技发展，提出有价值的建议和策略的战略科学家。钱学森是这方面的杰出代表。根据何祚庥的回忆，在国家制定 1956—1967 年科技发展远景规划过程中，钱学森起到了关键作用——他既能从国家、国防建设需要角度提出有价值建议，还能根据他所掌握的物理、化学等学科新成就，为一些提案锦上添花。[5] 钱学森的这个案例再次证实和说明：扎实的科技知识、宽广的科技视野，以及对科技发展趋势的准确预判能力，都是战略科学家个人所必须具备的。同时也说明正确科技战略的制定，必须倚重战略科学家的关键作用。

王淦昌在科技战略方面的贡献也可圈可点。他于 1986 年 3 月与王大珩、陈芳允、杨家墀等几位著名科学家联名向中央提交了《关于跟踪研究国外战略性高技术发展的建议》。[6] 这一建议，就是举世瞩目的“863”计划，即《国家高技术研究发展计划》的缘起。[7] 王淦昌还针对我国的核电发展、核电设备引进、组建国家实验室、受控核聚变研究等等国家科技发展重要议题数十次向国家进言献策（详见《王淦昌文集》第 6 卷），充分发挥了一位战略科学家的重要作用。

---

1 彭桓武：《对 21 世纪物理学的发展的一点猜想》，载《物理》，1993 年第 3 期，第 130 页。

2 彭桓武：《关于量子场论、聚变能源、理论生物物理的一些想法》，载《物理》，2001 年第 1 期，第 2 页。

3 王淦昌：《答〈现代物理知识〉杂志主编问》，载《现代物理知识》，1993 年第 3 期，第 2 页。

4 唐孝威：《王淦昌先生和生物学》，载《现代物理知识》，1999 年第 4 期，第 43—44 页。

5 何祚庥：《钱学森教授与发展科学技术的十二年规划》，载《科学时报》，2011 年 9 月 11 日第 B2 版。

6 王淦昌：《王淦昌全集（5）》，石家庄：河北教育出版社，2004 年，第 119 页。

7 王淦昌：《王淦昌全集（5）》，石家庄：河北教育出版社，2004 年，第 120 页。

5.6.3.4 善于交流并发现他人的特长，重视并能组织合作

专业知识扎实、学术视野宽广、创新意识强烈、学术眼光独到、科研能力与耐力出类拔萃，这一切还都属于科学家个人的素质和能力范畴。但杰出战略科学家不仅是个人开展科学研究的能手，为相为帅时他还必须是出色的领袖。因此，战略科学家必须具备超强的与人交流、沟通的能力，而这是多数科学家所不擅长的。奥本海默是公认的一位科学领袖。费曼回忆主持原子弹研制时期的奥本海默的文字，全面揭示了一位战略科学家的基本素质和能力：他要善于与政府及军方等高层人士接触、交流并得到信任；他必须有号召力，把一大批优秀科学家组织到一起；在专业方面他要既博又专；在讨论科学方案时，他必须能做到听懂每个人的意见，能从各种意见中做出合理的选择，并进一步使问题简化，还能说服其他人接受；他要不厌烦地和秘书一起处理很多棘手的琐事或要事；他要能做到对科研团队里的几乎每个人及其工作都了解；他还要有精力关心集体中每个成员科研之外的生活琐事，等等。[1]

奥本海默的个案再次说明，卡皮查和塞格雷关于战略科学家必须首先是一流科学家的观点是正确的。一位战略科学家所起到的作用，很关键的部分是专业事务，因而是科学外行管理者所难以承担和处理的。而战略科学家所做的科学研究之外的那些事务，庞杂而常常是随机出现的。笔者分析多位优秀战略科学家的人格特征和行为方式发现，他们的确具有特殊的与众不同之处；而这特殊之处，恰好正适合于处理大科学管理中的非科学事务。多数科学家沉醉于研究工作时，是无法容忍外界其他事务的打扰的，因此他们不适合处理大科学的管理事务，这些会令他们头疼心烦。在心理和行为特征上，战略科学家属于那种拿得起、放得下的人物，他们的大脑空间仿佛有多个区块，每个区块负责一个事务，他们的注意力可以在不同区块间迅速转移，但不会因为需要处理不断随机出现的不同性质问题而失去耐心，也不会因为一件事尚在进行中而不得不去处理另外的事情而手忙脚乱、忧虑重重。总之，战略科学家特殊的心理特征及与之相关的能力，使得他们能够游刃有余地处

1 〔美〕克里斯多夫 · 西克斯著，潘恩典译:《天才费曼：科学与生活的探险家》，台北：商周出版社，2000 年，第 47—49 页。

理大科学管理中出现的所有事务，仿佛他们就是为大科学时代而生。因此，战略科学家首先必须是一流科学家，但同时他也必须是处理人际关系的专家，知人善任，具有极好的集体合作精神。正因为如此，彭桓武将合作精神与选题和创新列入同等重要地位："选题重要，创新重要，集体合作重要。"[1]我国核武器试验阶段总负责人程开甲也强调科学事业中的团队精神："核试验事业是一个尖端的事业，也是一个创新的事业，没有团队是不行的。"[2]他还将科研过程中团队合作与植物的集体生长相类比："植物界有这样一种现象：当单株植物生长时显得黯然、单调，缺乏生机，而当与众植物一起生长时它们却茂密、簇拥，生机盎然。植物界把这种现象称为'共生效应'。我们核试验技术研究所就是这样一个人才共生之地。"[3]用植物共生效应产生的勃勃生机，来比喻良好的合作团队能孕育并爆发出超越单个人能力线性叠加所具有的创造力的道理。

我国战略科学家在教导和关爱同事方面，也有很多体现高风亮节、展示人格魅力的故事。笔者以前的一位同事——李正顺，曾长期是研制"两弹"大集体中的一员。他向笔者讲过很多他在"九院"（原国防科委第九研究院）时耳闻目睹的故事。在 2004 年写给笔者的信中，他讲述了王淦昌向他们传授科研方法、科研经验的故事，还讲了王淦昌平时对团队中年轻人的体贴和关爱，如一个夏天在某地科研攻关时，"天气炎热，中午睡觉有时大家因为疲劳会睡过站。王老每一次去找我们，只要看到我们还在睡，就在门外等着，不让人打扰我们"。这种对年轻科学家的关爱在我国科技界的特殊时期具有更加重要的意义。因为正如彭桓武所讲：美国搞原子弹的大多是著名科学家和博士们，而中国的核武器是少数成熟科学家与更多拿 56 块钱工资的年轻大学毕业生，一起创造的奇迹。[4]

1 彭桓武：《物理天工总是鲜——彭桓武诗文集》，北京：北京大学出版社，2001 年，第 175 页。

2 程开甲口述，熊杏林、程漱玉、王莹莹整理：《创新 · 拼搏 · 奉献——程开甲口述自传》，长沙：湖南教育出版社，2016 年，第 179 页。

3 程开甲口述，熊杏林、程漱玉、王莹莹整理：《创新 · 拼搏 · 奉献——程开甲口述自传》，长沙：湖南教育出版社，2016 年，第 181 页。

4 薛继军主编：《大家②：理论物理学家彭桓武》，北京：商务印书馆，2005 年，第 79 页。

5.6.4　战略科学家标志性的学术里程碑

优秀的素质是一个人成为一流科学家、战略科学家的自身条件；但是由素质到能力，由素质优秀的人才成长为一流科学家、战略科学家，还需要经历较为漫长的教育培养与实践锻炼。这个过程一般有几个必经的标志性阶段，此即科学家的学术里程碑。研究表明，一般包括以下几个阶段：名师、学友与良好学术环境的影响；科技前沿的学术争鸣与磨砺；自我学术特征的形成；在重大科研项目中发挥作用从而积累大科学管理的实践经验。新中国杰出战略科学家多有留学的经历，一般而言，在他们回国之前都经历了前三个阶段的洗礼；而只有少数人，如钱三强、钱学森等在国外已经经历全部四个阶段的考验。深入了解一流科学家及战略科学家的学术历程的基本共性，我们就知道钢铁是怎么炼成的，这将为科学家培养提供有价值的参考和借鉴。

5.6.4.1　名师、学友及良好学术环境的影响

多数一流科学家在学术道路上都有自己的良师益友。在快速成长阶段，与名师甚至科学大师接触，是拓展年轻科学人才学术眼界、提升其学术境界的最好方法。科学社会学家也高度肯定科学界师徒关系的重要性。朱克曼曾专门论述师徒关系对获得诺贝尔奖的重要性。[1] 卡尼格尔认为，师生关系构筑了科学“家族”这一精英实体，“科学上的伟大发现并不是由单个天才人物完成的，而是由科学‘家族’完成的”。[2] 科学家们的回忆更是说明，他们就是在与名师接触及合作过程中成长起来的。彭桓武留学时，在玻恩指导下迅速步入理论物理学研究前沿，并认识到此前自己那种“瞎看瞎算根本不是做物理研究”[3]，从此有意识培养自己应用理论解决实际问题的能力。[4] 在都柏林理论物理研究所工作期间，他从薛定谔身上又学到了“分而制之”等处理问题

1　Harriet Zuckman：*Scientific Elite*，London：Collier Macmillan Publishers，1977，96—143.

2　〔美〕罗伯特·卡尼格尔，江载芬、闫鲜宁、张新颖译：《师从天才：一个科学王朝的崛起》，上海：上海科技教育出版社，2020 年，第 180 页。

3　彭桓武：《物理天工总是鲜——彭桓武诗文集》，北京：北京大学出版社，2001 年，第 58 页。

4　薛继军主编：《大家②：理论物理学家彭桓武》，北京：商务印书馆，2005 年，第 79 页。

的方法。[1] 而在与海特勒合作过程中，他的"物理思维方法"更趋成熟。[2]

王淦昌留学期间，除了向导师迈特纳学习，他主动向更多科学大师学习知识和思想方法："我听过许多物理大师如玻恩、海特勒、弗兰克、薛定谔和德拜等人的课程和演讲。吸收了许多新思想与新概念，不断地受到鼓舞与启迪。"[3] 程开甲读本科时就从王淦昌这里学到坚持一生的两个诀窍："大学二年级时，我就旁听王淦昌教授主持的'物理讨论'，从王先生那里我学到了两条诀窍：一条是紧跟前沿；另一条是抓住问题，扭住不放。"[4] 留学期间他师从玻恩，不但学习前沿科研方法，还学到了科学精神："不迷信权威，敢于'离经叛道'、追求真理的精神，比物理成果和理论成就对人类的意义大得多。成就是有限的，而精神是永恒的。"[5]

黄昆留学时，用心领悟导师的科研风格："他善于捉住问题的实质，采用简单中肯的物理模型，解决问题的风格给人以深刻影响。"[6] 还用心观察、学习导师莫特战略科学家的工作方法[7]："（他）作自己的研究，帮助许多人作研究，组织各种实验室内、外不同的专门讨论，参加国家各种技术委员会，接待各种各式的工业视察以获得捐助；处理系内各种事务，还时时出国去演讲……就是像他这样的少数几个人支撑起了整个英国的科学研究。"[8] 导师们的风范及他们缔造的良好学风，往往给青年学子留下终生难忘的印象。2009年在最后一次系统谈话中，钱学森仍念念不忘导师冯·卡门等教授在加州理工学院营造的鼓励创新的良好学术氛围，并建议树立这种学风，培养更多杰出科技人才。[9]

1 彭桓武：《忆玻恩、海特勒、薛定谔与我的几段谈话》，载《现代物理知识》，1993 年第 6 期，第 2 页。

2 彭桓武：《物理天工总是鲜——彭桓武诗文集》，北京：北京大学出版社，2001 年，第 59 页。

3 王淦昌：《王淦昌全集（5）》，石家庄：河北教育出版社，2004 年，第 244 页。

4 程开甲：《创新是科学的生命之源》，载《神剑》，2004 年第 1 期，第 6 页。

5 程开甲口述，熊杏林、程漱玉、王莹莹整理：《创新·拼搏·奉献——程开甲口述自传》，长沙：湖南教育出版社，2016 年，第 54 页。

6 芜茗：《学部委员黄昆教授答本刊记者问》，载《现代物理知识》，1992 年第 1 期，第 2 页。

7 原函汉、英语夹杂，有些表述不适合现在的习惯，此引文在保证不改变原意的前提下，对原函词语略作改动，使之更通顺。严谨读者可对照原函阅读。

8 朱邦芬：《读 1947 年 4 月黄昆给杨振宁的一封信有感》，载《物理》，2009 年第 8 期，第 580 页。

9 厚宇德：《十年前钱学森真的心存疑惑吗——钱学森的谈话、反思"钱学森之问"的提法》，载《科技导报》，2019 年第 24 期，第 122—126 页。

除了名师们的影响，年轻学友和同事之间也能产生积极的学术影响。黄昆回忆在西南联大的研究生生涯时说："在这期间，对我最有影响的事，是认识了杨振宁和张守廉。……对科学的追求，在他俩身上随时地都有体现。因与他俩交往甚密，我也受到了感染。总之，从上大学到当研究生，通过课外小组活动，通过自学，通过同学间的交往，培养了我对科学的爱好向往和追求，这对有志于科学研究的人来讲，是非常重要的。"[1] 在英国留学时，黄昆继续得益于与学友们的讨论和交流："和别人讨论有两宗好处，一来我的自信心多少增加些……二来很仔细地讨论他们的问题，也增加了我自己的研究经验。"[2] 彭桓武回顾他在清华读书的经历时，也将"良师鼓励"与"学友互助"视为清华标志性的良好学风。[3]

除了导师和学友，良好的学习环境也是培养优秀人才所必须的。良好的环境包括藏书丰富的图书馆、一流的实验室，以及幽静的校园或研究所。彭桓武多次回忆说，水木清华的图书馆让他产生了"海阔凭鱼跃"的感觉："清华大学图书馆好比一个阔海，任凭青年之我在其中作各式的鱼跃。如鱼得水，是幸福，是享受，也是养育。"[4] 当年清华大学如果没有一流的图书馆，我们没法判断彭桓武是否还会成为著名的科学家，但是他会少学很多知识，他关于母校的美好回忆会打折扣，这些是可以肯定的。

5.6.4.2　前沿学术氛围的磨砺与个性化学术特征的形成

我们要培养的有作为的科学家将来所做的科研工作，只有在世界范围内出类拔萃、富有竞争力才真正有意义。因此他们的专业竞争对手在国际前沿。而正因为如此，培养科技人才不能闭门造车。仅仅让他们阅读世界其他地区一流科学家的研究论文还是不够的，纸上得来终觉浅，要尽早让科学人才更多第去熟悉、去接触他们的主要竞争对手。事实上，科学大师都是这样培养人才的，而优秀的人才也对此心领神会。这样的经历给程开甲留下了深深的烙印："我十分珍惜导师安排我参加的每一次学术交流的机会，我十分

1　黄昆:《黄昆文集》，北京：北京大学出版社，2004 年，第 588 页。
2　朱邦芬:《读 1947 年 4 月黄昆给杨振宁的一封信有感》，载《物理》，2009 年第 8 期，第 578 页。
3　彭桓武:《物理天工总是鲜——彭桓武诗文集》，北京：北京大学出版社，2001 年，第 49 页。
4　彭桓武:《物理天工总是鲜——彭桓武诗文集》，北京：北京大学出版社，2001 年，第 53 页。

努力地为参加交流做准备。参加会议中，我结识了许多真正的大师，如狄拉克、薛定谔、泡利、玻尔、海森堡、鲍威尔等诺贝尔奖得主和索末菲、缪勒、海特勒等教授，并在交流中不惧大师，努力阐述自己的观点，甚至去争论。”[1]年轻的程开甲就在与高手“过招”的磨砺中取长补短、树立自信，快速成长起来。

然而更加重要的是年轻科学家尽早形成自己擅长的个性化学术研究特征，而不是长期接受导师的指导或受年长合作者的影响甚至被同化。彭桓武与海特多年合作，研究风格一度打上了海特勒的烙印。著名物理学家罗森菲尔德曾提醒他：“你现在该‘去海特勒化了’。”[2]彭桓武正确领悟到了罗森菲尔德的用意：“鼓励我不要被资深的合作者或权威师辈所束缚，要独立思考，实事求是，在继承中注意扬弃，培育自己的学术思想，才能更好地发挥创造性，推动科学作更大的发展。”[3]

在杨振宁看来，一位物理学家自我学术特征主要体现为他的“第二种哲学”:“不管用什么字眼[4]，第二种哲学无非表示你的看法怎样，你注意什么问题。它对物理学有关键性、长期性影响。因为它决定了你喜欢提什么问题，不喜欢提什么问题；喜欢了解什么问题，不喜欢了解什么问题；一个问题来了，你喜欢用什么办法去解决它。……（它）对一个人研究工作的长期性成就有决定性影响。……每一个人都应当注意到它对自己的工作有关键性作用，因此应当适当地去控制它。”[5]简言之，在杨振宁看来，一位科学家自己学术风格的形成过程就是其“第二种哲学”的成熟过程。

一位年轻科学家已经形成自己独特的研究风格的重要标志是，他能按照自己的思路和方法创造性地解决重要的科学问题。1930 年泡利提出了中微子存在的可能性，其后物理学家虽然做了很多尝试，但是很长一段时间没法借助实验证实它的存在。1941 年，34 岁的王淦昌在抗日战争的恶劣条件下，创造性地提出了用 K 电子俘获的方法寻找中微子的设想。杨振宁等人指出：

1　程开甲:《创新是科学的生命之源》，载《神剑》，2004 年第 1 期，第 6 页。
2　彭桓武:《物理天工总是鲜——彭桓武诗文集》，北京：北京大学出版社，2001 年，第 67 页。
3　彭桓武:《物理天工总是鲜——彭桓武诗文集》，北京：北京大学出版社，2001 年，第 67 页。
4　在此之前杨振宁还曾称之为 style（风格）、taste（具有品味、喜好等含义）。
5　杨振宁:《杨振宁文集（下）》，上海：华东师范大学出版社，2000 年，第 513 页。

"在确认中微子存在的物理工作中，是王淦昌先生一语道破了问题的关键。这是一篇极有创建性的文章，此后的十余年，陆续有实验物理学家按照这一建议做了许多实验，终于在五十年代初成功地证实了中微子的存在。"[1]这一创造性研究工作，标志着王淦昌此时已经是有自己研究风格的成熟物理学家，并已经跻身国际一流同行之列。

5.6.4.3 经历重大科研实践的锻炼与考验

战略科学家必须具有参加重大科研项目研究，甚至参与重大科研项目管理的实践经历，否则即使他天赋出色也只能是纸上谈兵、犯错误在所难免。参加、参与重大科研项目的研究和管理，可以帮助年轻战略科学家既发挥作用，展示能力，又得以积累大科学研究与管理经验，有助于他们形成关于大科学正确的实战思想与方法，加速成长为成熟的战略科学家。

钱三强在留学回国前，已经是法国国家科学研究中心的研究员和研究生导师，并曾受到法兰西科学院的嘉奖。约里奥·居里夫妇对钱三强有这样的评价："在那些到我们实验室来并由我们指导的同一代科学家中，他最为优秀。在法兰西科学院，我们两人之一曾多次委托他领导多名研究人员，这项艰难的任务，他完成得很出色，从而赢得了他那些法国与外国学生们的尊敬和爱戴。"[2]因此，钱三强在国外工作期间，科研能力以及科研组织能力都得到较好的锻炼，这为他后来成为我国核武器研究早期重要的组织者奠定了基础。

冯·卡门对弟子钱学森也有极高的评价："我的朋友钱学森是 1945 年我向美国空军科学顾问团推荐的专家之一，当时他已是美国顶尖的火箭专家之一了。钱是加州理工学院的火箭小组元老，第二次世界大战中为美国的火箭研制作出过重大贡献。他在 36 岁时已经是一位公认的天才，他的研究工作大大地推动了高速空气动力学和喷气推进技术的发展。"[3]钱学森 36 岁已经成为麻省理工学院终生教授；在加州理工学院任教授时，他兼任古根海姆喷气

1 李炳安、杨振宁:《王淦昌先生与中微子的发现》，载《物理》，1986 年第 12 期，第 758 页。

2 钱三强:《徜徉原子的空间》，天津：百花文艺出版社，1999 年，第 144 页。

3 冯·卡门、李·埃德森著，曹开成译:《冯·卡门——航空与航天时代的科学奇才》，上海：复旦大学出版社，2019 年，第 345 页。

推进研究中心主任一职；1954 年创立工程控制论。因此，钱学森在美期间，早已既是一流科学家又是一流战略科学家。因此，他回国后，自然成为了新中国早期制定科技发展规划时的重要传略性专家。据何祚庥回忆，在我国1956—1967 科学技术发展远景规划制定过程中，钱学森起了举足轻重的作用：“在讨论过程中，钱学森同志除了从国家经济建设、国防建设的需要的角度来审定这些项目的指导思想以外，他总是从现代科学可能有的发展的前景的角度，向这些项目的倡议者或草拟者提请他们注意现代物理和化学的成就对解决这些重大科研任务的作用和影响。这就使得这些科学研究项目的制定能看到科学技术发展的未来。”[1] 因此，在何祚庥看来，钱学森是这一时期科技政策成功制定的关键人物：“有了这样一位科技决策的大战略家来主持，这使得这一《纲要》的制定，既符合了我国的国情，又突出了时代精神。”[2]

综上，大胆地给具有战略科学家素质的年轻人提供展示其才能的实践机会，是关键中的关键，是成功培养战略科学家所不可缺少的核心环节。王淦昌对此有深刻的总结和建议：“优秀科技人才要让他们参与重大科技项目，要给他们委以重任。不承担重任，不参加科技实践，是培养不出优秀人才的。一些老科学家就是在承担国家重大科研项目中成长起来的，例如在研制原子弹的过程中，就培养了一批优秀科技人才。”[3] 王淦昌所说的优秀科技人才，就包括他自己在内的战略科学家。

5.6.5 战略科学家的培养模式

战略科学家重要，中国需要更多优秀的战略科学家为国家科技发展大显身手。分析了战略科学家的素质与能力特征，了解了战略科学家学术道路的几个重要阶段，就不难归纳战略科学家培养模式的核心内容。

1 何祚庥：《钱学森教授与发展科学技术的十二年规划》，载《科学时报》，2011 年 9 月 11 日第 B2 版。

2 何祚庥：《钱学森教授与发展科学技术的十二年规划》，载《科学时报》，2011 年 9 月 11 日第 B2 版。

3 王淦昌：《要重视造就和培养跨世纪学术和技术带头人》，载《中国科技论坛》，1994 年第 6 期，第 4 页。

5.6.5.1 选拔优秀人才

素质不出色者难以成为一流科学家或战略科学家；普通、常见的高等教育模式不利于塑造战略科学家。因此，培养战略科学家的第一步就是选出素质出众、对科学研究有兴趣、有志于献身科学事业的人才，对他们实施有针对性的、有利于其成长的教育模式。为了“服务国家重大战略需求，加强拔尖创新人才选拔培养”，2020 年，教育部发布了《关于在部分高校开展基础学科招生改革试点工作的意见》(简称“强基计划”)。这一举动本身说明，教育部认识到，当下国内高等院校的普遍性的人才培养模式，已经无法满足国家对高水准创新人才的需求。这是鼓舞人心的战略性决策。关于选材，“强基计划”指出：“招收一批有志向、有兴趣、有天赋的青年学生进行专门培养，为国家重大战略领域输出后备人才。”[1] 前文通过多位具体人物事例说明，我国前辈战略科学家们对于科学与科研兴趣浓厚，他们每个人都具有超越常人的科研天赋，而近现代投身于科学事业的中国人除了个人要取得科学成就，几乎都有一个共同的志向，那就是科技救国、科技强国。因此，有志向、有兴趣、有天赋是我国包括战略科学家在内的优秀科学家年轻时的共性。所以，以志向、兴趣与天赋这三个参量作为选择可造人才的标尺，符合优秀科技人才培育的实践经验。而仅就天赋而言，可以大胆偏离综合素质的评价标准，在某一科学学科或门类有突出特长而即使在其他领域有明显弱点的学生，也应该大胆纳入重点培养之列。

5.6.5.2 采用精英教育模式

与普通人才培养相区别的培养一流科学家和战略科学家的教育，称之为精英教育比较合适。精英教育的主要含义是：因为只择取有志向有兴趣高天赋的学生予以培养，因此学生数量一定较为有限，学生越少越利于因人施教、特殊培养；老师更不得杂入庸才，最好由已具有较高科学建树又懂教学方法的科学家担任教授和导师；还要营造良好的研习环境。精英教育的目标是培养科学大师、战略科学家。

1 教育部:《关于在部分高校开展基础学科招生改革试点工作的意见》，载《中华人民共和国教育部公报》，2020 年第 21 期，第 50—54 页。

在中国的近现代教育史上，西南联大物理系堪称实施精英教育的成功范例。[1] 从1938到1946年，8年里西南联大物理系只培养了130名本科生。最少一年只招10名学生，最多的一年也只招生22名，平均每年招生不到17人。这个本科生平均年招生数远低于今天国内很多大学物理专业博士年招生数。再看联大物理系豪华的教师阵容：饶毓泰、郑华炽、叶企孙、周培源、吴有训、赵忠尧、吴大猷、张文裕、王竹溪、虞福春、余瑞璜、霍炳权等等。全部都是留学归来并已取得重要科研成果的物理学家。师生“双优”的教育效果是：“根据杨振宁、黄昆等人的回忆，他们在西南联大所受到的教育与国外著名大学比较，毫不逊色，西南联大物理系的教育已达到当时的国际水平。”[2] 所以联大培养出的人才，到国外后不但不会觉得技不如人，从杨振宁、黄昆等人的回忆看反而具有某些优势。联大物理系的精英教育取得了傲人成绩，培养出了杨振宁、李政道、胡宁、应崇福、黄昆、李荫远、邓稼先、朱光亚、陈芳允、黄祖洽等一批优秀科学家。良好的学习环境含义主要包括幽雅的校园、一流的图书馆、一流的实验设备等。特殊时期的西南联大的办学硬件很差，但此前的清华、燕京等校都具备良好的学习环境。今天，西南联大不具备的教育必需的条件，都可以具有。

“强基计划”的培养模式中有言：“单独编班，配备一流的师资，提供一流的学习条件，创造一流的学术环境与氛围，实行导师制、小班化等培养模式。”[3] 笔者多年研读我国包括战略科学家在内的优秀科学家的成长经历，分析最佳人才培养模式及影响人才成长的重要因素，“强基计划”提出的培养模式，涵盖了笔者总结出的培养高水平科学家所需要特别注意的基本要点。

5.6.5.3 营造利于创新的学习氛围

仅有一流的老师和一流的学生，历史证据表明并不能必然地培养出一流人才。彭桓武在不同场合多次提到20世纪法国物理学的发展问题。法国不

1 沈克琦：《国立西南联合大学物理系：抗日战争时期中国物理学界的一支奇葩》，载《物理》，1995年第3期，第179—187页。

2 朱邦芬：《一段值得深思的历史》，载《物理》，2006年第5期，第349页。

3 教育部：《关于在部分高校开展基础学科招生改革试点工作的意见》，载《中华人民共和国教育部公报》，2020年第Z1期，第50—54页。

缺乏一流物理学家，但是在20世纪理论物理学快速发展时期，法国的物理学却明显落后于德、英等国。法国和德国培养物理人才的不同之处是：在德国有慕尼黑、哥廷根等多个物理学研究中心和学派，各学派间学生可以互相流动，一个明显的现象是索末菲在慕尼黑培养优秀本科生或博士，然后送他们去玻恩那里读博士或做博士后研究，由玻恩把他们培养成优秀的青年物理学家。而在法国，德布罗意是物理界的绝对权威："学理论物理只能跟着他，别人都不行，唯我独尊。结果培养不出人才。"[1] 毫无疑问德布罗意是一流理论物理学家，也堪称科学思想家；凭借他的影响力，相信能够吸引来较多有天赋的学生，但是因为他所主导的学术氛围不利于科学的良性竞争与创新，导致在物理学高速发展的时期，结果并不尽如人意。尤其是量子力学的矩阵与微分方程两种表述，都与德布罗意提出的物质波假设有关，然而这个假设带来的巨大成果却诞生于德语世界。

因此，要培养一流科学家，还必须营造鼓励创新、促进个性发展的学习氛围，师生之间、同学之间得以轻松愉快地交流、畅所欲言地探讨专业问题。使科学家和教授们热爱科学研究的言行，逐渐影响学生们的价值观，在耳濡目染、润物无声中帮助学生树立远大的学习目标。在此基础上，为学生搭建与其他院校师生之间专业交流的平台，不同学派间互相激励、彼此借鉴学习，从而整体提高科技人才的培养质量。

5.6.5.4　创造机会，使年轻人的研究工作与前沿接轨、与国际接轨

在培养年轻科学家时，不仅要注重传授扎实的专业知识，更要有意识地进一步影响他们，使他们对科研的兴趣趋于稳定，而不是处于可以不知不觉消失的状态；不仅如此，通过有效影响，促使其科研兴趣在朴素的好奇基础上，向更高境界、更高层次升级；让他们拥有对科研工作、科研成果的欣赏品味能力，最终使科学美成为其精神世界的重要内容。用杨振宁的话说，面对物理学重要的理论以及表达它们的方程等，能够感受到科学所独有的"崇高美、灵魂美、宗教美、最终极的美"[2]。一旦达到这一境界，则科学研究工

1　彭桓武：《物理天工总是鲜——彭桓武诗文集》，北京：北京大学出版社，2001年，第80页。

2　杨振宁：《杨振宁文集（下）》，上海：华东师范大学出版社，2000年，第851页。

作就是他通向诸美的灵魂之旅。

比传授知识更重要的是培养学生的科研能力。教授要结合难度适当的科研题目，有目的、有方法地引导学生形成一种学术习惯，始终关注科学前沿的发展状况及问题，从而逐渐培养学生们出色的学术眼光。还必须要为学生创造考查和检验其科研能力的机会，比如让他们接触国际同领域一流同行甚至大师，在与之交流、切磋中成长，并最终形成自己个性化的研究风格。

5.6.5.5 因材施教，变特长为专长

纵观科技史，几乎没有靠取长补短、以全面发展为目标而成功的科学大师；相反，力求使自己的长处进一步发展的做法，具有诸多成功案例。比如实验能力欠缺的泡利、杨振宁等人，因为较为及时地放弃了在实验领域的研究，而成为了一流理论物理学家；而卡文迪许、迈克尔孙等人实验天赋出色，他们也几乎从不介入自己不擅长的科学理论研究工作。优秀的导师、科学教育家取得成功也往往是因为他们善于发现学生的特长，并引导他们发挥特长优势去开展科学研究。[1] 这些成功的案例对于我们今天培养优秀科学家、培养战略科学家都具有启发和借鉴意义。

有意识地在科研实践之观察、挑选有组织能力的年轻科学家，并将其作为战略科学家后备力量而重点培养，在不荒废或停止其科研能力发展的同时，培养他们的人际交流能力、处理多种复杂事务能力、洞察科技前沿生长点的能力，以及知人善任等组织能力。

还需要注意的是，同为战略科学家，却可能适合不同的工作岗位：有的能很好地领导一个研究小组，有的能出色地运转一个研究所，而有的管理范围如韩信点兵多多益善。如果对战略科学家所适合的岗位不做出准确的区分，就会造成有人不足以充分发挥作用，有人则力有不逮、吃力难以胜任的局面。虽然战略科学家难得，但怎样才能保证战略科学家都能得到足以充分发挥其作用的岗位，却已经属于教育之外的话题。

1 厚宇德：《玻恩如何培育物理英才？（下）》，载《大学物理》，2015 年第 10 期，第 60—65 页。

5.6.6 结语

有些科技天才无需培养，可以自学成才；但以往的科技教育实践表明，更多优秀科学家的出现是有效培养的结果；与自学相比，适当的教育可以缩短成才所需要的时间。这些也完全适用于培养战略科学家。重视选材、精英培养，要传授知识，要培养能力，要培养其创新的精神，在科研实践中去发现具有成为战略科学家的年轻科学家，并提供给他发挥作用的机会。这就是本文的基本观点。“强基计划”富远见卓识，但是相关院校与专业负责人，是不是对其重要性有充分的认识，是不是能真正将计划实实在在落实到具体的行动中去，还有待检验。

在任何时期，科学技术或技艺，都是一种专业活动。科学家、发明家、工匠等是该领域的专业从业者。纵观西方近现代科技史，以及新中国科技史，我们都能得出相同的结论：人才水准直接决定着科技领域的水平和发展状况。而只有高素质的人们乐于投身科技事业，在科技事业开展的时候，不迷信而鼓励创新、敢于质疑前人，鼓励积极的学术与专业讨论，让专业人员具有充分发挥其才智的机会，等等，科技事业才能健康发展。那么回过头来，看看在历史悠久的中国古代社会：不是一直完全不具有这样的条件出现，但也不是长期持久地具备这样的社会条件。这就是科技在中国古代社会的际遇和命运。也许我们取得过很重要的成就，也许我们曾对人类的贡献巨大，但是笔者一直认为，我们可以做得更好，比历史上的事实好上许多。

本节多次提到了2020年教育部发布的《关于在部分高校开展基础学科招生改革试点工作的意见》(简称“强基计划”)，并肯定“强基计划”的一些理念是符合高水平科学家的培养规律及实践经验的。但是这不意味着“强基计划”一定能够达到预期效果、取得圆满的成功。为什么呢？因为“强基计划”的一些主张，包括本节的大量论述内容，在规范的科学生态下，都应该是“自然常识”。而二者所期待和强调的一切，本来应该属于个体科技人员或教授的常识并在科研、育人过程中自觉履行的，而不应该以一种外在的、由上而下的形式出现，并要求他们去执行。历史上以自上而下形式出现的重要决议或计划合理但是执行起来效果不良的例子颇多。仅以大学而论，“211工程”是1995年国务院批准后正式启动的，其目标是：面向21世纪、重点建设 100 所重要的高等学校和一批重点学科。“985 工程”是国务院在世纪之交为现代化而提出的建设具有世界先进水平的一流大学的重大决策。2017 年继“211 工程”“985 工程”之后，国务院批准教育部、财政部和国家发改委印发的《统筹推荐世界一流大学和一流学科建设实施办法》，这就是仍在进行中的“双一流”工程建设。如果仔细比对一下不难看出，从工程内涵以及预期目标上看，“211 工程”“985 工程”“双一流工程”都可以也都应该包含“强基计划”所预期的目标。那么，为什么还要特别提出“强基计划”？对此可以有不同的解读，比如笔者现在就可以提出一种可能：虽然国家和地方斥巨资在支持“211 工程”“985 工程”“双一流工程”，虽不能说相关努力没有收效、没有成就，但是在培养与国家发展相适应的人才需要方面而言，这三者显然做得还不够，还不能充分满足国家发展对人才的基本需求，所以才需要再开展“强基计划”。“211 工程”“985 工程”等等有没有值得反思之处？当然有的，学校一旦进入“211 工程”尤其“985 工程”名单，学校的经费就有了根本性的保障，毕业生在就业领域也具有极大的优势。因此，工程本身对于高校而言，已经是一种身份的象征，位列其中就是高校中的贵族。因此，争取进入其中的动力远远大于将学校建设成“211 工程”或“985 工程”所期待目标的努力。刚刚过去的两轮“双一流”评选，竞争激烈。国家期待建设世界一流大学、一流学科，但是在高校看来，这就是生存资源的竞争、名分的竞争。虽然有些高校大胆地说自己已经屹立于世界一流大学之中，但是群众不认可的声音可谓不绝于耳。笔者衷心祈祷和期待，“强基计划”能够名副其实，落到实处，达到预期目标。

参考文献

1. 李诩撰，魏连科点校:《戒庵老人漫笔》，北京：中华书局，1982 年版。

2. 上海古籍出版社编:《汉魏六朝笔记小说大观》，上海：上海古籍出版社，1999 年版。

3. 上海古籍出版社编:《唐五代笔记小说大观》，上海：上海古籍出版社，2000 年版。

4. 上海古籍出版社编:《宋元笔记小说大观・第一至第六册》，上海：上海古籍出版社，2001 年版。

5. 上海古籍出版社编:《明代笔记小说大观・第一至第四册》，上海：上海古籍出版社，2005 年版。

6. 上海古籍出版社编:《清代笔记小说大观・第一至第六册》，上海：上海古籍出版社，2007 年版。

7. 朱彭寿:《旧典备征》，北京：中华书局，1982 年版。

8. 贾思勰:《齐民要术》，北京：团结出版社，1996 年版。

9. 李昉:《太平御览》，北京：中华书局，1998 年版。

10. 洪迈:《容斋随笔》，呼和浩特：内蒙古人民出版社，2010 年版。

11. 程颖、程颢:《二程遗书》，上海：上海古籍出版社，2000 年版。

12. 李匡乂:《资暇集》，上海：商务印书馆，1939 年版。

13. 方以智:《物理小识》，上海：商务印书馆，1937 年版。

14. 尹喜:《关尹子》，上海：商务印书馆，1937 年版。

15. 韩愈:《韩愈全集》，上海：上海古籍出版社，1997 年版。

16. 柳宗元:《柳宗元全集》，上海：上海古籍出版社，1997 年版。

17. 孟元老:《东京梦华录》，上海：古典文学出版社，1957 年版。

18. 朱震亨:《格致余论》，上海：商务印书馆，1936 年版。

19. 吴曾:《能改斋漫录》，上海：上海古籍出版社，1984 年版。

20. 郑复光:《费隐与知录》，上海：上海科学技术出版社，1985 年版。

21. 谢肇淛:《五杂俎》，上海：上海书店出版社，2001 年版。

22. 孙思邈著，李景荣、苏礼、任娟莉、焦振廉等校释:《千金翼方》，北京：人民卫生出版社，1998 年版。

23. 郑玄注，孔颖达疏，龚抗云整理：《礼记正义》，北京：北京大学出版社，1999 年版。

24. 上古真人：《黄帝内经》，北京：时代文艺出版社，2001 年版。

25. 谭峭：《化书》，北京：中华书局，1996 年版。

26. 王宏翰著，奚飞飞校注：《古今医史》，长沙：湖南科学技术出版社，2014 年版。

27. 徐大椿撰，万芳整理：《医学源流论》，北京：人民卫生出版社，2019 年版。

28. 虞抟著，郭瑞华点校：《医学正传》，北京：中医古籍出版社，2002 年版。

29. 罗天益：《卫生宝鉴》，北京：人民卫生出版社，1987 年版。

30. 徐春甫编集，崔仲平、王耀廷主校：《古今医统大全》，北京：人民卫生出版社，1991 年版。

31. 刘守真撰，孙洽熙编校：《河间医集》，北京：人民卫生出版社，1998 年版。

32. 沈括、苏轼：《苏沈良方》，北京：中国医药科技出版社，2012 年版。

33. 苏轼著，[明] 汤云孙辑：《东坡志林》，北京：商务印书馆，1959 年版。

34. 王如锡辑：《东坡养生集》，北京：中华书局，2011 年版。

35. 陆元炽：《老子浅释》，北京：北京古籍出版社，1987 年版。

36. 曹础基：《庄子浅注》，北京：中华书局，1990 年版。

37. 葛洪著，顾久译注：《抱朴子内篇全译》，贵阳：贵州人民出版社，1995 年版。

38. 欧阳修：《归田录》，北京：中华书局，1981 年版。

39. 安小兰译注：《荀子》，北京：中华书局，2007 年版。

40. 康有为：《大同书》，沈阳：辽宁人民出版社，1994 年版。

41. 张潮：《幽梦影》，北京：北京燕山出版社，2010 年版。

42. 太平老人：《袖中锦》，上海：商务印书馆，1940 年版。

43. 沈括著，胡道静、金良年、胡小静译注：《梦溪笔谈全译》，贵阳：贵州人民出版社，1998 年版。

44. 张鷟：《朝野佥载》，北京：中华书局，1997 年版。

45. 李林甫等撰，陈仲夫点校：《唐六典》，北京：中华书局，1992 年版。

46. 高承撰，李果修订：《事物纪原》，上海：商务印书馆，1937 年版。

47. 崔国因：《出使美日秘日记》，合肥：黄山书社，1988 年版。

48. 陆士谔：《医学南针》，北京：中国中医药出版社，2019 年版。

49. 鲁迅：《中国小说史略》，上海：上海古籍出版社，1998 年版。

50. 张江华：《明清笔记中的科技史料价值研究》，合肥：中国科学技术大学，

1991年。

51. 潘吉星：《天工开物校注及研究》，成都：巴蜀书社，1989年版。

52. 胡平生、张萌译注：《礼记》，北京：中华书局，2019年版。

53. 王明：《抱朴子内篇校释》，北京：中华书局，1996年版。

54. 刘永华：《中国历代服饰集萃》，北京：清华大学出版社，2013年版。

55. 闻人军：《考工记导读》，成都：巴蜀书社，1996年版。

56. 孙通海译注：《庄子》，北京：中华书局，2007年版。

57. 杜石然、范楚玉、陈美东等：《中国科学技术史稿》，北京：科学出版社，1982年版。

58. 赵承泽：《中国科学技术史·纺织卷》，北京：科学出版社，2002年版。

59. 李炳东、俞德华：《中国少数民族科学技术丛书·农业卷》，南宁：广西科学技术出版社，1996年版。

60. 柳诒徵：《中国文化史·上卷》，上海：东方出版中心，1988年版。

61. 李晓岑：《云南科学技术简史》，北京：科学出版社，2015年版。

62. 杨树达：《论语疏证》，上海：上海古籍出版社，1986年版。

63. 金家翔编绘：《中国古代乐器百图》，合肥：安徽美术出版社，1995年版。

64. 张秀民：《中国印刷术的发明及其影响》，上海：上海人民出版社，2009年版。

65. 王先慎：《韩非子集解》，北京：中华书局，1998年版。

66. 戴念祖：《中国科学技术史·物理学卷》，北京：科学出版社，2001年版。

67. 戴念祖：《中国物理学史大系·电和磁的历史》，长沙：湖南教育出版社，2002年版。

68. 孙淑云、李延祥：《中国古代冶金技术专论》，北京：中国科学文化出版社，2003年版。

69. 李家治：《中国科学技术史·陶瓷卷》，北京：科学出版社，1998年版。

70. 席泽宗：《中国科学技术史·科学思想卷》，北京：科学出版社，2001年版。

71. 席泽宗：《科学史十论》，上海：复旦大学出版社，2003年版。

72. 陈美东：《中国科学技术史·天文卷》，北京：科学出版社，2003年版。

73. 吴毓江撰、孙启治点校：《墨子校注》，北京：中华书局，1993年版。

74. 廖育群：《医者意也：认识中医》，桂林：广西师范大学出版社，2006年版。

75. 刘广定：《中国科学史论集》，台北："国立"台湾大学出版中心，2002年版。

76. 李迪：《中国数学通史（上古到五代卷）》，南京：江苏教育出版社，1997年版。

77. 潘吉星编：《李约瑟文集》，天津：天津人民出版社，1998 年版。

78. 潘吉星：《中国古代四大发明：源流、外传及世界影响》，合肥：中国科学技术大学出版社，2002 年版。

79. 胡化凯：《中国古代科学思想史二十讲》，合肥：中国科学技术大学出版社，2013 年版。

80. 汪子嵩、范明生、陈村富、姚介厚：《希腊哲学史（1）》，北京：人民出版社，1997 年版。

81. 李志超：《天人古义》，郑州：大象出版社，2014 年版。

82. 杨振宁：《杨振宁文集》，上海：华东师范大学出版社，2000 年版。

83. 杨振宁著，翁帆编译：《曙光集》，北京：生活·读书·新知三联书店，2008 年版。

84. 丘成桐、刘兆玄编，甘幼玶译：《杨振宁：20 世纪一位伟大的物理学家》，桂林：广西师范大学出版社，1996 年版。

85.《吴大猷科学哲学文集》编辑组编：《吴大猷科学哲学文集》，北京：社会科学文献出版社，1996 年版。

86. 吴大猷述，黄伟彦、叶铭汉、戴念祖整理：《早期中国物理发展之回忆》，上海：上海科学技术出版社，2006 年版。

87. 彭桓武：《彭桓武选集》，北京：中国学术出版社，1985 年版。

88. 彭桓武：《物理天工总是鲜》，北京：北京大学出版社，2001 年版。

89. 黄昆：《黄昆文集》，北京：北京大学出版社，2004 年版。

90. 王淦昌：《王淦昌全集》，石家庄：河北教育出版社，2004 年版。

91. 程开甲口述，熊杏林、程漱玉、王莹莹整理：《创新·拼搏·奉献——程开甲口述自传》，长沙：湖南教育出版社，2016 年版。

92. 钱三强：《徜徉原子的空间》，天津：百花文艺出版社，1999 年版。

93. 褚圣麟：《原子物理学》，北京：高等教育出版社，1998 年版。

94. 雷元星：《周一归真——对一部史前〈化学〉的追认》，成都：四川科学技术出版社，1999 年版。

95. 顾颉刚：《古史辨·五》，上海：上海古籍出版社，1982 年版。

96. 戴友夫主编：《著名科学家演讲鉴赏》，济南：山东人民出版社，1995 年版。

97. 马克思：《机器。自然力和科学的应用》，北京：人民出版社，1978 年版。

98. 恩格斯著，于光远译编：《自然辩证法》，北京：人民出版社，1984 年版。

99. 培根著，许宝骙译：《新工具》，北京：商务印书馆，1986 年版。

100. 李约瑟：《中国科学技术史·第二卷·科学思想史》，北京：科学出版社，上海：上海古籍出版社，1990 年版。

101. 林方主编：《人的潜能和价值——人本主义心理学译文集》，北京：华夏出版社，1987 年版。

102. 许良英、范岱年编译：《爱因斯坦文集·第一卷》，北京：商务印书馆，1976 年版。

103. 许良英、赵中立、张宣三编译：《爱因斯坦文集·第三卷》，北京：商务印书馆，1979 年版。

104. 工藤元男著，广濑薰雄、曹峰译：《睡虎地秦简所见秦代国家与社会》，上海：上海古籍出版社，2010 年版。

105. 汤姆·斯坦迪奇著，杨雅婷译：《舌尖上的历史》，北京：中信出版社，2014 年版。

106. 岗西为人著，郭秀梅整理：《宋以前医籍考》，北京：学苑出版社，2010 年版。

107. 尤瓦尔·赫拉利：《今日简史》，林俊宏译，北京：中信出版社，2018 年版。

108. 萨顿：《科学的生命》，刘珺珺译，北京：商务印书馆，1987 年版。

109. 乔治·萨顿著，鲁旭东译：《黄金时代的古代科学》，郑州：大象出版社，2010 年版。

110. 乔治·萨顿著，刘珺珺译：《科学的生命——文明史论集》，北京：商务印书馆，1987 年版。

111. 亨利·佩卓斯基著，丁佩芝、陈月霞译：《器物的进化》，北京：中国社会科学出版社，1999 年版。

112. 广重彻著，李醒民译：《物理学史》，北京：求实出版社，1988 年版。

113. 托·亨·赫胥黎著，单中惠、平波译：《科学与教育》，北京：人民教育出版社，1990 年版。

114. 托比·胡弗著，周程、于霞译：《近代科学为什么诞生在西方》，北京：北京大学出版社，2010 年版。

115. 安德鲁·皮克林著，王文浩译：《构建夸克——粒子物理学的社会学史》，长沙：湖南科学技术出版社，2012 年版。

116. 塞格雷著，夏孝勇、杨庆华、梁益庆译：《从 X 射线到夸克——近代物理学家和他们的发现》，上海：上海科学技术文献出版社，1984 年版。

117. 罗伯特·卡尼格尔著，江载芬、闫鲜宁、张新颖译：《师从天才：一个科学王朝的崛起》，上海：上海科技教育出版社，2020 年版。

118. 罗杰 · 彭罗斯著，许明贤、吴忠超译：《皇帝新脑》，长沙：湖南科学技术出版社，1999 年版。

119. 马塞尔 · 莫斯、爱弥尔 · 涂尔干、亨利 · 于贝尔著，蒙养山人译：《论技术、技艺与文明》，北京：世界图书出版公司北京公司，2010 年版。

120. 彼得 ·N. 格里高瑞编，冯焕珍、龚隽、秦瑜、唐笑芝等译：《顿与渐：中国思想中通往觉悟的不同法门》，上海：上海古籍出版社，2010 年版。

121. C. N. Yang. *Selected papers II with commentaries*. New Jersey：World Scientific Publishing Co. Pte.Ltd., 2013.

122. J. M. Pullan. *The history of the abacus*. London: Hutchinson & Co（Publishers）LTD, 1968.

123. Parry Moon. *The Abacus: Its history; its design; its possibilities in the modern world*, London: Gordon and Breach Science Publishers, 1971.

124. M. Caroe. *William Henry Bragg, 1862—1942: Man and scientist*, Cambridge: Cambridge University Press, 1979.

125. John Timbs. *A history of wonderful inventions：from the mariner' s compass to the electric telegraph cable*. London：George Routledge and Sons, 1868.

126.W. C. Dampier. *A history of science*. Cambridge: Cambridge University Press, 1930.

127.Alfred North Whitehead. *Science and the modern world*. New York: The New American Library, 1962.

128.Harriet Zuckman: *Scientific elite*, London: Collier Macmillan Publishers, 1977.

以上参考文献，大体分为古籍、今人著述与西方学者著述三个部分，每一部分，大体按照在书中出现顺序排列。